Mecânica dos Fluidos

MERLE C. POTTER graduou-se em Engenharia Mecânica e recebeu seu mestrado em Engenharia Mecânica da Michigan Technological University; ele obteve seu mestrado em Engenharia Aeroespacial e Ph.D. em Engenharia Mecânica da University of Michigan. Potter é coautor de *Fluid Mechanics*, *The Mechanics of Fluids*, Thermodynamics for Engineers, Thermal Sciences, Differential Equations e Advanced Engineering Mathematics, além diversos livros de revisão de provas. Sua pesquisa envolve estabilidade de escoamento de fluidos e projetos relacionados à energia. Ele é professor emérito de Engenharia Mecânica da Michigan State University.

DAVID C. WIGGERT graduou-se e recebeu seu mestrado e Ph.D. da University of Michigan. Ele é coautor de *The Mechanics of Fluids*. Sua pesquisa envolve transientes de fluidos, interações de estruturas de fluidos e transporte de massa e escoamento de águas subterrâneas. O Dr. Wiggert é professor emérito de Engenharia Civil e Ambiental da Michigan State University.

P868m Potter, Merle C.
Mecânica dos fluidos / Merle C. Potter, David C. Wiggert ; tradução: Francisco Araújo da Costa ; revisão técnica: Jorge Luis Baliño. – Porto Alegre : Bookman, 2018.
x, 248 p. : il. ; 28 cm.

ISBN 978-85-8260-453-3

1. Engenharia mecânica. 2. Mecânica dos fluidos. I. Wiggert, David C. II. Título.

CDU 532

Catalogação na publicação: Poliana Sanchez de Araujo – CRB 10/2094

Merle C. Potter
Professor Emérito de Engenharia Mecânica
Michigan State University

David C. Wiggert
Professor Emérito de Engenharia Civil
Michigan State University

Mecânica dos Fluidos

Tradução
Francisco Araújo da Costa

Revisão técnica
Jorge Luis Baliño
Doutor em Engenharia Nuclear pelo Instituto Balseiro, Argentina
Professor do Departamento de Engenharia Mecânica, Escola Politécnica/USP

bookman

2018

Obra originalmente publicada sob o título *Schaum's Outline of Fluid Mechanics*, 1st Edition
ISBN 9780071487818 / 0071487816

Original edition published by McGraw-Hill Global Education Holdings, LLC., New York, New York 10121.

Gerente editorial: *Arysinha Jacques Affonso*

Colaboraram nesta edição:

Capa: *Kaéle Finalizando Ideias* (arte sobre capa original)

Leitura final: *Amanda Jansson Breitsameter*

Editora: *Denise Weber Nowaczyk*

Editoração: *Clic Editoração Eletrônica Ltda.*

BOOKMAN EDITORA LTDA., uma empresa do GRUPO A EDUCAÇÃO S.A.
Av. Jerônimo de Ornelas, 670 – Santana
90040-340 Porto Alegre RS
Fone: (51) 3027-7000 Fax: (51) 3027-7070

Unidade São Paulo
Rua Doutor Cesário Mota Jr., 63 – Vila Buarque
01221-020 São Paulo SP
Fone: (11) 3221-9033

SAC 0800 703-3444 – www.grupoa.com.br

IMPRESSO NO BRASIL
PRINTED IN BRAZIL

Prefácio

Este livro pretende acompanhar o livro utilizado na primeira disciplina obrigatória de mecânica dos fluidos em todos os departamentos de engenharia mecânica e civil, além de diversos outros departamentos. Ele oferece uma apresentação sucinta do material para que os alunos possam entender mais facilmente as partes difíceis. Se uma apresentação mais ampla não for necessária, este livro pode ser utilizado como bibliografia básica. Incluímos todas as derivações e diversas aplicações para que ele possa ser usado sem materiais complementares. Um manual das soluções está disponível (em inglês) junto aos autores, que podem ser contatados pelo email MerleCP@sbcglobal.net.

Incluímos uma derivação das equações de Navier–Stokes com diversos escoamentos resolvidos. Contudo, não é necessário incluí-las caso uma abordagem elemental seja selecionada. Ambos os métodos podem ser usados para estudar o escoamento, canais, entre cilindros giratórios em escoamento laminar da camada limite.

Os princípios básicos que servem de embasamento para a mecânica dos fluidos são ilustrados por diversos exemplos, problemas resolvidos e problemas complementares que permitem que o aluno desenvolva suas habilidades de resolução de problemas. As respostas de todos os problemas complementares estão listadas no final de cada capítulo. Todos os exemplos e problemas são apresentados usando unidades métricas do SI. As unidades do Sistema Imperial são indicadas no texto e estão incluídas no Apêndice.

O conhecimento de matemática exigido é aquele dos outros cursos de engenharia, exceto por aquela necessário caso se escolha usar as equações de Navier–Stokes quando equações diferenciais parciais são encontradas. Algumas relações vetoriais são utilizadas, mas não a um nível além da maioria dos currículos de engenharia.

Se tiver comentários, sugestões, correções ou simplesmente opiniões, pode mandar uma mensagem para merlecp@sbcglobal.net. É impossível escrever um livro sem erros, mas se estivermos cientes deles, poderemos corrigi-los em tiragens e edições futuras. Assim, não deixe de nos escrever se encontrar algo de errado.

MERLE C. POTTER
DAVID C. WIGGERT

Sumário

Capítulo 1

Informações Básicas

1.1 INTRODUÇÃO

Encontramos a mecânica dos fluidos em praticamente todas as áreas de nossas vidas físicas. O sangue corre pelas nossas veias e artérias, navios se movem pela água e a água corre pelos rios, aviões voam no ar e o ar escoa ao redor de máquinas de vento, ar é comprimido em compressores e vapor e se expande em torno das lâminas de uma turbina, represas seguram a água, o ar é aquecido e resfriado em nossos lares e computadores precisam de ar para resfriar seus componentes. Todas as disciplinas da engenharia exigem algum conhecimento na área da mecânica dos fluidos.

Neste livro, apresentamos os elementos da mecânica dos fluidos que nos permitem resolver problemas envolvendo geometrias relativamente simples, como o escoamento através de um tubo e um canal e o escoamento em torno de esferas e cilindros. Mas primeiramente iremos calcular os fluidos em repouso, o objeto de estudo da estática dos fluidos. A matemática envolvida é basicamente o cálculo, mas também usaremos um pouco da teoria das equações diferenciais. Os escoamentos mais complexos geralmente decorrem de geometrias mais complicadas, que não serão abordadas neste livro.

Neste primeiro capítulo, serão apresentadas as informações básicas necessárias para o nosso estudo. Boa parte delas você deve ter estudado em disciplinas anteriores, então este material é apenas uma revisão, mas parte dele deve ser novidade para você. Vamos começar.

1.2 DIMENSÕES, UNIDADES E QUANTIDADES FÍSICAS

A mecânica dos fluidos, assim como todas as outras áreas da engenharia, está envolvida com quantidades físicas. Essas quantidades têm dimensões e unidades. As nove dimensões básicas são massa, comprimento, tempo, temperatura, quantidade de uma substância, corrente elétrica, intensidade luminosa, ângulo plano e ângulo sólido. Todas as outras quantidades podem ser expressas em termos dessas dimensões básicas; por exemplo, usando a segunda lei de Newton, a força pode ser expressa como

$$F = ma \tag{1.1}$$

Em termos de dimensões, podemos escrever (observe que F é usado como variável e como dimensão)

$$F = M\frac{L}{T^2} \tag{1.2}$$

onde F, M, L e T são as dimensões da força, massa, comprimento e tempo. Vemos que a força pode ser escrita em termos de massa, comprimento e tempo. Poderíamos, obviamente, escrever

$$M = F\frac{T^2}{L} \tag{1.3}$$

As unidades são introduzidas nas relações acima se observamos que é preciso 1 N para acelerar 1 kg a 1 m/s^2 (usando unidades imperiais, é preciso 1 lb para acelerar 1 slug a 1 ft/sec^2), ou seja,

$$\text{N} = \text{kg}\cdot\text{m/s}^2 \qquad \text{lb} = \text{slug-ft/sec}^2 \tag{1.4}$$

Essas relações serão muito usadas em nosso estudo sobre fluidos. Observe que não usamos "lbf", pois a unidade "lb" sempre se refere a uma libra de força; o slug será a unidade de massa no Sistema Imperial. No sistema SI, a massa sempre estará em quilogramas e a força, em newtons. Como o peso é uma força, ele é medido em newtons, nunca em quilogramas. A relação

$$W = mg \tag{1.5}$$

é usada para calcular o peso em newtons dada a massa em quilogramas, onde g = 9,81 m/s^2 (usando unidades imperiais, g = 32,2 ft/sec^2). A gravidade é basicamente constante na superfície terrestre, variando de 9,77 a 9,83 m/s^2.

Cinco das nove dimensões básicas e suas unidades constam na Tabela 1.1 e as unidades de interesse derivadas em nosso estudo sobre mecânica de fluidos estão na Tabela 1.2. Os prefixos são comuns no sistema SI, então eles são apresentados na Tabela 1.3. Observe que o sistema SI é um sistema métrico especial; usaremos as unidades apresentadas nessas tabelas. Muitas vezes usaremos notação científica, como 3 × 10^5 N em vez de 300 kN, mas ambas as formas são aceitáveis.

Encerramos esta seção com os algarismos significativos. Todos os cálculos (bem, quase todos) envolvem alguma propriedade de material. As propriedades dos materiais raramente são conhecidas até quatro algarismos significativos e muitas vezes não passam de três. Assim, não é apropriado expressar as respostas com cinco ou seis algarismos significativas. Nossos cálculos são apenas tão precisos quanto o número menos preciso nas nossas equações. Por exemplo, usamos a gravidade como 9,81 m/s^2, apenas três números significativos. O uso de calculadoras pode dar até oito. Em geral, o engenheiro não trabalha com cinco ou seis números significativos. Observe que, se o primeiro numeral da resposta é 1, ele não conta como número significativo; por exemplo, 1248 tem três números significativos.

Exemplo 1.1 Calcule a força necessária para fornecer uma aceleração ascendente inicial de 40 m/s^2 a um foguete de 0,4 kg.

Solução: As forças são somadas na direção vertical y:

$$\begin{aligned}
&\sum F_y = ma_y \\
&F - mg = ma \\
&F - 0{,}4 \times 9{,}81 = 0{,}4 \times 40 \\
&\therefore\ F = 19{,}92\,\text{N}
\end{aligned}$$

Observe que a calculadora daria 19,924 N, ou seja, quatro números significativos (o número 1 não conta). Como a gravidade continha três números significativos, o 4 foi cortado da resposta.

Tabela 1.1 Dimensões Básicas e suas Unidades

Quantidade	**Dimensão**	**Unidades SI**	**Unidades imperiais**
Comprimento	L	metro	pé
Massa	M	quilograma	slug
Tempo	T	segundo	segundo
Temperatura	Θ	kelvin	Rankine
Ângulo plano		radiano	radiano

Tabela 1.2 Dimensões Derivadas e suas Unidades

Quantidade	Dimensão	Unidades SI	Unidades imperiais
Área	L^2	m^2	ft^2
Volume	L^3	m^3 ou L (litro)	ft^3
Velocidade	L/T	m/s	ft/sec
Aceleração	L/T^2	m/s^2	ft/sec^2
Velocidade angular	T^{-1}	s^{-1}	sec^{-1}
Força	ML/T^2	$kg{\cdot}m/s^2$ ou N (newton)	$slug\text{-}ft/sec^2$ ou lb
Massa específica	M/L^3	kg/m^3	$slug/ft^3$
Peso específico	M/L^2T^2	N/m^3	lb/ft^3
Frequência	T^{-1}	s^{-1}	sec^{-1}
Pressão	M/LT^2	N/m^2 ou Pa (pascal)	lb/ft^2
Tensão	M/LT^2	N/m^2 ou Pa (pascal)	lb/ft^2
Tensão superficial	M/T^2	N/m	lb/ft
Trabalho	ML^2/T^2	N·m ou J (joule)	ft-lb
Energia	ML^2/T^2	N·m ou J (joule)	ft-lb
Taxa de aquecimento	ML^2/T^3	J/s	Btu/sec
Torque	ML^2/T^2	N·m	ft-lb
Potência	ML^2/T^3	J/s ou W (watt)	ft-lb/sec
Vazão mássica	M/T	kg/s	slug/sec
Vazão	L^3/T	m^3/s	ft^3/sec
Calor específico	$L^2/T^2\Theta$	J/kg·K	Btu/slug-° R
Viscosidade	M/LT	$N{\cdot}s/m^2$	$lb\text{-}sec/ft^2$
Viscosidade cinemática	L^2/T	m^2/s	ft^2/sec

Tabela 1.3 Prefixos do SI

Fator de multiplicação	Prefixo	Símbolo
10^{12}	tera	T
10^9	giga	G
10^6	mega	M
10^3	quilo	k
10^{-2}	centi	c
10^{-3}	mili	m
10^{-6}	micro	μ
10^{-9}	nano	n
10^{-12}	pico	p

1.3 GASES E LÍQUIDOS

A substância de interesse em nosso estudo da mecânica dos fluidos é um gás ou líquido. Vamos nos limitar àqueles líquidos que se movem sob a ação de uma tensão de cisalhamento, por menor que esta possa ser. Todos os gases se movem sob a ação de uma tensão de cisalhamento, mas algumas substâncias, como o ketchup, não se movem até o cisalhamento se tornar grande o suficiente; tais substâncias são tema da reologia e não serão apresentadas neste livro.

A Figura 1.1 mostra uma força atuando sobre uma área. Um *vetor de tensão* é o vetor de força dividido pela área sobre a qual ele atua. A *tensão normal* atua de forma normal à área e a *tensão de cisalhamento* atua de forma tangencial à área. É essa tensão de cisalhamento que produz movimentos em fluidos. Nossa experiência de uma pequena força paralela à água em um barco grande confirma que qualquer cisalhamento mínimo causa movimento. Essa tensão de cisalhamento é calculada com

$$\tau = \lim_{\Delta A \to 0} \frac{\Delta F_t}{\Delta A} \qquad (1.6)$$

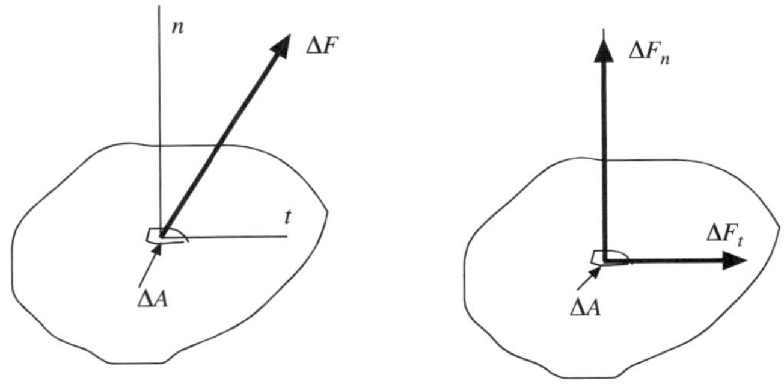

Figura 1.1 Componentes normais e tangenciais de uma força.

Cada fluido considerado em nosso estudo está distribuído continuamente por toda uma região de interesse, ou seja, cada fluido é um *meio contínuo*. Um líquido obviamente é um meio contínuo, mas também iremos considerar todos os gases sendo um meio contínuo; as moléculas estão suficientemente próximas umas das outras para representarem um contínuo. Para determinar se a proximidade das moléculas é suficiente, usamos o *percurso livre médio*, a distância média que uma molécula percorre antes de colidir com uma molécula vizinha. Se o percurso livre médio é pequeno em comparação com uma dimensão característica de um dispositivo (p. ex., o diâmetro de um foguete), o pressuposto de um meio contínuo é razoável. No ar atmosférico ao nível do mar, o percurso livre médio é de aproximadamente 6×10^{-6} cm, enquanto a uma elevação de 100 km ele é de cerca de 10 cm. Assim, em altas elevações, o pressuposto do meio contínuo não é razoável e é preciso uma teoria da dinâmica dos gases rarefeitos.

Se um fluido é um meio contínuo, a *massa específica* pode ser definida como

$$\rho = \lim_{\Delta \forall \to 0} \frac{\Delta m}{\Delta \forall} \qquad (1.7)$$

onde Δm é a massa infinitesimal contida no volume infinitesimal $\Delta \forall$. Na verdade, o volume infinitesimal não pode ser reduzido a zero, pois próximo a zero haveria poucas moléculas no volume; um pequeno volume ϵ seria necessário como limite na Equação (1.7) para que a definição fosse aceitável. Isso não é um problema na maioria das aplicações de engenharia, pois há $2{,}7 \times 10^{16}$ moléculas em um milímetro cúbico de ar em condições padrão.

Assim, com a premissa de meio contínuo, pressupõe-se que as quantidades de interesse são definidas em todos os pontos em uma região específica. Por exemplo, a massa específica é uma função contínua de x, y, z e t, ou seja, $\rho = \rho(x,y,z,t)$.

1.4 PRESSÃO E TEMPERATURA

No nosso estudo de mecânica dos fluidos, muitas vezes calculamos a pressão. Ela é o resultado de forças compressivas que atuam sobre uma área. Na Figura 1.2, a força infinitesimal ΔF_n atua sobre a área infinitesimal ΔA e dá origem à *pressão*, definida por

$$p = \lim_{\Delta A \to 0} \frac{\Delta F_n}{\Delta A} \tag{1.8}$$

As unidades da pressão decorrem da força dividida pela área, ou seja, N/m^2, o pascal, Pa. Uma pressão de 1 Pa é uma pressão minúscula, então normalmente as pressões são expressas em quilopascais, ou kPa. Usando unidades imperiais, a pressão é expressa em lb/ft^2 (psf) ou lb/in^2 (psi). A pressão atmosférica ao nível do mar é de 101,3 kPa, geralmente simplificada para 100 kPa (14,7 lb/in^2). Importante observar que a pressão ocasionalmente é expressa em milímetros de mercúrio, unidade comum entre meteorologistas, ou metros de água; podemos usar $p = \rho g h$ para converter as unidades, onde ρ é a massa específica do fluido com altura h.

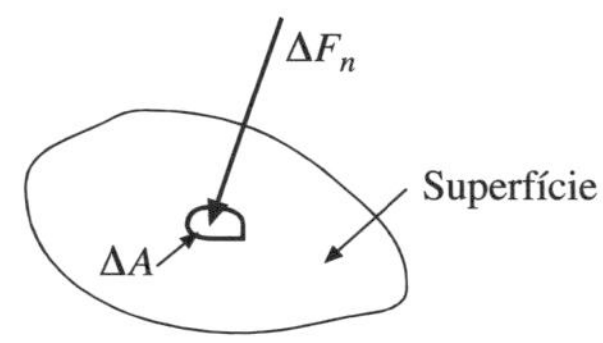

Figura 1.2 A força normal que resulta em pressão.

A pressão medida em relação à pressão atmosférica é chamada de *pressão manométrica*; é ela que um dispositivo mede se o indicador estiver em zero antes de ser usado para medir a pressão. A *pressão absoluta* é zero em um volume no qual não há moléculas, um vácuo ideal. A pressão absoluta está relacionada com a pressão manométrica pela equação

$$p_{\text{absoluta}} = p_{\text{manométrica}} + p_{\text{atmosfera}} \tag{1.9}$$

onde $p_{\text{atmosfera}}$ é a pressão atmosférica no local onde a medição de pressão é realizada; essa pressão atmosférica varia significativamente com a elevação e é dada na Tabela C.3 do Apêndice C. Por exemplo, no alto de Pikes Peak, no estado americano do Colorado, a pressão é de aproximadamente 60 kPa. Se a pressão atmosférica e a elevação não são informadas, pressupomos condições padrão e usamos $p_{\text{atmosfera}}$ = 100 kPa. A Figura 1.3 apresenta uma descrição gráfica da relação entre a pressão absoluta e a manométrica. A figura inclui diversas representações comuns da *atmosfera padrão* (a uma latitude de 40° ao nível do mar).

Muitas vezes chamamos uma pressão negativa, como B na Figura 1.3, de vácuo; ela pode ser uma pressão negativa ou um *vácuo*. Sempre considera-se a pressão sendo manométrica, a menos que seja informado do contrário (na termodinâmica, pressupõe-se que a pressão é absoluta). Uma pressão de –30 kPa poderia ser apresentada como 70 kPa absolutos ou um vácuo de 30 kPa, pressupondo que a pressão atmosférica é de 100 kPa (observe que a diferença entre 101,3 e 100 kPa é de apenas 1,3 kPa, um erro de 1,3%, dentro do aceitável na engenharia).

Não definiremos temperatura (o que exigiria uma teoria molecular), mas simplesmente iremos afirmar que usamos duas escalas: Celsius e Fahrenheit. A escala kelvin (K) é a escala absoluta quando a temperatura utilizada for em graus Celsius; a escala Rankine, quando for em graus Fahrenheit. Usamos as seguintes conversões:

$$\begin{aligned} \text{K} &= {}^\circ\text{C} + 273{,}15 \\ {}^\circ\text{R} &= {}^\circ\text{F} + 459{,}67 \end{aligned} \tag{1.10}$$

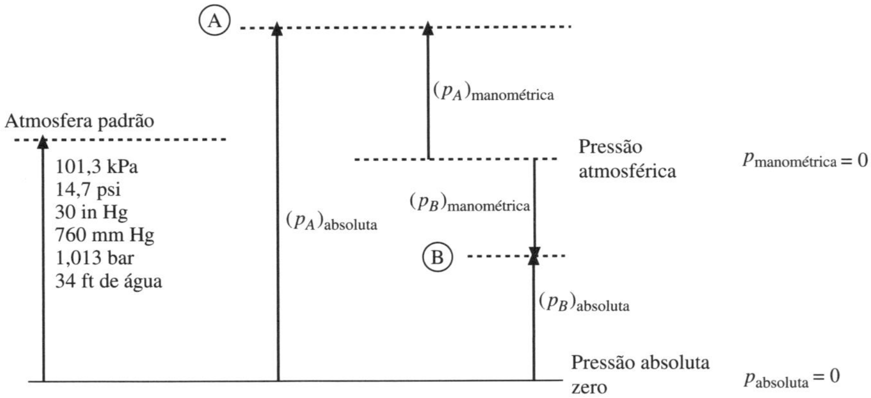

Figura 1.3 Pressão absoluta e manométrica.

Em problemas de engenharia, usamos os números 273 e 460, que permitem um nível aceitável de precisão. Observe que não utilizamos o símbolo de grau quando expressamos a temperatura em graus kelvin e não colocamos a palavra "kelvin" com a inicial maiúscula. O valor "100 K" é lido como cem kelvins no sistema SI (lembre-se que o sistema SI é um sistema métrico especial).

Exemplo 1.2 Uma pressão é medida como sendo um vácuo de 23 kPa em um local no estado americano de Wyoming onde a elevação é de 3000 m. Qual é a pressão absoluta?

Solução: Use o Apêndice C para descobrir a pressão atmosférica a 3000 m. Usamos uma interpolação linear para determinar $p_{atmosfera} = 70{,}6$ kPa. A seguir,

$$p_{abs} = p_{atm} + p = 70{,}6 - 23 = 47{,}6\,\text{kPa}$$

O vácuo de 23 kPa foi expresso como –23 kPa na equação.

1.5 PROPRIEDADES DOS FLUIDOS

Diversas propriedades dos fluidos precisarão ser utilizadas no nosso estudo sobre mecânica dos fluidos. A massa por unidade de volume, a massa específica, foi introduzida na Equação (1.7). Muitas vezes utilizamos o peso por unidade de volume, o *peso específico* γ, relacionado com a massa específica por

$$\gamma = \rho g \tag{1.11}$$

onde g é a gravidade local. Para a água, consideramos que gamma é 9810 N/m^3 (62,4 lb/ft^3) a menos que explicitado do contrário. O peso específico raramente é utilizado para gases.

A *gravidade específica* S é a razão entre a massa específica de uma substância e a massa específica da água e muitas vezes é especificada para um líquido. Ela pode ser usada para determinar a massa específica ou o peso específico:

$$\rho = S\rho_{água} \qquad \gamma = S\gamma_{água} \tag{1.12}$$

Por exemplo, a gravidade específica do mercúrio é 13,6, o que significa que ele é 13,6 vezes mais pesado do que a água. Assim, $\rho_{mercúrio}$ = 13,6 × 1000 kg/m^3 = 13.600 kg/m^3, onde a massa específica da água usada é 1000 kg/m^3, o valor usado para a água quando não especificado.

A *viscosidade* pode ser considerada a aderência interna de um fluido. Ela produz tensões de cisalhamento em um escoamento e representa as perdas em um tubo ou o arrasto sobre um foguete. Em um escoamento unidimensional, ela pode ser relacionada com a velocidade através de uma tensão de cisalhamento τ por

$$\tau = \mu \frac{du}{dr} \tag{1.13}$$

onde chamamos *du/dr* de *gradiente de velocidade*, onde r é medido normal à superfície e u é tangencial à superfície, como na Figura 1.4. Considere as unidades nas quantidades da Equação (1.13): a tensão (força dividida por uma área) tem a unidade de N/m^2 (lb/ft^2), de modo que a unidade da viscosidade é $N{\cdot}s/m^2$ ($lb\text{-}sec/ft^2$).

Para medir a viscosidade, considere um cilindro longo girando dentro de um segundo cilindro, como mostrado na Figura 1.4. Para girar o cilindro interno com a velocidade rotacional Ω, é preciso aplicar um torque T. A velocidade do cilindro interno é $R\Omega$ e a velocidade do cilindro externo é zero. A distribuição de velocidade no espaço h entre os cilindros é basicamente uma distribuição linear, como mostrado, de modo que

$$\tau = \mu \frac{du}{dr} = \mu \frac{R\Omega}{h} \tag{1.14}$$

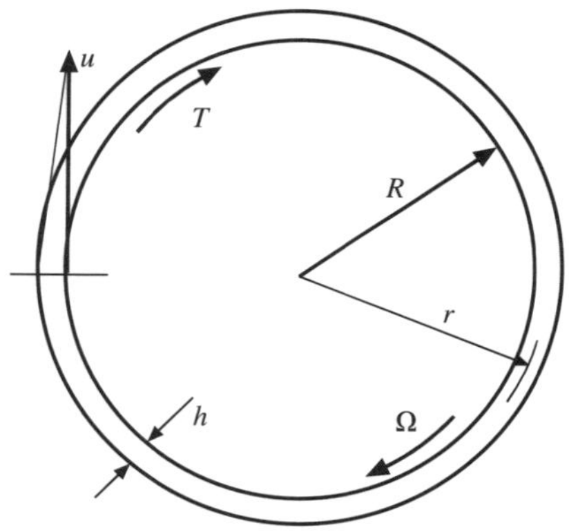

Figura 1.4 Fluido sendo cisalhado entre dois cilindros longos.

Podemos relacionar o cisalhamento ao torque aplicado da seguinte forma:

$$\begin{aligned} T &= \text{tensão} \times \text{área} \times \text{braço de momento} \\ &= \tau \times 2\pi RL \times R \\ &= \mu \frac{R\Omega}{h} \times 2\pi RL \times R = 2\pi \frac{R^3 \Omega L \mu}{h} \end{aligned} \tag{1.15}$$

onde o cisalhamento atuando sobre as pontas do cilindro longo foi ignorado. O dispositivo usado para medir a viscosidade é chamado de *viscosímetro.*

Neste livro introdutório, vamos concentrar nossa atenção nos *fluidos newtonianos*, aqueles que exibem uma relação linear entre a tensão de cisalhamento e o gradiente de velocidade, como nas Equações (1.13) e (1.14), como mostrado na Figura 1.5. Muitos fluidos comuns, como o ar, a água e o óleo, são fluidos newtonianos. Os *fluidos não newtonianos* são classificados como *dilatantes*, *pseudoplásticos* e *plásticos ideais* e também são apresentados.

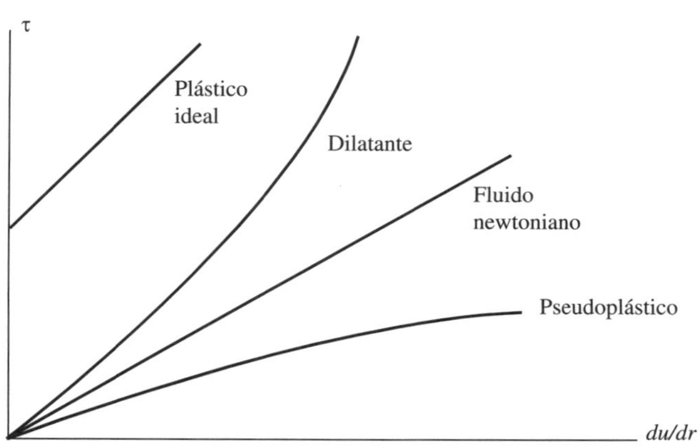

Figura 1.5 Fluidos newtonianos e não newtonianos.

Um efeito muito importante da viscosidade é a aderência do fluido à superfície, a *condição de não escorregamento*. Se uma superfície está se movendo com rapidez extrema, como um satélite que entra na atmosfera, essa condição de não escorregamento produz tensões de cisalhamento enormes na superfície, produzindo um calor extremo que pode queimar e consumir o satélite na entrada. A condição de não escorregamento também dá origem ao cisalhamento das paredes em tubos, produzindo quedas de pressão que exigem o posicionamento de bombas com o espaçamento apropriado por toda a extensão de uma tubulação usada como oleoduto ou gasoduto.

A viscosidade depende bastante da temperatura. Observe na Figura C.1 do Apêndice C que, com o aumento da temperatura, a viscosidade de um líquido diminui, mas a viscosidade de um gás aumenta. Em um líquido, a viscosidade se deve a forças de coesão, mas em um gás ela se deve às colisões entre moléculas; ambos os fenômenos não são sensíveis à pressão, então observamos que a viscosidade depende apenas da temperatura tanto em líquidos quanto em gases, ou seja, $\mu = \mu(T)$.

A viscosidade muitas vezes é dividida pela massa específica em equações, de modo que definimos a *viscosidade cinemática* como

$$\nu = \frac{\mu}{\rho} \tag{1.16}$$

Sua unidade é o m^2/s (ft^2/sec). Em um gás, observamos que a viscosidade cinemática depende da pressão, pois a massa específica depende tanto da temperatura quanto da pressão.

Sabe-se que o volume de um gás depende da pressão e da temperatura. Em um líquido, o volume também depende ligeiramente da pressão. Se essa pequena variação de volume (ou de massa específica) é importante, usamos o *módulo de compressibilidade isotérmico B*:

$$\text{B} = \forall \left.\frac{\Delta p}{\Delta \forall}\right|_T = \rho \left.\frac{\Delta p}{\Delta \rho}\right|_T \tag{1.17}$$

O módulo de compressibilidade isotérmico tem as mesmas unidades que a pressão. Ele está incluído na Tabela C.1 do Apêndice C. Para a água a 20 °C, ele é de cerca de 2100 MPa. Para causar uma variação de 1% no volume da água, é necessária uma pressão de 21.000 kPa. Assim, é óbvio por que a água é considerada incompressível. O módulo de compressibilidade também é usado para determinar a velocidade do som na água, dada por:

$$c = \sqrt{B/\rho} \tag{1.18}$$

O que nos dá cerca de $c = 1450$ m/s para água a 20 °C.

Outra propriedade de interesse ocasional em nossos estudos é a *tensão superficial* σ, resultante das forças de atração entre as moléculas e incluída na Tabela C.1. Ela permite que o aço flutue, que gotículas se formem e que bolhas e pequenas gotículas sejam esféricas. Considere o diagrama de corpo livre de uma gotícula esférica e de uma bolha, como mostrado na Figura 1.6. A força da pressão dentro da gotícula se equilibra com a força devido à tensão superficial em torno da circunferência:

$$p\pi r^2 = 2\pi r\sigma$$

$$\therefore\ p = \frac{2\sigma}{r} \tag{1.19}$$

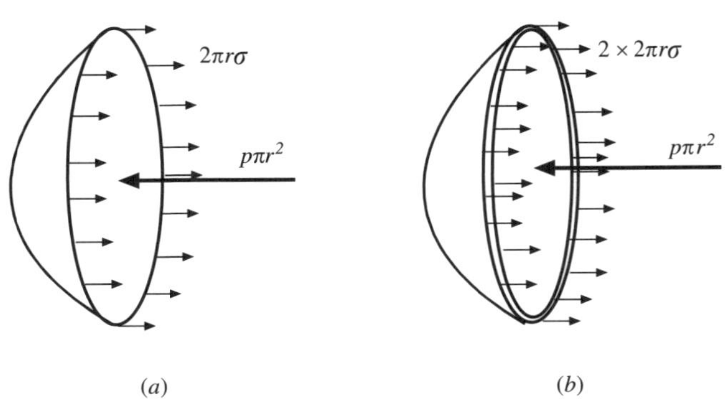

Figura 1.6 Diagramas de corpo livre de (*a*) uma gotícula e (*b*) uma bolha.

Observe que uma bolha tem duas superfícies, então o balanço de forças nos dá

$$p = \frac{4\sigma}{r} \tag{1.20}$$

Assim, se deseja-se obter a pressão interna, é importante saber se estamos analisando uma gotícula ou uma bolha.

Uma segunda aplicação na qual a tensão superficial provoca um resultado interessante é a elevação de um líquido em um tubo capilar. A Figura 1.7 mostra o diagrama de corpo livre da água no tubo. Somar as forças sobre a coluna de líquido nos dá

$$\sigma\pi D\cos\beta = \rho g\frac{\pi D^2}{4}h \tag{1.21}$$

onde o lado direito é o peso W. Isso nos fornece a altura que o líquido subirá no tubo:

$$h = \frac{4\sigma\cos\beta}{\gamma D} \tag{1.22}$$

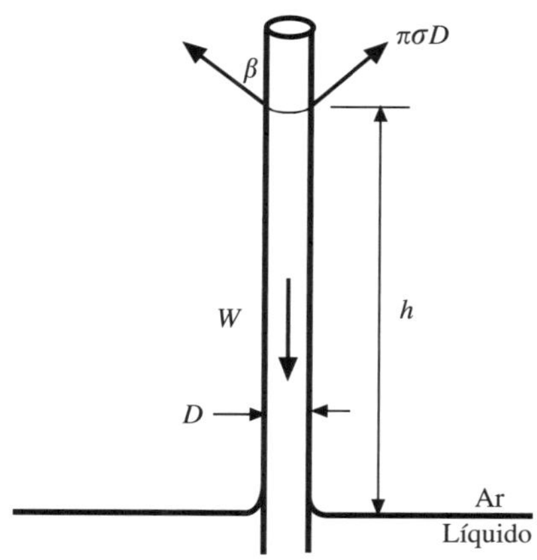

Figura 1.7 A elevação de um líquido em um tubo pequeno.

A propriedade final a ser introduzida nesta seção é a pressão de vapor. As moléculas escapam e reentram em um líquido que está em contato com um gás, como a água em contato com o ar. A *pressão de vapor* é a pressão à qual há um equilíbrio entre as moléculas que saem e que reentram. Se a pressão é menor que a pressão de vapor, as moléculas escapam do líquido; chamamos de *evaporação* quando a água é aquecida até a temperatura à qual a pressão de vapor é igual à pressão atmosférica. Se a pressão local é reduzida até a pressão de vapor, também ocorre vaporização. Isso pode acontecer quando o líquido escoa por válvulas, cotovelos ou lâminas de turbinas, caso a pressão se torne suficientemente baixa; nesse caso, o fenômeno é chamado de *cavitação*. A pressão de vapor se encontra na Tabela C.1 do Apêndice C.

Exemplo 1.3 Uma placa plana de 0,5 m × 2 m é rebocada a 5 m/s sobre uma camada de 2 mm de espessura de óleo SAE-30 a 38 °C que a separa de uma superfície plana. Pressupõe-se que a distribuição de velocidade entre a placa e a superfície é linear. Qual é a força necessária se a placa e a superfície são horizontais?

Solução: Calculamos que o gradiente de velocidade é

$$\frac{du}{dr} = \frac{\Delta u}{\Delta y} = \frac{5-0}{0{,}002} = 2500\,\text{m/(s·m)}$$

A força é a tensão multiplicada pela área:

$$F = \tau \times A = \mu\frac{du}{dr} \times A = 0{,}1 \times 2500 \times 0{,}5 \times 2 = 250\,\text{N}$$

Verifique as unidades para confirmar que as unidades de força são newtons. A viscosidade do óleo se encontra na Figura C.1.

Exemplo 1.4 Uma máquina cria pequenas bolhas de 0,5 mm de diâmetro de água a 20 °C. Calcule a pressão que existe dentro das bolhas.

Solução: As bolhas têm duas superfícies, levando à seguinte estimativa de pressão:

$$p = \frac{4\sigma}{r} = \frac{4 \times 0{,}0736}{0{,}0005} = 589 \text{ Pa}$$

onde a tensão superficial foi obtida da Tabela C.1.

1.6 RELAÇÕES E PROPRIEDADES TERMODINÂMICAS

Normalmente as disciplinas de termodinâmica e/ou física precedem a disciplina sobre mecânica dos fluidos. As propriedades e relações apresentadas nessas disciplinas que serão usadas no estudo sobre fluidos estão incluídas nesta seção. Elas são especialmente úteis quando estudamos escoamentos compressíveis, mas também são aplicáveis a escoamentos líquidos.

A *lei do gás ideal* assume duas formas

$$p\forall = mRT \qquad \text{ou} \qquad p = \rho RT \tag{1.23}$$

onde a pressão p e a temperatura T devem ser quantidades absolutas. A constante do gás R se encontra na Tabela C.4 do Apêndice C.

A *entalpia* é definida como

$$H = m\tilde{u} + p\forall \qquad \text{ou} \qquad h = \tilde{u} + pv \tag{1.24}$$

onde $\tilde{u}$ é a *energia interna específica*. Em um gás ideal, podemos usar

$$\Delta h = \int c_p \, dT \qquad \text{e} \qquad \Delta\tilde{u} = \int c_v \, dT \tag{1.25}$$

onde c_p e c_v são os calores específicos, também encontrados na Tabela C.4. Os calores específicos são relacionados à constante do gás por

$$c_p = c_v + R \tag{1.26}$$

A razão dos calores específicos é

$$k = \frac{c_p}{c_v} \tag{1.27}$$

Para líquidos e sólidos, e para a maioria dos gases com diferenças de temperatura relativamente pequenas, os calores específicos são basicamente constantes, então podemos usar

$$\Delta h = c_p \Delta T \qquad \text{e} \qquad \Delta\tilde{u} = c_v \Delta T \tag{1.28}$$

Para *processos adiabáticos* (sem transferência de calor) de *quase-equilíbrio* (as propriedades são constantes em todo o volume em um determinado instante), as seguintes relações podem ser utilizadas para um gás ideal, pressupondo calores específicos constantes:

$$\frac{T_2}{T_1} = \left(\frac{p_2}{p_1}\right)^{(k-1)/k} \qquad \frac{p_2}{p_1} = \left(\frac{\rho_2}{\rho_1}\right)^k \tag{1.29}$$

O processo de quase-equilíbrio adiabático também é chamado de *processo isentrópico.*

Uma pequena onda de pressão, com uma frequência relativamente baixa, percorre um gás com uma velocidade do som de

$$c = \sqrt{kRT} \tag{1.30}$$

Finalmente, a *primeira lei da termodinâmica* será útil em nossos estudos; ela afirma que quando um *sistema*, um conjunto fixo de partículas de fluido, sofre uma mudança de estado, passando do estado 1 para o estado 2, sua energia vai de E_1 a E_2 à medida que troca energia com a vizinhança na forma do trabalho $W_{1\text{-}2}$ e a transferência de calor $Q_{1\text{-}2}$. Isso pode ser expresso como

$$Q_{1-2} - W_{1-2} = E_2 - E_1 \tag{1.31}$$

Para calcular a transferência de calor de determinadas áreas e temperaturas, é preciso estudar a transferência de calor, de modo que esta normalmente é uma quantidade fornecida na termodinâmica e na mecânica dos fluidos. O trabalho, entretanto, muitas vezes é uma quantidade que podemos calcular; ela é uma força multiplicada por uma distância e muitas vezes se deve à pressão, resultando em

$$\begin{aligned} W_{1-2} &= \int_{l_1}^{l_2} F\,dl \\ &= \int_{l_1}^{l_2} pA\,dl = \int_{\forall_1}^{\forall_2} p\,d\forall \end{aligned} \tag{1.32}$$

A energia E considerada em uma disciplina sobre fluidos é composta pela energia cinética, pela energia potencial e pela energia interna:

$$E = m\left(\frac{V^2}{2} + gz + \tilde{u}\right) \tag{1.33}$$

onde a quantidade entre parênteses é a energia específica e. (Usamos $\tilde{u}$ para representar a energia específica interna porque u é utilizado em um componente da velocidade.) Se as propriedades são constantes em uma saída e uma entrada de um escoamento, e se não há transferência de calor ou perdas, a equação acima pode ser expressa na forma

$$\frac{V_2^2}{2g} + \frac{p_2}{\gamma_2} + z_2 = \frac{V_1^2}{2g} + \frac{p_1}{\gamma_1} + z_1 \tag{1.34}$$

Essa equação não decorre diretamente da Equação (1.31); é preciso algum esforço para deduzir a Equação (1.34). Um texto apropriado pode ser consultado, mas vamos deduzi-la posteriormente neste livro. Ela é apresentada aqui como parte da nossa revisão sobre termodinâmica.

Problemas Resolvidos

1.1 Mostre que as unidades da viscosidade dadas na Tabela 1.1 estão corretas usando (*a*) unidades SI e (*b*) unidades imperiais.

A viscosidade é relacionada à tensão por

$$\mu = \tau \frac{dy}{du}$$

Em termos de unidades, temos

$$[\mu] = \frac{\text{N}}{\text{m}^2}\frac{\text{m}}{\text{m/s}} = \frac{\text{N}\cdot\text{s}}{\text{m}^2} \qquad [\mu] = \frac{\text{lb}}{\text{ft}^2}\frac{\text{ft}}{\text{ft/sec}} = \frac{\text{lb-sec}}{\text{ft}^2}$$

1.2 Se força, comprimento e tempo são selecionados como as três dimensões fundamentais, quais são as dimensões da massa?

Usamos a segunda lei de Newton, segundo a qual

$$F = ma$$

Em termos de dimensões, isso é escrito como

$$F = M\frac{L}{T^2} \qquad \therefore\ M = \frac{FT^2}{L}$$

1.3 O percurso livre médio de um gás é $\lambda = 0{,}225m/(\rho d^2)$, onde d é o diâmetro da molécula, m é a sua massa e ρ é a massa específica do gás. Calcule o percurso livre médio do ar a uma elevação de 10.000 m, a elevação em que muitos aviões comerciais voam. Para uma molécula de ar, $d = 3{,}7 \times 10^{-10}$ m e $m = 4{,}8 \times 10^{-26}$ kg.

Usando a fórmula dada, o percurso livre médio a 10.000 m é

$$\lambda = 0{,}225 \times \frac{4{,}8 \times 10^{-26}}{0{,}4136(3{,}7 \times 10^{-10})^2} = 8{,}48 \times 10^{-7} \text{ m ou } 0{,}848\ \mu\text{m}$$

onde a massa específica foi obtida da Tabela C.3.

1.4 Um vácuo de 25 kPa é medido em um local onde a elevação é de 3000 m. Qual é a pressão absoluta em milímetros de mercúrio?

A pressão atmosférica à elevação dada se encontra na Tabela C.3. Por interpolação, ela é

$$p_{\text{atm}} = 79{,}84 - \frac{1}{2}(79{,}84 - 61{,}64) = 70{,}7\ \text{kPa}$$

Assim, a pressão absoluta é

$$p = p_{\text{manométrica}} + p_{\text{atm}} = -25 + 70{,}7 = 45{,}7\ \text{kPa}$$

Em milímetros de mercúrio, isso é

$$h = \frac{p}{\rho_{\text{Hg}} g} = \frac{45\,700}{(13{,}6 \times 1000)9{,}81} = 0{,}343 \text{ m ou } 343 \text{ mm}$$

1.5 Um disco plano de 30 cm de diâmetro é girado a 800 rpm a uma distância de 2 mm de uma superfície estacionária plana. Se óleo SAE-30 a 20 °C preenche o espaço entre o disco e a superfície, calcule o torque necessário para girar o disco.

Como o espaço é pequeno, vamos considerar uma distribuição de velocidade linear. A tensão de cisalhamento que atua sobre o disco será

$$\tau = \mu \frac{\Delta u}{\Delta y} = \mu \frac{r\omega}{h} = 0{,}38 \times \frac{r(800 \times 2\pi/60)}{0{,}002} = 15\,900r$$

onde a viscosidade é encontrada na Figura C.1 do Apêndice C. A tensão de cisalhamento é integrada para nos fornecer o torque:

$$T = \int_A r\,dF = \int_A r\tau 2\pi r\,dr = 2\pi \int_0^{0{,}15} 15\,900 r^3\,dr = 10^5 \times \frac{0{,}15^4}{4} = 12{,}7\ \text{N}\cdot\text{m}$$

Observação: A resposta não é fornecida com mais algarismos significativos porque a viscosidade é conhecida com até dois dígitos significativos. Uma resposta com mais dígitos seria enganosa.

1.6 Em geral, pressupõe-se que a água é incompressível. Determine a variação percentual de volume em 10 m^3 de água a 15 °C se ela é submetida a uma pressão de 12 MPa da pressão atmosférica.

A variação de volume de um líquido é encontrada usando o módulo de compressibilidade (ver Equação (1.17)):

$$\Delta V = -V \frac{\Delta p}{B} = -10 \times \frac{12\,000\,000}{214 \times 10^7} = -0{,}0561\ \text{m}^3$$

A variação percentual é

$$\%\ \text{de variação} = \frac{V_2 - V_1}{V_1} \times 100 = \frac{-0{,}0561}{10} \times 100 = -0{,}561\%$$

Essa pequena variação percentual normalmente pode ser ignorada sem influenciar os resultados de forma significativa, de modo que a água é basicamente incompressível.

1.7 Água a 30 °C consegue subir em um tubo de vidro limpo de 0,2 mm de diâmetro devido à tensão superficial. O ângulo entre a água e o vidro é de 0° com a vertical ($\beta = 0$ na Figura 1.7). Quanto a água sobe no tubo?

A altura que a água sobe é dada pela Equação (1.22):

$$h = \frac{4\sigma\cos\beta}{\gamma D} = \frac{4 \times 0{,}0718 \times 1{,}0}{(996 \times 9{,}81)0{,}0002} = 0{,}147\,\text{m ou } 14{,}7\,\text{cm}$$

onde as propriedades da água vêm da Tabela C.1 do Apêndice C.

1.8 Explique por que demora mais para cozinhar uma batata fervendo-a em uma panela aberta no fogão em uma cabana nas montanhas onde a elevação é de 3200 m.

A água ferve quando a temperatura alcança a pressão de vapor da água; ela se vaporiza. A temperatura permanece constante até toda a água ferver. A pressão na elevação dada é interpolada na Tabela C.3 até o valor de 69 kPa. A Tabela C.1 informa que a temperatura é ligeiramente inferior a 90 °C para uma pressão de vapor de 69 kPa, ou seja, a temperatura à qual a água ferve. Como esse valor é inferior aos 100 °C ao nível do mar, o processo de cozimento demora mais. Uma panela de pressão poderia ser utilizada, pois ela permite que se atinja uma temperatura mais elevada ao criar uma pressão maior.

1.9 Um pneu de automóvel é pressurizado em Ohio a 250 kPa quando a temperatura é de –15 °C. O automóvel é levado até o Arizona, onde a temperatura do pneu sobre o asfalto atinge 65 °C. Calcule a pressão no pneu no Arizona, pressupondo que não houve vazamento de ar e que o volume permanece constante.

Pressupondo que o volume não varia, a lei do gás ideal exige que

$$\frac{p_2}{p_1} = \frac{mR\not{V}_1 T_2}{mR\not{V}_2 T_1} = \frac{T_2}{T_1}$$

$$\therefore\ p_2 = p_1 \frac{T_2}{T_1} = (250 + 100) \times \frac{423}{258} = 574\text{ kPa abs ou 474 kPa manométrica}$$

pois a massa também permanece constante. (Isso corresponde a 37 lb/in^2 em Ohio e 70 lb/in^2 no Arizona.)

1.10 Um fazendeiro aplica nitrogênio a uma safra usando um tanque pressurizado a 1000 kPa absolutos a uma temperatura de 25 °C. Qual é a temperatura mínima esperada no nitrogênio caso ele seja liberado na atmosfera?

A temperatura de saída mínima ocorre para um processo isentrópico (ver Equação (1.29)), que é

$$T_2 = T_1\left(\frac{p_2}{p_1}\right)^{(k-1)/k} = 298 \times \left(\frac{100}{1000}\right)^{0{,}4/1{,}4} = 154\,\text{K ou } -119°\text{C}$$

Uma temperatura tão baixa poderia causar lesões graves caso a linha se rompesse e o nitrogênio atingisse o fazendeiro.

Problemas Complementares

1.11 Nosso estudo sobre a mecânica dos fluidos tem três leis básicas: a conservação da massa, a segunda lei de Newton e a primeira lei da termodinâmica. (*a*) Enuncie uma quantidade integral para cada uma das leis e (*b*) enuncie uma quantidade definida em um ponto para cada uma das leis.

Dimensões, Unidades e Quantidades Físicas

1.12 Confirme as unidades SI apresentadas na Tabela 1.2 para os seguintes itens:

(*a*) Força (*b*) Peso específico (*c*) Tensão superficial
(*d*) Torque (*e*) Viscosidade (*f*) Trabalho

1.13 Confirme as dimensões apresentadas na Tabela 1.2 para os seguintes itens:

(*a*) Força (*b*) Peso específico (*c*) Tensão superficial
(*d*) Torque (*e*) Viscosidade (*f*) Trabalho

1.14 Selecione o sistema F–L–T de dimensões e liste as dimensões dos seguintes itens:

(*a*) Força (*b*) Peso específico (*c*) Tensão superficial
(*d*) Torque (*e*) Viscosidade (*f*) Trabalho

1.15 Uma equação que fornece a vazão em um canal aberto é dada por

$$Q = kAR^{\frac{2}{3}}S^{\frac{1}{2}}$$

onde k é uma constante, A é a área do canal, R é um raio e S é uma inclinação.

Determine as dimensões e as unidades SI de k.

1.16 Expresse os seguintes itens usando potências em vez de prefixos:

(*a*) 200 cm^2 (*b*) 500 mm^3 (*c*) 10 μm
(*d*) 32 MPa (*e*) 400 kN (*f*) 5 nN

1.17 Expresse os seguintes itens usando prefixos em vez de potências:

(*a*) 2×10^{-8} m (*b*) 5×10^{8} m (*c*) 2×10^{-5} Pa
(*d*) 32×10^{8} Pa (*e*) 4×10^{-6} N (*f*) 8×10^{11} N

1.18 As quantidades muitas vezes são dadas em unidades inaceitáveis quando usamos o sistema de unidades SI. Converta os itens a seguir para unidades SI aceitáveis:

(*a*) 60 mi/h (*b*) 35 lb/in^2 (*c*) 2 g/cm^3
(*d*) 22 slug/h (*e*) 20 ft^3/min (*f*) 50 kW·h

1.19 Qual força é necessária para acelerar um carro de 1500 kg a 3 m/s^2:

(*a*) na horizontal? (*b*) em uma inclinação de 20°?

1.20 Um astronauta pesa 850 N na Terra. Calcule o peso do astronauta na Lua, onde g = 5,4 ft/sec^2.

1.21 Calcule o percurso livre médio das moléculas de ar, usando as informações do Problema Resolvido 1.3, a uma elevação de

(*a*) 750m (*b*) 40.000 m (*c*) 80.000 m

Pressão e Temperatura

1.22 Uma pressão de 28 kPa é medida a uma elevação de 2000 m. Qual é a pressão absoluta em

(*a*) kPa (*b*) lb/in^2 (*c*) mm de Hg (*d*) ft de água

1.23 Um medidor indica um vácuo de 24 kPa. Qual é a pressão absoluta a

(*a*) nível do mar (*b*) 4000 m (*c*) 8000 m

1.24 A equação $p(z) = p_0 e^{-gz/RT_0}$ é uma boa aproximação da pressão na atmosfera. Determine a pressão a $z = 6000$ m usando essa equação e calcule o erro percentual usando o valor mais preciso que se encontra na Tabela C.3. Considere $p_0 = 100$ kPa e $T_0 = 15$ °C.

1.25 Uma pressão de 20 kPa e uma tensão de cisalhamento de 80 Pa atuam sobre uma superfície plana de 0,8 m. Calcule a força normal F_n, a força de cisalhamento tangencial F_t e a força total F que atuam sobre a superfície. Calcule também o ângulo entre a força total e a coordenada normal.

1.26 Uma temperatura de 20 °C é medida em um determinado local. Qual é a temperatura em

(*a*) kelvins (*b*) graus Fahrenheit (*c*) graus Rankine

Propriedades dos Fluidos

1.27 Uma massa de fluido ocupa 2 m^3. Calcule a massa específica, o peso específico e a gravidade específica se a massa de fluido é

(*a*) 4 kg (*b*) 8 kg (*c*) 15 kg

1.28 Uma fórmula que fornece uma boa estimativa da massa específica em kg/m^3 de água é

$$\rho_{\text{água}} = 1000 - \frac{(T-4)^2}{180}$$

onde a temperatura T está em graus Celsius. Use essa fórmula e determine a massa específica da água a 80 °C. Qual é o erro?

1.29 O peso específico de um fluido é 11.200 N/m^3. Calcule a massa contida em 2 m^3

(*a*) Usando a gravidade padrão.

(*b*) Usando a gravidade máxima na superfície da Terra.

(*c*) Usando a gravidade mínima na superfície da Terra.

1.30 A gravidade específica do mercúrio é dada pela fórmula

$$S_{\text{Hg}} = 13{,}6 - 0{,}0024T$$

onde a temperatura está em graus Celsius. Qual é o peso específico do mercúrio a 45 °C? Calcule o erro se $S_{\text{Hg}} = 13{,}6$ fosse usado a 45 °C.

1.31 Um viscosímetro, usado para medir a viscosidade de um líquido, é composto de dois cilindros concêntricos de 12 cm de comprimento com raios de 4 e 3,8 cm. O cilindro externo é estacionário e o interno gira. Se um torque de 0,046 N·m é medido a uma velocidade rotacional de 120 rpm, estime a viscosidade do líquido. Ignore a contribuição para o torque das pontas do cilindro e pressuponha um perfil de velocidade linear.

1.32 Água a 20 °C escoa em um tubo de 0,8 cm de diâmetro com uma distribuição de velocidade de $u(r) = 5(1 - r^2/16 \times 10^{-6})$ m/s, onde o raio está em centímetros. Calcule a tensão de cisalhamento (*a*) na parede do tubo, (*b*) em um raio onde $r = 0{,}2$ cm e (*c*) na linha de centro do tubo.

1.33 Óleo SAE-30 a 30 °C preenche o espaço entre um disco plano de 40 cm de diâmetro girando 0,16 cm acima de uma superfície plana. Determine o torque necessário para girar o disco a

(*a*) 200 rpm (*b*) 600 rpm (*c*) 1200 rpm

1.34 Um eixo de 2 m de comprimento e 4 cm de diâmetro gira dentro de um diâmetro igualmente comprido de 4,02 cm de diâmetro. Se óleo SAE-10W a 25 °C preenche o espaço entre os cilindros concêntricos, determine o torque e a potência (em cavalos-vapor) necessários para girar o eixo a 1200 rpm.

1.35 Observa-se que um volume de água de 0,1 m^3 passa a ter 0,0982 m^3 após uma pressão ser aplicada. Qual é a pressão?

1.36 Quanto tempo demoraria para uma pequena onda percorrer 800 m sob água a 22 °C?

1.37 O *coeficiente de expansão térmica* α_T permite que determinemos a expansão de um líquido usando a equação $\Delta V\!\!\!/ = \alpha_T V\!\!\!/ \Delta T$. Calcule a redução em 2 m^3 de água a 40 °C se a temperatura é reduzida em 10 °C. Qual pressão seria necessária para causar a mesma redução de volume?

1.38 Calcule a pressão dentro de uma gotícula de água a 20 °C e uma bolha de água a 20 °C se os seus diâmetros são

(*a*) 40 μm (*b*) 20 μm (*c*) 4 μm

1.39 O quanto água a 20 °C subiria um tubo capilar de 24 μm de diâmetro se ela forma um ângulo de 20° com a parede do tubo?

1.40 O mercúrio forma um ângulo de 130° com relação à vertical quando em contato com vidro limpo. Quanto o mercúrio sofrerá depressão em um tubo de vidro limpo de 10 μm de diâmetro se σ_{Hg} = 0,467 N/m?

1.41 Uma agulha de aço de comprimento L e raio r flutua na água se posicionada cuidadosamente. Escreva uma equação que relacione as diversas variáveis para uma agulha flutuante, pressupondo uma força de tensão superficial vertical.

1.42 Usando a equação desenvolvida no Problema Complementar 1.41, determine se uma agulha de aço de 10 cm de comprimento e 1 mm de diâmetro flutuará em água a 20 °C. $\rho_{aço}$ = 7850 kg/m^3.

1.43 Deduza uma equação que relacione a força vertical T necessária para apenas erguer um laço de fio fino de um líquido, pressupondo uma força de tensão superficial vertical. O raio do fio é r e o diâmetro do laço é D. Considere $D \gg r$.

Relações e Propriedades Termodinâmicas

1.44 Dois quilogramas de ar a 40 °C estão contidos em um volume de 4 m^3. Calcule a pressão, a massa específica, o volume específico e o peso específico.

1.45 A temperatura no lado de fora de uma casa é de –20 °C, enquanto dentro dela é de 20 °C. Qual é a razão entre a massa específica do ar externo e a massa específica do ar interno? A infiltração, decorrente de rachaduras em torno de janelas, portas, revestimentos, etc., ocorreria mesmo sem vento causando uma diferença de pressão?

1.46 Um automóvel com os pneus pressurizados a 240 kPa (35 lb/in^2) sai de Phoenix com a temperatura do pneu a 50 °C. Calcule a pressão do pneu (em kPa e lb/in^2) quando o automóvel chegar no Alaska com a temperatura do pneu a –30 °C.

1.47 Calcule a massa e o peso do ar contido em uma sala de aula com dimensões de 3,2 m × 8 m × 20 m.

1.48 Calcule o peso da coluna de ar contida acima de uma área de ar atmosférico de 1 m^2 do nível do mar até o topo da atmosfera.

1.49 Um corpo de 100 kg cai do estado de repouso de uma altura de 100 m acima do solo. Calcule sua velocidade máxima quando ele atinge o solo. (*a*) Use o valor máximo para a gravidade, (*b*) use o valor mínimo para a gravidade e (*c*) use o valor padrão para a gravidade. (O valor mínimo é aquele no cume do Monte Everest e o valor máximo é aquele no fundo da fossa mais profunda do oceano.)

1.50 O ar se expande de um tanque mantido a 18 °C e 250 kPa para a atmosfera. Calcule sua temperatura mínima enquanto sai do tanque.

1.51 O ar a 22 °C é recebido da atmosfera em um cilindro de 200 cm^3. Calcule a pressão e a temperatura se ele é comprimido isentropicamente até 10 cm^3.

1.52 Dois carros, ambos com massa de 6000 kg, se chocam de frente enquanto se deslocam a 80 km/h. Calcule o aumento de energia interna absorvido pelos materiais de cada carro.

1.53 Um automóvel de 6500 kg se desloca a 90 km/h e freia de repente até parar. Se os quatro discos de freio absorvem toda a energia, determine o aumento máximo da temperatura nesses discos, pressupondo que os discos absorvem a energia igualmente. Os discos de 0,7 cm de espessura e 30 cm de diâmetro são feitos de aço. Use $\rho_{\text{aço}} = 7850\ \text{kg/m}^3$ e $(c_p)_{\text{aço}} = 0{,}5\ \text{kJ/kg·°C}$.

1.54 Calcule a velocidade do som em: (*a*) ar a 0 °C, (*b*) nitrogênio a 20 °C, (*c*) hidrogênio a 10 °C, (*d*) ar a 100 °C e (*e*) oxigênio a 50 °C.

1.55 Um relâmpago é observado e escuta-se um trovão 1,5 s depois. Qual é a distância aproximada de onde o relâmpago ocorreu?

Respostas dos Problemas Complementares

1.11 (*a*) A vazão mássica que entra em um motor a jato; a força do ar sobre uma janela; a transferência de calor através de uma parede. (*b*) A velocidade *V*; a pressão *p*; a temperatura *T*.

1.12 (*a*) $F = ma$. $N = kg \cdot m/s^2$, etc.

1.13 (*a*) $F = ma$. $F = ML/T^2$, etc.

1.14 (*b*) γ = peso/volume = $F{=}L^3$, etc.

1.15 $L^{1/3}/T$, $m^{1/3}/s$

1.16 (*a*) $2 \times 10^{-2}\ m^2$ (*b*) $5 \times 10^{-7}\ m^3$ (*c*) $10^{-5}\ m$ (*d*) $32 \times 10^6\ Pa$ (*e*) $4 \times 10^5\ N$
(*f*) $5 \times 10^{-9}\ N$

1.17 (*a*) 20 nm (*b*) 500 Mm (*c*) 20 μm (*d*) 320 MPa (*e*) 4 μN (*f*) 800 GN

1.18 (*a*) 96,56 m/s (*b*) 241 kPa (*c*) 2000 kg/m^3 (*d*) 0,0892 kg/s
(*e*) $1{,}573 \times 10^{-4}\ m^3/s$ (*f*) 80 MJ

1.19 (*a*) 4500 N (*b*) 9533 N

1.20 468 N

1.21 (*a*) 0,000308 mm (*b*) 0,0877 mm (*c*) 17,5 mm

1.22 (*a*) 107,5 (*b*) 15,6 (*c*) 806 (*d*) 36

1.23 (*a*) 77,3 kPa (*b*) 37,6 kPa (*c*) 11,65 kPa

1.24 49,1 kPa, 4,03%

1.25 16 kN, 64 N, 0,229°

1.26 293 K, 68°F, 528°R

1.27 (*a*) 2 kg/m^3, 19,62 N/m^3, 0,002 (*b*) 4 kg/m^3, 39,24 N/m^3, 0,004
(*c*) 7,5 kg/m^3, 73,6 N/m^3, 0,0075

1.28 968 kg/m^3, −0,4%

1.29 (*a*) 2283 kg (*b*) 2279 kg (*c*) 2293 kg

1.30 13,49, −0,8%

1.31 0,1628 N·s/m^2

1.32 (*a*) 2,5 N/m^2 (*b*) 1,25 N/m^2 (*c*) 0 N/m^2

1.33 (*a*) 7,2 N·m, 0,2 hp (*b*) 21 N·m, 1,81 hp (*c*) 43 N·m, 7,2 hp

1.34 0,88 N·m, 0,15 hp

1.35 37,8 MPa

1.36 0,539 s

1.37 −0,0076 m^3, 7,98 MPa

1.38 (*a*) 3680 Pa, 7360 Pa (*b*) 36,8 Pa, 73,6 Pa (*c*) 7,36 Pa, 14,72 Pa

1.39 1,175 m

1.40 −0,900 m

1.41 $2\sigma > \rho\pi r^2$

1.42 Sim

1.43 $\pi D(2\sigma + \gamma_{\text{fio}}\pi r^2)$

1.44 45 kPa, 0,5 kg/m^3, 2 m^3/kg, 4,905 N/m^3

1.45 1,158, sim

1.46 156 kPa, 22,7 lb/in^2

1.47 609 kg, 5970 N

1.48 100 kN

1.49 44,34 m/s, 44,20 m/s, 44,29 m/s

1.50 −69,6°C

1.51 6630 kPa, 705°C

1.52 1,48 MJ

1.53 261°C

1.54 (*a*) 331 m/s (*b*) 349 m/s (*c*) 1278 m/s (*d*) 387 m/s (*e*) 342 m/s

1.55 515 m

Capítulo 2

Estática dos Fluidos

2.1 INTRODUÇÃO

Na *estática dos fluidos*, não há movimento relativo entre as partículas do fluido, então não há presença de tensões de cisalhamento (um cisalhamento decorre de um gradiente de velocidade). Isso não significa que as partículas do fluido não estão se movendo, significa apenas que não estão se movendo em relação umas às outras; se estão se movendo, como a água em uma bombona girando em torno do seu eixo, elas se movem como um corpo sólido. A única tensão envolvida na estática dos fluidos é a tensão normal, a pressão. É a pressão que atua sobre uma área que dá origem às forças em problemas envolvendo estática dos fluidos. Os três tipos de problema apresentados neste capítulo são: (1) fluidos em repouso, como no projeto de uma represa, (2) fluidos sofrendo aceleração linear, como em um foguete, e (3) fluidos girando em torno de um eixo.

2.2 VARIAÇÃO DE PRESSÃO

A pressão é uma quantidade que atua em um ponto, mas ela tem a mesma magnitude em todas as direções nesse ponto? Para responder a essa pergunta, considere a Figura 2.1. Pressupõe-se que uma pressão p atua sobre a hipotenusa e diferentes pressões p_x e p_y nos dois outros lados do elemento infinitesimal que tem profundidade uniforme dz para dentro do papel. A partícula de fluido que ocupa o elemento de fluido poderia estar acelerando, então usamos a segunda lei de Newton em ambas as direções x e y:

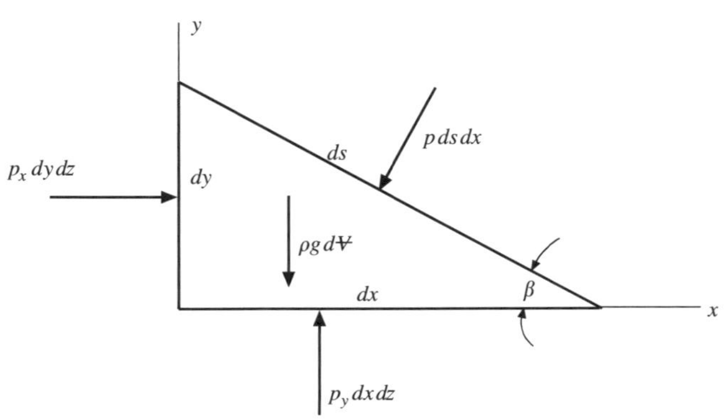

Figura 2.1 Pressão atuando sobre um elemento infinitesimal.

$$\sum F_x = ma_x : \quad p_x\, dy\, dz - p\, ds\, dz \operatorname{sen}\beta = \rho \frac{dx\, dy\, dz}{2} a_x$$
$$\sum F_y = ma_y : \quad p_y\, dx\, dz - p\, ds\, dz \cos\beta - \rho g \frac{dx\, dy\, dz}{2} = \rho \frac{dx\, dy\, dz}{2} a_y \qquad (2.1)$$

reconhecendo que $d\mathcal{V} = \frac{dx\, dy\, dz}{2}$. Da Figura 2.1, temos

$$dy = ds \operatorname{sen}\beta \qquad dx = ds \cos\beta \qquad (2.2)$$

Inserindo estes na Equação (2.1), obtemos

$$p_x - p = \rho \frac{dx}{2} a_x$$
$$p_y - p = \rho \frac{dy}{2}(a_y + g) \qquad (2.3)$$

Aqui, vemos que as quantidades nos lados direitos são infinitesimais, ou seja, extremamente pequenas, e podem ser ignoradas*, de modo que

$$p_x = p_y = p \qquad (2.4)$$

Como o ângulo β é arbitrário, isso vale para todos os ângulos. Poderíamos ter selecionado as dimensões dx e dz e chegado a $p_x = p_z = p$. Assim, a pressão é uma função escalar que atua igualmente em todas as direções em nossas aplicações à estática dos fluidos.

Na discussão anterior, apenas a pressão em um ponto foi considerada. Agora vamos investigar a variação da pressão de um ponto para o outro. O elemento de fluido de profundidade dy na Figura 2.2 pode ter aceleração, como em um recipiente giratório. A segunda lei de Newton nos dá

$$p\, dy\, dz - \left(p + \frac{\partial p}{\partial x} dx\right) dy\, dz = \rho g\, dx\, dy\, dz\, a_x$$
$$p\, dx\, dy - \left(p + \frac{\partial p}{\partial z} dz\right) dx\, dy = -\rho g\, dx\, dy\, dz + \rho g\, dx\, dy\, dz\, a_z \qquad (2.5)$$

Se o elemento também foi mostrado na direção y, a equação do componente y seria

$$p\, dx\, dz - \left(p + \frac{\partial p}{\partial y} dy\right) dx\, dz = \rho g\, dx\, dy\, dz\, a_y \qquad (2.6)$$

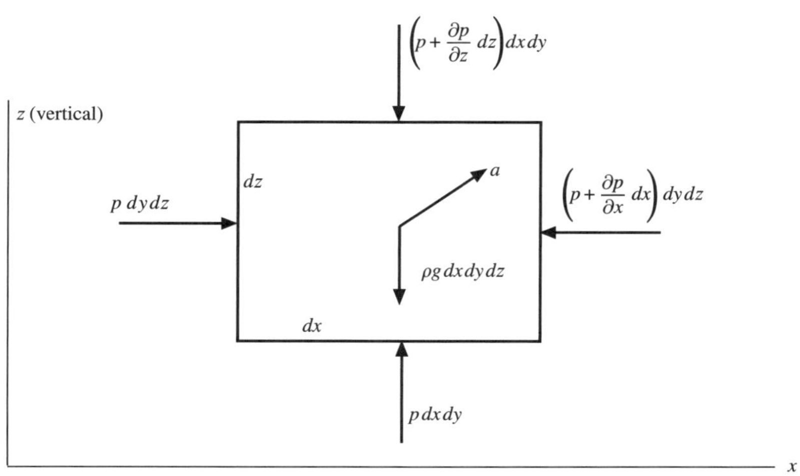

Figura 2.2 Forças atuando sobre um elemento de fluido.

* Matematicamente, poderíamos usar um elemento com lados Δx e Δy e considerar $\Delta x \to 0$ e $\Delta y \to 0$.

As equações (2.5) e (2.6) se reduzem a

$$\frac{\partial p}{\partial x} = -\rho a_x \qquad \frac{\partial p}{\partial y} = -\rho a_y \qquad \frac{\partial p}{\partial z} = -\rho(a_z + g) \tag{2.7}$$

Finalmente, o diferencial de pressão pode ser escrito como

$$\begin{aligned} dp &= \frac{\partial p}{\partial x}dx + \frac{\partial p}{\partial y}dy + \frac{\partial p}{\partial z}dz \\ &= -\rho a_x\, dx - \rho a_y\, dy - \rho(a_z + g)dz \end{aligned} \tag{2.8}$$

Isso pode ser integrado para fornecer a diferença de pressão desejada entre os pontos especificados em um fluido.

Em um fluido em repouso, não há aceleração, de modo que a variação de pressão em relação à Equação (2.8) é

$$dp = -\rho g\, dz \qquad \text{ou} \qquad dp = -\gamma\, dz \tag{2.9}$$

Isso significa que à medida que a elevação z aumenta, a pressão diminui, um fato do qual estamos cientes na natureza; a pressão aumenta com a profundidade no oceano e diminui com a altura na atmosfera.

Considere a variação da pressão em um líquido no qual γ é constante. A Equação (2.9) nos permite escrever

$$\Delta p = -\gamma\, \Delta z \tag{2.10}$$

onde Δp é a variação de pressão sobre a variação de elevação Δz. Se desejamos uma expressão para a pressão a uma distância h abaixo de uma superfície livre onde a pressão é zero, esta seria

$$p = \gamma h \tag{2.11}$$

onde $h = -\Delta z$. A Equação (2.11) é usada para converter a pressão para uma altura equivalente de um líquido; a pressão atmosférica muitas vezes é expressa em milímetros de mercúrio (a pressão no fundo de uma coluna de mercúrio de 30 polegadas é igual à pressão na superfície terrestre devido à atmosfera como um todo).

Se deseja-se obter a variação de pressão na atmosfera, a Equação (2.9) é usada com a lei do gás ideal $p = \rho RT$ para nos dar

$$dp = -\frac{p}{RT}g\, dz \qquad \text{ou} \qquad \int_{p_0}^{p} \frac{dp}{p} = -\frac{g}{R}\int_0^z \frac{dz}{T} \tag{2.12}$$

onde p_0 é a pressão a $z = 0$. Se for possível pressupor que a temperatura é constante por toda a variação de elevação, a equação acima pode ser integrada para obtermos

$$p = p_0 e^{-gz/RT} \tag{2.13}$$

Na troposfera (entre a superfície terrestre e uma altura de cerca de 10 km), onde a temperatura (em kelvins) é $T = 288 - 0{,}0065z$, a Equação (2.12) pode ser integrada para nos informar a variação da pressão.

Exemplo 2.1 Converta 230 kPa para milímetros de mercúrio, polegadas de mercúrio e pés de água.

Solução: A Equação (2.11) é aplicada usando o peso específico do mercúrio, que é $13{,}6\gamma_{\text{água}}$,

$$p = \gamma h \qquad 230\,000 = (13{,}6 \times 9800)h$$

$$\therefore\ h = 1{,}726\,\text{m} \quad \text{ou} \quad 1726\ \text{mm de mercúrio}$$

Isso equivale a 1,726 m × 3,281 ft/m × 12 in/ft = 68,0 polegadas de mercúrio. Voltando à Equação (2.11), primeiro converta kPa para lb/ft^2:

$$230\,\text{kPa} \times 20{,}89\frac{\text{lb/ft}^2}{\text{kPa}} = 4805\,\text{psf} \qquad 4805 = 62{,}4h$$

$$\therefore\ h = 77{,}0\ \text{ft de água}$$

Poderíamos ter convertido os metros de mercúrio para pés de mercúrio e então multiplicado por 13,6 para obter o valor em pés de água.

2.3 MANÔMETROS

Um *manômetro* é um instrumento que utiliza uma coluna de líquido para medir a pressão em vez de um usar medidor. Vamos analisar um manômetro de tubo em U típico afixado a um tubo, como mostrado na

Figura 2.3, para ilustrar como interpretar o instrumento; o dispositivo em questão usa água e mercúrio. Existem várias maneiras de analisar o manômetro, esta é apenas uma. Identifique dois pontos com a mesma pressão, ou seja, que estão à mesma elevação no mesmo líquido, como os pontos 2 e 3. Agora podemos escrever

$$p_2 = p_3$$
$$p_1 + \gamma_{\text{água}} h = p_4 + \gamma_{\text{Hg}} H \tag{2.14}$$

Como foi demonstrado que o ponto 4 está aberto para a atmosfera, a pressão ali é a pressão manométrica zero: $p_4 = 0$. Assim, o manômetro mediria a pressão p_1 no tubo como sendo igual a

$$p_1 = \gamma_{\text{Hg}} H - \gamma_{\text{água}} h \tag{2.15}$$

Observe que um ponto está posicionado em todas as interfaces. Alguns manômetros têm diversos fluidos com diversas interfaces, cada uma das quais deve ser localizada com um ponto quando analisamos o manômetro.

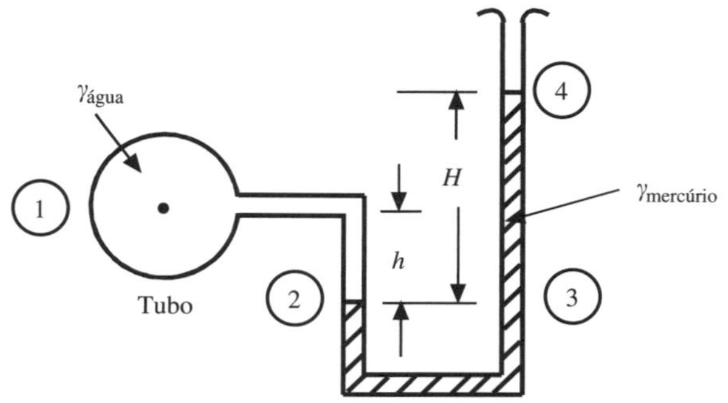

Figura 2.3 Um manômetro de tubo em U que utiliza água e mercúrio.

Exemplo 2.2 Um manômetro conecta uma tubulação de óleo e uma de água, como mostrado na Figura 2.4. Determine a diferença de pressão entre as duas tubulações usando as indicações no manômetro. Use $S_{\text{óleo}} = 0{,}86$ e $S_{\text{Hg}} = 13{,}6$.

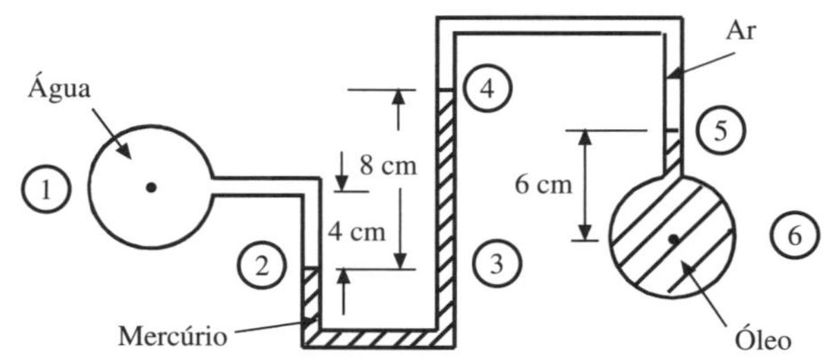

Figura 2.4

Solução: Os pontos de interesse foram posicionados no manômetro na Figura 2.4. A pressão no ponto 2 é igual à pressão no ponto 3:

$$p_2 = p_3$$
$$p_{\text{água}} + \gamma_{\text{água}} \times 0{,}04 = p_4 + \gamma_{\text{Hg}} \times 0{,}08$$

Observe que as alturas devem estar em metros. A pressão no ponto 4 é basicamente igual àquela no ponto 5, pois o peso específico do ar pode ser ignorado em comparação com o do óleo. Assim,

$$p_4 = p_5$$
$$= p_{\text{óleo}} - \gamma_{\text{óleo}} \times 0{,}06$$

Finalmente,

$$p_{\text{água}} - p_{\text{óleo}} = -\gamma_{\text{água}} \times 0{,}04 + \gamma_{\text{Hg}} \times 0{,}08 - \gamma_{\text{óleo}} \times 0{,}06$$
$$= -9800 \times 0{,}04 + (13{,}6 \times 9800)0{,}08 - (0{,}86 \times 9800)0{,}06 = 10\,780 \text{ Pa}$$

2.4 FORÇAS EM SUPERFÍCIES PLANAS E CURVAS

Em projetos de engenharia em que um líquido é contido por superfícies, como uma represa, a lateral de um navio, um tanque de água ou um dique, é necessário calcular as forças e seus locais devido ao líquido sobre as diversas superfícies. Geralmente, o líquido é a água, mas também pode ser óleo ou outra substância. Vamos desenvolver equações para forças em superfícies planas, porém forças em superfícies curvas também podem ser determinadas usando as mesmas equações. Ilustraremos isso com exemplos.

Considere a superfície geral mostrada na Figura 2.5. O líquido atua sobre a área do plano mostrada como uma seção da parede; a visão superior oferece detalhes adicionais sobre a geometria. A força na superfície do plano se deve à pressão $p = \gamma h$ que atua sobre a área, ou seja,

$$F = \int_A p\,dA = \gamma \int_A h\,dA$$
$$= \gamma \operatorname{sen}\alpha \int_A y\,dA = \gamma \bar{y} A \operatorname{sen}\alpha \qquad (2.16)$$

onde $\bar{y}$ é a distância* até o centroide da área do plano; o centroide é identificado como o ponto C. A Equação (2.16) também pode ser expressa como

$$F = \gamma \bar{h} A \qquad (2.17)$$

onde $\bar{h}$ é a distância vertical até o centroide. Como $\gamma\bar{h}$ é a pressão no centroide, vemos que a magnitude da força é a área multiplicada pela pressão que atua no centroide da área. Ela não depende do ângulo α de inclinação. Contudo, a força geralmente não atua no centroide.

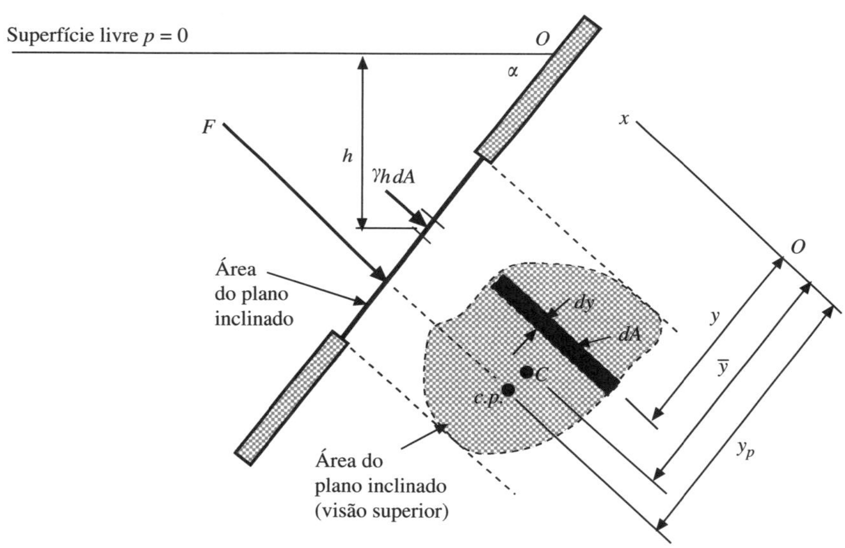

Figura 2.5 A força sobre a área de um plano inclinado.

Vamos pressupor que a força atua em um ponto chamado de *centro de pressão*, identificado pelo ponto (x_p, y_p). Para determinar onde a força atua, precisamos reconhecer que a soma dos momentos de todas as forças infinitesimais deve ser igual ao momento da força resultante, ou seja,

$$y_p F = \gamma \int_A y h\,dA$$
$$= \gamma \operatorname{sen}\alpha \int_A y^2\,dA = \gamma I_x \operatorname{sen}\alpha \qquad (2.18)$$

* Lembre-se de que $\bar{y}A = \int_A y\,dA$.

onde I_x é o segundo momento* da área em torno do eixo x. O teorema da transferência do eixo paralelo afirma que

$$I_x = \bar{I} + A\bar{y}^2 \quad (2.19)$$

onde $\bar{I}$ é o momento da área em torno do seu eixo centroidal. Assim, a inserção da Equação (2.19) na Equação (2.18) e o uso da expressão para F da Equação (2.16) produz o resultado

$$y_p = \bar{y} + \frac{\bar{I}}{A\,\bar{y}} \quad (2.20)$$

Isso nos ajuda a localizar onde a força atua. Para uma superfície horizontal, a pressão é uniforme sobre a área, de modo que a força da pressão atua no centroide da área. Em geral, y_p é maior do que $\bar{y}$. Os centroides e segundos momentos de diversas áreas são apresentados em livros sobre Estática ou Resistência dos Materiais. Nos problemas deste livro, essas informações serão dadas.

Se o topo da área inclinada na Figura 2.5 estivesse na superfície livre, a distribuição de pressão naquela área seria triangular e a força F devido à pressão atuaria através do centroide da distribuição triangular, ou seja, dois terços da distância em relação ao topo da área inclinada.

Para localizar a coordenada x x_p do centro de pressão, usamos

$$\begin{aligned} x_p F &= \gamma \operatorname{sen} \alpha \int_A xy\, dA \\ &= \gamma I_{xy} \operatorname{sen} \alpha \end{aligned} \quad (2.21)$$

onde I_{xy} é o produto da inércia da área. Usando o teorema de transferência para o produto da inércia, o local x do centro de pressão é

$$x_p = \bar{x} + \frac{\bar{I}_{xy}}{A\bar{y}} \quad (2.22)$$

As equações acima também nos permitem calcular as forças que atuam sobre superfícies curvas. Considere a porta curva mostrada na Figura 2.6(*a*). O objetivo desse problema seria encontrar a força P da porta na parede vertical e as forças na dobradiça. Pelos diagramas de corpo livre na Figura 2.6(*b*) e 2.6(*c*), as forças desejadas podem ser calculadas desde que a força F_W, que atua através do centro de gravidade da área, possam ser encontradas. As forças F_1 e F_2 podem ser encontradas usando a Equação (2.17). As forças F_H e F_V são os componentes horizontal e vertical da força da água que atua sobre a porta. Se um diagrama de corpo livre apenas da água acima da porta fosse identificado, veríamos que

$$F_H = F_1 \qquad \text{e} \qquad F_V = F_2 + F_W \quad (2.23)$$

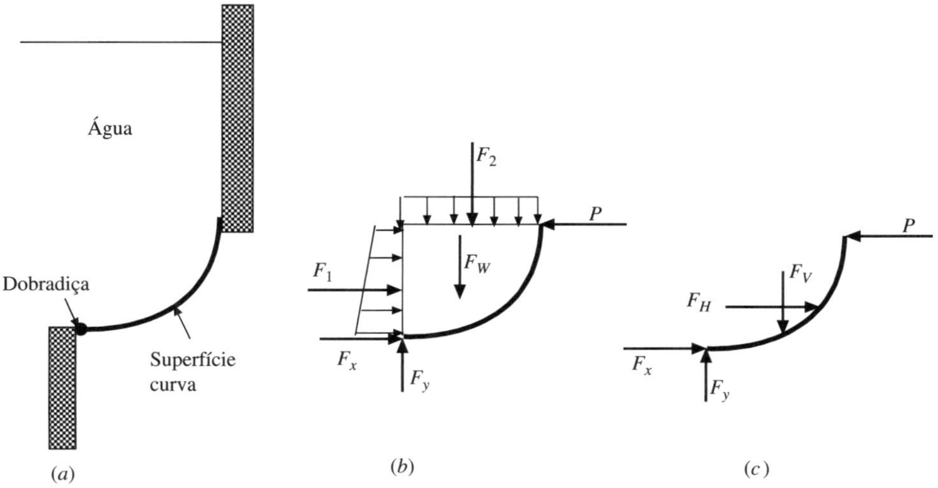

Figura 2.6 Forças sobre uma superfície curva: (*a*) a porta, (*b*) a água e a porta, (*c*) apenas a porta.

* Lembre-se de que o segundo momento do retângulo em torno do seu eixo central é $bh^3/12$.

Muitas vezes, a porta é composta de um quarto de círculo. Nesse caso, o problema pode ser simplificado significativamente reconhecendo que as forças F_H e F_V, quando somadas como um vetor, devem atuar através do centro do quarto de círculo, pois todas as forças infinitesimais decorrentes da pressão da água que compõem F_H e F_V atuam através do centro. Assim, para uma porta cuja forma é de parte de um círculo, os componentes da força F_H e F_V podem ser localizados no centro do arco circular. Um exemplo servirá de ilustração.

Uma aplicação final das forças sobre as superfícies envolve a *flutuação*, ou seja, as forças sobre corpos flutuantes. O *princípio de Arquimedes* afirma que um objeto flutuante sofre uma força de flutuação igual ao peso do líquido deslocado, escrito como

$$F_B = \gamma \forall_{\text{líquido deslocado}} \tag{2.24}$$

Como apenas duas forças atuam sobre um corpo flutuante, estas devem ser iguais e contrárias e atuar através do centro de gravidade do corpo (o corpo poderia ter variações de massa específica) e o centroide do volume de líquido. O corpo se posicionaria de forma que o centro de gravidade e o centroide estivessem em uma linha vertical. A configuração provoca questões sobre estabilidade (o corpo tende a virar?), mas estas não serão consideradas aqui.

Exemplo 2.3 Uma porta quadrada de 60 cm tem sua borda superior 12 m abaixo da superfície da água. Ela está a um ângulo de 45° e sua borda inferior tem uma dobradiça, como mostrado na Figura 2.7(*a*). Que força *P* seria necessária para apenas abrir a porta?

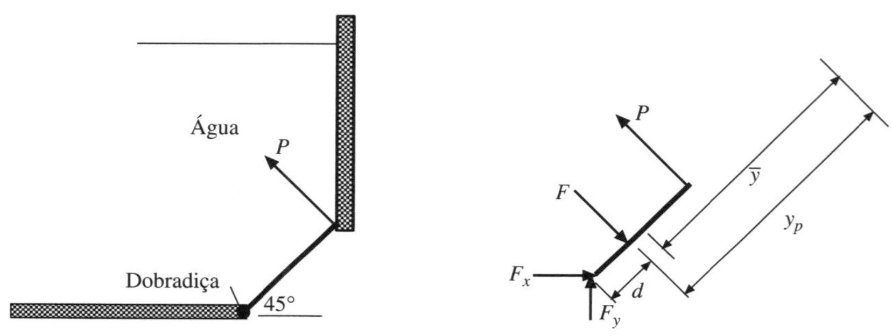

Figura 2.7

Solução: O primeiro passo é desenhar um diagrama de corpo livre da porta que identifique claramente as forças e as distâncias. É o que vemos na Figura 2.7(*b*). Calcula-se que a força *F* é

$$\begin{aligned} F &= \gamma \bar{h} A \\ &= 9810 \times (12 + 0{,}3 \operatorname{sen} 45°)(0{,}6 \times 0{,}6) = 43\ 130\ \text{N} \end{aligned}$$

Usaremos os momentos em torno da dobradiça para que não seja necessário calcular as forças F_x e F_y. Vamos determinar distância *d* onde a força *F* atua a partir da dobradiça:

$$\bar{y} = \frac{\bar{h}}{\operatorname{sen} 45°} = \frac{12 + 0{,}3 \operatorname{sen} 45°}{\operatorname{sen} 45°} = 17{,}27\ \text{m}$$

$$y_p = \bar{y} + \frac{\bar{I}}{A\bar{y}} = 17{,}27 + \frac{0{,}6 \times 0{,}6^3/12}{(0{,}6 \times 0{,}6)17{,}27} = 17{,}272\ \text{m}$$

$$\therefore\ d = \bar{y} + 0{,}3 - y_p \cong 0{,}3\ \text{m}$$

Observação: A distância $y_p - \bar{y}$ é muito pequena e pode ser ignorada devido à altura relativamente grande de 12 m em comparação com a dimensão de 0,6 m. Assim, agora podemos calcular que a força *P* é:

$$P = \frac{0{,}3F}{0{,}6} = 21\ 940\ \text{N}$$

Observe mais uma vez que todas as dimensões são convertidas para metros.

Exemplo 2.4 Considere que a porta na Figura 2.8 é um quarto de círculo com raio de 80 cm e dobradiça 8 m abaixo da superfície da água. Se a porta tem 1 m de largura, qual força P é necessária para prender a porta na posição mostrada?

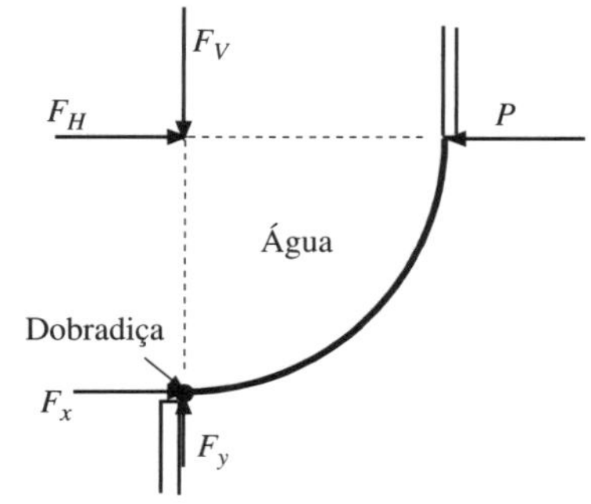

Figura 2.8

Solução: Vamos mover as forças F_H e F_V da Figura 2.6(*c*) para o centro do arco circular, como mostrado na Figura 2.8. Isso é permitido porque todos os componentes de força que compõem a força vetorial resultante $\mathbf{F}_H + \mathbf{F}_V$ atravessam o centro do arco. O diagrama de corpo livre da porta seria semelhante ao da Figura 2.8. Se são usados os momentos em torno da dobradiça, F_x, F_y e F_V não produzem momentos. Logo,

$$P = F_H$$

um resultado relativamente simples em comparação com a situação que teríamos se usássemos a Figura 2.6(*c*). A força P é

$$P = \gamma\bar{h}A = 9810 \times (8 - 0{,}4)(0{,}8 \times 1)$$
$$= 93\,200\ \text{N}$$

onde $F_H = F_1$ e F_1 é a força na área vertical mostrada na Figura 2.6(*b*).

2.5 RECIPIENTES COM ACELERAÇÃO

A pressão em um recipiente acelerando com os componentes a_x e a_z é calculada integrando a Equação (2.8) entre os pontos 1 e 2 para obter

$$p_2 - p_1 = -\rho a_x(x_2 - x_1) - \rho(a_z + g)(z_2 - z_1) \qquad (2.25)$$

Se os pontos 1 e 2 estão em uma linha de pressão constante (p. ex., uma superfície livre) tal que $p_2 = p_1$, como na Figura 2.9, e $a_z = 0$, a Equação (2.25) permite uma expressão para o ângulo α:

$$0 = -\rho a_x(x_2 - x_1) - \rho g(z_2 - z_1)$$
$$\tan\alpha = \frac{z_1 - z_2}{x_2 - x_1} = \frac{a_x}{g} \qquad (2.26)$$

Se a_z não é zero, então o valor simplesmente é incluído. As equações acima nos permitem realizar cálculos que envolvem recipientes com aceleração linear. Pressupõe-se que o líquido não esteja sendo derramado, mas sim se movendo como um corpo rígido. Um exemplo servirá de ilustração.

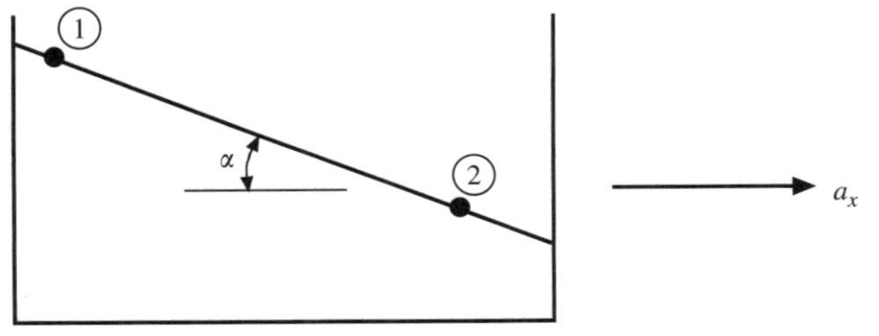

Figura 2.9 Um recipiente com aceleração linear.

Para determinar a pressão em um recipiente giratório, não podemos usar a Equação (2.8), então é necessário deduzir a expressão para a pressão diferencial. Consulte o elemento infinitesimal da Figura 2.10, onde encontramos uma visão superior do elemento. A segunda lei de Newton aplicada na direção radial r nos dá, lembrando que $a_r = r\Omega^2$,

$$pr\,d\theta\,dz - \left(p + \frac{\partial p}{\partial r}dr\right)(r + dr)d\theta\,dz + p\,dr\,dz\,\text{sen}\frac{d\theta}{2} + p\,dr\,dz\,\text{sen}\frac{d\theta}{2} = \rho r\,d\theta\,dr\,dz\,r\Omega^2 \qquad (2.27)$$

Expanda o segundo termo com cuidado, use sen $d\theta/2 = d\theta/2$, ignore os termos de maior ordem e simplifique a Equação (2.27) para obter

$$\frac{\partial p}{\partial r} = \rho r\Omega^2 \qquad (2.28)$$

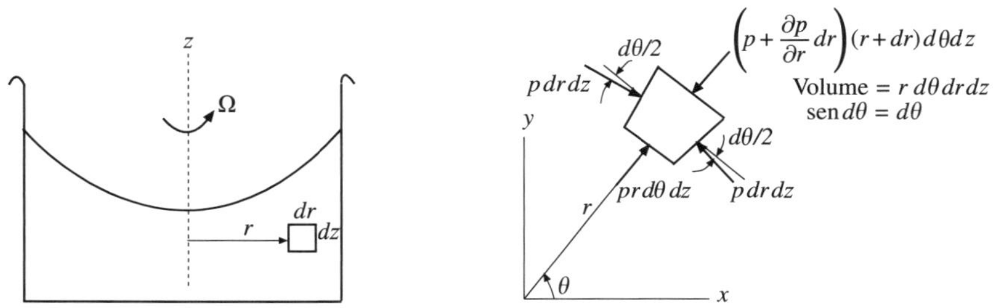

Figura 2.10 O recipiente giratório e a visão superior do elemento infinitesimal.

Isso dá a variação de pressão na direção radial e nosso $dp = -\rho_g\,dz$ normal fornece a variação de pressão na direção z. Mantendo z fixo, a diferença de pressão de r_1 para r_2 é calculada integrando a Equação (2.28):

$$p_2 - p_1 = \frac{\rho\Omega^2}{2}(r_2^2 - r_1^2) \qquad (2.29)$$

Se o ponto 1 está no centro da rotação de modo que $r_1 = 0$, então $p_2 = \rho\Omega^2 r_2^2/2$. Se a distância do ponto 2 até a superfície livre é h, como mostrado na Figura 2.11, de modo que $p_2 = \rho gh$, vemos que

$$h = \frac{\Omega^2 r_2^2}{2g} \qquad (2.30)$$

que é uma parábola. A superfície livre é uma paraboloide da revolução. Um exemplo ilustra o uso das equações acima.

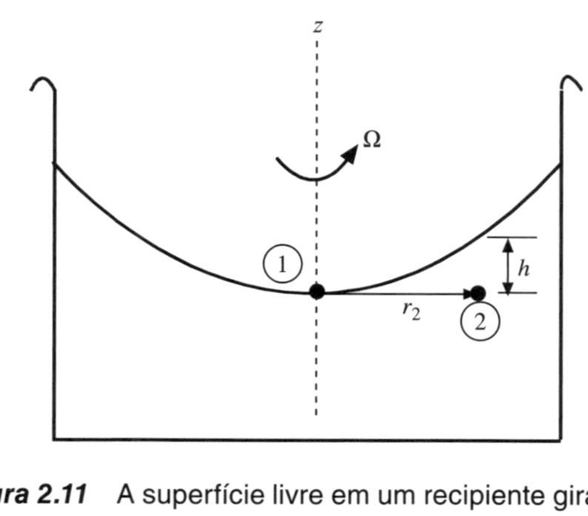

Figura 2.11 A superfície livre em um recipiente giratório.

Exemplo 2.5 Um tanque de 120 cm de comprimento contém 80 cm de água e 20 cm de ar mantidos a 60 kPa acima da água. O tanque de 60 cm de largura é acelerado a 10 m/s^2. Após o equilíbrio ser estabelecido, determine a força que atua sobre o fundo do tanque.

Solução: Primeiro, desenhe o tanque usando as informações do enunciado. Ele será semelhante à Figura 2.12. A distância x pode ser relacionada com y usando a Equação (2.26):

$$\tan\alpha = \frac{a_x}{g} = \frac{10}{9{,}81} = \frac{y}{x} \qquad \therefore\ y = 1{,}019x$$

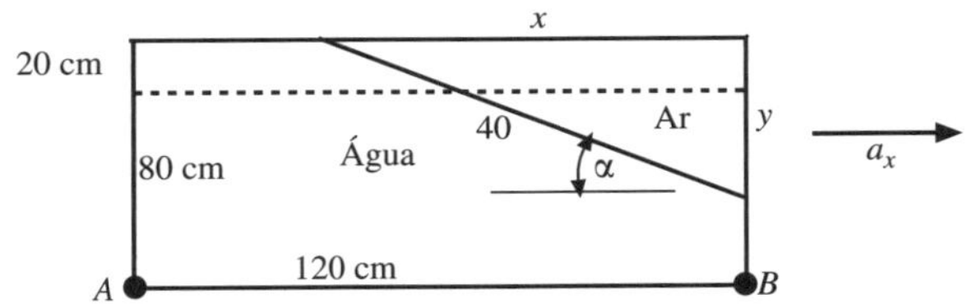

Figura 2.12

Equacione a área do ar antes e depois de calcular x ou y:

$$120 \times 20 = \frac{1}{2}xy = \frac{1{,}019}{2}x^2 \qquad \therefore\ x = 68{,}63\,\text{cm} \quad \text{e} \quad y = 69{,}94\,\text{cm}$$

A pressão permanecerá inalterada no ar acima da água, pois o volume do ar não muda. As pressões em A e B são, então (use a Equação (2.25)),

$$p_A = 60\,000 + 1000 \times 10 \times (1{,}20 - 0{,}6863) + 9810 \times 1{,}0\,\text{m} = 74\,900\,\text{Pa}$$
$$p_B = 60\,000 + 9810 \times (1{,}00 - 0{,}6994) = 62\,900\,\text{Pa}$$

A pressão média no fundo é $(p_A + p_B)/2$. Multiplique a pressão média pela área para determinar a força que atua sobre o fundo:

$$F = \frac{p_A + p_B}{2}A = \frac{74\,900 + 62\,900}{2}(1{,}2 \times 0{,}6) = 49\,610\,\text{N}$$

Exemplo 2.6 O cilindro na Figura 2.13 é girado em torno do eixo central, como mostrado. Qual velocidade rotacional seria necessária para que a água apenas encostasse no ponto A? Além disso, determine a força sobre o fundo do cilindro.

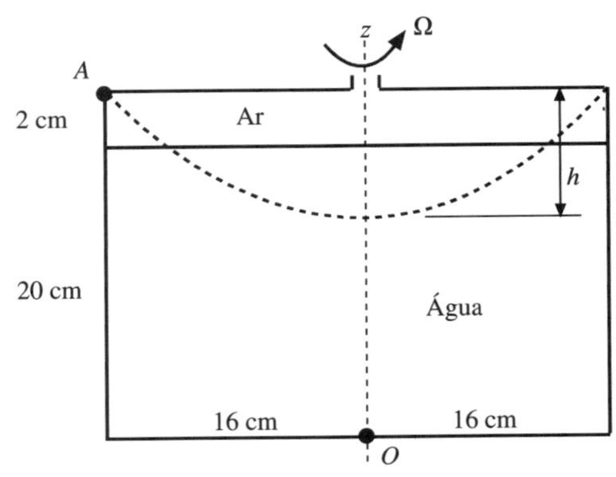

Figura 2.13

Solução: O volume do ar antes e depois deve ser o mesmo. Reconhecendo que o volume de uma paraboloide de revolução é metade do volume de um cilindro circular do mesmo raio e comprimento, calcula-se que a altura da paraboloide da revolução é:

$$\pi \times 0{,}16^2 \times 0{,}02 = \frac{1}{2}\pi \times 0{,}16^2 h \qquad \therefore\ h = 0{,}04\,\text{m}$$

Use a Equação (2.30) para determinar Ω:

$$0{,}04 = \frac{\Omega^2 \times 0{,}16^2}{2 \times 9{,}81} \qquad \Omega = 5{,}54 \text{ rad/s}$$

A pressão no fundo como função do raio r é $p(r)$, dada por

$$p - p_0 = \frac{\rho\Omega^2}{2}(r^2 - r_1^2)$$

onde $p_0 = 9810 \times (0{,}20 - 0{,}04) = 1570$ Pa. Logo,

$$p = \frac{1000 \times 5{,}54^2}{2} r^2 + 1570 = 15\,346r^2 + 1570$$

A pressão é integrada sobre a área para calcular que a força é

$$\int_0^{0,16} (15\,346r^2 + 1570)2\pi r \, dr = 142{,}1 \text{ N}$$

Problemas Resolvidos

2.1 Deduza uma expressão para a variação da massa específica em um líquido, pressupondo um módulo de compressibilidade constante e uma temperatura constante.

A massa específica varia em um líquido de acordo com a Equação (1.13), $B = \rho\, \Delta p/\Delta\rho|T$. Sobre uma diferença de pressão pequena, isso pode ser escrito, usando a Equação (2.9), como

$$dp = \frac{B}{\rho} d\rho = \rho g \, dh \quad \text{ou} \quad \frac{d\rho}{\rho^2} = \frac{g}{B} dh$$

Pressupondo um valor constante para B, monte uma integração:

$$\int_{\rho_0}^{\rho} \frac{d\rho}{\rho^2} = \frac{g}{B} \int_0^h dh$$

A integração dá o aumento da massa específica como

$$-\frac{1}{\rho} + \frac{1}{\rho_0} = \frac{gh}{B} \quad \text{ou} \quad \rho = \frac{\rho_0}{1 - g\rho_0 h/B}$$

O resultado pode ser usado com $dp = \rho g \, dh$ para fornecer a variação de pressão no oceano.

2.2 Um manômetro de tubo em U mede a pressão em um tubo de ar como sendo de 10 cm de água. Calcule a pressão no tubo.

Consulte a Figura 2.3. A Equação (2.15) nos dá a resposta:

$$p_1 = \gamma_{\text{água}} H - \cancel{\gamma_{\text{ar}} h} = 9810 \times 0{,}1 = 981 \text{ Pa}$$

Ignoramos o termo $\gamma_{ar}\, h$ pois γ_{ar} é pequeno em comparação com $\gamma_{água}$.

2.3 Calcule a força P necessária para manter a porta de 2 m de largura da Figura 2.14 na posição mostrada se $h = 1{,}2$ m.

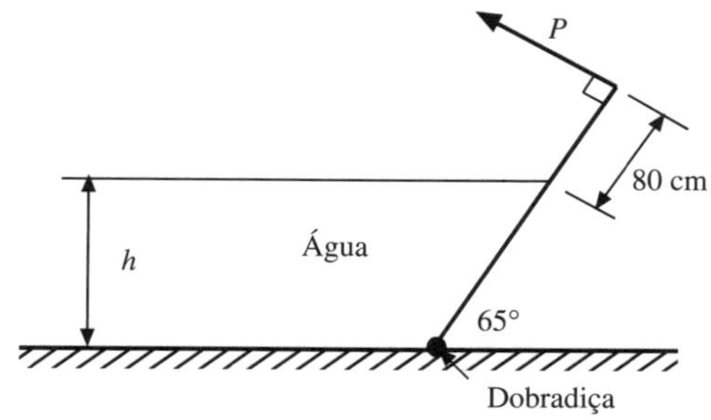

Figura 2.14

A força da água sobre a porta é dada pela Equação (2.17), usando $\bar{h} = 0{,}6$ m, e é

$$F = \gamma \bar{h} A = 9810 \times 0{,}6 \times \left(\frac{1{,}2}{\text{sen } 65°} \times 2\right) = 15\,590\text{ N}$$

A força F atua normal à porta. Os momentos em torno da dobradiça nos dão

$$Fd_1 = Pd_2 \qquad 15\,590 \frac{0{,}6}{\text{sen } 65°} = P\left(\frac{1{,}2}{\text{sen } 65°} + 0{,}8\right) \qquad \therefore\ P = 4860\text{ N}$$

Usamos d_1 como a distância até F e d_2 como a distância até P.

2.4 Calcule a força P necessária para manter a porta de 3 m de largura na posição mostrada na Figura 2.15(*a*) se $r = 2$ m.

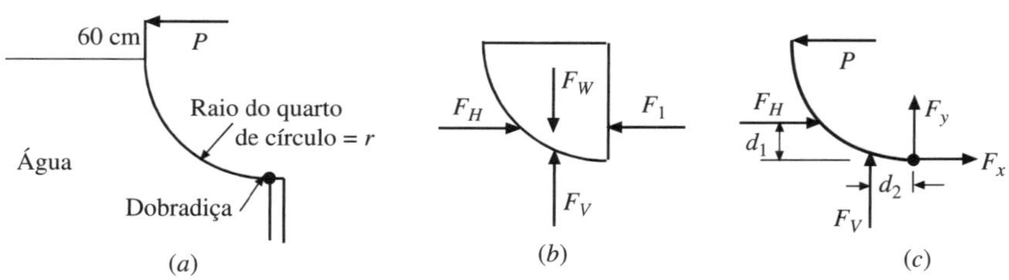

Figura 2.15

Componentes de força horizontais e verticais atuam sobre a porta. A distribuição de pressão sobre a porta seria a mesma se a água estivesse acima e à direita da porta. Assim, apenas um diagrama de corpo livre da água é apresentado na Figura 2.15(*b*). O diagrama de corpo livre da porta é mostrado na Figura 2.15(*c*). As forças $F_1 = F_H$ e $F_W = F_V$ são

$$F_H = F_1 = \gamma \bar{h} A = 9810 \times 1 \times (2 \times 3) = 58\,860\text{ N} \qquad F_V = F_W = \gamma V\!\!\!\!/ = 9810 \times \frac{1}{4}\pi \times 2^2 \times 3 = 92\,580\text{ N}$$

As distâncias d_1 e d_2 (F_W atua através do centroide do quarto de círculo) são

$$d_1 = \frac{1}{3} \times 2 = 0{,}667\text{ m} \qquad d_2 = \frac{4r}{3\pi} = \frac{4 \times 2}{3 \times \pi} = 0{,}8488\text{ m}$$

(A força F_1 se deve a uma distribuição de pressão triangular sobre a área retangular vertical, então deve atuar através do centroide da distribuição: dois terços da distância da superfície ou um terço da distância acima da dobradiça.) Os momentos em torno da dobradiça nos dão

$$2{,}6P = d_1 F_H + d_2 F_V = 0{,}667 \times 58\,860 + 0{,}8488 \times 92\,580 \qquad \therefore\ P = 45\,300\text{ N}$$

Poderíamos ter simplificado os cálculos se tivéssemos movido as forças F_H e F_V para o centro do arco circular (revise o Exemplo 2.4). Assim, os momentos em torno da dobradiça teriam nos dado

$$2{,}6P = 2F_H \qquad \therefore\ P = 45\,300\ \text{N}$$

2.5 O tanque do Exemplo 2.5 é preenchido com água, mas tem um pequeno furo no alto da extrema esquerda. Agora determine a força que atua sobre o fundo do tanque. Todas as outras quantidades permanecem iguais àquelas apresentadas no exemplo.

A linha de pressão constante da pressão manométrica zero atravessa o canto superior esquerdo e se estende abaixo de B a uma distância de z (faça um desenho com um triângulo no lado esquerdo $(100 + z)$ cm de altura e a base com 120 cm de comprimento), onde z é dado por

$$\tan\alpha = \frac{10}{9{,}81} = \frac{100+z}{120} \qquad \therefore\ z = 22{,}3\ \text{cm}$$

O ponto B está 22,3 cm acima da linha de pressão zero, de modo que a pressão em B é

$$p_B = -\gamma z = -9810 \times 0{,}223 = -2190\ \text{Pa}$$

A pressão em A e a pressão média na área do fundo são

$$p_A = 9810 \times 1{,}0 = 9810\ \text{Pa} \qquad \text{e} \qquad p_{\text{média}} = \frac{p_A + p_B}{2} = \frac{9810 - 2190}{2} = 3810\ \text{Pa}$$

Assim, a força sobre o fundo é

$$F = p_{\text{média}} A = 3810(0{,}6 \times 1{,}2) = 2740\ \text{N}$$

2.6 Um tubo de ensaio é colocado em um dispositivo giratório que gradualmente o posiciona na horizontal quando ele gira rápido o suficiente para tal. Se a velocidade é de 1000 rpm, calcule a pressão no fundo do tubo de ensaio de diâmetro relativamente pequeno se este contém água e tem 12 cm de comprimento. O topo do tubo está a um raio de 4 cm do eixo de rotação.

A paraboloide da revolução é uma superfície de pressão constante. A que atravessa o topo do tubo de ensaio giratório é uma superfície de pressão zero. Se posicionamos o ponto "1" no eixo de rotação e "2" no fundo do tubo de ensaio, então a Equação (2.29) assume a forma

$$p_2 - \not{p_1} = \frac{\rho\Omega^2}{2}(r_2 - r_1) \quad \text{ou} \quad p_2 = \frac{1000(1000 \times 2\pi/60)^2}{2} 0{,}12 = 65\,800\ \text{Pa}$$

Problemas Complementares

Variação de Pressão

2.7 Converta os itens a seguir conforme indicado:

(*a*) 2 m de água em cm de mercúrio

(*b*) 20 kPa em mm de mercúrio

(*c*) 34 ft de água em kPa

(*d*) 760 mm de mercúrio em ft de água

(*e*) 250 kPa em psi

(*f*) 32 psi em kPa

2.8 Calcule a diferença de pressão entre o alto e o chão de uma casa se a distância é de 10 m. Use os pressupostos apropriados.

2.9 Um meteorologista afirma que a pressão barométrica é de 29 polegadas de mercúrio. Converta essa pressão em (*a*) kPa, (*b*) psi, (*c*) ft de água e (*d*) bares.

2.10 Determine a profundidade de um líquido necessária para criar uma diferença de pressão de 225 kPa se o líquido é (*a*) água, (*b*) ar em condições padrão, (*c*) mercúrio e (*d*) óleo com $S = 0{,}86$.

2.11 A gravidade específica de um líquido é 0,75. Qual é a altura do líquido necessária para criar uma diferença de pressão de 200 kPa?

2.12 Pressuponha uma pressão absoluta de 100 kPa ao nível do solo. Qual é a pressão no alto de uma parede de 3 m de altura no lado externo onde a temperatura é –20 °C e no lado interno da casa onde a temperatura é de 22 °C? (Essa diferença produz infiltração mesmo quando não há presença de vento.)

2.13 Determine uma expressão para a variação de pressão no oceano pressupondo $\rho_0 = 1030$ kg/m^3 para água salgada usando o módulo de compressibilidade de 2100 MPa (ver solução do Problema Resolvido 2.1). Calcule a pressão a 2000 m usando (*a*) a expressão desenvolvida e (*b*) uma massa específica constante de 1030 kg/m^3. (*c*) Calcule o erro percentual em (*b*) pressupondo que (*a*) é o valor correto.

2.14 De cerca de 12 a 20 km, a temperatura na estratosfera é constante em 217 K. Pressupondo que a pressão a 12 km é de 19,4 kPa, use a Equação (2.13) para aproximar a pressão a 20 km. Calcule o erro utilizando a Tabela C.3 do Apêndice C para obter o valor mais preciso.

2.15 Pressuponha uma distribuição de temperatura de $T = 288 - 0{,}0065z$ K e integre para determinar a pressão a 10 km na atmosfera pressupondo que $p = 101{,}3$ kPa a $z = 0$. Calcule o erro.

Manômetros

2.16 Na Figura 2.3, calcule a pressão no tubo de água se:

(*a*) $h = 10$ cm e $H = 20$ cm (*b*) $h = 15$ cm e $H = 25$ cm

(*c*) $h = 20$ cm e $H = 30$ cm (*d*) $h = 17$ cm e $H = 32$ cm

2.17 A pressão no nariz de um pequeno avião é dada por $p = \frac{1}{2}\rho V^2$, onde ρ é a massa específica do ar. Um manômetro de tubo em U indica 10 cm de água. Determine a velocidade do avião se ele está voando a uma altitude de:

(*a*) 10 m (*b*) 4000 m (*c*) 6000 m

2.18 Calcule a diferença de pressão entre o tubo de ar e o tubo de água na Figura 2.16 se H é:

(*a*) 5 cm (*b*) 8 cm (*c*) 10 cm

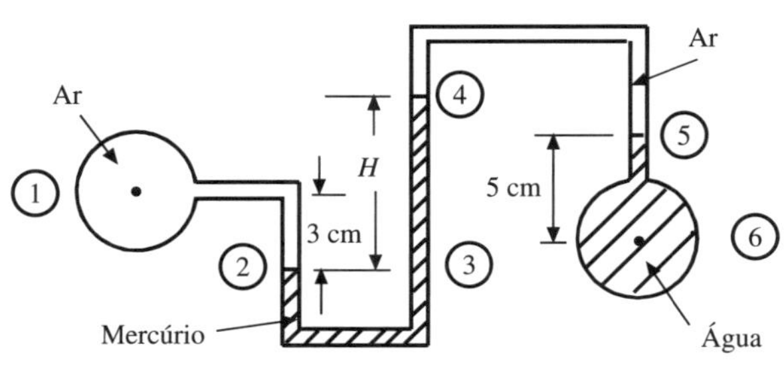

Figura 2.16

2.19 Substitua o ar entre os pontos 4 e 5 da Figura 2.16 com óleo cujo $S_{óleo} = 0,86$ e considere que $z_4 - z_5 = 6$ cm. Calcule a diferença de pressão entre o tubo de ar e o tubo de água se H é:

(*a*) 5 cm (*b*) 8 cm (*c*) 10 cm

2.20 Se o topo do manômetro da Figura 2.17 é aberto, o nível de mercúrio está 10 cm abaixo do tubo de ar sem pressão. O topo do manômetro é selado e o tubo de ar é pressurizado. Calcule o valor de H para uma pressão de 200 kPa no tubo de ar. Pressuponha um processo isotérmico para o ar acima do mercúrio.

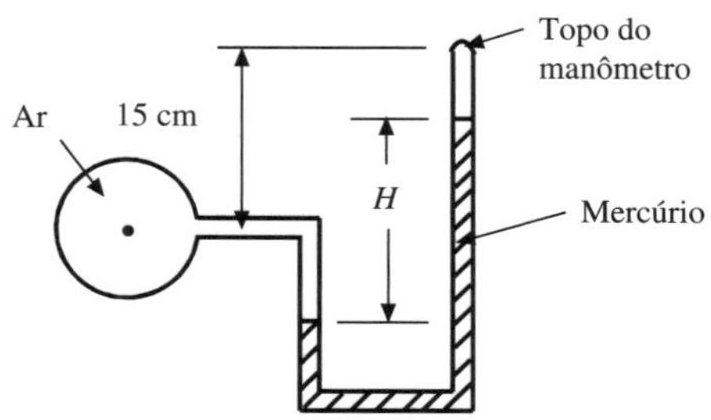

Figura 2.17

Forças em Superfícies Planas e Curvas

2.21 Um veículo submersível tem uma janela de observação de 60 cm de diâmetro. Determine a força da pressão da água sobre a janela se o centro da janela está 30 m abaixo da superfície a janela está (*a*) horizontal, (*b*) vertical e (*c*) a um ângulo de 45°.

2.22 Uma fossa séptica mede 2 m × 80 cm × 120 cm e suas laterais têm 8 cm de espessura. Ela está enterrada rente ao solo. Se a fossa está vazia, a que altura a água que satura o solo precisaria se elevar no lado de fora do tanque para fazer com que ele saísse do chão? Pressuponha que $S_{concreto} = 2,4$.

2.23 No Problema Resolvido 2.3, calcule a força P se h é:

(*a*) 80 cm (*b*) 2 m (*c*) 2,4 m

2.24 O topo de uma porta vertical de 2 m de diâmetro está 4 m abaixo da superfície da água e tem uma dobradiça no seu extremo inferior. Que força, atuando no alto da porta, é necessária para mantê-la fechada?

2.25 Use a Equação (2.20) e mostre que a força em uma superfície retangular plana a um ângulo β com a horizontal atua um terço acima da base, desde que o topo do retângulo esteja na superfície da água.

2.26 A qual altura H a porta na Figura 2.18 irá se abrir se h é:

(*a*) 1,0 m

(*b*) 1,2 m

(*c*) 1,4 m

(*d*) 1,6 m

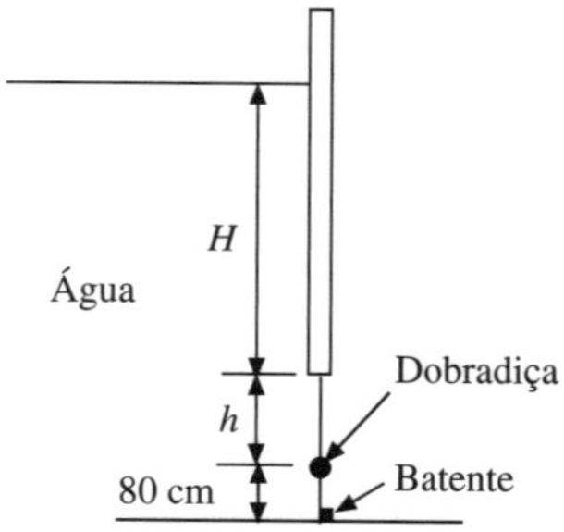

Figura 2.18

2.27 A porta mostrada na Figura 2.19 se abrirá automaticamente quando o nível da água alcançar uma determinada altura acima da dobradiça. Determine essa altura se b é:

(*a*) 1,2 m (*b*) 1,6 m (*c*) 2,0 m

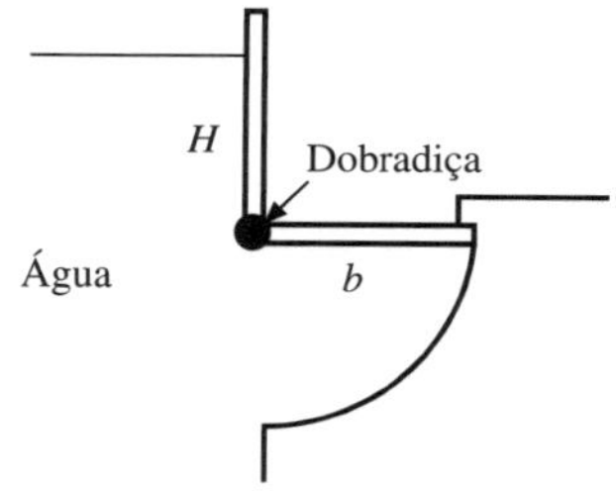

Figura 2.19

2.28 Existe uma distribuição de pressão sobre uma represa de concreto ($S = 2{,}4$) como aquela desenhada na Figura 2.20. A represa tenderá a ser derrubada (soma dos momentos em torno do canto inferior direito) se:

(*a*) $H = 30$ m, $h = 4$ m

(*b*) $H = 40$ m, $h = 6$ m

(*c*) $H = 50$ m, $h = 8$ m

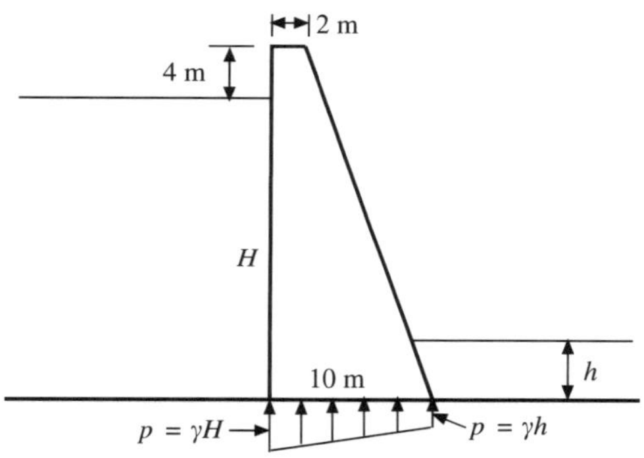

Figura 2.20

2.29 No Problema Resolvido 2.4, calcule a força P se r é:

(*a*) 1,6 m (*b*) 2,4 m (*c*) 3 m

2.30 Considere que a porta na Figura 2.21 é um quarto de círculo de raio 80 cm. Determine a força P necessária para apenas abrir a porta de 1 m de largura se a dobradiça está:

(*a*) 2 m abaixo da superfície.

(*b*) 3 m abaixo da superfície.

(*c*) 4 m abaixo da superfície.

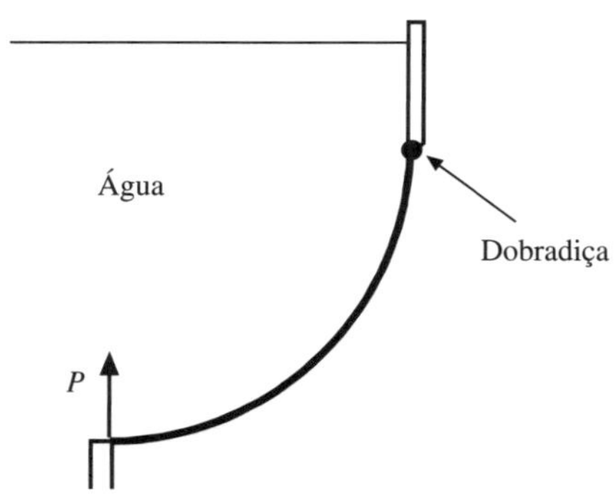

Figura 2.21

2.31 Calcule a força que atua sobre a dobradiça do (*a*) Problema 2.30*a*, (*b*) Problema 2.30*b* e (*c*) Problema 2.30*c*.

2.32 Determine a força P necessária para apenas abrir a porta parabólica de 2 m de largura da Figura 2.22 se a dobradiça está na seguinte posição y no plano xy:

(*a*) 2 m

(*b*) 8 m

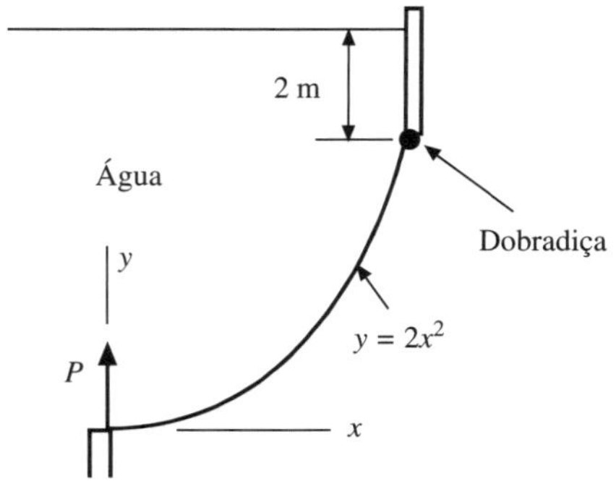

Figura 2.22

2.33 Um corpo pesa 200 N no ar e 125 N quando submerso em água. Calcule seu peso específico.

2.34 Um objeto com volume de 1200 cm^3 pesa 20 N. Quanto ele pesará quando submerso em água?

2.35 Um corpo mais leve do que a água precisa de uma força de 20 N para ser mantido submerso. Se ele pesa 75 N no ar, quais são sua massa específica e gravidade específica?

2.36 O cilindro mostrado na Figura 2.23 é destampado quando a profundidade da água alcança uma determinada altura H. A tampa circular e o cilindro de 2 m de comprimento pesam 2000 N. Determine H se R é:

(*a*) 20 cm (*b*) 40 cm (*c*) 60 cm

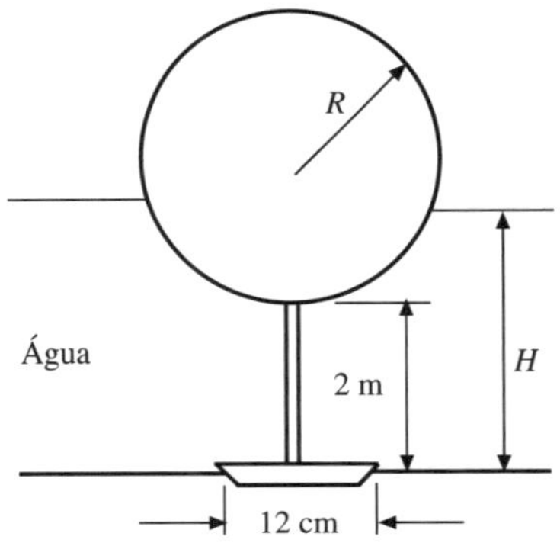

Figura 2.23

Recipientes com Aceleração

2.37 O tanque mostrado na Figura 2.24 é preenchido com água e acelerado com os dois componentes mostrados. Calcule as pressões em A e B se:

(*a*) $a_x = 6$ m/s^2, $a_z = 0$ e $h = 1{,}4$ m

(*b*) $a_x = 0$, $a_z = 6$ m/s^2 e $h = 2{,}4$ m

(*c*) $a_x = 6$ m/s^2, $a_z = 6$ m/s^2 e $h = 2$ m

(*d*) $a_x = 6$ m/s^2, $a_z = 2$ m/s^2 e $h = 1{,}4$ m

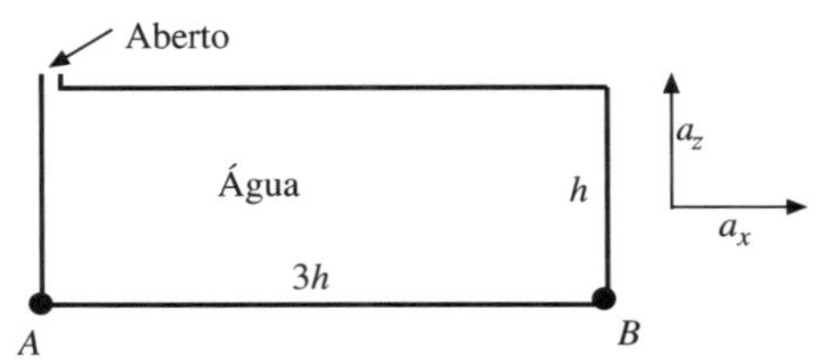

Figura 2.24

2.38 Determine a força que atua sobre o fundo do tanque de 2 m de largura do (*a*) Problema 2.37*a*, (*b*) Problema 2.37*b*, (*c*) Problema 2.37*c* e (*d*) Problema 2.37*d*.

2.39 Determine a força que atua sobre a extremidade esquerda do tanque de 2 m de largura do (*a*) Problema 2.37*a*, (*b*) Problema 2.37*b*, (*c*) Problema 2.37*c* e (*d*) Problema 2.37*d*.

2.40 O tanque do Problema 2.37*a* é acelerado para a esquerda em vez da direita. Calcule a pressão em A e a força no fundo do tanque de 2 m de largura.

2.41 Determine as pressões nos pontos A e B na água do tubo em U da Figura 2.25 se:

(*a*) $L = 40$ cm e $a_x = 6$ m/s^2

(*b*) $L = 60$ cm e $a_x = -10$ m/s^2

(*c*) $L = 50$ cm e $a_x = 4$ m/s^2

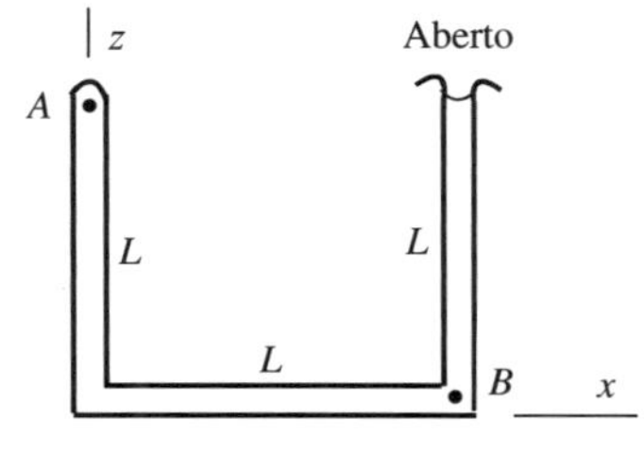

Figura 2.25

2.42 O tubo em U do Problema 2.41 é girado em torno da perna direita a 100 rpm. Calcule as pressões em A e B na água se L é:

(*a*) 40 cm (*b*) 50 cm (*c*) 60 cm

2.43 O tubo em U do Problema 2.41 é girado em torno da perna esquerda a 100 rpm. Calcule as pressões em A e B na água se L é:

(*a*) 40 cm (*b*) 50 cm (*c*) 60 cm

2.44 O tubo em U do Problema 2.41 é girado em torno do centro da parte horizontal a 100 rpm. Calcule as pressões em A e B na água se L é:

(a) 40 cm (b) 50 cm (c) 60 cm

2.45 Determine a pressão no ponto A do cilindro da Figura 2.26 se $\Omega = 100$ rpm e R é:

(*a*) 40 cm (*b*) 60 cm (*c*) 80 cm

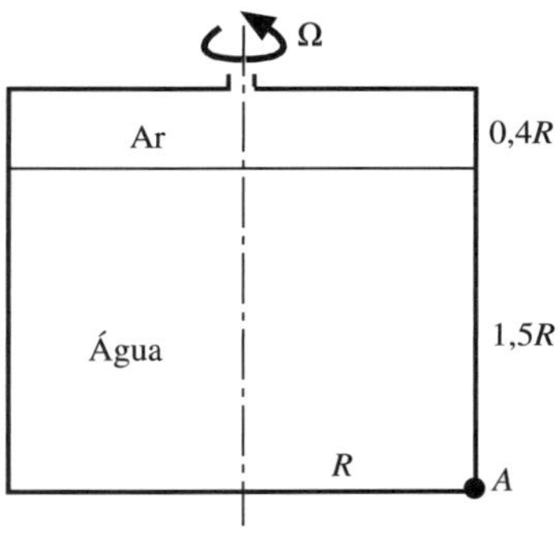

Figura 2.26

2.46 Determine a força no fundo do cilindro do (*a*) Problema 2.45*a*, (*b*) Problema 2.45*b* e (*c*) Problema 2.45*c*.

Respostas dos Problemas Complementares

2.7 (*a*) 4,7 cm (*b*) 150 mm (*c*) 101,7 kPa (*d*) 33,9 ft (*e*) 36,25 psi (*f*) 221 kPa

2.8 120 Pa

2.9 (*a*) 15,23 kPa (*b*) 2,21 psi (*c*) 5,09 ft (*d*) 0,1523 bars

2.10 (*a*) 22,9 m (*b*) 18 650 m (*c*) 1,686 m (*d*) 26,7 m

2.11 27,2 m

2.12 99 959 Pa, 99 965 Pa

2.13 (*a*) 20,3 MPa (*b*) 20,21 MPa (*c*) −0,44%

2.14 5,50 kPa, −0,51%

2.15 26,3 kPa, −0,75%

2.16 (*a*) 25,7 kPa (*b*) 31,9 kPa (*c*) 38,1 kPa (*d*) 41,0 kPa

2.17 (*a*) 40,1 m/s (*b*) 49,1 m/s (*c*) 54,5 m/s

2.18 (*a*) 6,18 kPa (*b*) 10,2 kPa (*c*) 12,8 kPa

2.19 (*a*) 5,67 kPa (*b*) 9,68 kPa (*c*) 12,34 kPa

2.20 30,7 cm

2.21 (*a*) 83,2 kN (*b*) 83,2 kN (*c*) 83,2 kN

2.22 54,2 cm

2.23 (*a*) 1212 N (*b*) 10,6 kN (*c*) 15,96 kN

2.24 24,4 kN

2.25 A resposta é dada no problema.

2.26 (*a*) 1,8 m (*b*) 0,667 m (*c*) 0,244 m (*d*) 0 m

2.27 (*a*) 2,08 m (*b*) 2,77 m (*c*) 3,46 m

2.28 (*a*) Vai virar (*b*) Vai virar (*c*) Não vai virar

2.29 (*a*) 17,1 kN (*b*) 28,2 kN (*c*) 36,8 kN

2.30 (*a*) 6500 N (*b*) 7290 N (*c*) 8070 N

2.31 (*a*) 4710 N (*b*) 5490 N (*c*) 6280 N

2.32 (*a*) 31,9 kN (*b*) 91,4 kN

2.33 2,67, 0,00764 m^3

2.34 8,23 N

2.35 789 kg/m^3, 0,789

2.36 (*a*) 2,39 m (*b*) 2,19 m

2.37 (*a*) 13,73 kPa, −11,47 kPa (*b*) 37,9 kPa, 37,9 kPa (*c*) 31,6 kPa, −4,38 kPa
(*d*) 16,53 kPa, −8,67 kPa

2.38 (*a*) 9,49 kN (*b*) 546 kN (*c*) 327 kN (*d*) 66 kN

2.39 (*a*) 19,22 kN (*b*) 53,1 kN (*c*) 44,3 kN (*d*) 23,1 kN

2.40 13,73 kPa, 221 kN

2.41 (*a*) 2,40 kPa, 3,92 kPa (*b*) 6,00 kPa, 3,92 kPa (*c*) 2,00 kPa, 3,92 kPa

2.42 (*a*) 8,77 kPa, 3,92 kPa (*b*) 13,7 kPa, 4,90 kPa (*c*) 19,73 kPa, 5,89 kPa

2.43 (*a*) −8,77 kPa, 3,92 kPa (*b*) −13,7 kPa, 4,90 kPa (*c*) −19,73 kPa, 5,89 kPa

2.44 (*a*) 0 kPa, 3,92 kPa (*b*) 0 kPa, 4,90 kPa (*c*) 0 kPa, 5,89 kPa

2.45 (*a*) 10,98 kPa (*b*) 21,3 kPa (*c*) 39,5 kPa

2.46 (*a*) 3,31 kN (*b*) 12,9 kN (*c*) 44,1 kN

Capítulo 3

Fluidos em Movimento

3.1 INTRODUÇÃO

Este capítulo introduz o tema geral do movimento dos escoamentos de fluidos. Esses movimentos são bastante complexos e exigem o uso de matemática avançada para descrevê-los quando desejamos incluir todos os detalhes. Com a experiência, podemos adotar pressupostos simplificadores que reduzem a matemática necessária, mas mesmo então o problemas conseguem ser matematicamente complexos. Para descrever o movimento do ar em torno de um aerofólio, a água ao redor de um navio, um tornado, um furacão, a agitação de uma máquina de lavar ou mesmo a água que atravessa uma válvula, a matemática se torna bastante sofisticada e vai além do escopo de uma disciplina introdutória. Contudo, vamos deduzir as equações necessárias para descrever esses movimentos, mas com pressupostos simplificadores que nos permitirão resolver alguns problemas relevantes. Esses problemas incluirão o escoamento em um tubo, através de um canal, em torno de cilindros giratórios e em uma camada limite junto a uma parede plana. Eles também incluirão escoamentos compressíveis envolvendo geometrias simples.

Os pressupostos que usaremos incluirão a natureza da geometria: tubos e canais são retos e possivelmente lisos e as paredes são perfeitamente planas. Os fluidos são todos viscosos (a viscosidade faz com que o fluido não escorregue em uma parede), mas muitas vezes podemos ignorar os efeitos viscosos; contudo, para que estes sejam incluídos, podemos exigir que se comportem de forma linear, um pressuposto razoável para o ar e a água. Os efeitos de compressibilidade também podem ser ignorados para baixas velocidades, como aquelas encontradas nos movimentos do vento (incluindo furacões) e escoamentos ao redor de aerofólios a velocidades abaixo de 100 m/s (360 km/h) durante voos próximos ao solo.

Na Seção 3.2, descrevemos o movimento de fluidos em geral, a classificação de diferentes tipos de movimentos de fluidos a seguir e então introduzimos a famosa equação de Bernoulli junto com seus diversos pressupostos que a tornam aplicáveis apenas em situações limitadas.

3.2 MOVIMENTO DE FLUIDOS

3.2.1 Descrições Lagrangiana e Euleriana

O movimento de um grupo de partículas pode ser considerado de duas maneiras básicas diferentes: enfocar uma partícula individual, como acompanhar um carro específico em uma rodovia engarrafada (um carro de polícia pode fazer isso enquanto acompanha o trânsito), ou enfocar um local específico enquanto os automóveis se movem (como faz um carro de polícia estacionado junto à rodovia). Quando analisada corretamente, a solução de um problema seria a mesma usando qualquer uma das abordagens (se você desrespeitasse o limite de velocidade, seria multado por qualquer um dos dois).

Quando for resolver um problema que envolve um único objeto, como em uma disciplina de dinâmica, concentre-se sempre no objeto específico. Se há vários objetos, podemos estabelecer a posição $\mathbf{r}(x_0, y_0, z_0, t)$, a velocidade $\mathbf{V}(x_0, y_0, z_0, t)$ e a aceleração $\mathbf{a}(x_0, y_0, z_0, t)$ do objeto que ocupava a posição (x_0, y_0, z_0) no instante inicial. A posição (x_0, y_0, z_0) é o "nome" do objeto no qual a atenção se concentra. Essa é a *descrição lagrangiana do movimento*. É muito difícil usar essa descrição em um escoamento de fluidos quando há tantas partículas. Vamos considerar o segundo modo de descrever o movimento de um fluido.

Agora vamos nos concentrar em um ponto geral (x, y, z) no escoamento com o fluido que se move por esse ponto tendo velocidade $\mathbf{V}(x, y, z, t)$. A taxa de variação da velocidade do fluido quando passa pelo ponto é $\partial\mathbf{V}/\partial x$, $\partial\mathbf{V}/\partial y$, $\partial\mathbf{V}/\partial z$, e também pode mudar com o tempo no ponto: $\partial\mathbf{V}/\partial t$. Estamos usando as derivadas parciais porque a velocidade é uma função das quatro variáveis. Essa é a *descrição euleriana do movimento*, a descrição preferencial em nossos estudos sobre fluidos. Também usamos coordenadas retangulares aqui, mas outros sistemas de coordenadas, como as cilíndricas, também podem ser utilizados. A região de interesse é chamada de *campo do escoamento* e a velocidade nesse campo muitas vezes é chamada de *campo de velocidade*. O campo do escoamento pode ser o interior do tubo, a região ao redor da pá de uma turbina ou a água em uma máquina de lavar.

Se as quantidades de interesse usando uma descrição euleriana não dependessem do tempo t, teríamos um *escoamento em regime permanente*; as variáveis de escoamento dependeriam apenas das coordenadas espaciais. Para um escoamento como esse,

$$\frac{\partial\mathbf{V}}{\partial t} = 0 \qquad \frac{\partial p}{\partial t} = 0 \qquad \frac{\partial \rho}{\partial t} = 0 \tag{3.1}$$

entre outros. Nas derivadas parciais acima, pressupõe-se que as coordenadas espaciais permanecem fixas; estamos observando o escoamento em um ponto fixo. Se seguíssemos uma determinada partícula, como na abordagem lagrangiana, a velocidade desta, em geral, variaria com o tempo à medida que avançasse pelo campo de escoamento. Usando a descrição euleriana, como na Equação (3.1), o tempo não aparece nas expressões para quantidades em um escoamento em regime permanente.

3.2.2 Linhas de Trajetória, Linhas de Emissão e Linhas de Corrente

Nossa descrição de um escoamento de um fluido possui três linhas diferentes. O conjunto de pontos atravessado por uma determinada partícula de fluido é a *linha de trajetória*; ela fornece a história da partícula. Uma longa exposição de uma partícula iluminada nos mostraria uma linha de trajetória. A *linha de emissão* é a linha formada por todas as partículas que passam por um determinado ponto no escoamento; ela seria um retrato das partículas iluminadas passando por um determinado ponto. Uma *linha de corrente* é uma linha no escoamento à qual todos os vetores de velocidade são tangenciais em um determinado instante; não seria possível fotografar uma linha de corrente. O fato da velocidade ser tangencial à linha de corrente nos permite escrever

$$\mathbf{V} \times d\mathbf{r} = 0 \tag{3.2}$$

como $\mathbf{V}$ e $d\mathbf{r}$ estão na mesma direção, como mostrado na Figura 3.1; lembre-se que dois vetores na mesma direção têm produto vetorial 0.

Em um escoamento em regime permanente, as três linhas são coincidentes. Assim, se o escoamento é permanente, podemos fotografar uma linha de trajetória ou de emissão e chamá-la de linha de corrente. No estudo sobre fluidos, nosso interesse principal é pela linha de corrente.

Um *tubo de corrente* é um tubo cujas paredes são linhas de corrente. Um cano é um tubo de corrente, e o mesmo vale para um canal. Muitas vezes desenhamos um tubo de corrente no interior de um escoamento para fins de dedução.

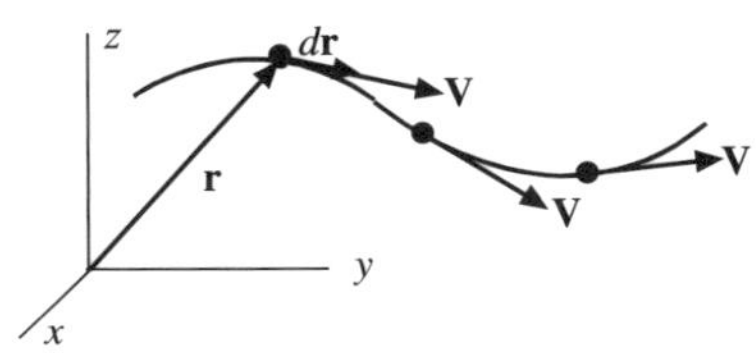

Figura 3.1 Uma linha de corrente.

3.2.3 Aceleração

Para realizar cálculos referentes ao escoamento de um fluido, como forças e pressões, é necessário descrever o movimento em detalhes; a expressão para a aceleração é necessária, pressupondo que o campo de velocidade é conhecido. Considere uma partícula de fluido com velocidade **V**(t) no instante t, como mostrado na Figura 3.2. No próximo instante $t + \Delta t$, a partícula terá velocidade **V**($t + \Delta t$), como mostrado. A aceleração da partícula é

$$\mathbf{a} = \frac{d\mathbf{V}}{dt} \tag{3.3}$$

onde $d\mathbf{V}$ é mostrado na figura. Pela regra da cadeia do cálculo, sabemos que

$$d\mathbf{V} = \frac{\partial \mathbf{V}}{\partial x}dx + \frac{\partial \mathbf{V}}{\partial y}dy + \frac{\partial \mathbf{V}}{\partial z}dz + \frac{\partial \mathbf{V}}{\partial t}dt \tag{3.4}$$

como $\mathbf{V} = \mathbf{V}(x, y, z, t)$. Isso dá a aceleração

$$\mathbf{a} = \frac{d\mathbf{V}}{dt} = \frac{\partial \mathbf{V}}{\partial x}\frac{dx}{dt} + \frac{\partial \mathbf{V}}{\partial y}\frac{dy}{dt} + \frac{\partial \mathbf{V}}{\partial z}\frac{dz}{dt} + \frac{\partial \mathbf{V}}{\partial t} \tag{3.5}$$

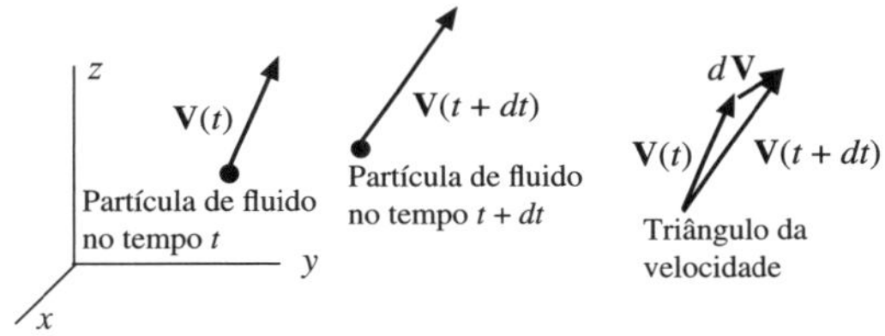

Figura 3.2 A velocidade de uma partícula de fluido.

Como **V** é a velocidade de uma partícula em (x, y, z), consideramos

$$\mathbf{V} = u\mathbf{i} + v\mathbf{j} + w\mathbf{k} \tag{3.6}$$

onde (u, v, w) são os componentes da velocidade da partícula nas direções x, y e z, respectivamente, e **i**, **j** e **k** são os vetores unitários. Para a partícula no ponto de interesse, temos

$$\frac{dx}{dt} = u \qquad \frac{dy}{dt} = v \qquad \frac{dz}{dt} = w \tag{3.7}$$

de modo que a aceleração pode ser expressa como

$$\mathbf{a} = u\frac{\partial \mathbf{V}}{\partial x} + v\frac{\partial \mathbf{V}}{\partial y} + w\frac{\partial \mathbf{V}}{\partial z} + \frac{\partial \mathbf{V}}{\partial t} \tag{3.8}$$

A derivada temporal da velocidade representa a *aceleração local* e os outros três termos representam a *aceleração convectiva*. Em um tubo, a aceleração local é produzida se a velocidade muda com o tempo, enquanto a aceleração convectiva ocorre se a velocidade muda com a posição (como acontece em uma curva ou uma válvula).

É importante observar que as expressões para a aceleração pressupõem uma superfície de controle inercial, ou seja, a superfície de controle não está acelerando. Pressupõe-se que uma superfície de controle afixada à terra tem aceleração mínima para os problemas de interesse neste livro. Se a superfície de controle está afixada a, por exemplo, um espargidor de máquina de lavar louça, componentes de aceleração adicionais entram nas expressões para o vetor de aceleração.

A equação vetorial (3.8) pode ser escrita como três equações escalares

$$a_x = u\frac{\partial u}{\partial x} + v\frac{\partial u}{\partial y} + w\frac{\partial u}{\partial z} + \frac{\partial u}{\partial t}$$

$$a_y = u\frac{\partial v}{\partial x} + v\frac{\partial v}{\partial y} + w\frac{\partial v}{\partial z} + \frac{\partial v}{\partial t} \qquad (3.9)$$

$$a_z = u\frac{\partial w}{\partial x} + v\frac{\partial w}{\partial y} + w\frac{\partial w}{\partial z} + \frac{\partial w}{\partial t}$$

Em geral, escrevemos a Equação (3.3) (e a Equação (3.8)) como

$$\mathbf{a} = \frac{D\mathbf{V}}{Dt} \qquad (3.10)$$

onde D/Dt é chamada de *derivada material* ou *substancial*, pois seguimos uma partícula material, ou substância, em um instante. Em coordenadas retangulares, a derivada material é

$$\frac{D}{Dt} = u\frac{\partial}{\partial x} + v\frac{\partial}{\partial y} + w\frac{\partial}{\partial z} + \frac{\partial}{\partial t} \qquad (3.11)$$

Ela pode ser usada com outras quantidades de interesse, como a pressão: Dp/Dt representaria a taxa de variação da pressão de uma partícula de fluido em algum ponto (x, y, z).

A derivada material e os componentes da aceleração são apresentados para coordenadas cilíndricas e esféricas na Tabela 3.1 ao final desta seção.

3.2.4 Velocidade Angular e Vorticidade

Visualize um escoamento de fluido como o movimento de um conjunto de partículas de fluido que se deformam e giram enquanto se deslocam. Em um dado instante, poderíamos pensar em todas as partículas que compõem o escoamento como pequenos cubos. Se os cubos simplesmente se deformam e não giram, chamamos o escoamento, ou uma região dele, de *escoamento irrotacional*. Esses escoamentos são especialmente relevantes para o nosso estudo sobre fluidos; eles existem em tornados fora do "olho" e no escoamento que se afasta das superfícies de aerofólios e automóveis. Se os cubos giram, eles possuem vorticidade. Vamos deduzir as equações que nos permitem determinar se um escoamento é irrotacional ou se possui vorticidade.

Considere a face retangular do volume infinitesimal mostrado na Figura 3.3. A *velocidade angular* Ω_z em torno do eixo z é a média da velocidade angular dos segmentos AB e AC, com o sentido anti-horário considerado o positivo:

$$\Omega_z = \frac{\Omega_{AB} + \Omega_{AC}}{2} = \frac{1}{2}\left[\frac{v_B - v_A}{dx} + \frac{-(u_C - u_A)}{dy}\right]$$
$$= \frac{1}{2}\left[\frac{\frac{\partial v}{\partial x}dx}{dx} - \frac{\frac{\partial u}{\partial y}dy}{dy}\right] = \frac{1}{2}\left(\frac{\partial v}{\partial x} - \frac{\partial u}{\partial y}\right) \qquad (3.12)$$

Se selecionamos as outras faces, determinamos

$$\Omega_x = \frac{1}{2}\left(\frac{\partial w}{\partial y} - \frac{\partial v}{\partial z}\right) \qquad \Omega_y = \frac{1}{2}\left(\frac{\partial u}{\partial z} - \frac{\partial w}{\partial x}\right) \qquad (3.13)$$

Esses três componentes da velocidade angular representam a taxa à qual uma partícula de fluido gira em torno dos eixos das coordenadas. A expressão para Ω_z preveria a taxa à qual uma rolha poderia girar na superfície xy do escoamento de água em um canal.

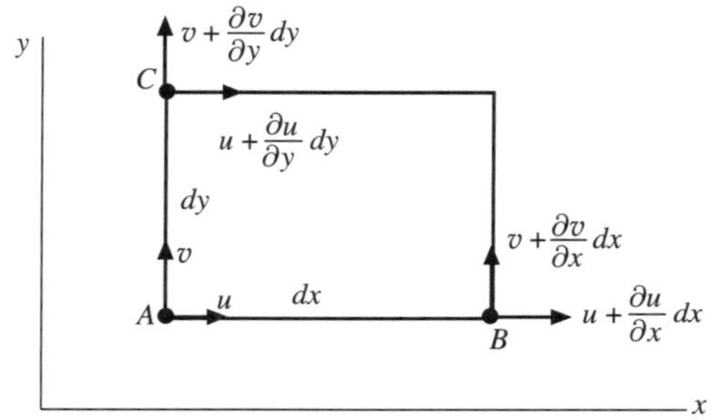

Figura 3.3 A face retangular de um elemento de fluido.

O *vetor de vorticidade* $\boldsymbol{\omega}$ é definido como o dobro do vetor da velocidade angular: $\boldsymbol{\omega} = 2\boldsymbol{\Omega}$. Os componentes da vorticidade são

$$\omega_x = \frac{\partial w}{\partial y} - \frac{\partial v}{\partial z} \qquad \omega_y = \frac{\partial u}{\partial z} - \frac{\partial w}{\partial x} \qquad \omega_z = \frac{\partial v}{\partial x} - \frac{\partial u}{\partial y} \tag{3.14}$$

Os componentes da vorticidade em coordenadas cilíndricas estão listados na Tabela 3.1. Os componentes da vorticidade e da velocidade angular são 0 para um escoamento irrotacional; as partículas de fluido não giram, elas apenas se deformam.

Tabela 3.1 A Derivada Material, Aceleração e Vorticidade em Coordenadas Retangulares, Cilíndricas e Esféricas

Derivada material

Retangular

$$\frac{D}{Dt} = u\frac{\partial}{\partial x} + v\frac{\partial}{\partial y} + w\frac{\partial}{\partial z} + \frac{\partial}{\partial t}$$

Cilíndrica

$$\frac{D}{Dt} = v_r\frac{\partial}{\partial r} + \frac{v_\theta}{r}\frac{\partial}{\partial \theta} + v_z\frac{\partial}{\partial z} + \frac{\partial}{\partial t}$$

Esférica

$$\frac{D}{Dt} = v_r\frac{\partial}{\partial r} + \frac{v_\theta}{r}\frac{\partial}{\partial \theta} + \frac{v_\phi}{r\,\mathrm{sen}\,\theta}\frac{\partial}{\partial \phi} + \frac{\partial}{\partial t}$$

Aceleração

Retangular

$$a_x = u\frac{\partial u}{\partial x} + v\frac{\partial u}{\partial y} + w\frac{\partial u}{\partial z} + \frac{\partial u}{\partial t} \qquad a_y = u\frac{\partial v}{\partial x} + v\frac{\partial v}{\partial y} + w\frac{\partial v}{\partial z} + \frac{\partial v}{\partial t} \qquad a_z = u\frac{\partial w}{\partial x} + v\frac{\partial w}{\partial y} + w\frac{\partial w}{\partial z} + \frac{\partial w}{\partial t}$$

Cilíndrica

$$a_r = v_r\frac{\partial v_r}{\partial r} + \frac{v_\theta}{r}\frac{\partial v_r}{\partial \theta} + v_z\frac{\partial v_r}{\partial z} - \frac{v_\theta^2}{r} + \frac{\partial v_r}{\partial t} \qquad a_\theta = v_r\frac{\partial v_\theta}{\partial r} + \frac{v_\theta}{r}\frac{\partial v_\theta}{\partial \theta} + v_z\frac{\partial v_\theta}{\partial z} + \frac{v_r v_\theta}{r} + \frac{\partial v_\theta}{\partial t}$$

$$a_z = v_r\frac{\partial v_z}{\partial r} + \frac{v_\theta}{r}\frac{\partial v_z}{\partial \theta} + v_z\frac{\partial v_z}{\partial z} + \frac{\partial v_z}{\partial t}$$

Esférica

$$a_r = v_r\frac{\partial v_r}{\partial r} + \frac{v_\theta}{r}\frac{\partial v_r}{\partial \theta} + \frac{v_\phi}{r\,\mathrm{sen}\,\theta}\frac{\partial v_r}{\partial \phi} - \frac{v_\theta^2 + v_\phi^2}{r} + \frac{\partial v_r}{\partial t} \qquad a_\theta = v_r\frac{\partial v_\theta}{\partial r} + \frac{v_\theta}{r}\frac{\partial v_\theta}{\partial \theta} + \frac{v_\phi}{r\,\mathrm{sen}\,\theta}\frac{\partial v_\theta}{\partial \phi} + \frac{v_r v_\theta - v_\phi^2 \cot\theta}{r} + \frac{\partial v_\theta}{\partial t}$$

$$a_\phi = v_r\frac{\partial v_\phi}{\partial r} + \frac{v_\theta}{r}\frac{\partial v_\phi}{\partial \theta} + \frac{v_\phi}{r\,\mathrm{sen}\,\theta}\frac{\partial v_\phi}{\partial \phi} + \frac{v_r v_\phi + v_\theta v_\phi \cot\theta}{r} + \frac{\partial v_\phi}{\partial t}$$

Tabela 3.1 Continuação

Vorticidade		
Retangular		
$\omega_x = \dfrac{\partial w}{\partial y} - \dfrac{\partial v}{\partial z}$	$\omega_y = \dfrac{\partial u}{\partial z} - \dfrac{\partial w}{\partial x}$	$\omega_z = \dfrac{\partial v}{\partial x} - \dfrac{\partial u}{\partial y}$
Cilíndrica		
$\omega_r = \dfrac{1}{r}\dfrac{\partial v_z}{\partial \theta} - \dfrac{\partial v_\theta}{\partial z}$	$\omega_\theta = \dfrac{\partial v_r}{\partial z} - \dfrac{\partial v_z}{\partial r}$	$\omega_z = \dfrac{1}{r}\dfrac{\partial (r v_\theta)}{\partial r} - \dfrac{1}{r}\dfrac{\partial v_r}{\partial \theta}$

É a deformação das partículas de fluido que leva às tensões internas em um escoamento. O estudo da deformação das partículas de fluido leva aos componentes da taxa de deformação e, com o uso de equações constitutivas que introduzem a viscosidade, às expressões para as tensões normal e de cisalhamento. Se a segunda lei de Newton é aplicada a uma partícula, temos como resultado as famosas equações de Navier–Stokes (ver Capítulo 5). Para fins de completude, apresentamos essas equações, assim como a equação da continuidade (a ser deduzida posteriormente), na Tabela 3.2. Suas aplicações serão consideradas em capítulos posteriores.

Tabela 3.2 As Equações Constitutivas, a Equação da Continuidade e as Equações de Navier–Stokes para um Escoamento Incompressível Usando Coordenadas Retangulares

Equações constitutivas		
$\sigma_{xx} = -p + 2\mu\dfrac{\partial u}{\partial x}$	$\tau_{xy} = \tau_{yx} = \mu\left(\dfrac{\partial u}{\partial y} + \dfrac{\partial v}{\partial x}\right)$	$\tau_{xz} = \tau_{zx} = \mu\left(\dfrac{\partial u}{\partial z} + \dfrac{\partial w}{\partial x}\right)$
$\sigma_{yy} = -p + 2\mu\dfrac{\partial v}{\partial y}$	$\tau_{yz} = \tau_{zy} = \mu\left(\dfrac{\partial v}{\partial z} + \dfrac{\partial w}{\partial y}\right)$	
$\sigma_{zz} = -p + 2\mu\dfrac{\partial w}{\partial z}$		
Equação da continuidade		
$\dfrac{\partial u}{\partial x} + \dfrac{\partial v}{\partial y} + \dfrac{\partial w}{\partial z} = 0$		
Equações de Navier–Stokes		
$\rho\dfrac{Du}{Dt} = -\dfrac{\partial p}{\partial x} + \rho g_x + \mu\nabla^2 u$	onde	$\dfrac{D}{Dt} = \dfrac{\partial}{\partial t} + u\dfrac{\partial}{\partial x} + v\dfrac{\partial}{\partial y} + w\dfrac{\partial}{\partial z}$
$\rho\dfrac{Dv}{Dt} = -\dfrac{\partial p}{\partial y} + \rho g_y + \mu\nabla^2 v$	onde	$\nabla^2 = \dfrac{\partial^2}{\partial x^2} + \dfrac{\partial^2}{\partial y^2} + \dfrac{\partial^2}{\partial z^2}$
$\rho\dfrac{Dw}{Dt} = -\dfrac{\partial p}{\partial z} + \rho g_z + \mu\nabla^2 w$		

Exemplo 3.1 Um campo de velocidade em um escoamento plano é dado por $\mathbf{V} = 2yt\mathbf{i} + x\mathbf{j}$. Determine a equação da linha de corrente que atravessa (4, 2) a $t = 2$.

Solução: A Equação (3.2) pode ser escrita na forma

$$(2yt\mathbf{i} + x\mathbf{j}) \times (dx\mathbf{i} + dy\mathbf{j}) = (2yt\,dy - x\,dx)\mathbf{k} = 0$$

Isso nos leva à equação, a $t = 2$

$$4y\,dy = x\,dx$$

Integre para obter

$$2y^2 - \frac{x^2}{2} = C$$

A constante é avaliada no ponto (4, 2) como sendo $C = 0$. Assim, a equação da linha de corrente é

$$x^2 = 4y^2$$

A distância geralmente é medida em metros e o tempo, em segundos, de modo que assim a velocidade teria unidades de m/s.

Exemplo 3.2 Para o campo de velocidade $\mathbf{V} = 2xy\mathbf{i} + 4tz^2\mathbf{j} - yz\mathbf{k}$, determine a aceleração, a velocidade angular em torno do eixo z e o vetor de vorticidade no ponto (2, –1, 1) a $t = 2$.

Solução: A aceleração é encontrada da seguinte forma:

$$\begin{aligned}\mathbf{a} &= u\frac{\partial \mathbf{V}}{\partial x} + v\frac{\partial \mathbf{V}}{\partial y} + w\frac{\partial \mathbf{V}}{\partial z} + \frac{\partial \mathbf{V}}{\partial t}\\ &= 2xy(2y\mathbf{i}) + 4tz^2(2x\mathbf{i} - z\mathbf{k}) - yz(8tz\mathbf{j} - y\mathbf{k}) + 4z^2\mathbf{j}\end{aligned}$$

No ponto (2, –1, 1) e $t = 2$, o resultado é

$$\begin{aligned}\mathbf{a} &= 2(2)(-1)(-2\mathbf{i}) + 4(2)(1^2)(4\mathbf{i} - \mathbf{k}) - (-1)(1)(16\mathbf{j} + \mathbf{k}) + 4(1^2)\mathbf{j}\\ &= 8\mathbf{i} + 32\mathbf{i} - 8\mathbf{k} + 16\mathbf{j} + \mathbf{k} + 4\mathbf{j}\\ &= 40\mathbf{i} + 20\mathbf{j} - 7\mathbf{k}\end{aligned}$$

O componente da velocidade angular Ω_z é

$$\Omega_z = \frac{1}{2}\left(\frac{\partial v}{\partial x} - \frac{\partial u}{\partial y}\right) = \frac{1}{2}(0 - 2x) = x$$

No ponto (2, –1, 1) e $t = 2$ ele é $\Omega_z = 2$.

O vetor de vorticidade é

$$\begin{aligned}\boldsymbol{\omega} &= \left(\frac{\partial w}{\partial y} - \frac{\partial v}{\partial z}\right)\mathbf{i} + \left(\frac{\partial u}{\partial z} - \frac{\partial w}{\partial x}\right)\mathbf{j} + \left(\frac{\partial v}{\partial x} - \frac{\partial u}{\partial y}\right)\mathbf{k}\\ &= (-z - 8tz)\mathbf{i} + (0 - 0)\mathbf{j} + (0 - 2x)\mathbf{k}\end{aligned}$$

No ponto (2, –1, 1) e $t = 2$, ele é

$$\begin{aligned}\boldsymbol{\omega} &= (-1 - 16)\mathbf{i} - 4\mathbf{k}\\ &= -17\mathbf{i} - 4\mathbf{k}\end{aligned}$$

A distância geralmente é medida em metros e o tempo, em segundos. Assim, a velocidade angular teria unidades de m/(s·m) ou rad/s.

3.3 CLASSIFICAÇÃO DOS ESCOAMENTOS DE FLUIDOS

A mecânica dos fluidos é um assunto no qual encontramos diversos fenômenos complexos, então é importante entendermos algumas das descrições e simplificações de diversos escoamentos de fluido especiais. Esses escoamentos especiais serão estudados em detalhes em capítulos posteriores. Aqui, vamos tentar classificá-los da forma mais detalhada possível.

3.3.1 Escoamentos Uniformes, Uni, Bi e Tridimensionais

Uma variável dependente em nosso estudo sobre fluidos depende, em geral, das três coordenadas espaciais e do tempo; por exemplo, $\mathbf{V}(x, y, z, t)$. O escoamento que depende das três coordenadas espaciais é um *escoamento tridimensional*; ele pode ser um escoamento em regime permanente se o tempo não está envolvido, como seria o caso do escoamento junto à intersecção de uma asa e a fuselagem de uma aeronave voando a uma velocidade constante. O escoamento em uma máquina de lavar seria um escoamento tridimensional em regime transiente.

Determinados escoamentos podem ser aproximados como bidimensionais; escoamentos sobre uma represa larga, na região de entrada de um tubo e em torno de uma esfera são exemplos especialmente interessantes. Nesses *escoamentos bidimensionais*, as variáveis dependentes dependem apenas de duas variáveis espaciais, ou seja, $p(r, \theta)$ ou $\mathbf{V}(x, y, t)$. Se as coordenadas espaciais são x e y, chamamos o escoamento de *escoamento plano*.

Os *escoamentos unidimensionais* são aqueles nos quais a velocidade depende de apenas uma variável espacial. Eles são de interesse em nosso estudo introdutório porque incluem os escoamentos em tubos e canais, os dois tipos mais estudados em uma disciplina introdutória. Para o escoamento em um tubo longo, a velocidade depende do raio r e, em um canal largo (placas paralelas), de y, como mostrado na Figura 3.4.

Figura 3.4 Escoamento unidimensional. (*a*) Escoamento em um tubo; (*b*) escoamento em um canal largo.

Os escoamentos mostrados na Figura 3.4 também são chamados de *escoamentos desenvolvidos*; os perfis de velocidade não variam com relação à coordenada a jusante. Isso exige que o escoamento no tubo mostrado esteja muitos diâmetros a jusante de qualquer variação da geometria, como uma entrada, válvula, cotovelo, contração ou expansão. Se o fluxo não é desenvolvido, o campo de velocidade depende de mais de uma coordenada espacial, como é o caso próximo a uma variação da geometria. O escoamento desenvolvido pode estar em regime transiente, ou seja, depender do tempo, como ocorre quando uma válvula está sendo aberta ou fechada.

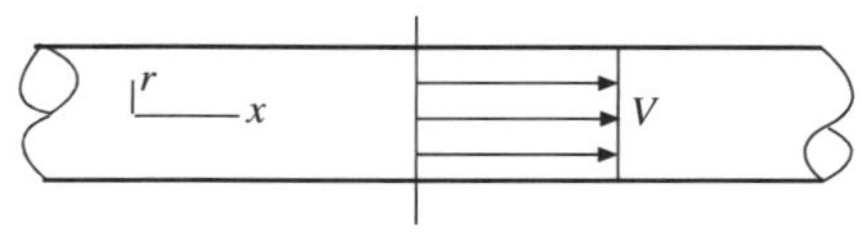

Figura 3.5 Um escoamento uniforme em um tubo.

Finalmente, há um *escoamento uniforme*, como mostrado na Figura 3.5; o perfil de velocidade, e outras propriedades, como a pressão, é uniforme em toda a seção do tubo. Em geral se pressupõe esse perfil em problemas de escoamento em tubos e canais, pois ele é uma boa aproximação do escoamento turbulento mais comum. Usaremos esse pressuposto em muitos dos problemas dos próximos capítulos.

3.3.2 Escoamentos Viscosos e Não Viscosos

Em um *escoamento não viscoso*, os efeitos da viscosidade podem ser completamente ignorados sem causar efeitos significativos na solução de um problema que envolva o escoamento. Todos os fluidos têm viscosidade, e se os efeitos viscosos não podem ser ignorados, estamos lidando com um *escoamento viscoso*. Os efeitos viscosos são muito importantes em escoamentos em tubos e muitos outros tipos de escoamento em conduítes; eles levam a perdas e exigem o uso de bombas em tubulações mais longas. Mas existem escoamentos nos quais podemos ignorar a influência da viscosidade? Com certeza. Nós sequer consideraríamos os escoamentos não viscosos se estes não ocorressem em nossos problemas de engenharia.

Considere um *escoamento externo*, ou seja, um escoamento externo a um corpo, como aquele em torno de um aerofólio ou hidrofólio, como mostrado na Figura 3.6. Se o aerofólio se move a uma velocidade relativamente rápida (mais rápida do que 1 m/s), podemos pressupor que o escoamento afastado da camada fina junto à parede, a *camada limite*, tem viscosidade zero, sem efeito significativo na solução para o campo de escoamento (os campos de velocidade, pressão e temperatura). Todos os efeitos viscosos se concentram dentro da camada limite e fazem a velocidade na superfície do aerofólio ser zero, a *condição de não escorregamento*. Como os escoamentos não viscosos são mais fáceis de resolver do que os viscosos, o reconhecimento de que a viscosidade pode ser ignorada no escoamento que se afasta da superfície em diversos escoamentos leva a soluções muito mais simples, como será demonstrado no Capítulo 8.

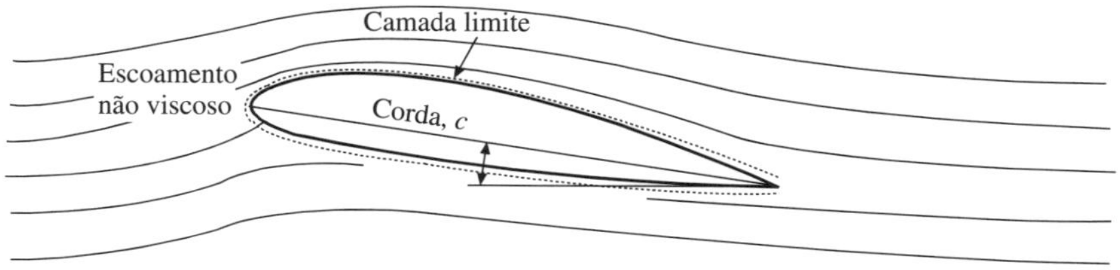

Figura 3.6 Escoamento em torno de um aerofólio.

3.3.3 Escoamentos Laminar e Turbulento

Um escoamento viscoso pode ser laminar ou turbulento. Em um *escoamento turbulento*, ocorre uma mistura das partículas de fluido, de modo que o movimento de uma determinada partícula é aleatório e altamente irregular; as médias estatísticas são usadas para especificar a velocidade, a pressão e outras quantidades de interesse. Essa média pode ser "permanente" no sentido de ser independente do tempo, ou pode ser transiente e depender do tempo. A Figura 3.7 mostra escoamentos turbulentos em regime permanente e transiente. Observe o escoamento turbulento ruidoso de uma torneira quando você serve um copo d'água.

Em um *escoamento laminar*, a mistura das partículas de fluido é mínima; o movimento é suave e sem ruídos, como a água que escorre lentamente de uma torneira. Se uma tintura é injetada em um escoamento laminar, ela permanece nítida e clara por um período de tempo relativamente longo. A tintura ficaria imediatamente difusa se o escoamento fosse turbulento. A Figura 3.8 mostra um escoamento laminar em regime permanente e um em regime transiente. Um escoamento laminar pode parecer turbulento se controlamos aleatoriamente uma válvula no escoamento de mel em um tubo para que a velocidade se pareça com a da Figura 3.7. Contudo, ele ainda seria um escoamento laminar, pois não haveria mistura de partículas de fluido. Assim, uma simples apresentação de $V(t)$ não basta para decidirmos se um determinado escoamento é laminar ou turbulento. Para ser turbulento, o movimento precisa ser aleatório, como na Figura 3.7, mas também precisa ocorrer a mistura de partículas de fluido.

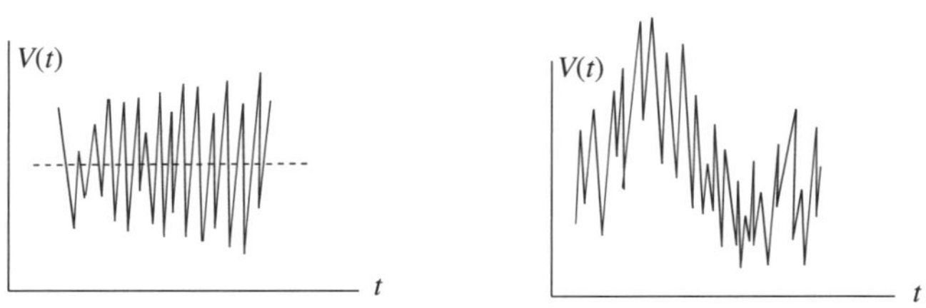

Figura 3.7 Escoamentos turbulentos em regime permanente e transiente.

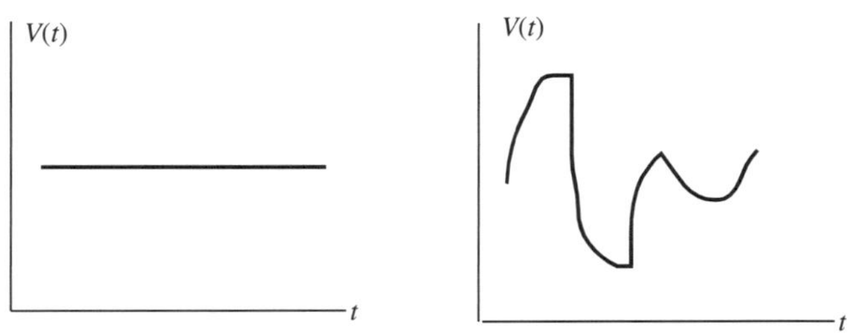

Figura 3.8 Escoamentos laminares em regime permanente e transiente.

Quando um escoamento começa, como em um tubo, ele é laminar, mas à medida que a velocidade média aumenta, o escoamento laminar fica instável e o escoamento turbulento tem início. Em alguns casos, como no escoamento entre cilindros giratórios, o escoamento laminar instável forma um escoamento laminar secundário de vórtices e depois um terceiro escoamento laminar, até finalmente produzir um escoamento turbulento a velocidades mais elevadas.

Existe uma quantidade chamada de *número de Reynolds* que é usada para determinar se um escoamento é laminar ou turbulento. Ele é

$$\mathrm{Re} = \frac{VL}{\nu} \tag{3.15}$$

onde V é uma velocidade característica (a velocidade média em um tubo ou a velocidade de um aerofólio), L é um comprimento característico (o diâmetro de um tubo ou a distância a partir do bordo de ataque de uma placa plana) e ν é a viscosidade cinemática. Se o número de Reynolds é maior do que um número de Reynolds crítico, o escoamento é turbulento; se é menor, o escoamento é laminar. Para o escoamento em um tubo, pressupondo a parede normalmente rugosa do tubo, em geral se pressupõe que o número de Reynolds crítico é 2000; se a parede é lisa e sem vibrações e o escoamento de entrada não tem perturbações, o número de Reynolds crítico pode chegar a 40.000. O número de Reynolds crítico é diferente para cada geometria. Para o escoamento entre placas paralelas, adota-se 1500 usando a velocidade média e a distância entre as placas. Para uma camada limite sobre uma placa plana com gradiente de pressão zero, o número fica entre 3×10^5 e 10^6, usando a distância a partir do bordo de ataque.

Não chamamos um escoamento não viscoso de laminar ou de turbulento. Em um escoamento externo, o escoamento não viscoso é chamado de *escoamento de corrente livre*. Uma corrente livre tem perturbações, mas estas não são acompanhadas de tensões de cisalhamento, outro prerrequisito dos escoamentos laminares e dos turbulentos, como será discutido em um capítulo posterior. A corrente livre também pode ser irrotacional ou possuir vorticidade.

Uma *camada limite* é uma camada fina de fluido que se desenvolve sobre um corpo porque a viscosidade provoca a adesão do fluido ao contorno; ela faz com que a velocidade seja zero na parede. Os efeitos viscosos nesse tipo de camada podem até queimar um satélite durante a reentrada. A Figura 3.9 mostra a camada limite típica sobre uma placa plana. Ela é laminar próximo ao bordo de ataque e sofre transição para escoamento turbulento e o comprimento for grande o suficiente. Para uma placa rígida lisa com baixo nível de flutuação de corrente livre, a camada laminar pode existir até $\mathrm{Re} = 10^6$, onde $\mathrm{Re} = VL/\nu$, L sendo o comprimento ao longo da placa; para uma placa rugosa ou com vibrações, ou flutuações de corrente livre alta, o escoamento luminar existe até cerca de $\mathrm{Re} = 3 \times 10^5$.

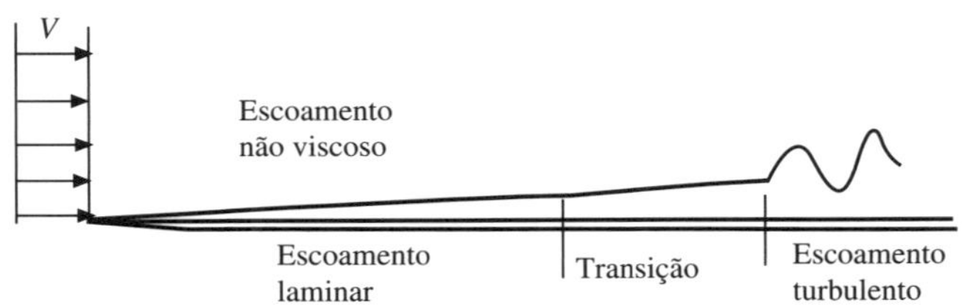

Figura 3.9 Escoamento de camada limite em uma placa plana.

3.3.4 Escoamentos Incompressível e Compressível

Na maioria das situações, pressupõe-se que os escoamentos líquidos são incompressíveis (uma exceção é o golpe de ariete). Nesses *escoamentos incompressíveis*, pressupõe-se que a massa específica de uma partícula de fluido é constante enquanto ela se move, ou seja,

$$\frac{D\rho}{Dt} = 0 \tag{3.16}$$

Isso não exige que a massa específica de todas as partículas do fluido seja a mesma. Por exemplo, o sal poderia ser adicionado a um escoamento de água em algum ponto do tubo de modo que, a jusante dele, a massa específica seria maior do que em algum ponto a montante. O ar atmosférico a baixas velocidades é incompressível, mas a massa específica diminui com o aumento da elevação, ou seja, $\rho = \rho(z)$, onde z é vertical. Em geral, pressupomos que um fluido tem massa específica constante quando partimos do pressuposto de incompressibilidade, que é

$$\frac{\partial \rho}{\partial t} = 0 \qquad \frac{\partial \rho}{\partial x} = 0 \qquad \frac{\partial \rho}{\partial y} = 0 \qquad \frac{\partial \rho}{\partial z} = 0 \tag{3.17}$$

Podemos pressupor que o escoamento de ar é incompressível se a velocidade for suficientemente baixa. O fluxo de ar em conduítes, ao redor de automóveis e pequenas aeronaves e a decolagem e aterrissagem de aeronaves comerciais são todos exemplos de fluxos de ar incompressíveis. O *número de Mach* M onde

$$M = \frac{V}{c} \tag{3.18}$$

é usado para determinar se um escoamento é compressível; V é a velocidade característica e $c = \sqrt{kRT}$ é a velocidade do som. Se M < 0,3, pressupomos que o escoamento é incompressível. Para o ar próximo ao nível do mar, esse valor é de cerca de 100 m/s (300 ft/s), então podemos pressupor que diversos fluxos de ar são incompressíveis. Os efeitos de compressibilidade serão considerados em mais detalhes no Capítulo 9.

Exemplo 3.3 Um rio que atravessa o campus de uma universidade parece bastante plácido. Uma folha passa flutuando e calculamos que a velocidade média é de cerca de 0,2 m/s. A profundidade é de apenas 0,6 m. O escoamento é laminar ou turbulento?

Solução: Determinamos que o número de Reynolds, pressupondo T = 20 °C (ver Tabela C.1), é

$$\text{Re} = \frac{Vh}{\nu} = \frac{0,2 \times 0,6}{10^{-6}} = 120\,000$$

O escoamento é altamente turbulento nesse número de Reynolds, ao contrário do que sugere a observação de placidez das águas. A maioria dos escoamentos internos são turbulentos, como observamos quando usamos um bebedouro. Os escoamentos laminares são praticamente irrelevantes para os engenheiros em comparação com os turbulentos; uma exceção seria um problema de lubrificação.

3.4 EQUAÇÃO DE BERNOULLI

A equação de Bernoulli pode ser a equação mais utilizada em toda a mecânica dos fluidos, mas também é mais mal usada da disciplina. Nesta seção, vamos deduzir essa famosa equação e destacar suas restrições necessárias para a sua derivação, na tentativa de minimizar o seu mau uso. Antes da equação ser deduzida, vamos enunciar os cinco pressupostos necessários: efeitos viscosos mínimos, massa específica constante, escoamento em regime permanente, o escoamento ocorre ao longo de uma linha de corrente e em uma superfície de controle inercial. Agora vamos deduzir a equação.

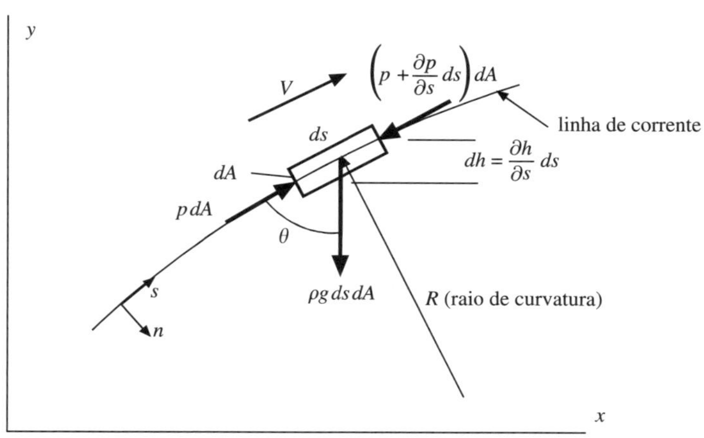

Figura 3.10 Uma partícula se deslocando ao longo de uma linha de corrente.

Aplicamos a segunda lei de Newton a uma partícula cilíndrica que se move em uma linha de corrente, como mostrado na Figura 3.10. A soma das forças infinitesimais que atuam sobre a partícula é de

$$p\,dA - \left(p + \frac{\partial p}{\partial s} ds\right) dA - \rho g\, ds\, dA \cos\theta = \rho\, ds\, dA\, a_s \tag{3.19}$$

onde a_s é o componente s do vetor de aceleração. Ele é dado pela Equação (3.9a), onde consideramos que a direção x está na direção s, de modo que $u = V$

$$a_s = V\frac{\partial V}{\partial s} + \frac{\partial V}{\partial t} \tag{3.20}$$

onde $\partial V/\partial t = 0$ pressupondo um escoamento em regime permanente. (Isso leva à mesma expressão da aceleração apresentada na física ou na dinâmica na qual $a_x = V\, dV/dx$, desde que uma superfície de controle inercial seja usada sem a presença da força de Coriolis ou outros componentes de aceleração.) A seguir, observamos que

$$dh = ds\cos\theta = \frac{\partial h}{\partial s}ds \tag{3.21}$$

resultando em

$$\cos\theta = \frac{\partial h}{\partial s} \tag{3.22}$$

Agora, divida a Equação (3.19) por $ds\, dA$ e use as expressões acima para a_s e cos θ e reorganize tudo. O resultado é

$$-\frac{\partial p}{\partial s} - \rho g\frac{\partial h}{\partial s} = \rho V\frac{\partial V}{\partial s} \tag{3.23}$$

Se pressupomos que a massa específica ρ é constante (o que é mais restritivo que a incompressibilidade, como veremos mais tarde) de modo que ela possa ser colocada após a derivada parcial, e reconhecemos que $V\partial V/\partial s = \partial(V^2/2)/\partial s$, podemos escrever nossa equação como

$$\frac{\partial}{\partial s}\left(\frac{V^2}{2g} + \frac{p}{\rho g} + h\right) = 0 \tag{3.24}$$

Isso significa que ao longo de uma linha de corrente, a quantidade entre parênteses é constante, ou seja,

$$\frac{V^2}{2g} + \frac{p}{\rho g} + h = \text{const} \tag{3.25}$$

onde a constante pode variar de uma linha de corrente para a seguinte; ao longo de uma dada linha de corrente, a soma dos três termos é constante. Em geral, isso é escrito se referindo a dois pontos na mesma linha de corrente como

$$\frac{V_1^2}{2g} + \frac{p_1}{\rho g} + h_1 = \frac{V_2^2}{2g} + \frac{p_2}{\rho g} + h_2 \tag{3.26}$$

ou

$$\frac{V_1^2}{2} + \frac{p_1}{\rho} + gh_1 = \frac{V_2^2}{2} + \frac{p_2}{\rho} + gh_2 \tag{3.27}$$

Qualquer uma das duas formas acima é a famosa *equação de Bernoulli*, usada em diversas aplicações. Vamos destacar os pressupostos mais uma vez, pois a equação muitas vezes é mal utilizada:

- Escoamento não viscoso (sem tensões de cisalhamento)
- Massa específica constante
- Escoamento em regime permanente
- Ao longo de uma linha de corrente
- Aplicada em uma superfície de controle inercial

Os três primeiros são os principais e quase sempre são levados em conta, mas há aplicações especiais nas quais precisamos considerar os últimos dois; essas aplicações especiais não serão apresentadas neste livro. Também costumamos chamar um escoamento de massa específica constante de escoamento incompressível, apesar da massa específica constante ser mais restritiva (consulte os comentários após a Equação (3.16)); isso ocorre porque geralmente não fazemos aplicações a escoamentos incompressíveis nos quais a massa específica varia de uma linha de corrente para a outra, como em escoamentos atmosféricos.

Observe que as unidades de todos os termos da Equação (3.26) são metros (pés quando o Sistema Imperial é utilizado). Por consequência, $V^2/2g$ é chamada de *carga de velocidade*, $p/\rho g$ é a *carga de pressão* e h é simplesmente a *carga*. A soma dos três termos muitas vezes é chamada de *carga total*. A pressão p é a *pressão estática* e a soma $p + \rho V^2/2$ é a *pressão total* ou *pressão de estagnação*, pois é a pressão em um *ponto de estagnação*, um ponto no qual o fluido fica em repouso ao longo de uma determinada linha de corrente.

A diferença de pressão pode ser observada considerando as sondas de medição desenhadas na Figura 3.11. A sonda na Figura 3.11(*a*) é um *piezômetro*; ela mede a pressão estática, ou mais simplesmente a pressão no ponto 1. O *tubo pitot* na Figura 3.11(*b*) mede a pressão total, a pressão em um ponto no qual a velocidade é 0, como no ponto 2. E o *tubo estático de Pitot*, que tem uma pequena abertura no lado da sonda, como mostrado na Figura 3.11(*c*), é usado para medir a diferença entre a pressão total e a pressão estática, ou seja, $\rho V^2/2$; o dispositivo é medido para medir a velocidade. A expressão para a velocidade é

$$V = \sqrt{\frac{2}{\rho}(p_2 - p_1)} \tag{3.28}$$

onde o ponto 2 deve ser um ponto de estagnação com $V_2 = 0$. Assim, se apenas a velocidade é desejada, simplesmente usamos a sonda estática de Pitot desenhada na Figura 3.11(*c*).

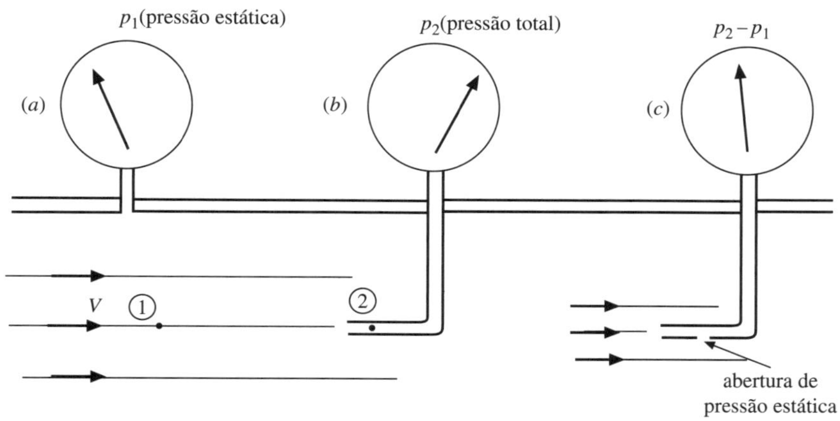

Figura 3.11 Sondas de pressão: (*a*) o piezômetro, (*b*) um tubo pitot e (*c*) um tubo estático de Pitot.

A equação de Bernoulli é utilizada em diversos escoamentos de fluidos. Ela pode ser usada em um escoamento interno de curto alcance se os efeitos viscosos puderem ser ignorados, como é o caso na entrada arredondada de um tubo (ver Figura 3.12) ou na contração relativamente súbita de um tubo. Usando a equação de Bernoulli, a velocidade para essa entrada pode ser aproximada por

$$V_2 = \sqrt{\frac{2}{\rho}(p_1 - p_2)} \tag{3.29}$$

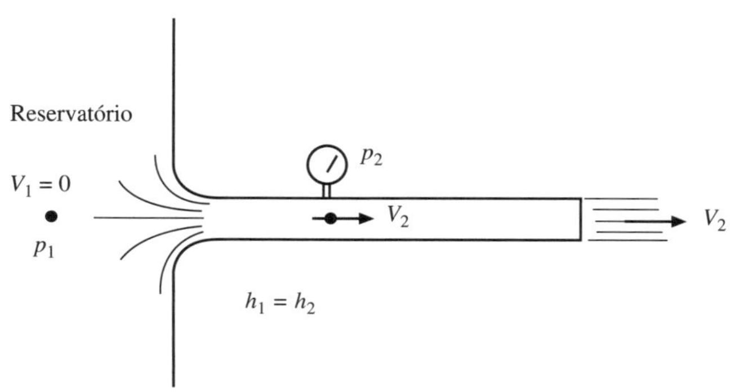

Figura 3.12 Escoamento de um reservatório através de um tubo.

Outra aplicação comum da equação de Bernoulli é a corrente livre a partir da área frontal de um objeto redondo, como uma esfera ou um cilindro, ou um aerofólio. A Figura 3.13 mostra um desenho que pode ser útil para entender o conceito. Para muitas situações de escoamento, o escoamento se separa da superfície, produzindo um escoamento separado, como vemos no desenho. Se o escoamento que se aproxima do objeto é uniforme, a constante na Equação (3.25) será a mesma para todas as linhas de corrente e a equação de Bernoulli pode ser aplicada da corrente livre até o ponto de estagnação na frente do objeto e aos pontos ao longo da superfície do objeto até a região de separação.

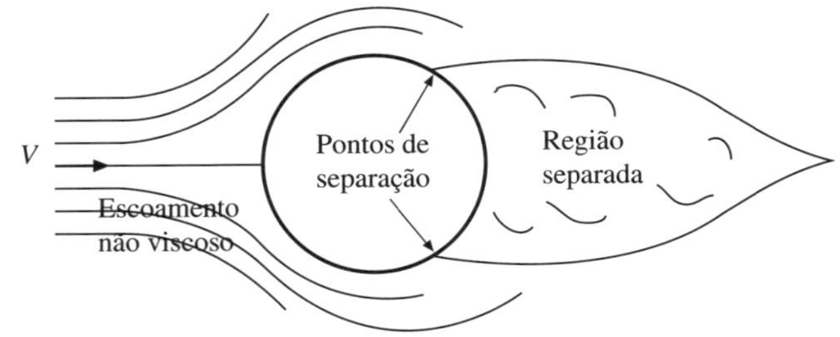

Figura 3.13 Escoamento ao redor de uma esfera ou cilindro longo.

É comum resolvermos problemas que envolvem um tubo saindo para a atmosfera. Para essa situação, a pressão imediatamente dentro da saída do tubo é a mesma que a pressão atmosférica imediatamente fora da saída do tubo, pois as linhas de corrente que saem do tubo são retilíneas próximo à saída (ver Figura 3.12). Isso é muito diferente do escoamento de entrada da Figura 3.12, onde as linhas de corrente próximas à entrada são extremamente curvas.

Para aproximar a variação de pressão normal às linhas de corrente curvas, considere que a partícula da Figura 3.10 é um paralelepípedo com espessura normal à linha de corrente de dn com a área dA_s da lateral com comprimento ds. Use $\sum F_n = ma_n$:

$$p\,dA_s - \left(p + \frac{\partial p}{\partial n}dn\right)dA_s - \rho g\,dn\,dA_s = \rho\,dn\,dA_s\frac{V^2}{R} \tag{3.30}$$

onde usamos a aceleração V^2/R, R sendo o raio da curvatura no escoamento plano pressuposto. Se pressupomos que o efeito da gravidade é pequeno em comparação com o termo da aceleração, essa equação pode ser simplificada para

$$-\frac{\partial p}{\partial n} = \rho\frac{V^2}{R} \tag{3.31}$$

Como usaremos essa equação para fazer estimativas sobre variações de pressão normais a uma linha de corrente, aproximamos $\partial p/\partial n = \Delta p/\Delta n$ e chegamos à relação

$$-\frac{\Delta p}{\Delta n} = \rho\frac{V^2}{R} \tag{3.32}$$

Assim, vemos que a pressão diminui à medida que nos aproximamos do centro das linhas de corrente curvas; é o que vemos em um tornado, onde a pressão pode ser extremamente baixa no "olho" do tornado. Essa pressão reduzida também é usada para medir a intensidade de um furacão; ou seja, quanto menor a pressão no centro do furacão, maior a velocidade nas suas bordas externas.

Exemplo 3.4 O vento em um furacão atinge 200 km/h. Calcule a força do vento sobre uma janela contra o vento em um arranha-céu se a janela mede 1 m × 2 m. Use a massa específica do ar de 1,2 kg/m³.

Solução: Use a equação de Bernoulli para calcular a pressão sobre a janela

$$p = \rho\frac{V^2}{2} = 1{,}2 \times \frac{(200 \times 1000/3600)^2}{2} = 1852\ \text{N/m}^2$$

onde a velocidade deve ter unidades de m/s. Para verificar as unidades, use kg = (N·s^2)/m. Pressuponha que a pressão é basicamente constante sobre a janela, de modo que a força é

$$F = pA = 1852 \times 1 \times 2 = 3704\,\text{N} \quad \text{ou} \quad 833\,\text{lb}$$

Essa força é grande o suficiente para quebrar muitas janelas, especialmente se não forem projetadas corretamente.

Exemplo 3.5 Um piezômetro é usado para medir a pressão em um tubo a 20 cm de água. Um tubo pitot mede a pressão total como 33 cm de água na mesma região. Calcule a velocidade da água no tubo.

Solução: Usando a Equação (3.27), a velocidade é calculada como

$$V = \sqrt{\frac{2}{\rho}(p_2 - p_1)} = \sqrt{2g(h_2 - h_1)} = \sqrt{2 \times 9{,}81 \times (0{,}33 - 0{,}20)} = 1{,}60\,\text{m/s}$$

onde usamos a relação de pressão $p = \rho g h$.

Problemas Resolvidos

3.1 Um campo de velocidade em um escoamento plano é dado por $\mathbf{V} = 2yt\mathbf{i} + x\mathbf{j}$ m/s, como no Exemplo 3.1. Determine a aceleração, a velocidade angular e o vetor de vorticidade no ponto (4 m, 2 m) a $t = 3$ s. (Obs.: as constantes têm unidades tais que a velocidade tenha unidades de m/s.)

A aceleração é dada por

$$\mathbf{a} = \frac{\partial \mathbf{V}}{\partial t} + u\frac{\partial \mathbf{V}}{\partial x} + v\frac{\partial \mathbf{V}}{\partial y} + \cancel{w\frac{\partial \mathbf{V}}{\partial z}} = 2y\mathbf{i} + 2yt(\mathbf{j}) + x(2t\mathbf{i}) = 2(xt + y)\mathbf{i} + 2yt\mathbf{j}$$

No ponto (4, 2) e $t = 3$ s, a aceleração é

$$\mathbf{a} = 2(4 \times 3 + 2)\mathbf{i} + 2 \times 2 \times 3t\mathbf{j} = 28\mathbf{i} + 12\mathbf{j}\,\text{m/s}^2$$

A velocidade angular é

$$\Omega = \frac{1}{2}\left(\cancel{\frac{\partial w}{\partial y}} - \cancel{\frac{\partial v}{\partial z}}\right)\mathbf{i} + \frac{1}{2}\left(\cancel{\frac{\partial u}{\partial z}} - \cancel{\frac{\partial w}{\partial x}}\right)\mathbf{j} + \frac{1}{2}\left(\frac{\partial v}{\partial x} - \frac{\partial u}{\partial y}\right)\mathbf{k} = \frac{1}{2}(1 - 2t)\mathbf{k}$$

A $t = 3$ s, ela é

$$\Omega_z = \frac{1}{2}(1 - 2 \times 3) = -\frac{5}{2}\,\text{rad/s}$$

O vetor de vorticidade é o dobro do vetor da velocidade angular, então

$$\boldsymbol{\omega} = -5\mathbf{k}\,\text{rad/s}$$

3.2 Determine a taxa de variação da massa específica em um escoamento estratificado no qual $\rho = 1000(1 - 0{,}2z)$ e a velocidade é $\mathbf{V} = 10(z - z^2)\mathbf{i}$:

A velocidade está apenas na direção x e a massa específica varia com z (geralmente na direção vertical). A derivada material fornece a resposta

$$\frac{D\rho}{Dt} = u\frac{\partial \rho}{\partial x} + v\frac{\partial \rho}{\partial y} + \cancel{w}\frac{\partial \rho}{\partial z} + \frac{\partial \rho}{\partial t} = 0$$

Assim, não há variação de massa específica para uma determinada partícula enquanto esta se move através do campo de escoamento.

3.3 Um campo de velocidade é dado em coordenadas cilíndricas como

$$v_r = \left(2 - \frac{8}{r^2}\right)\cos\theta\ \text{m/s} \qquad v_\theta = -\left(2 + \frac{8}{r^2}\right)\text{sen}\,\theta\ \text{m/s} \qquad v_z = 0$$

Qual é a aceleração no ponto (3 m, 90°)?

A Tabela 3.1 fornece as equações para os componentes da aceleração. Temos

$$
\begin{aligned}
a_r &= v_r\frac{\partial v_r}{\partial r}+\frac{v_\theta}{r}\frac{\partial v_r}{\partial \theta}+\cancel{v_z\frac{\partial v_r}{\partial z}}-\frac{v_\theta^2}{r}+\cancel{\frac{\partial v_r}{\partial t}}\\
&=\left(2-\frac{8}{r^2}\right)\cancel{\cos\theta}\left(\frac{16}{r^3}\right)\cancel{\cos\theta}+\left(\frac{2}{r}+\frac{8}{r^3}\right)\operatorname{sen}\theta\left(2-\frac{8}{r^2}\right)\operatorname{sen}\theta-\frac{1}{r}\left(2+\frac{8}{r^2}\right)^2\operatorname{sen}^2\theta\\
&=0+\left(\frac{2}{3}+\frac{8}{27}\right)\left(2-\frac{8}{9}\right)-\frac{1}{3}\left(2+\frac{8}{9}\right)^2=-1{,}712\,\text{m/s}^2
\end{aligned}
$$

$$
\begin{aligned}
a_\theta &= v_r\frac{\partial v_\theta}{\partial r}+\frac{v_\theta}{r}\frac{\partial v_\theta}{\partial \theta}+\cancel{v_z\frac{\partial v_\theta}{\partial z}}+\frac{v_r v_\theta}{r}+\cancel{\frac{\partial v_\theta}{\partial t}}\\
&=\left(2-\frac{8}{r^2}\right)\cancel{\cos\theta}\left(\frac{16}{r^3}\right)\operatorname{sen}\theta+\frac{1}{r}\left(2+\frac{8}{r^2}\right)^2\operatorname{sen}\theta\,\cancel{\cos\theta}-\left(\frac{2}{r}-\frac{8}{r^2}\right)\cancel{\cos\theta}\left(2+\frac{8}{r^2}\right)\operatorname{sen}\theta\\
&=0
\end{aligned}
$$

$$a_z=0$$

Observe que cos 90° = 0 e sen 90° = 1.

3.4 Deseja-se um escoamento laminar de água a 20°C em um tubo de 8 mm de diâmetro. Um recipiente de 2 L, usado para coletar a água, é enchido em 82 s. O escoamento é laminar?

Para realizar a determinação, é preciso calcular o número de Reynolds. Primeiro, determine a velocidade média. Ela é

$$V=\frac{Q}{A}=\frac{2\times 10^{-3}/82}{\pi\times 0{,}004^2}=0{,}485$$

Usando a viscosidade cinemática da água como sendo de cerca de 10^{-6} m²/s (ver Tabela C.1), o número de Reynolds é

$$\text{Re}=\frac{Vh}{\nu}=\frac{0{,}485\times 0{,}008\times 0{,}5}{10^{-6}}=3880$$

Esse valor é maior que 2000, então o tubo não é liso ou a entrada não é bem arredondada e o escoamento seria turbulento. Contudo, ele poderia ser laminar se fosse tomado cuidado para evitar o acúmulo de vibrações e flutuações da água com um tubo liso.

3.5 As sondas de pitot e do piezômetro leem as pressões total e estática, como mostrado na Figura 3.14. Calcule a velocidade V.

A equação de Bernoulli nos dá

$$\frac{\cancel{V_2^2}}{\cancel{2}}+\frac{p_2}{\rho}+\cancel{gh_2}=\frac{V_1^2}{2}+\frac{p_1}{\rho}+\cancel{gh_1}$$

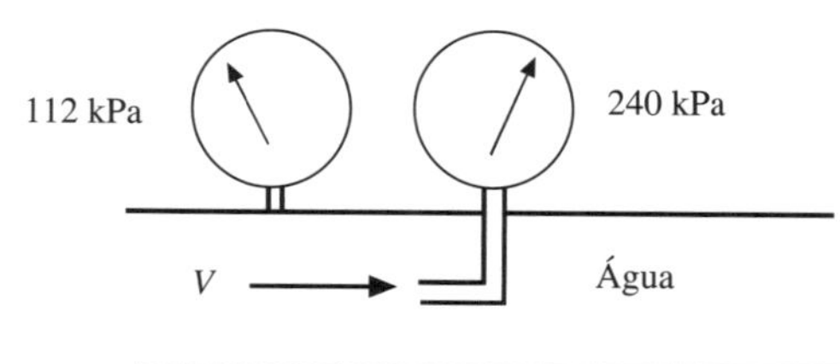

Figura 3.14

onde o ponto 2 está imediatamente dentro do tubo pitot. Usando as informações dadas, o resultado é

$$\frac{240\,000}{1000}=\frac{V_1^2}{2}+\frac{112\,000}{1000}\qquad \therefore\ V_1=16\,\text{m/s}$$

Confirme as unidades do primeiro termo da equação acima: $\dfrac{\text{N/m}^2}{\text{kg/m}^3}=\dfrac{(\text{kg}\cdot\text{m/s}^2)/\text{m}^2}{\text{kg/m}^3}=\dfrac{\text{m}^2}{\text{s}^2}$.

3.6 Um bocal em uma mangueira acelera a água de 4 cm de diâmetro para 1 cm de diâmetro. Se a pressão é de 400 kPa a montante, qual é a velocidade máxima na saída do bocal?

A equação da continuidade relaciona as velocidades

$$A_1 V_1 = A_2 V_2 \qquad \pi \times 2^2 \times V_1 = \pi \times 0,5^2 \times V_2 \qquad \therefore\ V_2 = 16V_1$$

A equação de Bernoulli nos dá

$$\frac{V_1^2}{2} + \frac{400\,000}{1000} + \cancel{gh_1} = \frac{256V_1^2}{2} + \frac{100\,000}{1000} + \cancel{gh_2}$$

$$\therefore\ V_1 = 1{,}534\,\text{m/s} \quad \text{e} \quad V_2 = 24{,}5\,\text{m/s}$$

Isso representa o valor máximo, pois pressupomos que não há perdas provocadas por efeitos viscosos e pressupomos perfis de velocidade uniformes.

3.7 Água escoa através de um cotovelo curvo em um tubo de 2 cm de diâmetro a uma velocidade média de 20 m/s. Calcule o aumento de pressão do interior do tubo para o exterior no meio do caminho do cotovelo se, em média, o raio de curvatura do cotovelo é de 4 cm na seção intermediária.

A Equação (3.32) fornece a relação entre o aumento de pressão e o raio de curvatura

$$-\frac{\Delta p}{\Delta n} = \rho\frac{V^2}{R} \qquad -\frac{\Delta p}{0{,}02} = 1000 \times \frac{20^2}{0{,}04} \qquad \therefore\ \Delta p = 200\,000\,\text{Pa} \quad \text{ou} \quad 200\,\text{kPa}$$

Essa diferença de pressão surpreendentemente alta pode deslocar a água lenta junto à parede do tubo (a água adere à parede devido à viscosidade) do lado de fora para o lado de dentro do canto, o que cria um escoamento secundário à medida que a água sai do cotovelo. Esse escoamento secundário acaba por se dissipar e representa uma perda relativamente grande decorrente do cotovelo.

Problemas Complementares

Movimento de Fluidos

3.8 O trânsito de uma grande cidade será estudado. Explique como isso seria feito usando a abordagem (*a*) lagrangiana e (*b*) euleriana.

3.9 Uma lâmpada e uma bateria estão ligadas a um grande número de barras de sabão que flutuam. Explique como as linhas de trajetória e as linhas de emissão seriam fotografadas em uma corrente.

3.10 A luz de um único carro é fotografada de um ponto alto usando uma exposição longa. O que é a linha observada na fotografia? Bastante tempo passa e um grande número de faróis de automóveis é fotografada instantaneamente na mesma estrada e do mesmo ponto alto. Qual é a relação entre as duas fotografias? Explique as semelhanças e as diferenças.

3.11 A distribuição de velocidade parabólica em um escoamento de canal é dada por $u(y) = 0{,}2(1 - y^2)$ m/s, com y medido em centímetros. Qual é a aceleração de uma partícula de fluido na linha de centro onde $y = 0$? Em um local onde $y = 0{,}5$ cm?

3.12 Calcule a velocidade e a aceleração de uma partícula de fluido no ponto (2, 1, –3) quando $t = 2$ s se o campo de velocidade é dado por (as distâncias estão em metros e as constantes têm as unidades necessárias):

(*a*) $\mathbf{V} = 2xy\mathbf{i} + y^2t\mathbf{j} + yz\mathbf{k}$ m/s

(*b*) $\mathbf{V} = 2(xy - z^2)\mathbf{i} + xyt\mathbf{j} + xzt\mathbf{k}$ m/s

3.13 Determine o vetor unitário normal à linha de corrente no ponto (2, –1) quando $t = 2$ s se o campo de velocidade é dado por:

(*a*) $\mathbf{V} = 2xy\mathbf{i} + y^2t\mathbf{j}$ m/s

(*b*) $\mathbf{V} = 2y(x - y)\mathbf{i} + xyt\mathbf{j}$ m/s

3.14 Qual é a equação da linha de corrente que atravessa o ponto (2, −1) quando $t = 2$ s se o campo de velocidade é dado por:

(*a*) $\mathbf{V} = 2xy\mathbf{i} + y^2t\mathbf{j}$ m/s

(*b*) $\mathbf{V} = 2y^2\mathbf{i} + xyt\mathbf{j}$ m/s

3.15 Determine a aceleração (vetor e magnitude) da partícula de fluido que ocupa o ponto (–2, 1, 1) m quando $t = 2$ s se o campo de velocidade é dado por:

(*a*) $\mathbf{V} = 2xy\mathbf{i} + xz\mathbf{j} + yz\mathbf{k}$ m/s

(*b*) $\mathbf{V} = 2y^2\mathbf{i} + (x - 2t)\mathbf{j} + z^2\mathbf{k}$ m/s

(*c*) $\mathbf{V} = 2yz\mathbf{i} + (x^2 - 2y^2)\mathbf{j} + z^2t\mathbf{k}$ m/s

3.16 Determine a velocidade angular e os vetores de vorticidade no ponto (1, 2, 3) quando $t = 3$ s para o campo de velocidade do:

(*a*) Problema 3.13a

(b) Problema 3.13b

(c) Problema 3.14a

(d) Problema 3.14b

3.17 O campo de velocidade em um escoamento de fluido é dado por $\mathbf{V} = 2y\mathbf{i} + x\mathbf{j} + t\mathbf{k}$. Determine as magnitudes da aceleração, a velocidade angular e a vorticidade no ponto (2, 1, −1) a $t = 4$ s.

3.18 O campo de temperatura de um escoamento no qual $\mathbf{V} = 2y\mathbf{i} + x\mathbf{j} + t\mathbf{k}$ é dado por $T(x, y, z) = 20xy$ °C. Determine a taxa de variação da temperatura de uma partícula de fluido no escoamento no ponto (2, 1, –2) a $t = 2$ s.

3.19 Um campo de velocidade é dado em coordenadas cilíndricas como

$$v_r = \left(4 - \frac{1}{r^2}\right)\text{sen}\,\theta \text{ m/s} \qquad v_\theta = -\left(4 + \frac{1}{r^2}\right)\cos\theta \text{ m/s} \qquad v_z = 0$$

(*a*) Qual é a aceleração no ponto (0,6 m, 90°)?

(*b*) Qual é a vorticidade no ponto (0,6 m, 90°)?

3.20 Um campo de velocidade é dado em coordenadas esféricas como

$$v_r = \left(8 - \frac{1}{r^3}\right)\cos\theta \text{ m/s} \qquad v_\theta = -\left(8 + \frac{1}{r^3}\right)\text{sen}\,\theta \text{ m/s} \qquad v_\phi = 0$$

Qual é a aceleração no ponto (0,6 m, 90°)?

Classificação dos Escoamentos de Fluidos

3.21 Selecione a palavra que melhor descreve os seguintes escoamentos: uniforme, unidimensional, bidimensional ou tridimensional.

(*a*) Escoamento desenvolvido em um tubo

(b) Escoamento de água sobre uma represa longa

(c) Escoamento em um canal longo e reto

(d) Escoamento de gases de descarga saindo de um foguete

(e) Escoamento de sangue em uma artéria

(f) Escoamento do ar em torno de uma bala

(*g*) Escoamento de sangue em uma veia

(*h*) Escoamento de ar em um tornado

3.22 Selecione o escoamento do Problema 3.21 que poderia ser modelado como um escoamento plano.

3.23 Selecione o escoamento do Problema 3.21 que poderia ser modelado como um escoamento em regime transiente.

3.24 Selecione o escoamento do Problema 3.21 que teria um ponto de estagnação.

3.25 Quais escoamentos do Problema 3.21 poderiam ser modelados como escoamentos não viscosos?

3.26 Qual escoamento do Problema 3.21 seria um escoamento externo?

3.27 Quais escoamentos do Problema 3.21 seriam escoamentos compressíveis?

3.28 Qual escoamento do Problema 3.21 teria uma camada limite?

3.29 Quais escoamentos do Problema 3.21 definitivamente seriam modelados como escoamentos turbulentos?

3.30 Água sai de uma torneira por uma saída de 1 cm de diâmetro. Estime a velocidade máxima que produziria um escoamento laminar se a temperatura da água é (*a*) 20 °C, (*b*) 50 °C e (*c*) 100 °C. Pressuponha Re = 2000.

3.31 Ar escoa sobre e em paralelo com uma placa plana a 2 m/s. Qual é o comprimento da porção laminar da camada limite se a temperatura do ar é (*a*) 30 °C, (*b*) 70 °C e (*c*) 200 °C. Pressuponha um alto nível de flutuação sobre uma placa rígida e lisa.

3.32 Decida se é possível criar um modelo de cada um dos itens a seguir como um escoamento incompressível ou um escoamento compressível:

(*a*) a decolagem e aterrissagem de aviões comerciais

(*b*) o fluxo de ar ao redor de um automóvel

(*c*) o escoamento de ar em um furacão

(*d*) o fluxo de ar em torno de uma bola de beisebol arremessada a 160 km/h

3.33 Escreva todos os termos não zero de $D\rho/Dt$ para um escoamento estratificado no qual:

(*a*) $\rho = \rho(z)$ e $\mathbf{V} = z(2 - z)\mathbf{i}$

(*b*) $\rho = \rho(z)$ e $\mathbf{V} = f(x, z)\mathbf{i} + g(x, z)\mathbf{j}$

Equação de Bernoulli

3.34 Um tubo estático de Pitot mede a pressão total p_T e a pressão local p em um escoamento uniforme dentro de um tubo de água de 4 cm de diâmetro. Calcule a vazão se:

(*a*) $p_T = 1500$ mm de mercúrio e $p = 150$ kPa

(*b*) $p_T = 250$ kPa e $p = 800$ mm de mercúrio

(*c*) $p_T = 900$ mm de mercúrio e $p = 110$ kPa

(*d*) $p_T = 10$ polegadas de água e $p = 30$ lb/ft^2

3.35 Determine uma expressão para a distribuição de pressão ao longo do eixo horizontal negativo x, dado o campo de velocidade no Problema Resolvido 3.3 se $p(-1, 180°) = p_\infty$. Pressupõe-se que os efeitos viscosos podem ser ignorados.

3.36 Determine a velocidade V no tubo se o fluido no tubo da Figura 3.15 é:

(*a*) Ar atmosférico e $h = 10$ cm de água

(*b*) Água e $h = 10$ cm de mercúrio

(*c*) Querosene e $h = 20$ cm de mercúrio

(*d*) Gasolina e $h = 40$ cm de água

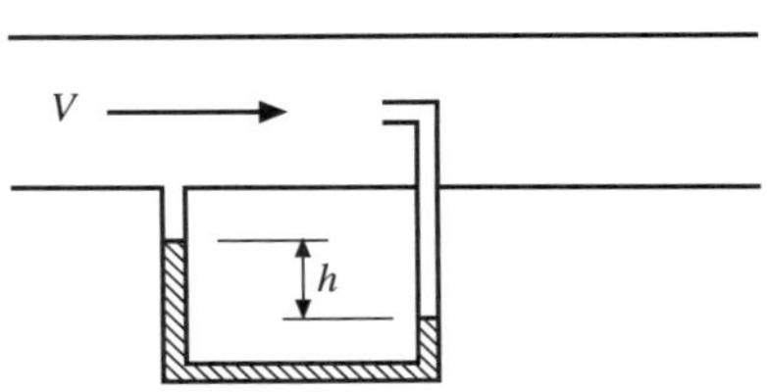

Figura 3.15

3.37 Determine a velocidade V no tubo se fluido no tubo da Figura 3.16 é:

(*a*) Ar atmosférico e h = 40 cm de água

(*b*) Água e h = 20 cm de mercúrio

(*c*) Querosene e h = 30 cm de mercúrio

(*d*) Gasolina e h = 80 cm de água

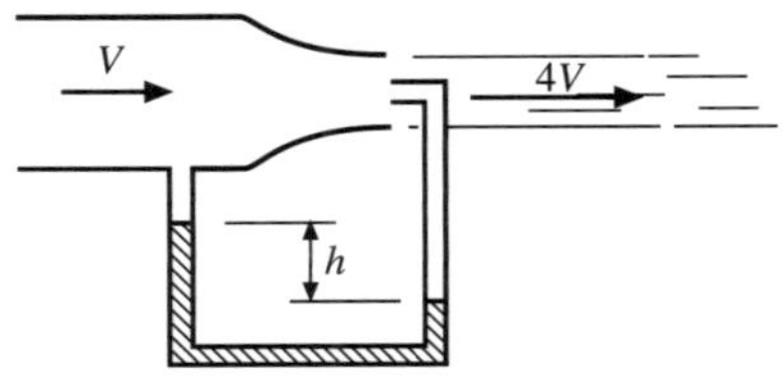

Figura 3.16

Respostas dos Problemas Complementares

3.8 Andar de carro. Ficar parado em esquinas.

3.9 Uma longa exposição. Um retrato instantâneo.

3.10 Uma linha de trajetória. Uma linha de emissão.

3.11 0, 0

3.12 (*a*) 5,385 m/s, $10\mathbf{i} + 9\mathbf{j} - 3\mathbf{k}\,\text{m/s}^2$ (*b*) 12,81 m/s, $-156\mathbf{i} - 10\mathbf{j} + 30\mathbf{k}\,\text{m/s}^2$

3.13 (*a*) $(\mathbf{i} - 2\mathbf{j})/\sqrt{5}$ (*b*) $(-2\mathbf{i} + 3\mathbf{j})/\sqrt{13}$

3.14 (*a*) $x = -2y$ (*b*) $x^2 - y^2 = 3$

3.15 (*a*) $-2\mathbf{i} - 3\mathbf{j}$ (*b*) $-24\mathbf{i} + 2\mathbf{k}$ (*c*) $-4\mathbf{i} - 8\mathbf{j} + 9\mathbf{k}$

3.16 (*a*) $6\mathbf{i} - \mathbf{k},\ 12\mathbf{i} - 2\mathbf{k}$ (*b*) $-3\mathbf{i}/2 - 6\mathbf{k},\ -3\mathbf{i} - 12\mathbf{k}$ (*c*) $6\mathbf{i} - \mathbf{k},\ 12\mathbf{i} - 2\mathbf{k}$ (*d*) $-3\mathbf{i}/2 - 4\mathbf{k},\ -3\mathbf{i} - 8\mathbf{k}$

3.17 4,583 m/s^2 – 0,5 rad/s – 1,0 rad/s

3.18 120°C/s

3.19 (*a*) $a_r = 11{,}31\,\text{m/s}^2,\ a_\theta = 0$ (*b*) 0

3.20 336,8 m/s^2

3.21 (*a*) 1-D (*b*) 2-D (*c*) 2-D (*d*) 3-D (*e*) 1-D (*f*) 2-D (*g*) 1-D (*h*) 3-D

3.22 (*b*)

3.23 (*e*)

3.24 (*f*)

3.25 (*b*) (*h*)

3.26 (*f*)

3.27 (*d*) (*f*)

3.28 (*f*)

3.29 (*c*) (*d*)

3.30 (*a*) 0,201 m/s (*b*) 0,111 m/s (*c*) 0,0592 m/s

3.31 (*a*) 5,58 m (*b*) 6,15 m (*c*) 7,71 m

3.32 (*a*) incompressível (*b*) incompressível (*c*) incompressível (*d*) incompressível

3.33 (*a*) nenhum (*b*) nenhum

3.34 (*a*) 10,01 m/s (*b*) 16,93 m/s (*c*) 4,49 m/s (*d*) 1,451 m/s

3.35 $2\rho\left(1+\frac{8}{x^2}-\frac{16}{x^4}\right)$

3.36 (*a*) 39,9 m/s (*b*) 4,97 m/s (*c*) 7,88 m/s (*d*) 1,925 m/s

3.37 (*a*) 79,8 m/s (*b*) 7,03 m/s (*c*) 9,65 m/s (*d*) 2,72 m/s

Capítulo 4

As Equações Integrais

4.1 INTRODUÇÃO

A mecânica dos fluidos é algo que encontramos em praticamente todas as áreas do nosso cotidiano. A maioria das quantidades de interesse, se não todas, são quantidades integrais; elas são encontradas integrando alguma propriedade de interesse sobre uma área ou um volume. Muitas vezes, a propriedade é basicamente constante, então a integração é fácil de realizar, mas em outras a propriedade varia sobre a área ou o volume e a integração necessária pode ser mais difícil.

Quais são algumas das quantidades de interesse integrais? A vazão através de um tubo, a força sobre a superfície vertical de uma represa, a energia cinética do vento que se aproxima de uma máquina de vento, a potência gerada pela lâmina de uma turbina, a força sobre a pá de uma raspadeira de neve e o arrasto sobre a um aerofólio, dentre muitas outras. Algumas quantidades não são de natureza integral, como a pressão mínima sobre um corpo ou o ponto de separação sobre um aerofólio; esse tipo de quantidade será considerado no Capítulo 5.

Para realizar a integração sobre uma área ou volume, é necessário que o integrando seja conhecido. O integrando deve ser dado ou a informação deve estar disponível de modo que ele possa ser aproximado a grau aceitável de precisão. Para inúmeros integrandos, uma aproximação aceitável não é possível, o que exige as soluções de equações diferenciais para obtermos as relações necessárias; os cálculos de escoamento externo, como a sustentação e o arrasto sobre um aerofólio, muitas vezes estão nessa categoria. Alguns integrais relativamente simples que precisam de soluções para as equações diferenciais serão incluídos no Capítulo 5. Neste capítulo, vamos considerar apenas os problemas que envolvem quantidades integrais com integrandos dados ou que podem ser aproximados.

4.2 TRANSFORMAÇÃO DE SISTEMA EM VOLUME DE CONTROLE

As três leis básicas relevantes na mecânica dos fluidos costumam ser chamadas de conservação da massa, da energia e do momento. As duas últimas são chamadas mais especificamente de primeira lei da termodinâmica e a segunda lei de Newton. Cada uma das leis é expressa usando uma descrição lagrangiana do movimento; elas se aplicam a uma massa especificada do fluido. Elas são enunciadas da seguinte forma:

Massa: A massa de um sistema permanece constante.

Energia: A taxa de transferência de calor de um sistema menos a taxa de trabalho realizado pelo sistema é igual à taxa de variação da energia E do sistema.

Momento: A força resultante que atua sobre um sistema é igual à taxa de variação do momento do sistema.

A seguir, vamos expressar cada uma dessas leis matematicamente, reconhecendo que a taxa de variação se aplica a um conjunto de partículas de fluido e o fato que a massa específica, a energia específica e a velocidade podem variar de um ponto para o outro no volume de interesse. Isso exige a derivada material e a integração sobre o volume

$$0 = \frac{D}{Dt}\int_{\text{sis}} \rho \, d\forall \qquad \text{(massa)} \tag{4.1}$$

$$\dot{Q} - \dot{W} = \frac{D}{Dt}\int_{\text{sis}} e\rho \, d\forall \qquad \text{(energia)} \tag{4.2}$$

$$\sum \mathbf{F} = \frac{D}{Dt}\int_{\text{sis}} \mathbf{V}\rho \, d\forall \qquad \text{(momento)} \tag{4.3}$$

onde o ponto sobre o Q e o W significa uma taxa temporal e e é a energia específica incluída nos parênteses da Equação (1.29). É muito difícil aplicar as Equações (4.1) a (4.3) diretamente a um conjunto de partículas de fluido enquanto este se move em um escoamento de tubo simples ou o escoamento mais complexo através de uma turbina. Assim, vamos converter essas integrais expressas usando uma descrição lagrangiana para integrais expressas usando uma descrição euleriana (ver Seção 3.2.1). É uma dedução tediosa, mas importante.

Nessa dedução, é necessário diferenciar entre dois volumes: um *volume de controle* que é um volume fixo no espaço e um *sistema* que é um conjunto específico de partículas de fluido. A Figura 4.1 ilustra a diferença entre esses dois volumes. Ela representa um volume fixo geral no espaço através do qual um fluido escoa; os volumes são mostrados no tempo t e em um tempo ligeiramente posterior $t + \Delta t$. Vamos selecionar a energia $E = \int_{\text{sis}} e\rho \, d\forall$ com a qual demonstrar a derivada material; o e denota a energia específica. A seguir, escrevemos, pressupondo que Δt é uma quantidade pequena

$$\begin{aligned}
\frac{DE_{\text{sis}}}{Dt} &\cong \frac{E_{\text{sis}}(t+\Delta t) - E_{\text{sis}}(t)}{\Delta t} \\
&= \frac{E_3(t+\Delta t) + E_2(t+\Delta t) - E_1(t) - E_2(t)}{\Delta t} \\
&= \frac{E_2(t+\Delta t) + E_1(t+\Delta t) - E_2(t) - E_1(t)}{\Delta t} + \frac{E_3(t+\Delta t) - E_1(t+\Delta t)}{\Delta t}
\end{aligned} \tag{4.4}$$

onde simplesmente adicionamos e subtraímos $E_1(t + \Delta t)$ na última linha. Observe que a primeira razão na última linha se refere a um volume de controle, de modo que

$$\frac{E_2(t+\Delta t) + E_1(t+\Delta t) - E_2(t) - E_1(t)}{\Delta t} \cong \frac{dE_{\text{vc}}}{dt} \tag{4.5}$$

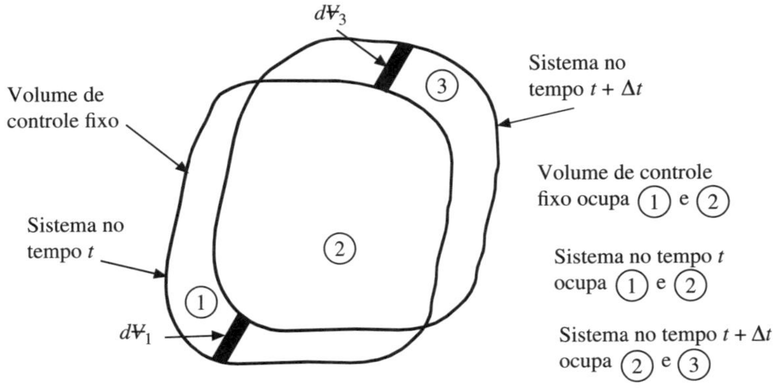

Figura 4.1 O sistema e o volume de controle fixo.

onde uma derivada ordinária é utilizada, pois não estamos mais seguindo uma unidade de massa específica. Além disso, usamos "vc" para denotar o volume de controle. A última razão da Equação (4.4) é o resultado do fluido escoando para dentro do volume 3 e saindo do volume 1. Considere os volumes diferenciais mostrados na Figura 4.1 e mostrados em mais detalhes na Figura 4.2. Observe que a área $A_1 + A_3$ cerca completamente o volume de controle, de modo que

$$\begin{aligned} E_3(t+\Delta t) - E_1(t+\Delta t) &= \int_{A_3} e\rho \hat{\mathbf{n}} \cdot \mathbf{V} \Delta t \, dA_3 + \int_{A_1} e\rho \hat{\mathbf{n}} \cdot \mathbf{V} \Delta t \, dA_1 \\ &= \int_{\text{sc}} e\rho \hat{\mathbf{n}} \cdot \mathbf{V} \Delta t \, dA \end{aligned} \tag{4.6}$$

onde "sc" é a superfície de controle ao redor do volume de controle. Inserir as Equações (4.5) e (4.6) na Equação (4.4) produz o *teorema de transporte de Reynolds*, uma transformação de sistema em volume de controle,

$$\frac{DE_{\text{sis}}}{Dt} = \frac{d}{dt}\int_{\text{vc}} e\rho \, dV\!\!\!\!- + \int_{\text{sc}} e\rho \hat{\mathbf{n}} \cdot \mathbf{V} \, dA \tag{4.7}$$

onde, em geral, e representaria a propriedade específica de E. Observe que poderíamos ter considerado o limite como $\Delta t \to 0$ para tornar a dedução matematicamente mais rigorosa.

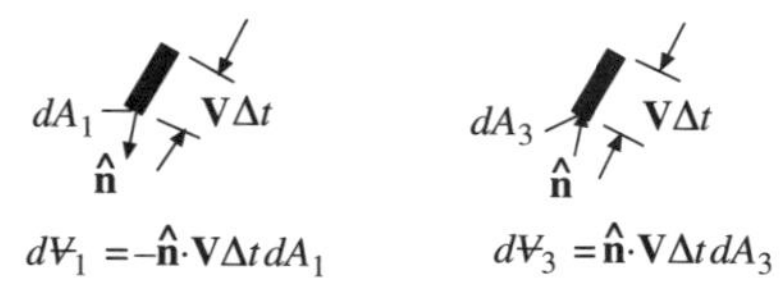

Figura 4.2 Elementos diferenciais do volume da Figura 4.1.

Se voltarmos à equação de energia da Equação (4.2), agora podemos escrevê-la como

$$\dot{Q} - \dot{W} = \frac{d}{dt}\int_{\text{vc}} e\rho \, dV\!\!\!\!- + \int_{\text{sc}} e\rho \hat{\mathbf{n}} \cdot \mathbf{V} \, dA \tag{4.8}$$

Se considerarmos $e = 1$ na Equação. (4.7) [ver Equação (4.1)], então o resultado é a conservação da massa. Ela é

$$0 = \frac{d}{dt}\int_{\text{vc}} \rho \, dV\!\!\!\!- + \int_{\text{sc}} \rho \hat{\mathbf{n}} \cdot \mathbf{V} \, dA \tag{4.9}$$

E, finalmente, se substituímos e na Equação (4.7) com o vetor $\mathbf{V}$ [ver Equação (4.3)], o resultado é a segunda lei de Newton:

$$\sum \mathbf{F} = \frac{d}{dt}\int_{\text{vc}} \rho \mathbf{V} \, dV\!\!\!\!- + \int_{\text{sc}} \mathbf{V} \rho \hat{\mathbf{n}} \cdot \mathbf{V} \, dA \tag{4.10}$$

Essas três equações podem ser escritas em uma forma ligeiramente diferente reconhecendo que pressupomos um volume de controle fixo. Isso significa que os limites da primeira integral no lado direito da equação independem do tempo. Assim, a derivada temporal pode ser passada para dentro da integral se desejado; observe que ela seria escrita como uma derivada parcial caso fosse passada para dentro da integral, pois, em geral, o integrando depende de x, y, z e t. A equação do momento assumiria a forma

$$\sum \mathbf{F} = \int_{\text{vc}} \frac{\partial}{\partial t}(\rho \mathbf{V}) dV\!\!\!\!- + \int_{\text{sc}} \mathbf{V} \rho \hat{\mathbf{n}} \cdot \mathbf{V} \, dA \tag{4.11}$$

As três seções a seguir aplicarão essas formas integrais das leis básicas a problemas nos quais os integrandos são dados ou nos quais podem ser pressupostos.

4.3 CONSERVAÇÃO DA MASSA

A relação mais geral para a conservação da massa usando a descrição euleriana que enfoca um volume fixo foi desenvolvida na Seção 4.2. Ela é

$$0 = \frac{d}{dt}\int_{\text{vc}} \rho \, d\mathcal{V} + \int_{\text{sc}} \rho \hat{\mathbf{n}} \cdot \mathbf{V} \, dA \tag{4.12}$$

Como os limites à integral do volume não dependem do tempo, isso pode ser escrito como

$$0 = \int_{\text{vc}} \frac{\partial \rho}{\partial t} d\mathcal{V} + \int_{\text{sc}} \rho \hat{\mathbf{n}} \cdot \mathbf{V} \, dA \tag{4.13}$$

Se podemos pressupor que o escoamento no qual estamos interessados está em regimento permanente, de modo que o tempo não afeta a Equação (4.13), a equação pode ser simplificada para

$$0 = \int_{\text{sc}} \rho \hat{\mathbf{n}} \cdot \mathbf{V} \, dA \tag{4.14}$$

Os escoamentos no qual a massa específica ρ é uniforme sobre uma área são especialmente interessantes para o nosso estudo sobre fluidos. Além disso, a maioria das aplicações tem uma entrada e uma saída, onde o campo de velocidade é unidimensional e paralelo à correspondente normal. Para um problema como esse, a Equação (4.14) pode ser escrita como

$$\rho_2 A_2 \overline{V}_2 = \rho_1 A_1 \overline{V}_1 \tag{4.15}$$

onde uma sobrelinha denota uma média sobre uma área, ou seja, $\overline{V}A = \int V dA$. Observe também que em uma entrada, usamos $\hat{\mathbf{n}} \cdot \mathbf{V}_1 = -V_1$, pois o vetor unitário aponta para fora do volume e a velocidade está no volume, mas em uma saída $\hat{\mathbf{n}} \cdot \mathbf{V}_2 = V_2$, pois os dois vetores têm a mesma direção.

Para escoamentos incompressíveis nos quais a massa específica não varia* entre a entrada e a saída e a velocidade é uniforme sobre cada área, a conservação da massa assume a forma simplificada:

$$A_2 V_2 = A_1 V_1 \tag{4.16}$$

Chamamos cada uma das equações acima de *equação da continuidade*. A da Equação (4.16) será usada bastante. Essas equações são usadas com mais frequência para relacionar as velocidades entre as seções.

A quantidade ρVA é a *vazão mássica* e tem a unidade kg/s (slugs por segundo no Sistema Imperial). A quantidade VA é a *vazão volumétrica* (ou *descarga*) e tem a unidade de m^3/s (ft^3/s ou cfs). A vazão mássica geralmente é usada em escoamentos de gases e a descarga em escoamentos de líquidos. Eles são definidos por

$$\begin{aligned} \dot{m} &= \rho A V \\ Q &= A V \end{aligned} \tag{4.17}$$

onde V é a velocidade média em uma seção do escoamento.

Exemplo 4.1 Água escoa em um tubo de 6 cm de diâmetro com uma vazão de 0,06 m^3/s. O diâmetro do tubo é reduzido para 2,8 cm. Calcule a velocidade máxima no tubo. Calcule também a vazão mássica. Pressuponha perfis de velocidade uniformes.

Solução: A velocidade máxima no tubo estará no ponto onde o diâmetro é menor. Na seção de 2,8 cm de diâmetro, temos

$$\begin{aligned} Q &= AV \\ 0{,}02 &= \pi \times 0{,}014^2 \, V_2 \qquad \therefore \; V_2 = 32{,}5 \, \text{m/s} \end{aligned}$$

A vazão mássica é

$$\dot{m} = \rho Q = 1000 \times 0{,}02 = 20 \, \text{kg/s}$$

* Nem todos os escoamentos incompressíveis têm massa específica constante. Os escoamentos atmosféricos e oceânicos são bons exemplos, assim como a água salgada que escoa em um canal onde também escoa água doce.

Exemplo 4.2 Água escoa para dentro de um volume que contém uma esponja com vazão de 0,02 m³/s. Ela sai do volume através de dois tubos, um com 2 cm de diâmetro e o outro com uma vazão mássica de 10 kg/s. Se a velocidade de saída no tubo de 2 cm de diâmetro é de 15 m/s, determine a taxa de variação da massa dentro do volume.

Solução: É utilizada a equação da continuidade (4.12). Ela é escrita na forma

$$0 = \frac{dm_{\text{vol}}}{dt} + \dot{m}_2 + \rho A_3 V_3 - \rho Q_1$$

onde $m_{\text{vol}} = \int \rho \, d\mathcal{V}$ e as duas saídas e a entrada representam os outros três termos. Expressando o termo deduzido como $\dot{m}_{\text{vol}}$, a equação da continuidade se torna

$$\begin{aligned}\dot{m}_{\text{vol}} &= \rho Q_1 - \dot{m}_2 - \rho A_3 V_3 \\ &= 1000 \times 0{,}02 - 10 - 1000 \times \pi \times 0{,}01^2 \times 15 = 5{,}29\,\text{kg/s}\end{aligned}$$

A esponja está absorvendo água a uma taxa de 5,29 kg/s.

4.4 A EQUAÇÃO DE ENERGIA

A primeira lei da termodinâmica, ou mais simplesmente, a equação de energia, é útil sempre que se deseja a transferência de calor ou o trabalho. Se basicamente não há transferência de calor nem trabalho externo de uma bomba ou outro dispositivo, a equação de energia nos permite relacionar a pressão, a velocidade e a elevação. Vamos ver como isso é desenvolvido. Começamos com a equação de energia (4.8) em sua forma geral

$$\dot{Q} - \dot{W} = \frac{d}{dt}\int_{\text{vc}} e\rho \, d\mathcal{V} + \int_{\text{sc}} e\rho \hat{\mathbf{n}} \cdot \mathbf{V} \, dA \tag{4.18}$$

A maioria das aplicações nos permite simplificar essa equação pressupondo um escoamento uniforme em regime permanente, com uma entrada e uma saída. A equação de energia é simplificada para

$$\dot{Q} - \dot{W} = e_2 \rho_2 V_2 A_2 - e_1 \rho_1 V_1 A_1 \tag{4.19}$$

onde usamos $\hat{\mathbf{n}} \cdot \mathbf{V} = -V_1$ na entrada. Usando a equação da continuidade (4.15), isso pode ser escrito como

$$\dot{Q} - \dot{W} = \dot{m}(e_2 - e_1) \tag{4.20}$$

O termo da taxa de trabalho decorre de uma força se movendo com uma velocidade: $\dot{W} = \mathbf{F} \cdot \mathbf{V}$. A força pode ser uma pressão ou um cisalhamento multiplicado por uma área. Se o escoamento ocorre em um conduíte, como um tubo ou um canal, as paredes não se movem, então elas não realizam trabalho. Se há uma esteira móvel, pode haver entrada de trabalho devido ao cisalhamento entre a esteira e o fluido. Os termos de taxa de trabalho mais comuns decorrem das forças de pressão na entrada e na saída (pressupõe-se que a pressão é uniforme sobre cada área) e de qualquer dispositivo entre a entrada e a saída. O termo da taxa de trabalho é expresso como

$$\dot{W} = p_2 A_2 V_2 - p_1 A_1 V_1 + \dot{W}_S \tag{4.21}$$

onde o resultado de potência é considerado positivo e $\dot{W}_S$ é o resultado de potência de eixo do volume de controle (uma bomba seria uma potência negativa e uma turbina forneceria um resultado de potência positivo). Usando a expressão para e dada na Equação (1.29), a Equação (4.20) assume a forma

$$\dot{Q} - p_2 A_2 V_2 + p_1 A_1 V_1 - \dot{W}_S = \dot{m}\left(\frac{V_2^2}{2} + g z_2 + \tilde{u}_2 - \frac{V_1^2}{2} - g z_1 - \tilde{u}_1\right) \tag{4.22}$$

O termo da transferência de calor e os termos de energia integrais formam as perdas no escoamento (os efeitos viscosos resultam em transferência de calor e/ou aumento da energia interna). Divida a Equação (4.22) por $\dot{m}g$ e simplifique*

$$-\frac{\dot{W}_S}{\dot{m}g} = \frac{V_2^2}{2g} + \frac{p_2}{\gamma_2} + z_2 - \frac{p_1}{\gamma_1} - \frac{V_1^2}{2g} - z_1 + h_L \tag{4.23}$$

* Usamos $\dot{m} = \rho_2 A_2 V_2 = \rho_1 A_1 V_1$.

onde incluímos o termo da perda como h_L, chamado de *perda de carga*; ele é $h_L = (\tilde{u}_2 - \tilde{u}_1)/g + \dot{Q}/\dot{m}g$. Um escoamento incompressível ocorre em muitas aplicações, de modo que $\gamma_1 = \gamma_2$. Lembre-se que γ para a água é 9810 N/m³ (62,4 lb/ft³).

O termo da perda de carga muitas vezes é expresso em termos de um *coeficiente de perda K*

$$h_L = K\frac{V^2}{2g} \tag{4.24}$$

onde V é uma velocidade característica no escoamento; se não for óbvia, ela será especificada. Alguns coeficientes de perda estão listados na Tabela 7.2; neste capítulo, a informação será dada.

O termo h_L é chamado de perda de carga porque tem a dimensão do comprimento. Também chamamos $V^2/2g$ de *carga de velocidade*, p/γ de *carga de pressão* e z de *carga*. A soma desses três termos é a *carga total*.

O termo do trabalho de eixo na Equação (4.23) geralmente se deve à bomba ou a uma turbina. Se for uma bomba, podemos definir a *carga de bomba* H_P como

$$H_P = \frac{-\dot{W}_S}{\dot{m}g} = \frac{\eta_P \dot{W}_P}{\dot{m}g} \tag{4.25}$$

onde $\dot{W}_P$ é a entrada de potência na bomba e η_P é a *eficiência da bomba*. Para uma turbina, a *carga de turbina* H_T é

$$H_T = \frac{\dot{W}_S}{\dot{m}g} = \frac{\dot{W}_T}{\dot{m}g\,\eta_T} \tag{4.26}$$

onde $\dot{W}_T$ é o resultado de potência da turbina e η_T é a *eficiência da turbina*. A potência tem a unidade de watts [(ft-lb)/s] ou cavalos-vapor.

Se o escoamento não é uniforme sobre a entrada e a saída, mas é unidimensional e paralelo à correspondente normal, é preciso realizar uma integração para obter a energia cinética. A taxa à qual a energia cinética cruza uma área é [ver Equações (4.18) e (1.29)]

$$\text{Taxa da energia cinética} = \int \frac{V^2}{2}\rho V\,dA = \frac{1}{2}\int \rho V^3\,dA \tag{4.27}$$

Se a distribuição de velocidade é conhecida, a integração pode ser realizada. Um *fator de correção da energia cinética* α é definido como

$$\alpha = \frac{\int V^3\,dA}{\overline{V}^3 A} \tag{4.28}$$

O termo da energia cinética pode então ser escrito como

$$\frac{1}{2}\rho\int V^3\,dA = \frac{1}{2}\rho\alpha\overline{V}^3 A \tag{4.29}$$

de modo que, para escoamentos não uniformes, a equação de energia assume a forma

$$-\frac{\dot{W}_S}{\dot{m}g} = \alpha_2\frac{\overline{V}_2^2}{2g} + z_2 + \frac{p_2}{\gamma_2} - \alpha_1\frac{\overline{V}_1^2}{2g} - z_1 - \frac{p_1}{\gamma_1} + h_L \tag{4.30}$$

onde $\overline{V}_1$ e $\overline{V}_2$ são as velocidades médias nas seções 1 e 2, respectivamente. A Equação (4.30) é utilizada se os αs são conhecidos; para perfis parabólicos, $\alpha = 2$ em um tubo e $\alpha = 1{,}5$ entre placas paralelas. Para escoamentos turbulentos (a maioria dos escoamentos em aplicações de engenharia), $\alpha \cong 1$.

Exemplo 4.3 Água escoa de um reservatório com elevação de 30 m por um tubo de 5 cm de diâmetro com um bocal de 2 cm de diâmetro afixado à sua extremidade, como mostrado na Figura 4.3. O coeficiente de perda para todo o tubo é dado como $K = 1{,}2$. Determine a vazão de água através do tubo. Calcule também a pressão imediatamente a montante do bocal (as perdas podem ser ignoradas através do bocal). O bocal está a uma elevação de 10 m.

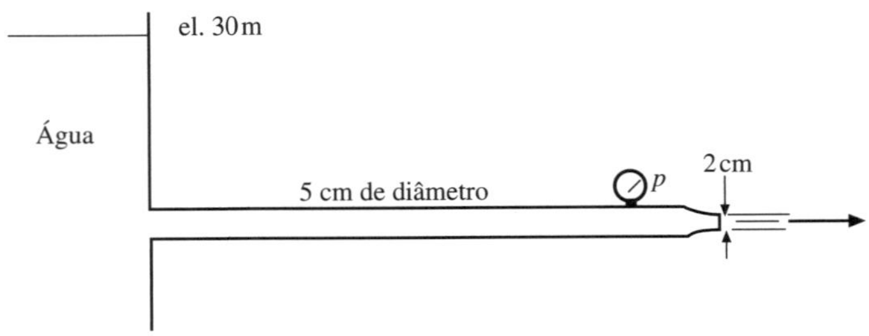

Figura 4.3

Solução: A equação de energia é escrita na forma

$$\frac{\cancel{\dot{W}_S}}{\dot{m}g} = \frac{V_2^2}{2g} + z_2 + \frac{\cancel{p_2}}{\gamma_2} - \frac{\cancel{V_1^2}}{2g} - z_1 - \frac{\cancel{p_1}}{\gamma_1} + K\frac{V^2}{2g}$$

onde a pressão é 0 na superfície 1 e na saída 2, a velocidade é 0 na superfície e não há trabalho de eixo (não há bomba ou turbina). O coeficiente de perda se basearia na velocidade característica V no tubo e não na velocidade de saída V_2. Use a equação da continuidade para relacionar as velocidades:

$$V = \frac{A_2}{A}V_2 = \frac{d_2^2}{d^2}V_2 = \frac{4}{25}V_2$$

A equação de energia nos dá

$$0 = \frac{V_2^2}{2g} + 10 - 30 + 1{,}2\left(\frac{4}{25}\right)^2\frac{V_2^2}{2g} \qquad \therefore\ V_2 = 19{,}5\,\text{m/s}$$

A pressão logo antes do bocal é encontrada aplicando a equação de energia através do bocal, pressupondo que não há perdas (a equação de Bernoulli também poderia ser utilizada). Ela assume a forma

$$-\frac{\cancel{\dot{W}_S}}{\dot{m}g} = \frac{V_2^2}{2g} + \frac{\cancel{p_2}}{\gamma} + \cancel{z_2} - \frac{V^2}{2g} - \frac{p}{\gamma} - \cancel{z}$$

onde a área 2 está na saída e p e V estão a montante do bocal. A equação de energia nos dá

$$0 = \frac{19{,}5^2}{2\times 9{,}81} + \frac{\cancel{p_2}}{\gamma} + \cancel{z_2} - \left(\frac{4}{25}\right)^2\frac{19{,}5^2}{2\times 9{,}8} - \frac{p}{9810} - \cancel{z} \qquad \therefore\ p = 185\ 300\,\text{Pa ou } 185{,}3\,\text{kPa}$$

Exemplo 4.4 Um casal preocupado com seu consumo de energia decide represar o riacho que corre ao lado da sua cabana e determina que uma carga de 4 m pode ser estabelecida acima da saída para uma turbina que os dois compraram no eBay. Calcula-se que o riacho tenha vazão de 0,8 m³/s. Qual é o resultado de potência máximo da turbina, pressupondo que não há perdas e que a velocidade na saída da turbina é de 3,6 m/s?

Solução: A equação de energia é aplicada da seguinte forma:

$$-\frac{\dot{W}_T}{\dot{m}g} = \frac{V_2^2}{2g} + \frac{\cancel{p_2}}{\gamma} + \cancel{z_2} - \frac{\cancel{V_1^2}}{2g} - \frac{\cancel{p_1}}{\gamma} - z_1 + \cancel{h_L}$$

É apenas a carga de água acima da turbina que fornece a potência; a velocidade de saída subtrai da potência. O resultado, usando $\dot{m} = \rho Q = 1000 \times 0{,}8 = 800\,\text{kg/s}$, é

$$\begin{aligned}\dot{W}_T &= \dot{m}gz_1 - \dot{m}\frac{V_2^2}{2}\\ &= 800\times 9{,}81\times 4 - 800\times\frac{3{,}6^2}{2} = 26\ 200\,\text{J/s ou } 26{,}2\,\text{kW}\end{aligned}$$

Vamos demonstrar que as unidades de $\dot{m}gz_1$ são J/s. As unidades de $\dot{m}gz_1$ são $\frac{\text{kg}}{\text{s}}\times\frac{\text{m}}{\text{s}^2}\times\text{m} = \frac{\text{kg}\cdot\text{m}}{\text{s}^2}\times\frac{\text{m}}{\text{s}} = \frac{\text{N}\cdot\text{m}}{\text{s}} = \text{J/s}$, onde, de $F = ma$, vemos que N = kg·m/s². Se as unidades corretas estão incluídas nos itens das nossas equações, as unidades resultantes serão as esperadas, ou seja, as unidades de $\dot{W}_T$ devem ser J/s.

4.5 A EQUAÇÃO DO MOMENTO

Quando um cálculo envolve uma força, muitas vezes é necessário aplicar a segunda lei de Newton, ou mais simplesmente a *equação do momento*, ao problema sendo estudado. Para um volume geral qualquer, usando a descrição euleriana do movimento, a equação do momento foi apresentada na Equação (4.10) na sua forma mais geral para um volume de controle fixo como

$$\sum \mathbf{F} = \frac{d}{dt}\int_{cv} \rho \mathbf{V}\, d\mathcal{V} + \int_{cs} \mathbf{V}\rho \hat{\mathbf{n}}\cdot\mathbf{V}\, dA \tag{4.31}$$

Quando aplicamos essa equação a um volume de controle, precisamos ter cuidado para incluir todas as forças que atuam sobre o volume de controle, então é muito importante desenhar o volume de controle e colocar as forças no volume de controle desenhado. (O volume de controle substitui o diagrama de corpo livre utilizado em disciplinas de estática, dinâmica e sólidos.)

Em geral, encontramos escoamentos uniformes em regime permanente com uma entrada e uma saída. Para esses escoamentos, a Equação (4.31) pode ser reduzida para

$$\sum \mathbf{F} = \rho_2 A_2 V_2 \mathbf{V}_2 - \rho_1 A_1 V_1 \mathbf{V}_1 \tag{4.32}$$

Usando a continuidade $\dot{m} = \rho_2 A_2 V_2 = \rho_1 A_1 V_1$, a equação do momento assume a forma simplificada

$$\sum \mathbf{F} = \dot{m}(\mathbf{V}_2 - \mathbf{V}_1) \tag{4.33}$$

Essa é a forma mais usada quando o cálculo envolve uma força. É uma equação vetorial que contém as três equações escalares em um sistema de coordenadas retangulares

$$\begin{aligned} \sum F_x &= \dot{m}(V_{2x} - V_{1x}) \\ \sum F_y &= \dot{m}(V_{2y} - V_{1y}) \\ \sum F_z &= \dot{m}(V_{2z} - V_{1z}) \end{aligned} \tag{4.34}$$

Se os perfis na entrada e na saída são unidimensionais e paralelos às correspondentes normais, mas não são uniformes, a Equação (4.31) deve ser usada e a integração realizada, ou, se o *fator de correção do momento* β é conhecido, este pode ser utilizado. Ele é determinado por

$$\int_A V^2\, dA = \beta \overline{V}^2 A \tag{4.35}$$

A equação do momento para um escoamento em regime permanente com uma entrada e uma saída assume a forma

$$\sum \mathbf{F} = \dot{m}(\beta_2 \mathbf{V}_2 - \beta_1 \mathbf{V}_1) \tag{4.36}$$

onde $\mathbf{V}_1$ e $\mathbf{V}_2$ representam os vetores de velocidade média sobre as duas áreas.

Para perfis parabólicos, $\beta = 1{,}33$ para um tubo e $\beta = 1{,}2$ para placas paralelas. Para escoamentos turbulentos (a maioria dos escoamentos em aplicações de engenharia), $\beta \cong 1$.

Uma aplicação importante da equação do momento é no caso dos defletores (ou aletas) de bombas, turbinas ou compressores. As aplicações envolvem tanto os defletores estacionários quanto os móveis. Os seguintes pressupostos são utilizados para ambos os tipos:

- A força de atrito entre o fluido e o defletor pode ser ignorada.
- Pressupõe-se que a pressão é constante enquanto o fluido se move sobre o defletor.
- Pressupõe-se que a força de volume pode ser ignorada.
- O efeito do espalhamento lateral da corrente de fluido é ignorado.

Na Figura 4.4 vemos um desenho de um defletor estacionário. A equação de Bernoulli prevê que a velocidade do fluido não varia ($V_2 = V_1$) enquanto o fluido se move sobre o defletor, pois a pressão não varia, não há fricção, o escoamento está em regime permanente e as forças de volume são ignoradas. As equações do momento componentes aparecem da seguinte forma:

$$\begin{aligned} -R_x &= \dot{m}(V_2 \cos\alpha - V_1) = \dot{m}V_1(\cos\alpha - 1) \\ R_y &= \dot{m}V_2 \operatorname{sen}\alpha = \dot{m}V_1 \operatorname{sen}\alpha \end{aligned} \tag{4.37}$$

Dadas as informações necessárias, os componentes da força podem ser calculados.

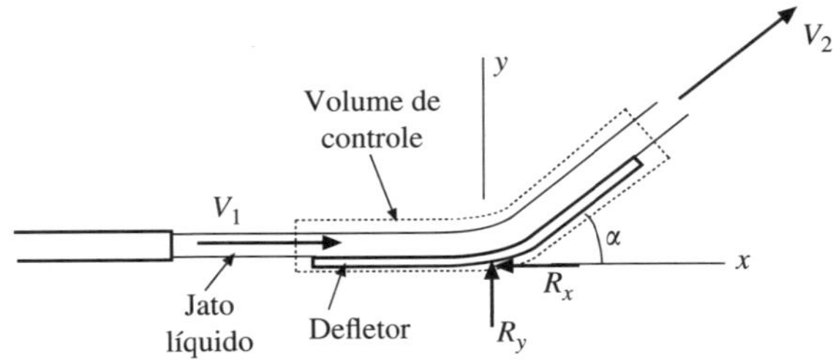

Figura 4.4 Um defletor estacionário.

A análise de um defletor móvel é mais complexa. Estamos trabalhando com um único defletor (um captador de água para desacelerar um trem em alta velocidade) ou uma série de defletores, como em uma turbina? Primeiro, vamos considerar um defletor isolado, movendo-se com velocidade V_B, como desenhado na Figura 4.5. A superfície de controle está fixada ao defletor, de modo que o escoamento é permanente para ela.* O defletor vê a velocidade do fluido que se aproxima como a velocidade relativa V_{r1}, e é essa velocidade relativa que a equação de Bernoulli prevê que permanecerá constante sobre o defletor, ou seja, $V_{r2} = V_{r1}$. A velocidade do fluido que sai do bocal fixo é V_1. Com isso, a equação do momento nos dá

$$\begin{aligned} -R_x &= \dot{m}_r(V_1 - V_B)(\cos\alpha - 1) \\ R_y &= \dot{m}_r(V_1 - V_B)\,\mathrm{sen}\,\alpha \end{aligned} \qquad (4.38)$$

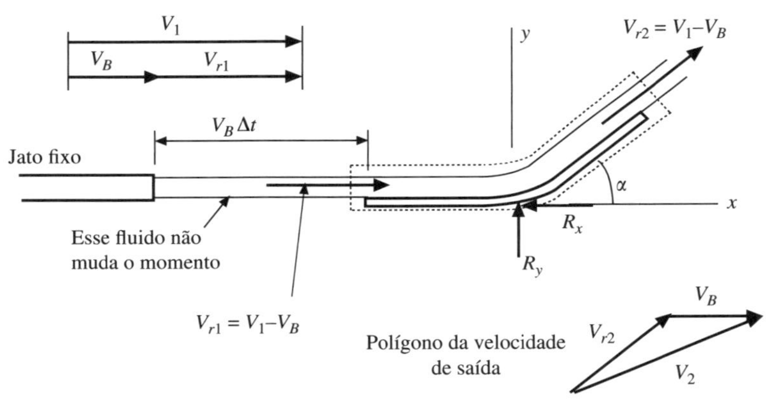

Figura 4.5 Um único defletor móvel.

onde $\dot{m}_r$ é a parte do fluido que sai cujo momento varia. À medida que o defletor se afasta do bocal, o fluido representado pelo comprimento $V_B\Delta t$ não sofre variação em seu momento. A vazão mássica do fluido que sofre uma variação de momento é

$$\dot{m}_r = \rho A(V_1 - V_B) \qquad (4.39)$$

de modo que a vazão mássica é usada nas expressões para os componentes da força.

Para uma série de aletas, os bocais normalmente ficam orientados de modo que o fluido entre nas aletas pela lateral a um ângulo β_1 e saia das aletas a um ângulo β_2, como mostrado na Figura 4.6. As aletas

* Se está sendo observado do ponto de vista do jato fixo, o defletor se afasta do jato e o escoamento não está em regime permanente. Ele está em regime permanente se o escoamento está sendo observado do ponto de vista do defletor.

são projetadas de modo que a velocidade de entrada relativa V_{r1} entre nas aletas tangencial a uma aleta (a velocidade relativa sempre sai tangencial à aleta), como mostrado na Figura 4.7. É a velocidade relativa cuja magnitude permanece constante enquanto o fluido se move sobre a aleta, ou seja, $V_{r2} = V_{r1}$. Também observa que o momento de todo o fluido que sai do jato fixo sofre variação. Assim, a expressão que determina o componente x da força é

$$-R_x = \dot{m}(V_{2x} - V_{1x}) \tag{4.40}$$

É esse componente x da força que permite que a potência seja calculada; o componente y não realiza trabalho e, logo, não contribui para a potência. A potência é calculada por

$$\dot{W} = NR_x V_B \tag{4.41}$$

onde N é o número de jatos no dispositivo e, como observamos, a força R_x se move com velocidade V_B.

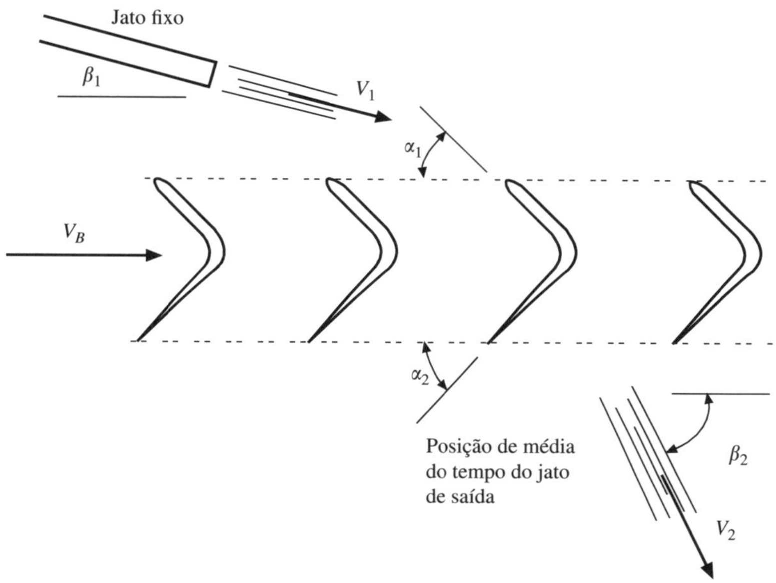

Figura 4.6 Uma série de aletas.

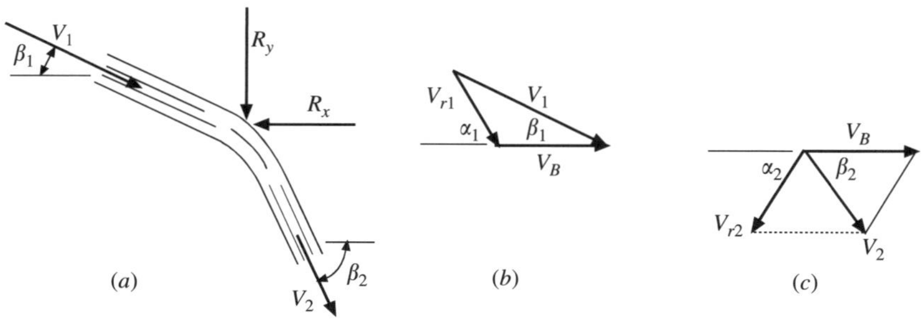

Figura 4.7 (*a*) Posição média do jato, (*b*) o polígono da velocidade de entrada e (*c*) o polígono da velocidade de saída.

Exemplo 4.5 Uma mangueira de 10 cm de diâmetro, mantida a uma pressão de 1600 kPA, fornece água de um tanque para apagar um incêndio. Um bocal na ponta da mangueira reduz o diâmetro para 2,5 cm. Calcule a força que a água exerce sobre o bocal. As perdas podem ser ignoradas em um bocal curto.

Solução: Um desenho da água contida no bocal é importante para que o volume de controle possa ser identificado corretamente. É o que vemos na Figura 4.8. Observe que $p_2 = 0$ e esperamos que a força F_N do bocal sobre a água atue para a esquerda. As velocidades são necessárias a montante e na saída do bocal. A continuidade nos dá

$$A_2 V_2 = A_1 V_1 \qquad \therefore\ V_2 = \frac{10^2}{2{,}5^2} V_1 = 16 V_1$$

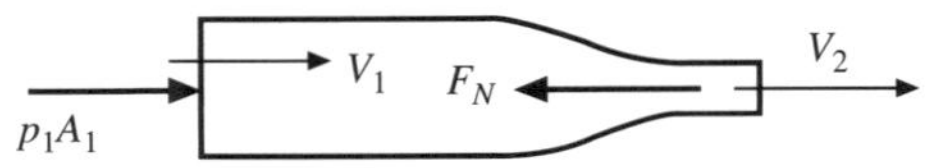

Figura 4.8

A equação de energia exige que

$$\frac{V_2^2}{2} + \frac{\not{p_2}}{\rho} + \not{g z_2} = \frac{V_1^2}{2} + \frac{p_1}{\rho} + \not{g z_1} + \not{h_L} \qquad 16^2 \frac{V_1^2}{2} = \frac{V_1^2}{2} + \frac{1\,600\,000}{1000}$$

$$\therefore\ V_1 = 3{,}54\,\text{m/s} \qquad \text{e} \qquad V_2 = 56{,}68\,\text{m/s}$$

Assim, a equação do momento nos dá

$$p_1 A_1 - F_N = \dot{m}(V_2 - V_1) = \rho A_1 V_1 (V_2 - V_1) = 15 \rho A_1 V_1^2$$

$$1\,600\,000 \times \pi \times 0{,}05^2 - F_N = 15 \times 1000 \times \pi \times 0{,}05^2 \times 3{,}54^2 \qquad \therefore\ F_N = 12\,400\,\text{N}$$

A força da água sobre o bocal seria igual e contrária a F_N.

Exemplo 4.6 Uma turbina a vapor contém oito bocais de 4 cm de diâmetro, e de cada um deles sai vapor a 200 m/s, como mostrado na Figura 4.9. As lâminas da turbina se movem a 80 m/s e a massa específica do vapor é de 2,2 kg/m^3. Calcule o resultado de potência máximo, pressupondo que não há perdas.

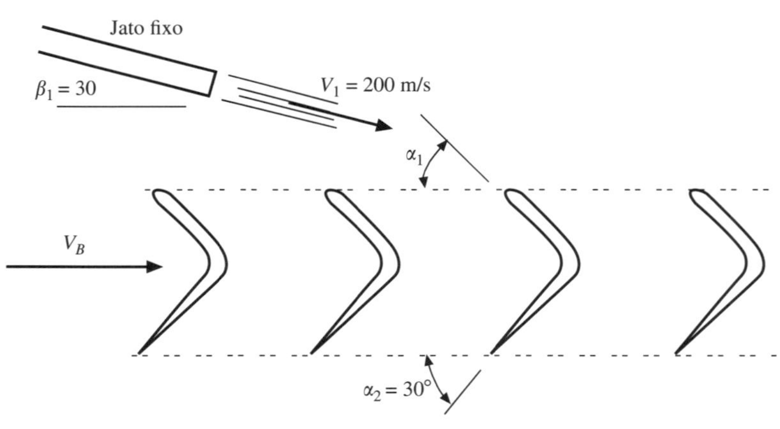

Figura 4.9

Solução: O ângulo α_1 é determinado pelo polígono de velocidade da Figura 4.7(b). Para os componentes x e y, usando $V_1 = 200$ m/s e $V_B = 80$ m/s, temos

$$200 \operatorname{sen} 30° = V_{r1} \operatorname{sen} \alpha_1$$
$$200 \cos 30° = 80 + V_{r1} \cos \alpha_1$$

Há dois elementos desconhecidos nas duas equações acima: V_{r1} e α_1. Uma solução simultânea nos dá

$$V_{r1} = 136{,}7\,\text{m/s} \qquad \text{e} \qquad \alpha_1 = 47{,}0°$$

Ignorar as perdas permite que $V_{r2} = V_{r1}$ = 136,7 m/s, então o polígono de velocidade na saída [Figura 4.7(*c*)] nos dá

$$V_2 \,\text{sen}\,\beta_2 = 136{,}7\,\text{sen}\,30°$$
$$V_2 \cos\beta_2 = 80 - 136{,}7\cos 30°$$

Essas duas equações são resolvidas para dar

$$V_2 = 78{,}39\,\text{m/s} \qquad \text{e} \qquad \beta_2 = 119{,}3°$$

Observe que o polígono da velocidade de saída aparece como na Figura 4.10.

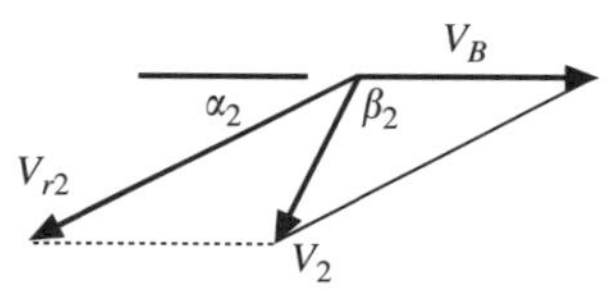

Figura 4.10

A força que atua sobre as lâminas devido a um bocal é

$$-F = \dot{m}(V_{2x} - V_{1x})$$
$$= 2{,}2 \times \pi \times 0{,}02^2 \times 200(-78{,}39\cos 60{,}7° - 200\cos 30°) \qquad \therefore\ F = 11{,}7\,\text{N}$$

O resultado de potência é, então,

$$\dot{W} = N \times F \times V_B = 8 \times 11{,}7 \times 80 = 7488\,\text{W} \ \text{ ou } \ 10{,}04\,\text{hp}$$

Exemplo 4.7 O escoamento relativamente rápido de água em um canal retangular horizontal pode "saltar" subitamente para um nível mais elevado (uma obstrução a jusante pode ser a causa). É o chamado *salto hidráulico*. Para a situação mostrada na Figura 4.11, calcule a profundidade maior a jusante. Pressuponha um escoamento uniforme.

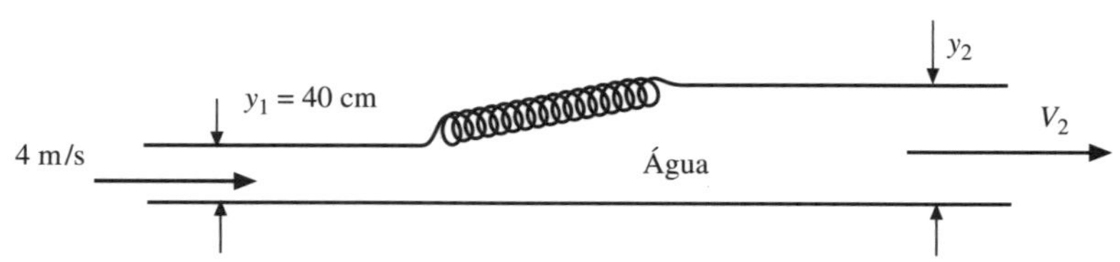

Figura 4.11

Solução: Para uma curta seção de água, a força do atrito sobre as paredes pode ser ignorada. As forças que atuam sobre a água são F_1 à direita e F_2 à esquerda; elas são (pressuponha uma largura w)

$$F_1 = \gamma \bar{h}_1 A_1 = 9810 \times 0{,}20 \times 0{,}40w = 785w \qquad \text{e} \qquad F_2 = \gamma \bar{h}_2 A_2 = \gamma \frac{y_2}{2} \times y_2 w$$

Aplicar a equação do momento nos dá

$$\sum F_x = \dot{m}(V_2 - V_1) = \rho A_1 V_1 (V_2 - V_1)$$
$$785w - 4905 \times w y_2^2 = 1000 \times 0{,}4w \times 4(V_2 - 4)$$

A largura w é dividida e cortada da equação, mas há dois elementos desconhecidos, y_2 e V_2. A equação da continuidade relaciona essas duas variáveis

$$A_2 V_2 = A_1 V_1$$
$$w y_2 V_2 = w \times 0{,}4 \times 4 \qquad \therefore\ V_2 = \frac{1{,}6}{y_2}$$

Substitua isso na equação do momento para obter

$$785 - 4905y_2^2 = 1600\left(\frac{1,6}{y_2} - 4\right)$$

Essa equação é cúbica, mas com um pouco de engenhosidade pode ser transformada em quadrática. Por fatoração:

$$7^2(4 - 10y_2)(4 + 10y_2) = \frac{1600}{y_2}(1,6 - 4y_2) = \frac{1600}{2,5y_2}(4 - 10y_2)$$

O fator $(4 - 10y_2)$ se divide e o resultado é uma equação quadrática

$$y_2^2 + 0,4y_2 - 1,306 = 0$$

Ela tem duas raízes. Estamos interessadas em

$$y_2 = 2,12\,\text{m}$$

Esse efeito interessante é análogo à onda de choque que ocorre em um escoamento de gás supersônico. É o jeito da natureza de passar de algo que se desloca rapidamente para algo muito mais lento enquanto preserva a continuidade e o momento. Uma quantidade de energia significativa é perdida quando essa mudança súbita ocorre através do salto hidráulico, como podemos calcular usando a equação de energia.

Problemas Resolvidos

4.1 Um balão está sendo enchido de água em um instante em que o diâmetro é de 50 cm. Se a vazão para dentro do balão é de 200 gal/min, qual é a taxa de aumento do diâmetro?

A taxa de aumento do volume do balão é

$$\frac{d\mathcal{V}}{dt} = \frac{d}{dt}\left(\frac{4}{3}\pi R^3\right) = 4\pi R^2\frac{dR}{dt} = \frac{\pi}{2}D^2\frac{dD}{dt}$$

Converta galões por minuto em m^3/s

$$200\,\frac{\text{galões}}{\text{minuto}} \times 0,003785\,\frac{\text{m}^3}{\text{galão}} \times \frac{1\ \text{minuto}}{60\,\text{segundos}} = 0,01262\,\text{m}^3/\text{s}$$

As duas expressões acima devem ser iguais para que a massa seja conservada (nesse caso, o volume é conservado porque a água é incompressível). O resultado é

$$\frac{\pi}{2}\times 0,50^2 \times \frac{dD}{dt} = 0,01262 \qquad \therefore\ \frac{dD}{dt} = 0,0321\,\text{m/s}$$

4.2 Ar a 40 °C e 250 kPa escoa em um tubo de 32 cm de diâmetro a 10 m/s. O diâmetro do tubo muda para 20 cm e a massa específica do ar muda para 3,5 kg/m^3. Calcule a velocidade no tubo de diâmetro menor.

A equação da continuidade (4.15) é utilizada

$$\rho_1 A_1 V_1 = \rho_2 A_2 V_2 \qquad \therefore\ \frac{p_1}{RT_1}\pi\frac{d_1^2}{4}V_1 = \rho_2\pi\frac{d_2^2}{4}V_2 \qquad \therefore\ V_2 = \frac{d_1^2 p_1}{\rho_2 d_2^2 RT_1}V_1$$

Insira as informações dadas na equação e

$$V_2 = \frac{d_1^2 p_1}{\rho_2 d_2^2 RT_1}V_1 = \frac{0,32^2 \times 350}{3,5\times 0,20^2 \times 0,287\times 313}\times 10 = 28,5\,\text{m/s}$$

Obs.: Pressupõe-se que a pressão é manométrica quando dada em um enunciado de problema, então 100 kPa são adicionados para convertê-la em pressão absoluta. A pressão é usada em kPa pois a unidade da constante do gás é kJ/(kg·K).

4.3 Um líquido escoa como um escoamento uniforme em um conduíte retangular de 2 cm × 4 cm. Ele escoa de um tubo de 2 cm de diâmetro com perfil parabólico. Se a velocidade máxima no tubo é de 4 m/s, qual é a velocidade no conduíte retangular?

A equação da parábola para $u(r)$ deve permitir que a velocidade seja 4 m/s, onde $r = 0$ e 0 m/s onde $r = 0{,}01$ m. O perfil de velocidade que produz esse resultado é

$$u(r) = 40\,000(0{,}01^2 - r^2)$$

A equação da continuidade do escoamento incompressível (é um líquido) assume a forma

$$A_1 V_1 = \int_{A_2} u(r) 2\pi r \, \mathrm{d}r = \int_0^{0{,}01} 40\,000(0{,}01^2 - r^2) 2\pi r \, dr$$

onde $2\pi r\, dr$ na integral é a área diferencial através da qual o fluido escoa. A equação acima nos dá

$$V_1 = \frac{40\,000 \times 2\pi}{0{,}02 \times 0{,}04}\left(0{,}01^2 \times \frac{0{,}01^2}{2} - \frac{0{,}01^4}{4}\right) = 0{,}785 \,\mathrm{m/s}$$

4.4 É projetada uma turbina para extrair energia de uma fonte de água que escoa através de um tubo de 10 cm de diâmetro a uma pressão de 800 kPa, com velocidade média de 10 m/s. Se a turbina tem 90% de eficiência, quanta energia pode ser produzida se a água é emitida para a atmosfera através de um tubo de 20 cm de diâmetro?

A vazão e a velocidade na saída são

$$Q = A_1 V_1 = \pi \times 0{,}05^2 \times 10 = 0{,}0854 \,\mathrm{m^3/s} \qquad V_2 = V_1 \frac{d_1^2}{d_2^2} = 10 \times \frac{10^2}{20^2} = 2{,}5 \,\mathrm{m/s}$$

Pressupõe-se que a pressão na saída é atmosférica, ou seja, $p_2 = 0$. A equação de energia é aplicada entre a entrada e a saída da turbina

$$-\frac{\dot{W}_S}{\dot{m}g} = \frac{V_2^2}{2g} + \cancel{\frac{p_2}{\gamma_2}} + \cancel{z_2} - \frac{p_1}{\gamma_1} - \frac{V_1^2}{2g} - \cancel{z_1} + \cancel{h_L}$$

onde o termo da perda de carga é omitido e incluído como uma eficiência da turbina. Inserir as informações apropriadas nos dá

$$-\frac{\dot{W}_S}{1000 \times 0{,}0854} = \frac{2{,}5^2 - 10^2}{2} - \frac{800\,000}{1000} \qquad \therefore \; \dot{W}_S = 72\,300 \,\mathrm{W}$$

Essa é a potência extraída da água. A potência produzida seria menor do que esse valor devido às perdas através da turbina medidas pela eficiência, ou seja,

$$\dot{W}_T = \eta_T \dot{W}_S = 0{,}9 \times 72{,}3 = 65{,}1 \,\mathrm{kW}$$

Verifique as unidades das equações acima para garantir que são consistentes.

4.5 A vazão em um tubo é determinada pelo uso do *medidor Venturi* mostrado na Figura 4.12. Usando as informações dadas na figura e $h = 4$ cm, calcule a vazão pressupondo escoamento uniforme e zero perdas (esses pressupostos são razoáveis para escoamentos altamente turbulentos).

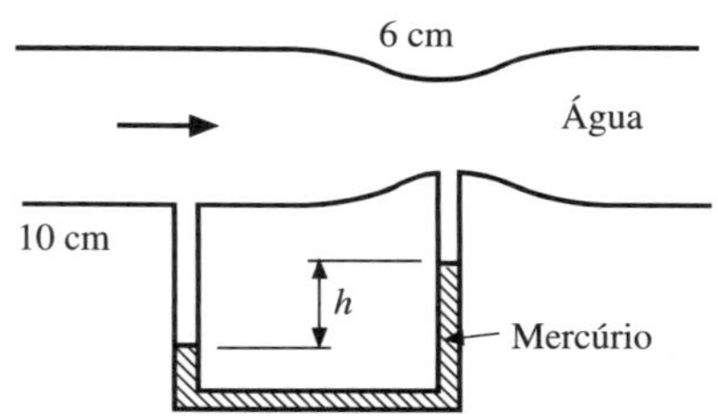

Figura 4.12

O manômetro permite que as pressões (medidas na linha de centro do tubo) sejam relacionadas por

$$p_1 + 9810 \times z + 0{,}04 \times 9810 = p_2 + 9810 \times z + 0{,}04 \times 13{,}6 \times 9810 \qquad \therefore \; p_1 - p_2 = 4944\,\text{Pa}$$

onde z é medido do alto do mercúrio até a linha de centro. A equação da continuidade relaciona V_1 com V_2

$$V_2 = V_1 \frac{d_1^2}{d_2^2} = \frac{10^2}{6^2} V_1 = 2{,}778 V_1$$

Então, a equação de energia é usada para obter

$$\frac{V_2^2}{2g} + \frac{p_2}{\gamma} + \cancel{z_2} = \frac{p_1}{\gamma} + \frac{V_1^2}{2g} + \cancel{z_1} + \cancel{h_L} \qquad \text{ou} \qquad \frac{2{,}778^2 V_1^2 - V_1^2}{2 \times 9{,}81} = \frac{4944}{9810} \qquad \therefore \; V_1 = 1{,}213\,\text{m/s}$$

A vazão é

$$Q = A_1 V_1 = \pi \times 0{,}05^2 \times 1{,}213 = 0{,}00953\,\text{m}^3/\text{s}$$

4.6 Propõe-se represar uma corrente de água distante que mede aproximadamente 25 cm de profundidade e 350 cm de largura, com velocidade média de 2,2 m/s. Se a represa pode ser construída de modo que a superfície livre acima de uma turbina seja de 10 m, calcule a máxima potência de saída de uma turbina com 88% de eficiência.

A vazão da água que atravessa a turbina é

$$Q = A_1 V_1 = 0{,}25 \times 3{,}5 \times 2{,}2 = 1{,}925\,\text{m}^3/\text{s}$$

A equação de energia é aplicada entre a superfície do reservatório atrás da represa, onde $p_1 = 0$, $V_1 = 0$ e $z_1 = 10$ m e a saída da turbina, onde pressupomos, para uma máxima potência de saída, que $V_2 \cong 0$, $p_2 \cong 0$ e $z_2 = 0$

$$\frac{\dot{W}_S}{\dot{m}g} = \cancel{\frac{V_2^2}{2g}} + \cancel{\frac{p_2}{\gamma_2}} + \cancel{z_2} - \cancel{\frac{p_1}{\gamma_1}} - \cancel{\frac{V_1^2}{2g}} - z_1 + \cancel{h_L}$$

ou

$$\dot{W}_S = \dot{m} g z_1 = (1000 \times 1{,}925) \times 9{,}81 \times 10 = 189\,000\,\text{W}$$

As perdas da turbina são incluídas pelo uso da eficiência. A máxima potência de saída é

$$\dot{W}_T = \eta_T \dot{W}_S = 0{,}88 \times 189 = 166\,\text{kW}$$

4.7 Uma bomba é usada para bombear água de um reservatório para um tanque de água, como mostrado na Figura 4.13. A maioria das bombas possui uma *curva da bomba* que relaciona o requerimento de potência do dispositivo à vazão, como aquela apresentada na figura. Calcule a vazão fornecida pela bomba. O coeficiente de perda geral $K = 4$.

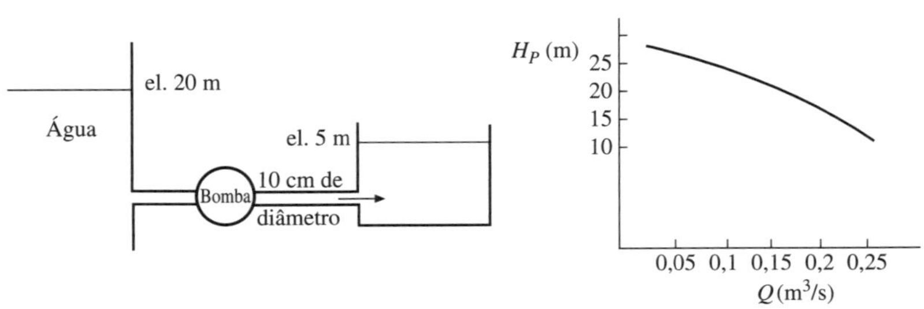

Figura 4.13

O coeficiente de perda é baseado na velocidade média no tubo. A equação de energia aplicada entre as duas superfícies assume a forma

$$\frac{\dot{W}_P}{\dot{m}g} = \cancel{\frac{V_2^2}{2g}} + \cancel{\frac{p_2}{\gamma}} + z_2 - \cancel{\frac{p_1}{\gamma}} - \cancel{\frac{V_1^2}{2g}} - z_1 + h_L = z_2 - z_1 + K\frac{V^2}{2g} = 15 + 4\frac{Q^2}{\pi \times 0{,}05^2 \times 2g}$$

A equação de energia é, então [ver Equação (4.25)],

$$H_P = 15 + 26Q^2$$

Essa equação de energia e a equação representada pela curva da bomba na figura são resolvidas simultaneamente da seguinte maneira:

Experimente $Q = 0{,}1$: $(H_P)_{\text{curva}} = 24\text{m}$ e $(H_P)_{\text{energia}} = 15{,}3$ m

Experimente $Q = 0{,}2$: $(H_P)_{\text{curva}} = 17\text{m}$ e $(H_P)_{\text{energia}} = 16$ m

A estimativa é, então, $Q = 0{,}21$ m³/s.

4.8 Integre o perfil de velocidade apropriado e calcule a energia cinética transportada por um escoamento de água com perfil parabólico em um tubo de 4 cm de diâmetro se a vazão é de 0,005 m³/s.

O perfil parabólico que tem $u = 0$ na parede onde $r = 0{,}02$ m e $u = u_{\max}$ na linha de centro é $u(r) = u_{\max}(1 - r^2/0{,}02^2)$. A vazão é

$$Q = \int_A u(r)dA$$

$$0{,}005 = u_{\max}\int_0^{0{,}02}\left(\frac{1-r^2}{0{,}02^2}\right)2\pi r\,dr = 2\pi u_{\max}\left(\frac{0{,}02^2}{2} - \frac{0{,}02^2}{4}\right) \qquad \therefore\ u_{\max} \cong 8\text{ m/s}$$

A taxa de energia cinética diferencial que atravessa a área diferencial $2\pi r\,dr$ é $\frac{1}{2}\dot{m}v^2 = \frac{1}{2}(\rho 2\pi r\,dr \times v)v^2$. Isso é integrado para produzir

$$\text{EC} = \int_A \frac{1}{2}(\rho 2\pi r\,dr \times v)v^2 = 1000\pi\int_0^{0{,}02} 8^3\left(\frac{1-r^2}{0{,}02^2}\right)^3 r\,dr$$

$$= -\frac{0{,}02^2}{2}\times 8^3 \times 1000\pi\frac{(1-r^2/0{,}02^2)^4}{4}\Bigg|_0^{0{,}02} = 80\text{ J/s}$$

Isso pode ser verificado usando $\alpha = 2$, como observado após a Equação (4.30)

$$\frac{1}{2}\alpha\dot{m}\overline{V}^2 = \frac{1}{2}\times 2(0{,}005\times 1000)\times 4^2 = 80\text{ J/s}$$

onde usamos a velocidade média como sendo metade da velocidade máxima para um perfil parabólico em um tubo.

4.9 Um bocal é afixado a uma mangueira de 6 cm de diâmetro, mas o bocal horizontal vira a água através de um ângulo de 90°. A saída do bocal tem 3 cm de diâmetro e a vazão é de 500 L/min. Determine os componentes da força da água no bocal e a magnitude da força resultante. A água que sai para a atmosfera e as perdas podem ser desprezadas.

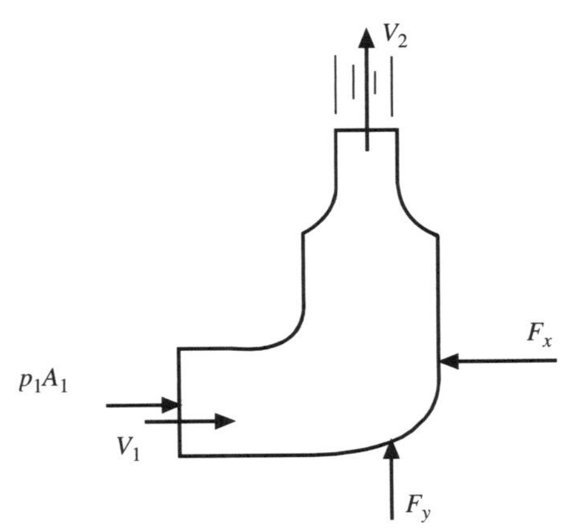

Figura 4.14

Primeiro, o volume de controle precisa ser desenhado, já que não é dado no enunciado do problema. Ele aparece como mostrado na Figura 4.14. O volume de controle mostra a água com os componentes de força do bocal sobre ela. As velocidades são calculadas como

$$V_1 = \frac{Q}{A_1} = \frac{0{,}50/60}{\pi \times 0{,}03^2} = 2{,}95\,\text{m/s} \qquad V_2 = 4 \times V_1 = 11{,}79\,\text{m/s}$$

A pressão p_1 é encontrada usando a equação de energia. As perdas são ignoradas no escoamento acelerado:

$$\frac{V_2^2}{2} + \cancel{\frac{p_2}{\rho}} + \cancel{gz_2} = \frac{V_1^2}{2} + \frac{p_1}{\rho} + \cancel{gz_1} \qquad p_1 = 1000\left(\frac{11{,}79^2 - 2{,}95^2}{2}\right) = 65\,150\,\text{Pa}$$

A equação do momento fornece os componentes da força [ver Equações (4.34)]

$$p_1A_1 - F_x = \dot{m}(\cancel{V_{2x}} - V_{1x})$$

$$65\,150 \times \pi \times 0{,}03^2 - F_x = -(0{,}50/60) \times 1000 \times 2{,}95 \qquad \therefore\ F_x = 209\,\text{N}$$

$$F_y - \cancel{p_2A_{2y}} = \dot{m}(V_{2y} - \cancel{V_{1y}})$$

$$F_y = (0{,}50/60) \times 1000 \times 11{,}79 = 98{,}2\,\text{N}$$

A magnitude da força resultante é

$$F = \sqrt{F_x^2 + F_y^2} = \sqrt{209^2 + 98{,}2^2} = 231\,\text{N}$$

A força da água no bocal seria igual e contrária a F_x e F_y.

4.10 Um fluido escoa através de uma expansão súbita, como mostrado na Figura 4.15. As pressões antes e depois da expansão são p_1 e p_2, respectivamente. Determine uma expressão para a perda de carga devido à expansão se pressupõe-se perfis de velocidade uniformes. *Obs.*: Este problema exige o uso de momento, energia e continuidade.

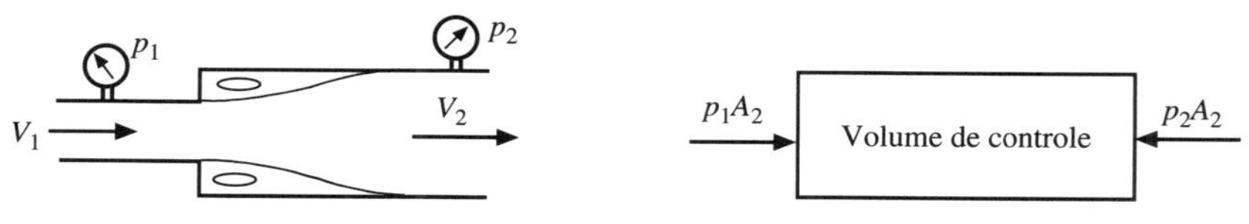

Figura 4.15

O volume de controle é mostrado da expansão até a área a jusante onde o escoamento preenche a área e a velocidade volta a ser uniforme em toda a área A_2. Observe que a pressão é p_1 sobre a área imediatamente após a expansão, pois o escoamento se separa com linhas de corrente paralelas e então se expande para preencher a área. (A perda de carga se deve à energia necessária para sustentar o escoamento na região separada.) A equação do momento nos dá

$$\sum F_x = \dot{m}(V_{2x} - V_{1x}) \qquad p_1A_2 - p_2A_2 = \rho A_2 V_2(V_2 - V_1) \qquad \therefore\ \frac{p_1 - p_2}{\rho} = V_2(V_2 - V_1)$$

A equação de energia que introduz a perda de carga h_L, aplicada entre as seções 1 e 2, é

$$\frac{V_1^2}{2g} + \frac{p_1}{\gamma} + gz_1 = \frac{V_2^2}{2g} + \frac{p_2}{\gamma} + gz_2 + h_L \qquad \therefore\ h_L = \frac{p_2 - p_1}{\gamma} - \frac{V_2^2 - V_1^2}{2g}$$

Inserir a diferença de pressão da equação do momento nos dá

$$h_L = \frac{2V_2(V_2 - V_1)}{2g} - \frac{V_2^2 - V_1^2}{2g} = \frac{(V_1 - V_2)^2}{2g}$$

A equação da continuidade exige que $V_2 = V_1A_1/A_2$. Inserir isso na equação acima para obter a expressão para a perda de carga

$$h_L = \left(1 - \frac{A_1}{A_2}\right)^2 \frac{V_1^2}{2g}$$

O coeficiente de perda da Equação (4.24) é $K = (1 - A_1/A_2)^2$ com base na velocidade de entrada V_1.

4.11 A lâmina de uma raspadeira de neve vira a neve úmida através de um ângulo de 120°, mas atira-a para um lado a 30°. Se a neve tem massa específica de 500 kg/m^3, qual é a potência necessária para mover a lâmina a 40 mi/h se ela escava neve com 15 cm de profundidade e 3 m de largura?

A equação do momento (4.37) é escrita para levar em conta o componente devido ao ângulo lateral (a lâmina é estacionária e a neve se move em direção a ela)

$$\begin{aligned} R_x &= -\dot{m}(V_2 \cos\alpha_1 \cos\theta - V_1) = \rho A V_1^2(\cos\alpha_1 \cos\theta - 1) \\ &= -500(0{,}15 \times 3)(40 \times 0{,}447)^2(\cos 120^\circ \ \cos 30^\circ - 1) = 31\,150\ \text{N} \end{aligned}$$

onde 0,447 converte mi/h em m/s. Ignoramos o atrito gerado pela neve se movendo sobre a lâmina, que seria pequeno em comparação com a força acima, de modo que a velocidade da neve relativa à lâmina permanece constante, ou seja, $V_2 \cong V_1$. Assim, a potência é

$$31\,150(40 \times 0{,}447) = 557\,000\ \text{W} \quad \text{ou} \quad 746\ \text{hp}$$

Problemas Complementares

4.12 Quais pressupostos são necessários em um escoamento para permitir que a Equação (4.3) seja simplificada para $\sum \mathbf{F} = m\mathbf{a}$?

4.13 Desenhe os três volumes $V\!\!\!/_1$, $V\!\!\!/_2$ e $V\!\!\!/_3$, mostrados geralmente na Figura 4.1, pressupondo um breve incremento de tempo Δt para o volume de controle fixo de

(*a*) Um bocal na ponta da mangueira.

(*b*) Um balão no qual o ar entra (o volume fixo é o balão no tempo *t*).

(*c*) Um balão do qual o ar sai (o volume fixo é o balão no tempo *t*).

(*d*) Um T em uma tubulação.

4.14 Desenhe o vetor de velocidade **V** e o vetor unitário normal $\hat{\mathbf{n}}$ em cada área.

(*a*) A área de superfície livre de um tanque de água que está sendo drenado.

(*b*) A área de entrada de uma turbina.

(*c*) A parede de um tubo.

(*d*) O fundo de um canal.

(*e*) A área de entrada de uma tela cilíndrica ao redor de um ralo.

4.15 Um retângulo cerca um aerofólio estacionário bidimensional. Ele está a uma determinada distância do aerofólio em todos os lados. Desenhe a caixa contendo o aerofólio, junto com o vetor de velocidade **V** e o vetor unitário normal $\hat{\mathbf{n}}$ em todos os lados do retângulo.

4.16 Usamos

$$\frac{d}{dt}\int_{\text{vc}} \rho e \, dV\!\!\!/ = \int_{\text{vc}} \frac{\partial}{\partial t}(\rho e)\, dV\!\!\!/$$

na dedução da transformação de sistema em volume de controle. Qual restrição permite essa equivalência? Por que temos uma derivada ordinária na esquerda, mas uma derivada parcial na direita?

Conservação da Massa

4.17 Aplique a Equação (4.14) a um escoamento em um tubo que se divide em duas áreas de saída com massas específicas diferentes em cada área, pressupondo escoamentos uniformes sobre todas as três áreas.

4.18 Água escoa em um tubo de 4 cm de diâmetro a 20 m/s. O tubo se amplia para um diâmetro de 6 cm. Calcule a vazão, a vazão mássica e a velocidade na seção de tubo de maior diâmetro.

4.19 Água escoa a uma profundidade de 40 cm em um esgoto pluvial de 100 cm de diâmetro. Calcule a vazão e a vazão mássica se a velocidade média for de 3 m/s.

4.20 Ar a 25 °C e 240 kPa escoa em um tubo de 10 cm de diâmetro a 40 m/s. Qual é a vazão e a vazão mássica no tubo? (Lembre-se de que as pressões sempre são manométricas a menos que informado do contrário.)

4.21 Ar escoa em um duto de 20 cm de diâmetro a 120 °C e 120 kPa com uma vazão mássica de 5 kg/s. O duto circular se converte em um duto quadrado de 20 cm no qual a temperatura e a pressão são 140 °C e 140 kPa, respectivamente. Determine as velocidades em ambas as seções do duto.

4.22 Ar sai de um balão de 100 cm de diâmetro por um bocal de 1 cm de diâmetro. Se a pressão e a temperatura na saída são 110 kPa e 22 °C, respectivamente, e a velocidade de saída é 30 m/s, calcule a vazão, a vazão mássica e a taxa à qual o diâmetro está variando.

4.23 Água escoa em um tubo de 4 cm de diâmetro a 20 m/s. O tubo se divide em dois, um com 2 cm de diâmetro e o outro com 3 cm de diâmetro. Se 10 kg/s escoam do tubo de 2 cm de diâmetro, calcule o escoamento do tubo de 3 cm de diâmetro.

4.24 Água escoa em um tubo de 2 cm de diâmetro a 10 m/s verticalmente para cima até o centro de dois discos circulares horizontais separados por 8 mm. Ela escoa por entre os discos a um raio de 25 cm. Desenhe o tubo e os discos. Calcule a velocidade média da água que sai dos discos. Calcule também a velocidade média da água entre os discos em uma posição na qual o raio dos discos é 10 cm.

4.25 Ar de alta velocidade a 20 °C e 100 kPa absolutos escoa em um conduíte a 600 m/s. Ele sofre uma variação súbita (uma onda de choque) para 263 m/s e 438 °C, sem variação nas dimensões do conduíte. Determine a vazão mássica e a pressão a jusante se a área transversal do conduíte é 500 cm^2.

4.26 Água escoa em um tubo de 12 cm de diâmetro com os perfis de velocidade mostrados na Figura 4.16. A velocidade máxima para cada perfil é de 20 m/s. Calcule a vazão mássica, a vazão e a velocidade média.

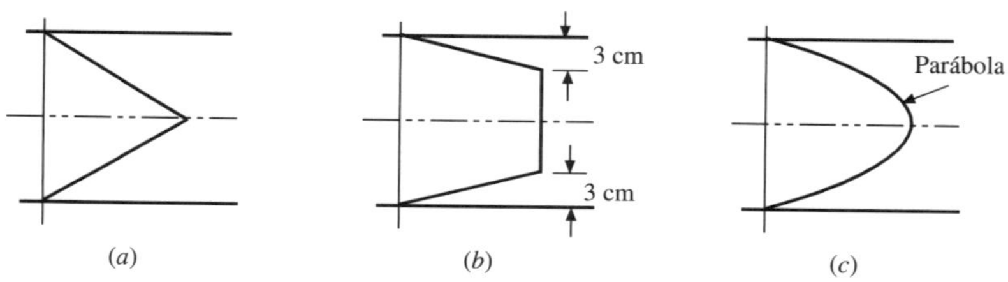

Figura 4.16

4.27 Água escoa em um conduíte retangular de 12 cm de altura e 60 cm de largura, com velocidade máxima de 20 m/s, com os perfis mostrados na Figura 4.16. Pressuponha que o perfil existe em toda a seção transversão, com efeitos de borde mínimos. Calcule a vazão mássica, a vazão e a velocidade média.

4.28 Uma esponja está contida em um volume que possui uma entrada de 4 cm de diâmetro A_1 na qual a água escoa e duas saídas, A_2 e A_3. Determine dm/dt da esponja se

(*a*) $V_1 = 5$ m/s, $Q_2 = 0{,}002$ m^3/s e $\dot{m}_3 = 2{,}5$ kg/s.

(*b*) $V_1 = 10$ m/s, $\dot{m}_2 = 1{,}5$ kg/s e $Q_3 = 0{,}003$ m^3/s.

(*c*) $\dot{m}_3 = 9{,}5$ kg/s, $Q_2 = 0{,}003$ m^3/s e $V_1 = 12$ m/s.

4.29 Uma esponja está contida em um volume que possui uma entrada de 4 cm de diâmetro A_1 na qual a água escoa e duas saídas de 2 cm de diâmetro, A_2 e A_3. A esponja deve ter $dm/dt = 0$.

(*a*) Descubra V_1 se $Q_2 = 0{,}002$ m^3/s e $\dot{m}_3 = 2{,}5$ kg/s.

(*b*) Descubra $\dot{m}_2$ se $V_1 = 10$ m/s e $Q_3 = 0{,}003$ m^3/s.

(*c*) Descubra Q_2 se $\dot{m}_1 = 4{,}5$ kg/s e $V_3 = 4$ m/s.

4.30 Ar atmosférico escoa sobre uma placa plana, como mostrado na Figura 4.17. A viscosidade faz o ar aderir na superfície, criando uma camada limite fina. Determine a vazão mássica $\dot{m}$ do ar sobre a superfície que está 10 cm acima da placa de 120 cm de largura se $u(y) = 800y$.

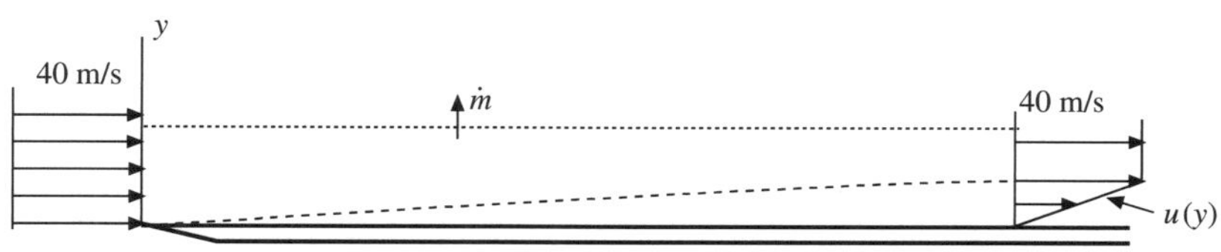

Figura 4.17

4.31 Se uma linha de corrente está 5 cm acima da placa plana da Figura 4.17 no borde de ataque, o quanto ela está acima da placa no local onde $u(y) = 800y$?

A Equação de Energia

4.32 Água entra em um bocal horizontal com diâmetros d_1 e d_2 a 10 m/s e sai para a atmosfera. Calcule a pressão a montante do bocal se

(*a*) $d_1 = 8$ cm e $d_2 = 6$ cm

(*b*) $d_1 = 8$ cm e $d_2 = 4$ cm

(*c*) $d_1 = 10$ cm e $d_2 = 6$ cm

(*d*) $d_1 = 12$ cm e $d_2 = 5$ cm

4.33 Uma torre grande contém a água que abastece uma cidade. Se o topo da água está 30 m acima de uma saída na base da torre, qual velocidade máxima podemos esperar na saída (para a atmosfera)? Qual é a relação entre essa velocidade média e a de uma pedra que cai da mesma altura?

4.34 Um jato de alta velocidade é usado para cortar materiais sólidos. Determine a pressão máxima desenvolvida sobre o material se a velocidade advinda do jato de água é (*a*) 100 m/s, (*b*) 120 m/s e (*c*) 120 m/s.

4.35 Refaça o Problema Resolvido 4.5 com (*a*) $h = 5$ cm, (*b*) $h = 6$ cm e (*c*) $h = 8$ cm.

4.36 Integre o perfil de velocidade apropriado e calcule a taxa de energia cinética transportada por um escoamento de água com perfil parabólico em um canal que mede 2 cm × 15 cm se a vazão é de 0,012 m^3/s. Verifique seu cálculo usando a Equação (4.30) com $\alpha = 1{,}5$.

4.37 O coeficiente de perda no Exemplo 4.3 é aumentado para (*a*) 2,0, (*b*) 3,2 e (*c*) 6,0. Refaça o problema. (O coeficiente de perda depende principalmente do material do tubo, como plástico, cobre ou ferro forjado, então pode variar significativamente.)

4.38 Água é transportada de um reservatório como elevação da superfície de 135 m até um reservatório mais baixo, com elevação da superfície de 25 m, através de um tubo de 24 cm de diâmetro. Determine a vazão e a vazão mássica através do tubo se o coeficiente de perda entre as duas superfícies é de (*a*) 20, (*b*) 30 e (*c*) 40.

4.39 Pressuponha um escoamento uniforme no tubo da Figura 4.18 e calcule a velocidade no tubo maior se o manômetro indica que h é (*a*) 30 cm, (*b*) 25 cm e (*c*) 20 cm.

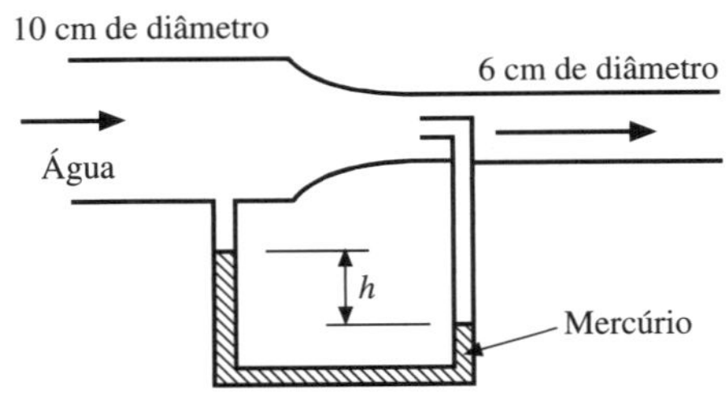

Figura 4.18

4.40 Uma bomba com 85% de eficiência é usada para aumentar a pressão da água em um tubo de 10 cm de diâmetro, de 120 para 800 kPa. Qual é a potência necessária (em cavalos-vapor) da bomba para uma vazão de (*a*) 0,015 m^3/s, (*b*) 20 L/s e (*c*) 4000 gal/h?

4.41 Uma turbina com 90% de eficiência aceita água a 400 kPa em um tubo de 16 cm de diâmetro. Qual é a máxima potência de saída se a vazão é (*a*) 0,08 m^3/s, (*b*) 0,06 m^3/s e (*c*) 0,04 m^3/s? A água é emitida para a atmosfera.

4.42 Ar entra em um compressor a 25 °C e 10 kPa com velocidade mínima. Ele sai através de um tubo de 2 cm de diâmetro a 400 kPa e 160 °C com velocidade de 200 m/s. Determine a transferência de calor se a potência necessária é de 18 kW.

4.43 Refaça o Problema Resolvido 4.7 se o coeficiente de perda geral K é (*a*) 2, (*b*) 8 e (*c*) 12.

A Equação do Momento

4.44 Um vento forte de 30 m/s sopra diretamente contra uma janela de 120 cm × 300 cm em um grande edifício. Calcule a força do vento sobre a janela.

4.45 Uma mangueira de 10 cm de diâmetro fornece 0,04 m^3/s de água através de um bocal de 4 cm de diâmetro. Qual é a força da água no bocal?

4.46 Um bocal de 90° com diâmetro de saída d é afixado a uma mangueira com diâmetro $3d$ e pressão p. O bocal muda a direção do escoamento de água da mangueira em um ângulo de 90°. Calcule a magnitude da força da água sobre o bocal se

(*a*) $p = 200$ kPa, $d = 1$ cm

(*b*) $p = 400$ kPa, $d = 6$ mm

(*c*) $p = 300$ kPa, $d = 1{,}2$ cm

(*d*) $p = 500$ kPa, $d = 2{,}2$ cm

4.47 Um salto hidráulico, desenhado na Figura 4.19, pode ocorrer em um canal sem nenhuma causa óbvia, como quando uma corrente rápida escoa das montanhas para a planície. (Ele é análogo à onda de choque que existe em um escoamento de gás.) A equação do momento permite que a altura a jusante seja calculada se a altura a montante e a velocidade forem conhecidas. Ignore as forças de atrito no fundo e nas paredes laterais e determine y_2 no canal retangular se

(*a*) $V_1 = 10$ m/s e $y_1 = 50$ cm

(*b*) $V_1 = 8$ m/s e $y_1 = 60$ cm

(*c*) $V_1 = 12$ m/s e $y_1 = 40$ cm

(*d*) $V_1 = 16$ m/s e $y_1 = 40$ cm

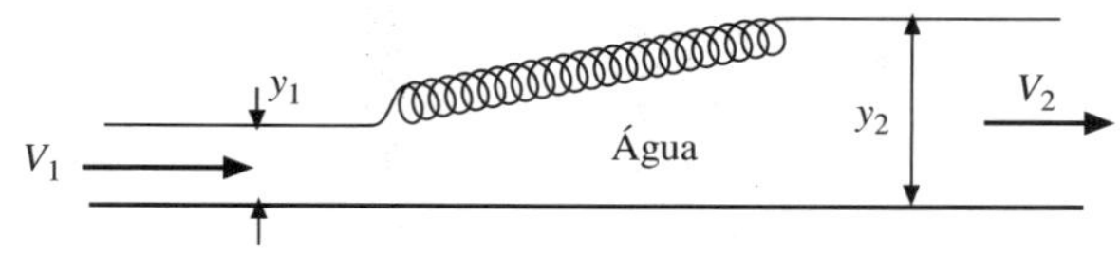

Figura 4.19

4.48 Determine a potência perdida no salto hidráulico se o canal tem 8 m de largura no

(*a*) Problema 4.47(b)

(*b*) Problema 4.47(d)

4.49 Deseja-se criar um salto hidráulico, como na Figura 4.19, em um canal retangular de 6 m de largura tal que $V_2 = \frac{1}{4}V_1$. Calcule V_1 e a potência perdida se

(*a*) $y_1 = 60$ cm

(*b*) $y_1 = 40$ cm

4.50 Um tubo que transporta água sofre uma expansão súbita (Figura 4.15). Se a pressão a jusante é de 200 kPa e a vazão mássica é de 40 kg/s, determine a pressão a jusante, onde podemos pressupor um escoamento uniforme a carga perdida devido à expansão. Use as seguintes dimensões:

(*a*) $d_1 = 4$ cm e $d_2 = 10$ cm

(*b*) $d_1 = 4$ cm e $d_2 = 8$ cm

(*c*) $d_1 = 6$ cm e $d_2 = 12$ cm

4.51 Um jato de água estacionário horizontal de 6 cm de diâmetro com velocidade de 40 m/s atinge uma placa vertical. Determine a força necessária para segurar a placa se

(*a*) ela é estacionária

(*b*) ela se afasta do jato a 20 m/s

(*c*) ela se aproxima do jato a 20 m/s

4.52 Um jato de água estacionário horizontal de 4 cm de diâmetro com velocidade de 50 m/s atinge um cone com ângulo incluído em seu ápice de 60°. A água deixa o cone simetricamente. Determine a força necessária para segurar o cone se

(*a*) ele é estacionário

(*b*) ele se afasta do jato a 20 m/s

(*c*) ele se aproxima do jato a 20 m/s

4.53 Um barco a jato viajando a 12 m/s recebe 0,08 m^3/s de água e a descarrega 24 m/s mais rápido do que a velocidade do barco. Calcule o empuxo produzido e a potência necessária.

4.54 O defletor da Figura 4.4 muda a direção de uma lâmina de água de 60 mm × 24 cm com $V_1 = 30$ m/s de modo que $\alpha = 60°$. Calcule os componentes da força da água sobre o defletor se

(*a*) ele é estacionário

(*b*) ele se afasta do jato a 20 m/s

(*c*) ele se aproxima do jato a 20 m/s

4.55 As lâminas da Figura 4.6 defletem 10 jatos de 2 cm de diâmetro, cada qual com $V_1 = 40$ m/s. Determine o ângulo da lâmina α_1 e o resultado de potência, pressupondo que não há perdas, se

(*a*) $\beta_1 = 30°$, $\alpha_2 = 45°$ e $V_B = 20$ m/s

(*b*) $\beta_1 = 20°$, $\alpha_2 = 50°$ e $V_B = 15$ m/s

(*c*) $\beta_1 = 20°$, $\alpha_2 = 40°$ e $V_B = 20$ m/s

(*d*) $\beta_1 = 40°$, $\alpha_2 = 35°$ e $V_B = 20$ m/s

4.56 Um jato retangular atinge uma placa estacionária como mostrado na Figura 4.20. Calcule a força F e as duas vazões mássicas se a velocidade V_1 que sai do jato é (*a*) 20 m/s, (*b*) 40 m/s e (*c*) 60 m/s. Ignore todas as forças de atrito e qualquer espalhamento da corrente.

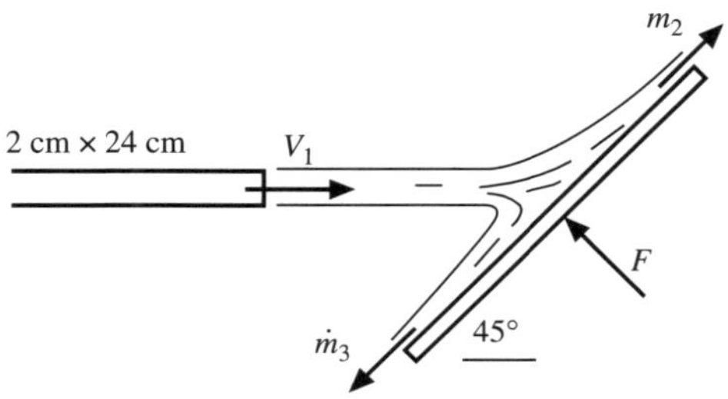

Figura 4.20

4.57 Determine a força de arrasto sobre a placa do Problema 4.30 até a posição na qual o perfil de velocidade é mostrado.

Respostas dos Problemas Complementares

4.12 ρ = const, $V = V(t)$, sistema de coordenadas inercial

4.16 vc fixo

4.17 $\rho_1 A_1 V_1 = \rho_2 A_2 V_2 + \rho_3 A_3 V_3$

4.18 0,0251 m^3/s, 25,1 kg/s, 8,89 m/s

4.19 1,182 m^3/s, 1182 kg/s

4.20 0,314 m^3/s, 1,25 kg/s

4.21 81,6 m/s, 61,7 m/s

4.22 0,236 m^3/s, 0,585 kg/s, 0,075 m/s

4.23 0,01513 m^3/s

4.24 0,25 m/s, 0,625 m/s

4.25 35,7 kg/s, 554 kPa

4.26 (*a*) 0,0754 m^3/s, 75,4 kg/s, 6,67 m/s (*b*) 0,1369 m^3/s, 1369 kg/s, 12,1 m/s
(*c*) 0,1131 m^3/s, 1131 kg/s, 10 m/s

4.27 (*a*) 180 kg/s, 0,018 m^3/s, 10 m/s (*b*) 1080 kg/s, 1,08 m^3/s, 11,25 m/s
(*c*) 960 kg/s, 0,096 m^3/s, 10 m/s

4.28 (*a*) 2,33 kg/s (*b*) 8,07 kg/s (*c*) 2,58 kg/s

4.29 (*a*) 3,58 m/s (*b*) 9,57 kg/s (*c*) 3,24 m^3/s

4.30 2,20 kg/s

4.31 52,5 mm

4.32 (*a*) 17,78 m/s, 108 kPa (*b*) 40 m/s, 750 kPa (*c*) 27,8 m/s, 336 kPa
(*d*) 57,6 m/s, 1609 kPa

4.33 24,3 m/s, mesma

4.34 (*a*) 5000 kPa (*b*) 7200 kPa (*c*) 11 250 kPa

4.35 (*a*) 0,01065 m^3/s (*b*) 0,01167 m^3/s (*c*) 0,01348 m^3/s

4.36 144 J/s

4.37 (*a*) 181,9 kPa (*b*) 176,6 kPa (*c*) 165,7 kPa

4.38 (*a*) 0,470 m^3/s, 470 kg/s (*b*) 0,384 m^3/s, 384 kg/s (*c*) 0,332 m^3/s, 332 kg/s

4.39 (*a*) 8,58 m/s (*b*) 7,83 m/s (*c*) 7,00 m/s

4.40 (*a*) 16,1 hp (*b*) 21,4 hp (*c*) 4,51 hp

4.41 (*a*) 28,8 kW (*b*) 21,6 kW (*c*) 14,4 kW

4.42 –3140 J/s

4.43 (*a*) 0,22 m^3/s (*b*) 0,20 m^3/s (*c*) 0,19 m^3/s

4.44 1980 N

4.45 2780 N

4.46 (*a*) 148 N (*b*) 106,7 N (*c*) 320 N (*d*) 1795 N

4.47 (*a*) 2,95 m (*b*) 2,51 m (*c*) 3,23 m (*d*) 4,37

4.48 (*a*) 439 kW (*b*) 1230 kW

4.49 (*a*) 7,67 m/s, 272 kW (*b*) 6,26 m/s, 99,5 kW

4.50 (*a*) 336 kPa, 36,4 m (*b*) 390 kPa, 29,2 m (*c*) 238 kPa, 5,73 m

4.51 (*a*) 4524 N (*b*) 1131 N (*c*) 10 180 N

4.52 (*a*) 421 N (*b*) 151,5 N (*c*) 825 N

4.53 39,5 hp

4.54 (*a*) 6480 N, 11 220 N (*b*) 720 N, 1247 N (*c*) 18 000 N, 31 200 N

4.55 (*a*) 53,79°, 108 hp (*b*) 31,2°, 100 hp (*c*) 37,87°, 17 hp
(*d*) 67,5°, 113 hp

4.56 (*a*) 1358 N, 81,9 kg/s, 11,5 kg/s (*b*) 5430 N, 163,9 kg/s, 22,9 kg/s
(*c*) 12 220 N, 246 kg/s, 34,4 kg/s

4.57 9,9 N

Capítulo 5

Equações Diferenciais

5.1 INTRODUÇÃO

As equações diferenciais apresentadas neste capítulo muitas vezes são omitidas nas disciplinas introdutórias. As deduções nos capítulos subsequentes não exigirão estas equações diferenciais ou então haverá dois métodos para deduzir as equações: um usando as equações diferenciais e outro utilizando elementos diferenciais. Assim, este capítulo pode ser pulado sem prejudicar a continuidade do estudo.

No Capítulo 4, os problemas foram resolvidos usando integrais para as quais os integrandos eram conhecidos ou podiam ser aproximados. As equações diferenciais parciais são necessárias para descobrir as quantidades nos integrandos que não são conhecidas, como a distribuição de velocidade em um tubo ou a distribuição de pressão sobre um aerofólio. As equações diferenciais parciais também podem conter informações relevantes, como um ponto de separação entre um fluido e uma superfície.

Para resolver uma equação diferencial para a variável dependente, certas condições são necessárias, ou seja, a variável dependente deve ser especificada a determinados valores das variáveis independentes. Se as variáveis independentes são coordenadas espaciais (como a velocidade na parede de um tubo), as condições são chamadas de *condições de contorno*. Se a variável independente é o tempo, as condições são chamadas de *condições iniciais*. O problema geral normalmente é chamado de *problema de valor de contorno*.

As condições de contorno normalmente resultam em um ou mais dos seguintes:

- A condição de não escorregamento em um escoamento viscoso. A viscosidade faz qualquer fluido, seja ele líquido ou gás, aderir ao contorno, de modo que a velocidade do fluido no contorno assume a velocidade do contorno. Em geral, o contorno não está se movendo.
- O componente normal da velocidade em um escoamento não viscoso. Em um escoamento não viscoso em que a viscosidade é ignorada, o vetor de velocidade é tangencial ao contorno no contorno, desde que este não seja poroso.
- A pressão em uma superfície livre. Para problemas envolvendo uma superfície livre, a condição de pressão é conhecida na superfície livre. Isso também se aplica a escoamentos separados, nos quais há cavitação, e em movimentos de onda.

Para um escoamento em regime transiente, as condições iniciais são necessárias; por exemplo, a velocidade inicial precisa ser especificada para um dado momento, geralmente a $t = 0$. Seria dificílimo especificar os três componentes da velocidade a $t = 0$ para quase todos os escoamentos em regime transiente de interesse. Assim, os problemas que exigem a solução das equações diferenciais parciais deduzidas neste capítulo são aqueles que precisam de condições de contorno.

As equações diferenciais neste capítulo serão deduzidas usando coordenadas retangulares. Muitas vezes é mais fácil resolver problemas usando coordenadas cilíndricas ou esféricas; as equações diferenciais que usam esses sistemas de duas coordenadas são apresentadas na Tabela 5.1.

A equação de energia diferencial não será deduzida neste livro. Ela seria necessária se houvesse diferenças de temperatura nos contornos ou se os efeitos viscosos fossem tão grandes que surgissem gradientes de temperatura no escoamento. Uma disciplina sobre transferência de calor incluiria esses efeitos.

5.2 A EQUAÇÃO DA CONTINUIDADE DIFERENCIAL

Para deduzir a equação da continuidade diferencial, utiliza-se o elemento infinitesimal da Figura 5.1, um pequeno volume de controle para e do qual o fluido escoa. Ele é mostrado no plano *xy* com profundidade *dz*. Vamos pressupor que o escoamento ocorre apenas no plano *xy*, de modo que o fluido não escoe na direção *z*. Como a massa poderia estar variando dentro do elemento, a massa que escoa para dentro do elemento menos a que escoa para fora deve ser igual à variação de massa dentro do elemento, o que é expresso por

$$\rho u\, dy\, dz - \left(\rho u + \frac{\partial(\rho u)}{\partial x}dx\right)dy\, dz + \rho v\, dx\, dz - \left(\rho v + \frac{\partial(\rho v)}{\partial y}dy\right)dx\, dz = \frac{\partial}{\partial t}(\rho\, dx\, dy\, dz) \tag{5.1}$$

onde a massa específica ρ pode variar* dentro do elemento. Simplificando as informações acima, reconhecendo que o volume de controle elemental é fixo, o resultado é

$$\frac{\partial(\rho u)}{\partial x} + \frac{\partial(\rho v)}{\partial y} = -\frac{\partial \rho}{\partial t} \tag{5.2}$$

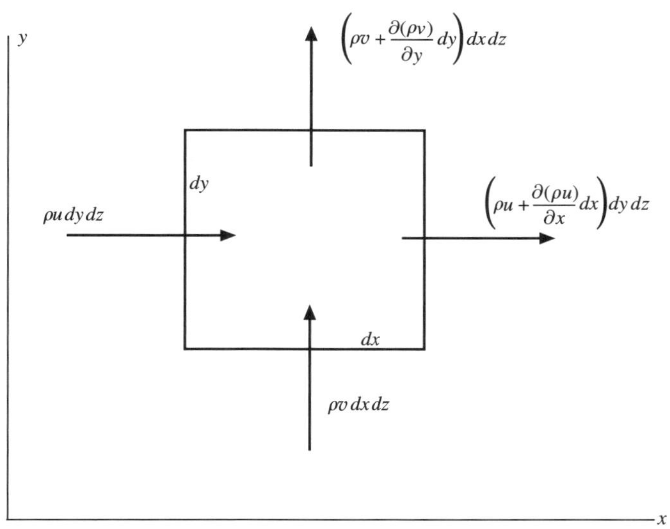

Figura 5.1 Volume de controle infinitesimal.

Diferencie os produtos e inclua a variação na direção *z*. A seguir, a equação da continuidade diferencial pode ser colocada na forma

$$\frac{\partial \rho}{\partial t} + u\frac{\partial \rho}{\partial x} + v\frac{\partial \rho}{\partial y} + w\frac{\partial \rho}{\partial z} + \rho\left(\frac{\partial u}{\partial x} + \frac{\partial v}{\partial y} + \frac{\partial w}{\partial z}\right) = 0 \tag{5.3}$$

Os quatro primeiros termos formam a derivada material [ver Equação (3.11)], de modo que a Equação (5.3) se torna

$$\frac{D\rho}{Dt} + \rho\left(\frac{\partial u}{\partial x} + \frac{\partial v}{\partial y} + \frac{\partial w}{\partial z}\right) = 0 \tag{5.4}$$

* O produto ρu poderia ter sido incluído como $\left(\rho + \frac{\partial \rho}{\partial x}dx\right)\left(u + \frac{\partial u}{\partial x}dx\right)$ no lado direito do elemento, mas a expressão acima é equivalente.

o que nos dá a forma mais geral da *equação da continuidade diferencial* expressa usando coordenadas retangulares.

A equação da continuidade diferencial muitas vezes é escrita usando o operador vetorial

$$\nabla = \frac{\partial}{\partial x}\mathbf{i} + \frac{\partial}{\partial y}\mathbf{j} + \frac{\partial}{\partial z}\mathbf{k} \tag{5.5}$$

de modo que a Equação (5.4) assume a forma

$$\frac{D\rho}{Dt} + \rho\nabla\cdot\mathbf{V} = 0 \tag{5.6}$$

onde o vetor da velocidade é $\mathbf{V} = u\mathbf{i} + v\mathbf{j} + w\mathbf{k}$. A escalar $\nabla\cdot\mathbf{V}$ é chamada de *divergência* do vetor de velocidade.

Para um escoamento incompressível, a massa específica de uma partícula de fluido permanece constante, ou seja,

$$\frac{D\rho}{Dt} = \frac{\partial\rho}{\partial t} + u\frac{\partial\rho}{\partial x} + v\frac{\partial\rho}{\partial y} + w\frac{\partial\rho}{\partial z} = 0 \tag{5.7}$$

então não é necessário que a massa específica seja constante. Se a massa específica é constante, como costuma ser, então todos os termos da Equação (5.7) são 0. Para um escoamento incompressível, as Equações (5.4) e (5.6) também exigem que

$$\frac{\partial u}{\partial x} + \frac{\partial v}{\partial y} + \frac{\partial w}{\partial z} = 0 \quad \text{ou} \quad \nabla\cdot\mathbf{V} = 0 \tag{5.8}$$

A equação da continuidade diferencial para um escoamento incompressível é apresentada em coordenadas cilíndricas e esféricas na Tabela 5.1.

Exemplo 5.1 Ar escoa com velocidade uniforme em um tubo, com as velocidades medidas ao longo da linha de centro em incrementos de 40 cm, como mostrado na Figura 5.2. Se a massa específica no ponto 2 é 1,2 kg/m^3, estime o gradiente de massa específica no ponto 2.

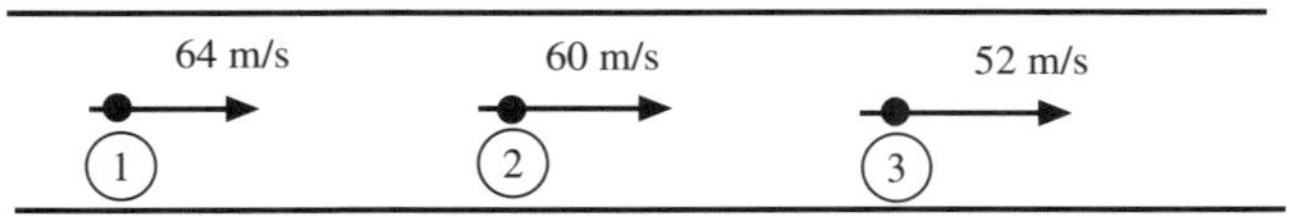

Figura 5.2

Solução: A equação da continuidade (5.3) é utilizada, pois a massa específica está variando. Ela é simplificada da seguinte forma:

$$\cancel{\frac{\partial\rho}{\partial t}} + u\frac{\partial\rho}{\partial x} + v\cancel{\frac{\partial\rho}{\partial y}} + w\cancel{\frac{\partial\rho}{\partial z}} + \rho\left(\frac{\partial u}{\partial x} + \cancel{\frac{\partial v}{\partial y}} + \cancel{\frac{\partial w}{\partial z}}\right) = 0 \qquad \therefore\ u\frac{\partial\rho}{\partial x} = -\rho\frac{\partial u}{\partial x}$$

As diferenças centrais* são usadas para aproximar o gradiente de velocidade $\partial u \partial x$ no ponto 2, pois as informações nos três pontos é dada da seguinte forma:

$$\frac{\partial u}{\partial x} \cong \frac{\Delta u}{\Delta x} = \frac{52-64}{0{,}80} = -15\,\text{m/(s}\cdot\text{m)}$$

Assim, a melhor estimativa do gradiente de massa específica, usando as informações dadas, é

$$\frac{\partial\rho}{\partial x} = -\frac{\rho}{u}\frac{\partial u}{\partial x} = -\frac{1{,}2}{60}(-15) = 0{,}3\,\text{kg/(m}^4)$$

* Uma diferença adiantada daria $\partial u/\partial x \cong (52-60)/0{,}40 = -20$. Uma diferença atrasada daria $\partial u/\partial x \cong (60-64)/0{,}40 = -10$. A diferença central é a melhor aproximação.

5.3 A EQUAÇÃO DO MOMENTO DIFERENCIAL

A equação da continuidade diferencial deduzida na Seção 5.2 contém os três componentes da velocidade como variáveis dependentes para um escoamento incompressível. Se em um escoamento de interesse o campo de velocidade e o campo de pressão não são conhecidos, como o escoamento em torno da lâmina de uma turbina ou sobre uma barragem, a equação do momento diferencial fornece três equações adicionais, pois é uma equação vetorial que contém três equações componentes. Os quatro elementos desconhecidos são, então, u, v, w e p quando usamos sistemas de coordenadas retangulares. As quatro equações nos fornecem as equações necessárias, e depois as condições iniciais e de contorno tornam o problema passível de ser resolvido. Os problemas da lâmina da turbina e da barragem são muito difíceis de resolver, e suas soluções não serão tentadas neste livro, mas existem problemas com geometrias simples que iremos resolver.

Assim, vamos deduzir as equações do momento diferenciais, uma tarefa nada fácil. Primeiro, existem tensões sobre as faces de um elemento de fluido retangular infinitesimal, como mostrado na Figura 5.3 para o plano xy. Componentes de tensão semelhantes atuam na direção z. As *tensões normais* são designadas por σ e as *tensões de cisalhamento* por τ. Os componentes da tensão são nove: σ_{xx}, σ_{yy}, σ_{zz}, τ_{xy}, τ_{yx}, τ_{xz}, τ_{zx}, τ_{yz} e τ_{zy}. Se os momentos fossem calculados em torno do eixo x, o eixo y e o eixo z, respectivamente, eles mostrariam que

$$\tau_{yx} = \tau_{xy} \qquad \tau_{zx} = \tau_{xz} \qquad \tau_{zy} = \tau_{yz} \tag{5.9}$$

Assim, são seis componentes de tensão que precisam ser relacionados aos componentes de pressão e velocidade. Essas relações são chamadas de equações constitutivas; essas equações não são deduzidas, mas sim identificadas usando observações laboratoriais.

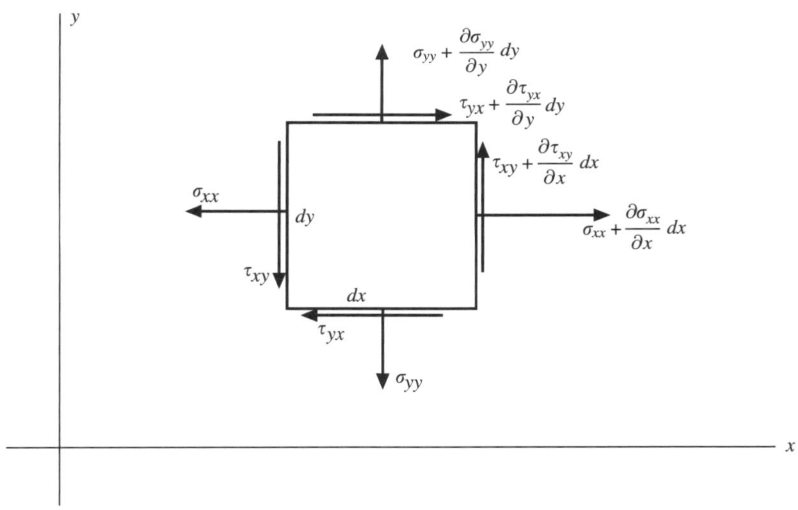

Figura 5.3 Componentes de tensão retangulares em um elemento de fluido.

A seguir, aplique a segunda lei de Newton ao elemento da Figura 5.3, pressupondo que nenhuma tensão de cisalhamento atua na direção z (vamos simplesmente adicionar estas mais tarde) e que a gravidade atua apenas na direção z:

$$\begin{aligned}
\left(\sigma_{xx} + \frac{\partial \sigma_{xx}}{\partial x}dx\right)dy\,dz - \sigma_{xx}\,dy\,dz + \left(\tau_{xy} + \frac{\partial \tau_{xy}}{\partial y}dy\right)dx\,dz - \tau_{xy}\,dx\,dz &= \rho\,dx\,dy\,dz\frac{Du}{Dt} \\
\left(\sigma_{yy} + \frac{\partial \sigma_{yy}}{\partial y}dy\right)dx\,dz - \sigma_{yy}\,dx\,dz + \left(\tau_{xy} + \frac{\partial \tau_{xy}}{\partial x}dx\right)dy\,dz - \tau_{xy}\,dy\,dz &= \rho\,dx\,dy\,dz\frac{Dv}{Dt}
\end{aligned} \tag{5.10}$$

Estes são simplificados para

$$\begin{aligned}
\frac{\partial \sigma_{xx}}{\partial x} + \frac{\partial \tau_{xy}}{\partial y} &= \rho\frac{Du}{Dt} \\
\frac{\partial \sigma_{yy}}{\partial y} + \frac{\partial \tau_{xy}}{\partial x} &= \rho\frac{Dv}{Dt}
\end{aligned} \tag{5.11}$$

Se os componentes da direção z são incluídos, as equações diferenciais se tornam

$$\begin{aligned}\frac{\partial\sigma_{xx}}{\partial x}+\frac{\partial\tau_{xy}}{\partial y}+\frac{\partial\tau_{xz}}{\partial z}&=\rho\frac{Du}{Dt}\\ \frac{\partial\sigma_{yy}}{\partial y}+\frac{\partial\tau_{xy}}{\partial x}+\frac{\partial\tau_{yz}}{\partial z}&=\rho\frac{Dv}{Dt}\\ \frac{\partial\sigma_{zz}}{\partial z}+\frac{\partial\tau_{xz}}{\partial x}+\frac{\partial\tau_{yz}}{\partial y}-\rho g&=\rho\frac{Dw}{Dt}\end{aligned}\tag{5.12}$$

pressupondo que o termo da gravidade, $\rho g\ dx\ dy\ dz$, atua na direção z negativa.

Em muitos escoamentos, os efeitos viscosos que levam às tensões de cisalhamento podem ser ignorados, e as tensões normais são o negativo da pressão. Para esses escoamentos não viscosos, as Equações (5.12) assumem a forma

$$\begin{aligned}\rho\frac{Du}{Dt}&=-\frac{\partial p}{\partial x}\\ \rho\frac{Dv}{Dt}&=-\frac{\partial p}{\partial y}\\ \rho\frac{Dw}{Dt}&=-\frac{\partial p}{\partial z}-\rho g\end{aligned}\tag{5.13}$$

Na forma vetorial [ver Equação (5.5)], elas se tornam a famosa *equação de Euler*

$$\rho\frac{D\mathbf{V}}{Dt}=-\boldsymbol{\nabla}p-\rho g\hat{\mathbf{k}}\tag{5.14}$$

que se aplica a escoamentos não viscosos. Para um escoamento em regime permanente de massa específica constante, a Equação (5.14) pode ser integrada ao longo de uma linha de corrente para fornecer a equação de Bernoulli [Equação (3.25)].

Se a viscosidade afeta o escoamento significativamente, é preciso utilizar as Equações (5.12). As equações constitutivas* relacionam as tensões aos campos de velocidade e pressão; em vez de serem deduzidas, elas são escritas usando observações laboratoriais. Para um fluido newtoniano† isotrópico‡, elas foram observadas como sendo

$$\begin{aligned}\sigma_{xx}&=-p+2\mu\frac{\partial u}{\partial x}+\lambda\boldsymbol{\nabla}\cdot\mathbf{V} &\quad \tau_{xy}&=\mu\left(\frac{\partial u}{\partial y}+\frac{\partial v}{\partial x}\right)\\ \sigma_{yy}&=-p+2\mu\frac{\partial v}{\partial y}+\lambda\boldsymbol{\nabla}\cdot\mathbf{V} &\quad \tau_{xz}&=\mu\left(\frac{\partial u}{\partial z}+\frac{\partial w}{\partial x}\right)\\ \sigma_{zz}&=-p+2\mu\frac{\partial w}{\partial z}+\lambda\boldsymbol{\nabla}\cdot\mathbf{V} &\quad \tau_{yz}&=\mu\left(\frac{\partial v}{\partial z}+\frac{\partial w}{\partial y}\right)\end{aligned}\tag{5.15}$$

Para a maioria dos gases, pode ser utilizada a *hipótese de Stokes*, de modo que $\lambda = -2\mu/3$. Se as tensões normais acima são adicionadas, o resultado é

$$p=-\frac{1}{3}(\sigma_{xx}+\sigma_{yy}+\sigma_{zz})\tag{5.16}$$

mostrando que a pressão é a média negativa das três tensões normais na maioria dos gases, incluindo o ar, e em todos os líquidos nos quais $\boldsymbol{\nabla}\cdot\mathbf{V}\neq 0$.

* As equações constitutivas para coordenadas cilíndricas e esféricas são apresentadas na Tabela 5.1.

† Um fluido newtoniano possui uma relação linear entre tensão e taxa de deformação.

‡ Um fluido isentrópico tem propriedades que independem da direção em um ponto.

Tabela 5.1 As Equações de Continuidade e Momento Diferenciais e as Tensões para Escoamentos Incompressíveis em Coordenadas Cilíndricas e Esféricas

Continuidade

Cilíndrica

$$\frac{1}{r}\frac{\partial}{\partial r}(rv_r)+\frac{1}{r}\frac{\partial v_\theta}{\partial \theta}+\frac{\partial v_z}{\partial z}=0$$

Esférica

$$\frac{1}{r^2}\frac{\partial}{\partial r}\left(r^2 v_r\right)+\frac{1}{r\,\mathrm{sen}\,\theta}\frac{\partial}{\partial \theta}(v_\theta\,\mathrm{sen}\,\theta)+\frac{1}{r\,\mathrm{sen}\,\theta}\frac{\partial v_\phi}{\partial \phi}=0$$

Momento

Cilíndrica

$$\rho\frac{Dv_r}{Dt}-\frac{v_\theta^2}{r}=-\frac{\partial p}{\partial r}+\rho g_r+\mu\left(\nabla^2 v_r-\frac{v_r}{r^2}-\frac{2}{r^2}\frac{\partial v_\theta}{\partial \theta}\right)$$

$$\rho\frac{Dv_\theta}{Dt}+\frac{v_\theta v_r}{r}=-\frac{1}{r}\frac{\partial p}{\partial \theta}+\rho g_\theta+\mu\left(\nabla^2 v_\theta-\frac{v_\theta}{r^2}+\frac{2}{r^2}\frac{\partial v_r}{\partial \theta}\right)$$

$$\rho\frac{Dv_z}{Dt}=-\frac{\partial p}{\partial z}+\rho g_z+\mu\nabla^2 v_z$$

$$\frac{D}{Dt}=v_r\frac{\partial}{\partial r}+\frac{v_\theta}{r}\frac{\partial}{\partial \theta}+v_z\frac{\partial}{\partial z}+\frac{\partial}{\partial t}$$

$$\nabla^2=\frac{\partial^2}{\partial r^2}+\frac{1}{r}\frac{\partial}{\partial r}+\frac{1}{r^2}\frac{\partial^2}{\partial \theta^2}+\frac{\partial^2}{\partial z^2}$$

Esférica

$$\rho\frac{Dv_r}{Dt}-\rho\frac{v_\theta^2+v_\phi^2}{r}=-\frac{\partial p}{\partial r}+\rho g_r$$
$$+\mu\left(\nabla^2 v_r-\frac{2v_r}{r^2}-\frac{2}{r^2}\frac{\partial v_\theta}{\partial \theta}-\frac{2v_\theta\,\mathrm{cotg}\,\theta}{r^2}-\frac{2}{r^2\,\mathrm{sen}\,\theta}\frac{\partial v_\phi}{\partial \phi}\right)$$

$$\rho\frac{Dv_\theta}{Dt}+\rho\frac{v_r v_\theta+v_\phi^2\,\mathrm{cotg}\,\theta}{r}=-\frac{1}{r}\frac{\partial p}{\partial \theta}+\rho g_\theta$$
$$+\mu\left(\nabla^2 v_\theta+\frac{2}{r^2}\frac{\partial v_r}{\partial \theta}-\frac{v_\theta}{r^2\,\mathrm{sen}\,\theta}-\frac{2\cos\theta}{r^2\,\mathrm{sen}^2\,\theta}\frac{\partial v_\phi}{\partial \phi}\right)$$

$$\rho\frac{Dv_\phi}{Dt}-\rho\frac{v_r v_\phi+v_\theta v_\phi\,\mathrm{cotg}\,\theta}{r}=-\frac{1}{r\,\mathrm{sen}\,\theta}\frac{\partial p}{\partial \phi}+\rho g_\phi$$

$$+\mu\left(\nabla^2 v_\phi-\frac{v_\phi}{r^2\,\mathrm{sen}^2\,\theta}+\frac{2}{r^2\,\mathrm{sen}^2\,\theta}\frac{\partial v_r}{\partial \phi}+\frac{2\cos\theta}{r^2\,\mathrm{sen}^2\,\theta}\frac{\partial v_\theta}{\partial \phi}\right)$$

$$\frac{D}{Dt}=v_r\frac{\partial}{\partial r}+\frac{v_\theta}{r}\frac{\partial}{\partial \theta}+\frac{v_\phi}{r\,\mathrm{sen}\,\theta}\frac{\partial}{\partial \phi}+\frac{\partial}{\partial t}$$

$$\nabla^2=\frac{1}{r^2}\frac{\partial}{\partial r}\left(r^2\frac{\partial}{\partial r}\right)+\frac{1}{r^2\,\mathrm{sen}\,\theta}\frac{\partial}{\partial \theta}\left(\mathrm{sen}\,\theta\frac{\partial}{\partial \theta}\right)+\frac{1}{r^2\,\mathrm{sen}\,\theta}\frac{\partial^2}{\partial \phi^2}$$

Tensões

Cilíndrica

$$\sigma_{rr}=-p+2\mu\frac{\partial v_r}{\partial y}\qquad \tau_{r\theta}=\mu\left(r\frac{\partial(v_\theta/r)}{\partial r}+\frac{1}{r}\frac{\partial v_z}{\partial \theta}\right)$$

$$\sigma_{\theta\theta}=-p+2\mu\left(\frac{1}{r}\frac{\partial v_\theta}{\partial \theta}+\frac{v_r}{r}\right)\qquad \tau_{\theta z}=\mu\left(\frac{\partial v_\theta}{\partial z}+\frac{1}{r}\frac{\partial v_r}{\partial \theta}\right)$$

$$\sigma_{zz}=-p+2\mu\frac{\partial v_z}{\partial z}\qquad \tau_{rz}=\mu\left(\frac{\partial v_r}{\partial z}+\frac{\partial v_z}{\partial r}\right)$$

Esférica

$$\sigma_{rr}=-p+2\mu\frac{\partial v_r}{\partial r}$$

$$\sigma_{\theta\theta}=-p+2\mu\left(\frac{1}{r\,\mathrm{sen}\,\theta}\frac{\partial v_\theta}{\partial \theta}+\frac{v_r}{r}\right)$$

$$\sigma_{\phi\phi}=-p+2\mu\left(\frac{1}{r\,\mathrm{sen}\,\theta}\frac{\partial v_\phi}{\partial \phi}+\frac{v_r}{r}+\frac{v_\phi\,\mathrm{cotg}\,\theta}{r}\right)$$

$$\tau_{r\theta}=\mu\left[r\frac{\partial}{\partial r}\left(\frac{v_\theta}{r}\right)+\frac{1}{r}\frac{\partial v_r}{\partial \theta}\right]$$

$$\tau_{\theta\phi}=\mu\left[\frac{\mathrm{sen}\,\theta}{r}\frac{\partial}{\partial \theta}\left(\frac{v_\phi}{\mathrm{sen}\,\theta}\right)+\frac{1}{r\,\mathrm{sen}\,\theta}\frac{\partial v_\theta}{\partial \phi}\right]$$

$$\tau_{r\phi}=\mu\left[\frac{1}{r\mathrm{sen}\theta}\frac{\partial v_r}{\partial \phi}+r\frac{\partial}{\partial r}\left(\frac{v_\phi}{r}\right)\right]$$

Se as Equações (5.15) são inseridas nas Equações (5.12) usando $\lambda = -2\mu/3$, o resultado é

$$\begin{aligned}
\rho\frac{Du}{Dt} &= -\frac{\partial p}{\partial x} + \mu\left(\frac{\partial^2 u}{\partial x^2} + \frac{\partial^2 u}{\partial y^2} + \frac{\partial^2 u}{\partial z^2}\right) + \frac{\mu}{3}\frac{\partial}{\partial x}\left(\frac{\partial u}{\partial x} + \frac{\partial v}{\partial y} + \frac{\partial w}{\partial z}\right) \\
\rho\frac{Dv}{Dt} &= -\frac{\partial p}{\partial y} + \mu\left(\frac{\partial^2 v}{\partial x^2} + \frac{\partial^2 v}{\partial y^2} + \frac{\partial^2 v}{\partial z^2}\right) + \frac{\mu}{3}\frac{\partial}{\partial y}\left(\frac{\partial u}{\partial x} + \frac{\partial v}{\partial y} + \frac{\partial w}{\partial z}\right) \\
\rho\frac{Dw}{Dt} &= -\frac{\partial p}{\partial z} + \mu\left(\frac{\partial^2 w}{\partial x^2} + \frac{\partial^2 w}{\partial y^2} + \frac{\partial^2 w}{\partial z^2}\right) + \frac{\mu}{3}\frac{\partial}{\partial z}\left(\frac{\partial u}{\partial x} + \frac{\partial v}{\partial y} + \frac{\partial w}{\partial z}\right) - \rho g
\end{aligned} \tag{5.17}$$

onde a gravidade atua na direção z negativa e pressupõe-se um *fluido homogêneo**, de modo que, por exemplo, $\partial\mu/\partial x = 0$.

Finalmente, se estamos pressupondo um escoamento incompressível de modo que $\nabla \cdot \mathbf{V} = 0$, temos como resultado as *equações de Navier–Stokes*

$$\begin{aligned}
\rho\frac{Du}{Dt} &= -\frac{\partial p}{\partial x} + \mu\left(\frac{\partial^2 u}{\partial x^2} + \frac{\partial^2 u}{\partial y^2} + \frac{\partial^2 u}{\partial z^2}\right) \\
\rho\frac{Dv}{Dt} &= -\frac{\partial p}{\partial y} + \mu\left(\frac{\partial^2 v}{\partial x^2} + \frac{\partial^2 v}{\partial y^2} + \frac{\partial^2 v}{\partial z^2}\right) \\
\rho\frac{Dw}{Dt} &= -\frac{\partial p}{\partial z} + \mu\left(\frac{\partial^2 w}{\partial x^2} + \frac{\partial^2 w}{\partial y^2} + \frac{\partial^2 w}{\partial z^2}\right) - \rho g
\end{aligned} \tag{5.18}$$

onde a direção z é vertical.

Se introduzimos o operador escalar chamado de *laplaciano*, definido por

$$\nabla^2 = \frac{\partial^2}{\partial x^2} + \frac{\partial^2}{\partial y^2} + \frac{\partial^2}{\partial z^2} \tag{5.19}$$

e revisamos os passos que levam da Equação (5.13) à (5.14), as equações de Navier–Stokes podem ser escritas em forma vetorial como

$$\rho\frac{D\mathbf{V}}{Dt} = -\nabla p + \mu\nabla^2\mathbf{V} + \rho\mathbf{g} \tag{5.20}$$

As equações de Navier–Stokes expressas em coordenadas cilíndricas e esféricas são apresentadas na Tabela 5.1.

As três equações escalares de Navier–Stokes e a equação da continuidade representam as quatro equações que podem ser utilizadas para encontrar as quatro variáveis u, v, w e p, desde que haja condições iniciais e de contorno apropriadas. As equações são não lineares devido aos termos de aceleração, como $u\partial v/\partial y$ no lado esquerdo; por consequência, a solução dessas equações pode não ser única, ou seja, a solução determinada pelas equações acima pode não ser aquela observada no laboratório. Por exemplo, o escoamento entre dois cilindros giratórios pode ser resolvido usando equações de Navier–Stokes e tratando-o como um escoamento relativamente simples, com linhas de corrente circulares; mas também poderia ser um escoamento com linhas de corrente que lembram uma mola enrolada em torno do cilindro como um toro, e existem escoamentos ainda mais complexos que também são soluções para as equações de Navier–Stokes, todos os quais satisfazem a condições de contorno idênticas.

As equações de momento diferenciais (as equações de Navier–Stokes) podem ser resolvidas de forma relativamente fácil para algumas geometrias simples, mas as equações não podem ser resolvidas para um escoamento turbulento mesmo nos exemplos mais simples possíveis; um escoamento turbulento é altamente transiente e tridimensional, então é preciso que os componentes da velocidade sejam especificados em todos os pontos da região de interesse em algum momento inicial, como $t = 0$. Essas informações seriam praticamente impossíveis de obter, mesmo para a geometria mais simples. Por consequência, as soluções dos escoamentos turbulentos são deixadas para os estudos experimentais, e não se tenta resolvê-las usando equações.

* Um fluido homogêneo tem propriedades que independem da posição.

Exemplo 5.2 Água escoa de um reservatório entre duas placas paralelas alinhadas e próximas uma da outra, como mostrado na Figura 5.4. Escreva as equações simplificadas necessária para encontrar as distribuições de velocidade e pressão de regime permanente entre as duas placas. Ignore qualquer variação de z das distribuições e quaisquer efeitos da gravidade. Não ignore $v(x, y)$.

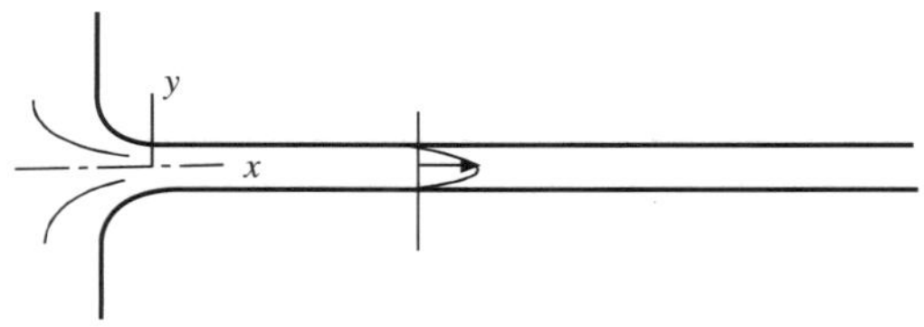

Figura 5.4

Solução: A equação da continuidade é simplificada, para o escoamento incompressível de água, para nos dar

$$\frac{\partial u}{\partial x}+\frac{\partial v}{\partial y}+\cancel{\frac{\partial w}{\partial z}}=0$$

As equações de momento diferenciais, reconhecendo que,

$$\frac{D}{Dt}=u\frac{\partial}{\partial x}+v\frac{\partial}{\partial y}+w\cancel{\frac{\partial}{\partial z}}+\cancel{\frac{\partial}{\partial t}}$$

são simplificadas da seguinte maneira:

$$\rho\left(u\frac{\partial u}{\partial x}+v\frac{\partial u}{\partial y}\right)=-\frac{\partial p}{\partial x}+\mu\left(\frac{\partial^2 u}{\partial x^2}+\frac{\partial^2 u}{\partial y^2}+\cancel{\frac{\partial^2 u}{\partial z^2}}\right)$$

$$\rho\left(u\frac{\partial v}{\partial x}+v\frac{\partial v}{\partial y}\right)=-\cancel{\frac{\partial p}{\partial y}}+\mu\left(\frac{\partial^2 v}{\partial x^2}+\frac{\partial^2 v}{\partial y^2}+\cancel{\frac{\partial^2 v}{\partial z^2}}\right)$$

ignorando a variação da pressão na direção y, pois pressupõe-se que as placas estão a uma distância relativamente pequena uma da outra. Assim, as três equações que contêm as três variáveis u, v e p são

$$\frac{\partial u}{\partial x}+\frac{\partial v}{\partial y}=0$$

$$\rho\left(u\frac{\partial u}{\partial x}+v\frac{\partial u}{\partial y}\right)=-\frac{\partial p}{\partial x}+\mu\left(\frac{\partial^2 u}{\partial x^2}+\frac{\partial^2 u}{\partial y^2}\right)$$

$$\rho\left(u\frac{\partial v}{\partial x}+v\frac{\partial v}{\partial y}\right)=\mu\left(\frac{\partial^2 v}{\partial x^2}+\frac{\partial^2 v}{\partial y^2}\right)$$

Para encontrar a solução dessas equações para as três variáveis, seria necessário usar as condições de não escorregamento nas duas placas e as condições de contorno pressupostas na entrada, o que incluiria $u(0, y)$ e $v(0, y)$. Mesmo para essa geometria relativamente simples, resolver esse problema de escoamento de entrada parece, e é, dificílimo. Uma solução numérica poderia ser tentada.

Exemplo 5.3 Integre a equação de Euler (5.14) ao longo de uma linha de corrente, como mostrado na Figura 5.5 para um escoamento em regime permanente de massa específica constante e mostre que o resultado é a equação de Bernoulli (3.25).

Solução: Primeiro, desenhe uma linha de corrente geral e mostre as coordenadas selecionadas normais à linha de corrente e as ao longo dela, de modo que o vetor da velocidade possa ser escrito como $V\hat{\mathbf{s}}$, como fizemos na Figura 3.10. Primeiro, vamos expressar $D\mathbf{V}/Dt$ nessas coordenadas.

$$\frac{D\mathbf{V}}{Dt}=\cancel{\frac{\partial\mathbf{V}}{\partial t}}+V\frac{\partial(V\hat{\mathbf{s}})}{\partial s}+\cancel{V_n}\frac{\partial\mathbf{V}}{\partial n}=V\hat{\mathbf{s}}\frac{\partial V}{\partial s}+V^2\frac{\partial\hat{\mathbf{s}}}{\partial s}$$

onde $\partial\hat{\mathbf{s}}/\partial s$ é não zero, pois $\hat{\mathbf{s}}$ pode mudar de direção de um ponto para o outro na linha de corrente; ele é uma quantidade vetorial na direção $\hat{\mathbf{n}}$. Aplicar a equação de Euler ao longo de uma linha de corrente (na direção s) nos permite escrever

$$\rho V\frac{\partial V}{\partial s}=-\frac{\partial p}{\partial s}-\rho g\frac{\partial z}{\partial s}$$

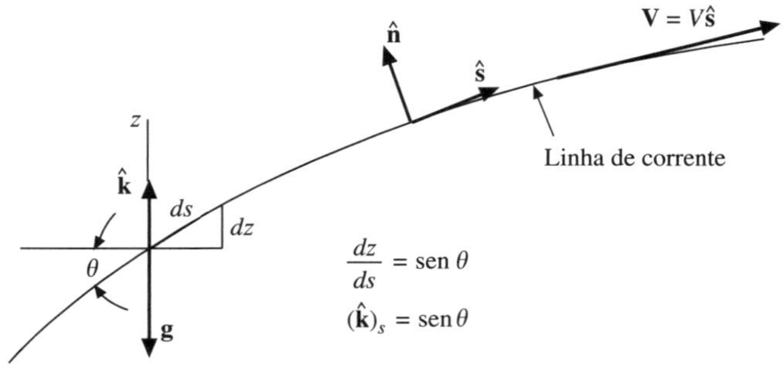

Figura 5.5

onde consultamos a Figura 5.5 para escrever $(\hat{\mathbf{k}})_s = \partial z/\partial s$. As derivadas parciais são necessárias porque as quantidades podem variar na direção normal. Assim, a equação acima pode ser escrita como

$$\frac{\partial}{\partial s}\left(\rho\frac{V^2}{2}+p+\rho g z\right)=0$$

desde que a massa específica ρ seja constante. Isso significa que, ao longo de uma linha de corrente,

$$\frac{V^2}{2}+\frac{p}{\rho}+gz=\text{const}$$

Essa é a equação de Bernoulli, exigindo as mesmas condições que quando foi deduzida no Capítulo 3.

5.4 A EQUAÇÃO DE ENERGIA DIFERENCIAL

A maioria dos problemas em uma disciplina de introdução à mecânica dos fluidos envolve escoamentos de fluidos isotérmicos nos quais não existem gradientes de temperatura. Assim, a equação de energia diferencial não nos é relevante. O estudo dos escoamentos nos quais há gradientes de temperatura está incluído em uma disciplina sobre transferência de calor. Para fins de completude, apresentamos a equação de energia diferencial abaixo, sem sua dedução. Em geral, ela é

$$\rho\frac{Dh}{Dt}=K\nabla^2 T+\frac{Dp}{Dt} \tag{5.21}$$

onde K é a *condutividade térmica* (suposta constante). Para um escoamento de gás ideal incompressível, ela se torna

$$\rho c_p\frac{DT}{Dt}=K\nabla^2 T \tag{5.22}$$

e, para um líquido, assume a forma

$$\frac{DT}{Dt}=\alpha\nabla^2 T \tag{5.23}$$

onde α é a *difusividade térmica* definida por $\alpha = K/\rho c_p$:

Problemas Resolvidos

5.1 O componente x da velocidade em um determinado escoamento plano depende apenas de y pela relação $u(y) = Ay$. Determine o componente y $v(x, y)$ da velocidade se $v(x, 0) = 0$.

A equação da continuidade para esse escoamento plano (em um escoamento plano há apenas dois componentes da velocidade que dependem de duas variáveis espaciais) exige que

$$\frac{\partial u}{\partial x}=-\frac{\partial v}{\partial y} \qquad \therefore\ \frac{\partial v}{\partial y}=-\frac{\partial u}{\partial x}=-\frac{\partial(Ay)}{\partial x}=0$$

A solução para $\partial v/\partial y = 0$ é $v(x, y) = f(x)$. Contudo, $v(x, 0) = 0$, como informado, de modo que $f(x) = 0$ e $v(x, y) = 0$. A única maneira para $v(x, y)$ não ser zero seria se $v(x, 0)$ não fosse zero.

5.2 O campo de velocidade

$$v_r = 4\left(1 - \frac{1}{r^2}\right)\cos\theta \qquad v_\theta = -4\left(1 + \frac{1}{r^2}\right)\text{sen}\,\theta \qquad v_z = 0$$

representa um escoamento incompressível possível?

As coordenadas (r, θ, z) são coordenadas cilíndricas. Assim, a Tabela 5.1 fornece a equação da continuidade a ser utilizada:

$$\frac{1}{r}\frac{\partial}{\partial r}(rv_r) + \frac{1}{r}\frac{\partial v_\theta}{\partial \theta} + \frac{\partial v_z}{\partial z} = 0.$$

Insira os componentes da velocidade nessa equação e determine

$$\frac{4\cos\theta}{r}\frac{\partial}{\partial r}\left(r - \frac{1}{r}\right) + \frac{-4}{r}\left(1 + \frac{1}{r^2}\right)\frac{\partial}{\partial \theta}(\text{sen}\,\theta) + \cancel{\frac{\partial v_z}{\partial z}} \stackrel{?}{=} 0$$

Diferencie e determine

$$\frac{4\cos\theta}{r}\left(1 + \frac{1}{r^2}\right) - \frac{4}{r}\left(1 + \frac{1}{r^2}\right)\cos\theta = 0$$

A continuidade está satisfeita, então o campo de velocidade é um escoamento incompressível possível.

5.3 Use as equações do momento diferenciais para um escoamento uniforme incompressível que se move em direção a uma placa plana, como um vento atingindo uma parede vertical, e encontre uma expressão para o gradiente da pressão. Pressuponha um escoamento plano no qual apenas os componentes x e y são não zero e viscosos e os efeitos da gravidade podem ser ignorados.

As Equações (5.18) são simplificadas da seguinte forma:

$$\rho\left(\cancel{\frac{\partial u}{\partial t}} + u\frac{\partial u}{\partial x} + v\frac{\partial u}{\partial y} + \cancel{w\frac{\partial u}{\partial z}}\right) = -\frac{\partial p}{\partial x} + \cancel{\mu\left(\frac{\partial^2 u}{\partial x^2} + \frac{\partial^2 u}{\partial y^2} + \frac{\partial^2 u}{\partial z^2}\right)} + \cancel{\rho g_x}$$

$$\rho\left(\cancel{\frac{\partial v}{\partial t}} + u\frac{\partial v}{\partial x} + v\frac{\partial v}{\partial y} + \cancel{w\frac{\partial v}{\partial z}}\right) = -\frac{\partial p}{\partial y} + \cancel{\mu\left(\frac{\partial^2 v}{\partial x^2} + \frac{\partial^2 v}{\partial y^2} + \frac{\partial^2 v}{\partial z^2}\right)} + \cancel{\rho g_y}$$

Isso fornece o gradiente de pressão a ser relacionado ao campo de velocidade por

$$\nabla p = \frac{\partial p}{\partial x}\mathbf{i} + \frac{\partial p}{\partial y}\mathbf{j} = -\left(u\frac{\partial u}{\partial x} + v\frac{\partial u}{\partial y}\right)\mathbf{i} - \left(u\frac{\partial v}{\partial x} + v\frac{\partial v}{\partial y}\right)\mathbf{j}$$

5.4 Mostre que Du/Dt pode ser escrito como $\mathbf{V}\cdot\nabla u$ para um escoamento em regime permanente. A seguir, escreva uma expressão para $D\mathbf{V}/Dt$.

Expanda Du/Dt para um escoamento em regime permanente como

$$\frac{Du}{Dt} = \cancel{\frac{\partial u}{\partial t}} + u\frac{\partial u}{\partial x} + v\frac{\partial u}{\partial y} + w\frac{\partial u}{\partial z} = \left(u\frac{\partial}{\partial x} + v\frac{\partial}{\partial y} + w\frac{\partial}{\partial z}\right)u = \mathbf{V}\cdot\nabla u$$

onde usamos

$$\mathbf{V}\cdot\nabla = (u\mathbf{i} + v\mathbf{j} + w\mathbf{k})\cdot\left(\frac{\partial}{\partial x}\mathbf{i} + \frac{\partial}{\partial y}\mathbf{j} + \frac{\partial}{\partial z}\mathbf{k}\right) = u\frac{\partial}{\partial x} + v\frac{\partial}{\partial y} + w\frac{\partial}{\partial z}$$

Finalmente, observamos que

$$\begin{aligned}\frac{D\mathbf{V}}{Dt} &= \frac{Du}{Dt}\mathbf{i} + \frac{Dv}{Dt}\mathbf{j} + \frac{Dw}{Dt}\mathbf{k} = \mathbf{V}\cdot\nabla u\mathbf{i} + \mathbf{V}\cdot\nabla v\mathbf{j} + \mathbf{V}\cdot\nabla w\mathbf{k}\\ &= \mathbf{V}\cdot\nabla(u\mathbf{i} + v\mathbf{j} + w\mathbf{k})\\ &= (\mathbf{V}\cdot\nabla)\mathbf{V}\end{aligned}$$

Problemas Complementares

A Equação da Continuidade Diferencial

5.5 Consulte a primeira nota de rodapé e inclua $\left(\rho+\frac{\partial\rho}{\partial x}dx\right)\left(u+\frac{\partial u}{\partial x}dx\right)$ do lado direito do elemento e $\left(\rho+\frac{\partial\rho}{\partial y}dy\right)\left(v+\frac{\partial v}{\partial y}dy\right)$ da área superior do elemento e mostre que o resultado é a Equação (5.2).

5.6 O *teorema da divergência*, também chamado de *teorema de Gauss*, é escrito em forma vetorial como

$$\int_A \mathbf{B}\cdot\hat{\mathbf{n}}\,dA = \int_{\forall} \nabla\cdot\mathbf{B}\,d\forall$$

onde **B** representa qualquer vetor e a área de superfície A está ao redor do volume $\forall$. Aplique esse teorema à equação da continuidade integral da Equação (4.13) para um escoamento em regime permanente e deduza a Equação (5.6).

5.7 Um escoamento compressível de um gás ocorre em uma tubulação. Pressuponha escoamento uniforme com a direção x ao longo do eixo do tubo e enuncie a equação da continuidade simplificada.

5.8 Um escoamento em regime permanente incompressível de um fluido, como um escoamento estratificado de água salgada (como no istmo entre um corpo de água fresca e um de água salgada), escoa em um canal com uma variação súbita na altura do fundo do canal (o que permite valores não zero de u e v). Pressuponha que não há variação na direção z e escreva as duas equações que decorreriam da equação da continuidade. (Os experimentos mostram que existe uma região estagnada no fluido em frente a uma elevação súbita na altura do fundo de um canal em um escoamento estratificado. Esse fenômeno causa o acúmulo de *smog* em Los Angeles quando o ar escoa em direção à cidade, mas um nível significativo de *smog* não aparece em Nova Iorque, uma cidade mais densamente populada. Há montanhas a leste de Los Angeles, mas não a oeste de Nova Iorque.)

5.9 Um escoamento isotérmico ocorre em um conduíte. Mostre que a equação da continuidade pode ser escrita como $Dp = -p\nabla\cdot\mathbf{V}$ para um gás ideal.

5.10 Um fluido incompressível escoa radialmente (sem componentes θ ou ϕ) para dentro de um pequeno ralo circular. Como o componente radial da velocidade varia com o raio, conforme exigido pela continuidade?

5.11 Se o componente x do vetor de velocidade é constante em um escoamento plano, o que vale para o componente y do vetor de velocidade?

5.12 Calcule o gradiente de massa específica no Exemplo 5.1 se (*a*) fossem usadas diferenças adiantadas e (*b*) fossem usadas diferenças atrasadas. Qual é o erro percentual para cada opção, pressupondo que a resposta do Exemplo 5.1 está correta?

5.13 O componente x do vetor da velocidade é medido em três locais, cada um a 8 mm de distância do outro, na linha de centro de uma contração simétrica. Nos pontos A, B e C, as medidas produzem 8,2, 9,4 e 11,1 m/s, respectivamente. Calcule o componente y da velocidade 2 mm acima do ponto B nesse escoamento incompressível, plano e em regime permanente.

5.14 Se, em um escoamento plano, os dois componentes da velocidade são dados por

$$u(x, y) = 8(x^2 + y^2) \qquad v(x, y) = 8xy$$

Qual é o valor de $D\rho/Dt$ a (1, 2) m se nesse ponto $\rho = 2$ kg/m^3?

5.15 O campo de velocidade para um determinado escoamento plano ($w = 0$) de ar é dado por

$$u(x, y) = \frac{4y}{x^2 + y^2} \qquad v(x, y) = -\frac{4x}{x^2 + y^2}$$

Mostre que é um escoamento incompressível.

5.16 Se $u(x, y) = 4 + 2x/(x^2 + y^2)$ em um escoamento plano incompressível, qual é o valor de $v(x, y)$ se $v(x, 0) = 0$?

5.17 Se $v(x, y) = 8 + 4y/(x^2 + y^2)$ em um escoamento plano incompressível, qual é o valor de $u(x, y)$ se $u(0, y) = 0$?

5.18 O componente da velocidade $v_\theta = -(25 + 1/r^2)\cos\theta$ em um escoamento plano incompressível. Determine $v_r(r, \theta)$ se $v_r(r, 0) = 0$.

5.19 O componente da velocidade $v_\theta = -25(1 + 1/r^2)\text{sen}\ \theta + 50/r^2$ em um escoamento plano incompressível. Determine $v_r\ (r, \theta)$ se $v_r\ (r, 90°) = 0$.

A Equação do Momento Diferencial

5.20 Desenhe um elemento retangular semelhante àquele na Figura 5.3 no plano xz. Pressuponha que não há tensões de cisalhamento atuando na direção y e que a gravidade atua na direção z. Aplique a segunda lei de Newton ao elemento na direção z e escreva uma equação semelhante àquelas das Equações (5.11).

5.21 Se ocorre um escoamento em regime permanente ao redor de um cilindro longo, quais três equações são necessárias para determinar os campos de velocidade e de pressão se os efeitos viscosos são significativos, mas os efeitos da gravidade não são? Quais condições de contorno existem no cilindro? Expresse as equações em coordenadas cilíndricas. Consulte a Tabela 5.1.

5.22 Se ocorre um escoamento em regime permanente ao redor de uma esfera, quais três equações são necessárias para determinar os campos de velocidade e de pressão se os efeitos viscosos são significativos, mas os efeitos da gravidade não são? Quais condições de contorno existem na esfera? Expresse as equações em coordenadas esféricas. Consulte a Tabela 5.1.

5.23 Confirme que $\dfrac{D\mathbf{V}}{Dt} = (\mathbf{V}\cdot\boldsymbol{\nabla})\mathbf{V}$ usando coordenadas retangulares, pressupondo um escoamento em regime permanente.

5.24 Determine o gradiente de pressão $\boldsymbol{\nabla} p$ para o escoamento incompressível do Problema 5.15, pressupondo um escoamento não viscoso com efeitos mínimos da gravidade.

5.25 Determine o gradiente de pressão $\boldsymbol{\nabla} p$ para o escoamento incompressível do Problema Resolvido 5.2, pressupondo um escoamento não viscoso com efeitos mínimos da gravidade.

5.26 Simplifique a equação de Navier–Stokes apropriada para o escoamento entre placas paralelas, pressupondo $u = u(y)$ e gravidade na direção z. Pressupõe-se que as linhas de corrente são paralelas às placas, de modo que $v = w = 0$.

5.27 Simplifique a equação de Navier–Stokes para o escoamento em um tubo, pressupondo $v_z = v_z(r)$ e gravidade na direção z. Pressupõe-se que as linhas de corrente são paralelas à parede do tubo, de modo que $v_\theta = v_r = 0$.

5.28 O cilindro interno de dois cilindros concêntricos gira de forma que $v_\theta = v_\theta(r)$ e $v_r = 0$. Quais equações são necessárias para encontrar o perfil de velocidade, pressupondo cilindros verticais?

5.29 Insira as equações constitutivas (5.15) nas equações do momento (5.12) e mostre que elas resultam nas equações de Navier–Stokes (5.18), pressupondo um fluido incompressível homogêneo.

5.30 Pressuponha que um escoamento não é homogêneo, por exemplo, que há nele um gradiente de temperatura tal que a viscosidade não é constante, e escreva as equações do momento diferenciais do componente x para um escoamento incompressível usando as equações constitutivas (5.15).

5.31 A média negativa das três tensões normais é denotada por $\bar{p}$ em um escoamento de gás no qual a hipótese de Stokes não se aplica. Determine uma expressão para $(p - \bar{p})$.

Respostas dos Problemas Complementares

5.5 Ver enunciado do problema

5.6 Ver enunciado do problema

5.7 $u\dfrac{\partial\rho}{\partial x}+\rho\dfrac{\partial u}{\partial x}=0$

5.8 $u\dfrac{\partial\rho}{\partial x}=-v\dfrac{\partial\rho}{\partial y}\qquad \dfrac{\partial u}{\partial x}=-\dfrac{\partial v}{\partial y}$

5.9 Ver enunciado do problema

5.10 $v_r=C$

5.11 $v=f(x)$

5.12 0,4 kg/m^4, 33,3%

5.13 0,36 m/s

5.14 −32 kg/(m^3·s)

5.15 $\dfrac{\partial u}{\partial x}+\dfrac{\partial v}{\partial y}=0$

5.16 $-2y/(x^2+y^2)$

5.17 $-4y/(x^2+y^2)$

5.18 $-(25-1^2)\,\text{sen}\,\theta$

5.19 $(25-1^2)\cos\theta$

5.20 $\dfrac{\partial\sigma_{xx}}{\partial x}+\dfrac{\partial\tau_{xz}}{\partial z}=\rho\dfrac{Du}{Dt}$ e $\dfrac{\partial\sigma_{zz}}{\partial z}+\dfrac{\partial\tau_{zx}}{\partial x}-\gamma=\rho\dfrac{Dw}{Dt}$

5.23 Ver enunciado do problema

5.24 $\dfrac{16}{\rho(x^2+y^2)^2}(x\mathbf{i}+y\mathbf{j})$

5.26 $\dfrac{\partial p}{\partial x}=\mu\dfrac{\partial^2 u}{\partial y^2}$

5.27 $\therefore\ \dfrac{\partial p}{\partial z}=\rho g_z+\mu\dfrac{\partial^2 v_z}{\partial r^2}+\dfrac{1}{r}\dfrac{\partial v_z}{\partial r}$

5.28 $\therefore\ \dfrac{1}{r}\dfrac{\partial p}{\partial\theta}=\mu\left(\dfrac{\partial^2 v_\theta}{\partial r^2}+\dfrac{1}{r}\dfrac{\partial v_\theta}{\partial r}-\dfrac{v_\theta}{r^2}\right)$

5.31 $-(\lambda+2\mu/3)\mathbf{\nabla}\cdot\mathbf{V}$

Capítulo 6

Análise Dimensional e Semelhança

6.1 INTRODUÇÃO

Muitos problemas relevantes na mecânica dos fluidos não podem ser resolvidos usando as equações integrais e/ou diferenciais. Os movimentos do vento em torno de um estádio de futebol, o escoamento da água por uma grande hidroturbina, o fluxo de ar em torno do defletor de um caminhão, o movimento das ondas ao redor de um píer ou navio e o fluxo do ar em torno de uma aeronave são exemplos de problemas estudados em laboratório com o uso de modelos. Contudo, um estudo de laboratório usando modelos é bastante caro, então, para minimizar o custo, são usados parâmetros adimensionais. Na verdade, esses parâmetros também são utilizados em estudos numéricos pelo mesmo motivo.

Os parâmetros adimensionais são obtidos usando um método chamado de *análise dimensional*, a ser apresentado na Seção 6.2. Ele se baseia na ideia de *homogeneidade dimensional*: todos os termos em uma equação devem ter as mesmas dimensões. Simplesmente usando essa ideia, podemos minimizar o número de parâmetros necessários em uma análise experimental ou analítica, como será mostrado. Qualquer equação pode ser expressa em termos de parâmetros adimensionais pela simples divisão de cada termo por um dos outros termos. Considere, por exemplo, a equação de Bernoulli

$$\frac{V_2^2}{2} + \frac{p_2}{\rho} + gz_2 = \frac{V_1^2}{2} + \frac{p_1}{\rho} + gz_1 \qquad (6.1)$$

Agora, divida ambos os lados por gz_2. Agora a equação pode ser escrita como

$$\frac{V_2^2}{2gz_2} + \frac{p_2}{\gamma z_2} + 1 = \left(\frac{V_1^2}{2gz_1} + \frac{p_1}{\gamma z_1} + 1\right)\frac{z_1}{z_2} \qquad (6.2)$$

Observe os parâmetros adimensionais, V^2/gz e $p/\gamma z$.

Depois que a análise é realizada em um modelo no laboratório e todas as quantidades relevantes são medidas, é necessário prever as mesmas quantidades no protótipo, como a potência gerada por uma grande máquina de vento, a partir das medidas realizadas em um modelo muito menor. A *semelhança* é o estudo que nos permite prever as quantidades esperadas em um protótipo a partir das medições em um modelo. Isso será realizado após nosso estudo da análise dimensional que orienta o estudo sobre modelos.

6.2 ANÁLISE DIMENSIONAL

Um exemplo demonstrará a utilidade da análise dimensional. Suponha que se deseja uma força de arrasto F_D sobre um objeto com uma frente esférica com o formato mostrado na Figura 6.1. Poderia ser realizado um

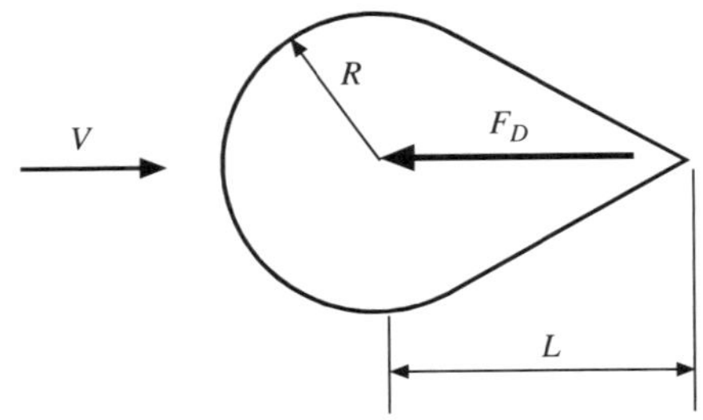

Figura 6.1 Escoamento em torno de um objeto.

estudo, a força de arrasto medida para um determinado raio R e comprimento L em um fluido com velocidade V, viscosidade μ e massa específica ρ. Espera-se que a gravidade não influencie a força. Essa dependência da força de arrasto de outras variáveis poderia ser escrita como

$$F_D = f(R, L, V, \mu, \rho) \tag{6.3}$$

Para apresentar os resultados de um estudo experimental, a força de arrasto poderia ser marcada como uma função de V para diversos valores do raio R quando todas as outras variáveis se mantêm fixas. A seguir, um segundo gráfico poderia mostrar a força de arrasto para diversos valores de L, com todas as outras variáveis fixas, e assim por diante. Os gráficos se pareceriam com aqueles da Figura 6.2. Variar a viscosidade mantendo a massa específica fixa e então a massa específica mantendo a viscosidade fixa exigiria o uso de diversos fluidos, criando um estudo extremamente complexo, talvez até impossível.

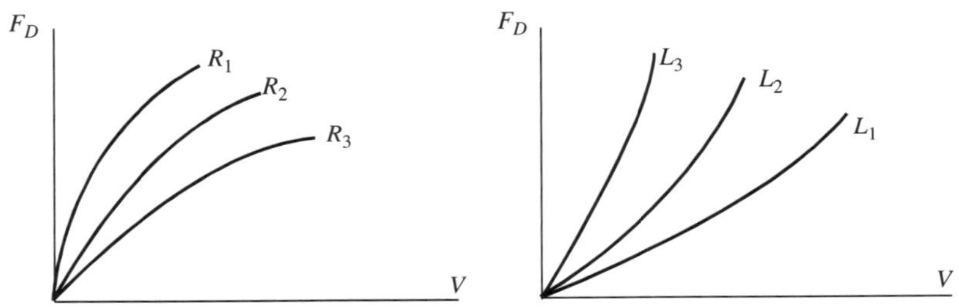

Figura 6.2 Força de arrasto *versus* velocidade. (*a*) L, μ, ρ fixos e (*b*) R, μ, ρ fixos.

A função real que relacionaria a força de arrasto às outras variáveis poderia ser expressa como um conjunto de parâmetros adimensionais, como aqueles da Equação (6.2), como

$$\frac{F_D}{\rho V^2 R^2} = f\left(\frac{\rho V R}{\mu}, \frac{R}{L}\right) \tag{6.4}$$

(O procedimento para tanto será apresentado a seguir). Os resultados de um estudo usando a relação acima seriam muito mais organizados do que o estudo sugerido pelas curvas da Figura 6.2. Um estudo experimental exigiria apenas diversos modelos diferentes, cada um dos quais com razões diferentes de R/L, e apenas um fluido, o ar ou a água. Variar a velocidade do fluido de modo a se aproximar do modelo, uma tarefa relativamente simples, poderia variar os outros dois parâmetros adimensionais. Um gráfico de $F_D/(\rho V^2 R^2)$ *versus* $\rho VR/\mu$ para diversos valores de R/L nos forneceria os resultados do estudo.

Antes de apresentarmos os detalhes da formação dos parâmetros adimensionais da Equação (6.4), vamos revisar as dimensões das quantidades de interesse na mecânica dos fluidos. Muitas quantidades têm dimensões óbvias, mas algumas não são tão evidentes. Como a segunda lei de Newton pode ser usada para relacionar as dimensões básicas, estas são apenas três. Usando F, M, L e T como dimensões de força, massa, comprimento e tempo, vemos que $F = ma$ exige que as dimensões sejam relacionadas por

$$F = M\frac{L}{T^2} \tag{6.5}$$

Decidimos selecionar o sistema $M–L–T$* e usar a Equação (6.5) para relacionar F a M, L e T. Se a temperatura é necessária, como com o escoamento de um gás compressível, uma equação de estado como

$$p = \rho RT \tag{6.6}$$

poderia ser expressa dimensionalmente como

$$[RT] = [p/\rho] = \frac{F}{L^2}\frac{L^3}{M} = \frac{ML/T^2}{L^2}\frac{L^3}{M} = \frac{L^2}{T^2} \tag{6.7}$$

onde os colchetes significam "as dimensões de". O produto RT não introduzi dimensões adicionais.

A Tabela 6.1 foi incluída para ajudar a selecionar as dimensões apropriadas para as quantidades de interesse. Ela vai simplificar a criação dos parâmetros adimensionais. As dimensões são apresentadas apenas para o sistema $M–L–T$, pois este é o que será usado na solução dos problemas deste capítulo. Os mesmos resultados seriam obtidos usando o sistema $F–L–T$, caso fosse selecionado.

O *teorema π de Buckingham* é usado para criar os parâmetros adimensionais, dada uma relação funcional como a da Equação (6.3). Escreva a variável de interesse principal como uma função geral; por exemplo,

$$x_1 = f(x_2, x_3, x_4, \ldots, x_n) \tag{6.8}$$

Tabela 6.1 Símbolos e Dimensões das Quantidades de Interesse Usando o Sistema *M-L-T*

Quantidade	**Símbolo**	**Dimensões**
Comprimento	l	L
Massa	m	M
Tempo	t	T
Velocidade	V	L/T
Aceleração	a	L/T^2
Velocidade angular	Ω	T^{-1}
Força	F	F
Gravidade	g	L/T^2
Vazão	Q	L^3/T
Vazão mássica	$\dot{m}$	M/T
Pressão	p	M/LT^2
Tensão	τ	M/LT^2
Massa específica	ρ	M/L^3
Peso específico	γ	M/L^2T^2
Trabalho	W	ML^2/T^2
Viscosidade	μ	M/LT
Viscosidade cinemática	ν	L^2/T
Potência	$\dot{W}$	ML^2/T^3
Potência calórica	$\dot{Q}$	ML^2/T^3
Tensão superficial	σ	M/T^2
Módulo de compressibilidade	B	M/LT^2

* O sistema $F–L–T$ poderia ter sido utilizado. Simplesmente optamos por usar o sistema $M–L–T$.

onde n é o número total de variáveis. Se m é o número de dimensões básicas, geralmente 3, o teorema π de Buckingham exige que $(n - m)$ grupos de variáveis adimensionais, os termos π, sejam relacionados por

$$\pi_1 = f_1(\pi_2, \pi_3, \ldots, \pi_{n-m}) \tag{6.9}$$

onde π_1 é selecionado para conter a variável dependente [seria F_D da Equação (6.3)] e os termos π restantes contêm as variáveis independentes. É preciso observar que uma relação funcional não pode conter uma determinada dimensão em apenas uma variável; por exemplo, na relação $v = f(d, t, \rho)$, a massa específica ρ não pode ocorrer, pois é a única variável que contém a dimensão M, então M não teria a possibilidade de ser cancelada para formar um termo π adimensional.

Os passos seguidos quando aplicamos o teorema π de Buckingham são:

1. Escreva a variável dependente como função das $(n - 1)$ variáveis independentes. Esse passo exige conhecimento sobre o fenômeno que está sendo estudado. Todas as variáveis que influenciam a variável dependente devem ser incluídas, e todas as variáveis que não influenciam a variável dependente não devem ser incluídas. Na maioria dos problemas, essa relação será informada.
2. Identifique m variáveis, as *variáveis repetidas* que são combinadas com as variáveis restantes para formar os termos π. As m variáveis devem incluir todas as dimensões básicas presentes nas n variáveis da relação funcional, mas não devem formar um termo π adimensional por si só. Observe que um ângulo é adimensional, então ele não pode ser uma variável repetida.
3. Combine cada uma das $(n - m)$ variáveis com as variáveis repetidas para formar os termos π.
4. Escreva o termo π contendo a variável dependente como função dos termos π restantes

O Passo 3 é executado por inspeção ou por um procedimento algebraico. O método de inspeção será utilizado em um exemplo. Para demonstrar o procedimento algebraico, vamos formar um termo π das variáveis V, R, ρ e μ, o que escrevemos na forma

$$\pi = V^a R^b \rho^c \mu^d \tag{6.10}$$

Em termos de dimensões, isso é

$$M^0 L^0 T^0 = \left(\frac{L}{T}\right)^a L^b \left(\frac{M}{L^3}\right)^c \left(\frac{M}{LT}\right)^d \tag{6.11}$$

Igualando os expoentes de cada uma das dimensões básicas, chegamos ao sistema de equações

$$\begin{aligned} M&: \quad 0 = c + d \\ L&: \quad 0 = a + b - 3c - d \\ T&: \quad 0 = -a - d \end{aligned} \tag{6.12}$$

A solução é

$$c = -d \qquad a = -d \qquad b = -d \tag{6.13}$$

A seguir, o termo π é escrito como

$$\pi = \left(\frac{\mu}{VR\rho}\right)^d \tag{6.14}$$

Esse termo π é adimensional, seja qual for o valor de d. Se queremos que V esteja no denominador, selecionamos $d = 1$; se queremos que V esteja no numerador, selecionamos $d = -1$. Selecione $d = -1$ para que

$$\pi = \frac{VR\rho}{\mu} \tag{6.15}$$

Suponha que apenas um termo π decorre de uma análise. Esse termo π seria igual a uma constante que poderia ser determinada por um experimento.

Finalmente, considere uma relação funcional bastante geral entre uma variação de pressão Δp, comprimento l, velocidade V, gravidade g, viscosidade μ, massa específica ρ, velocidade do som c, tensão superficial σ e uma velocidade angular Ω. Nem todas essas variáveis vão influenciar um determinado problema, mas é interessante observar a relação final dos termos adimensionais. A análise dimensional que usa V, l e ρ como variáveis repetidas fornece a seguinte relação

$$\frac{\Delta p}{\rho V^2} = f\left(\frac{V^2}{lg}, \frac{\rho Vl}{\mu}, \frac{V}{c}, \frac{\rho l V^2}{\sigma}, \frac{\Omega l}{V}\right) \tag{6.16}$$

Cada termo que aparece nessa relação é um parâmetro importante em determinadas situações de escoamento. Os termos adimensionais, acompanhados de seu nome comum, estão listados abaixo:

$$\begin{aligned}
\frac{\Delta p}{\rho V^2} &= \text{Eu} && \text{Número de Euler} \\
\frac{V}{\sqrt{lg}} &= \text{Fr} && \text{Número de Froude} \\
\frac{\rho Vl}{\mu} &= \text{Re} && \text{Número de Reynolds} \\
\frac{V}{c} &= M && \text{Número de Mach} \\
\frac{\rho l V^2}{\sigma} &= \text{We} && \text{Número de Weber} \\
\frac{\Omega l}{V} &= \text{St} && \text{Número de Strouhal}
\end{aligned} \tag{6.17}$$

Nem todos os números acima seriam relevantes para um escoamento específico; é muito improvável que ambos, os efeitos de compressibilidade e a tensão superficial, influenciassem o mesmo escoamento. Estes são, contudo, os principais parâmetros adimensionais do nosso estudo sobre mecânica dos fluidos. O número de Euler é relevante na maioria dos escoamentos, o número de Froude em escoamentos com superfícies livres nos quais a gravidade é significativa (p. ex., movimento de onda), o número de Reynolds em escoamentos nos quais efeitos viscosos são importantes, o número de Mach em escoamentos compressíveis, o número de Weber em escoamentos afetados pela tensão superficial (p. ex., sprays com gotículas) e o número de Strouhal em escoamentos nos quais a rotação ou um movimento periódico são importantes. Todos esses números, com exceção do número de Weber (os efeitos de tensão superficial têm pouquíssima importância na engenharia) aparecerão nos escoamentos estudados nos capítulos subsequentes. Obs.: O número de Froude muitas vezes é definido como V^2/lg, o que não influenciaria a solução dos problemas.

Exemplo 6.1 Pressupõe-se que a queda de pressão Δp por um comprimento L de tubo depende da velocidade média V, do diâmetro D do tubo, da altura média e dos elementos de rugosidade da parede do tubo, da massa específica ρ do fluido e da viscosidade μ do fluido. Escreva uma relação entre a queda de pressão e as outras variáveis.

Solução: Primeiro, selecione as variáveis repetidas. Não selecione Δp, pois esta é a variável dependente. Selecione apenas uma entre D, L e e, pois todas têm as dimensões de comprimento. Selecione as variáveis consideradas* as que mais influenciam a queda de pressão: V, D e ρ. Agora, liste as dimensões de cada variável (Tabela 6.1):

$$[\Delta p] = \frac{M}{LT^2} \qquad [L] = L \qquad [V] = \frac{L}{T} \qquad [D] = L \qquad [e] = L \qquad [\rho] = \frac{M}{L^3} \qquad [\mu] = \frac{M}{LT}$$

Primeiro, combine Δp, V, D e μ em um termo π. Como apenas Δp e ρ têm M como dimensão, elas devem ocorrer como uma razão $\Delta p/\rho$. Isso coloca T no denominador, de modo que V deve estar no numerador para que os Ts se cancelem. Finalmente, verifique os Ls: há L no numerador, então D deve estar no denominador, o que nos dá

$$\pi_1 = \frac{\Delta p}{\rho V^2 D^2}$$

* Essa questão não é um ponto passivo. Tanto D quanto L podem ser selecionadas, dependendo de qual é considerada a mais influente.

O segundo termo π é encontrado pela combinação de L com as três variáveis repetidas V, D e ρ. Como L e D têm as dimensões de comprimento, o segundo termo π é

$$\pi_2 = \frac{L}{D}$$

O terceiro termo π decorre da combinação de e com as variáveis repetidas. Ele tem as dimensões de comprimento, então o terceiro termo π é

$$\pi_3 = \frac{e}{D}$$

O último termo π é encontrado pela combinação de μ com V, D e ρ. Ambas, μ e ρ, contêm a dimensão M, exigindo que formem a razão ρ/μ. Isso coloca T no numerador, exigindo que V vá no numerador. Isso coloca L no denominador, de modo que D deve aparecer no numerador. O último termo π é, então,

$$\pi_4 = \frac{\rho V D}{\mu}$$

A expressão final relaciona os termos π como

$$\pi_1 = f(\pi_2, \pi_3, \pi_4)$$

ou, usando as variáveis,

$$\frac{\Delta p}{\rho V^2 D^2} = f\left(\frac{L}{D}, \frac{e}{D}, \frac{\rho V D}{\mu}\right)$$

Se L tivesse sido escolhida como variável repetida, ela simplesmente trocaria de lugar com D, pois ambos têm a mesma dimensão.

6.3 SEMELHANÇA

Depois que os parâmetros adimensionais foram identificados e um estudo de modelo foi realizado em laboratório, a semelhança nos permite prever o comportamento de um protótipo a partir de medidas realizadas no modelo. As medidas no modelo de um navio em um tanque de provas ou no modelo de uma aeronave em um túnel de vento são usadas para prever o desempenho do navio ou da aeronave.

A aplicação da semelhança se baseia em três tipos de similaridade. Primeiro, o modelo deve se parecer com o protótipo, ou seja, a razão entre os comprimentos deve ser constante entre os pontos correspondentes no modelo e no protótipo. Por exemplo, se a razão entre os comprimentos do modelo e do protótipo é λ, então todas as outras razões entre comprimentos também deve ser λ. Assim, a razão entre as áreas seria λ^2 e a razão entre os volumes, λ^3. Essa é a *semelhança geométrica.*

O segundo é a *semelhança dinâmica*: todas as razões de força que atuam sobre os elementos de massa correspondentes no escoamento do modelo e no escoamento do protótipo são iguais, o que obtemos ao igualar os números adimensionais apropriados das Equações (6.17). Se os efeitos viscosos são importantes, os números de Reynolds são igualados; se a compressibilidade é significativa, os números de Mach; se a gravidade influencia os escoamentos, os números de Froude; se uma velocidade angular influencia o escoamento, os números de Strouhal; e se a tensão superficial afeta o escoamento, os números de Weber. É possível demonstrar que todos esses números são razões entre forças, então igualar os números em um determinado escoamento equivale a igualar as razões de forças no escoamento.

O terceiro tipo é a *semelhança cinemática*: a razão da velocidade é a mesma entre os pontos correspondentes no escoamento em torno do modelo e do protótipo. Isso pode ser demonstrado considerando a razão das forças inerciais, usando a força inercial como

$$F_I = mV\frac{dV}{ds} \approx m\frac{V^2}{l} \approx \rho l^3 \frac{V^2}{l} = \rho l^2 V^2 \tag{6.18}$$

onde foi utilizada a aceleração* $a = V\,dV/ds$. A razão entre as forças do modelo e do protótipo é, assim,

$$\frac{(F_I)_m}{(F_I)_p} = \frac{V_m^2 l_m^2}{V_p^2 l_p^2} = \text{const} \tag{6.19}$$

* Lembre-se de que $a = dV/dt$ e $V = ds/dt$, de modo que $a = VdV/ds$.

mostrando que a razão da velocidade é uma constante entre os pontos correspondentes se a razão do comprimento é constante, ou seja, se existe similaridade geométrica (pressupomos que a razão das massas específicas ρ_m/ρ_p é constante entre os pontos correspondentes nos dois escoamentos).

Pressupondo similaridade completa entre o modelo e o protótipo, agora podemos prever as quantidades de interesse. Por exemplo, se uma força de arrasto é medida no escoamento em torno de um modelo no qual os efeitos viscosos têm um papel importante, a razão das forças [ver Equação (6.18)] seria

$$\frac{(F_D)_m}{(F_D)_p} = \frac{\rho_m V_m^2 l_m^2}{\rho_p V_p^2 l_p^2} \tag{6.20}$$

A razão entre as velocidades seria encontrada igualando os números de Reynolds.

$$\mathrm{Re}_m = \mathrm{Re}_p \qquad \frac{\rho_m V_m l_m}{\mu_m} = \frac{\rho_p V_p l_p}{\mu_p} \tag{6.21}$$

Se a razão do comprimento, a *escala*, é dada e o mesmo fluido é usado para o modelo e o protótipo, a força que atua sobre o protótipo pode ser identificada. Ela seria

$$(F_D)_p = (F_D)_m \left(\frac{V_p}{V_m}\right)^2 \left(\frac{l_p}{l_m}\right)^2 = (F_D)_m \left(\frac{l_m}{l_p}\right)^2 \left(\frac{l_p}{l_m}\right)^2 = (F_D)_m \tag{6.22}$$

mostrando que, se o número de Reynolds governa o estudo do modelo e o mesmo fluido é utilizado no modelo e no protótipo, a força no modelo é a mesma que a força no protótipo. Observe que a velocidade no estudo do modelo é a velocidade no protótipo multiplicada pela razão do comprimento, de modo que a velocidade do modelo poderia ser significativamente alta.

Se o número de Froude governasse o estudo, teríamos

$$\mathrm{Fr}_m = \mathrm{Fr}_p \qquad \frac{V_m^2}{l_m g_m} = \frac{V_p^2}{l_p g_p} \tag{6.23}$$

Assim, a força de arrasto sobre o protótipo, com $g_m = g_p$, seria

$$(F_D)_p = (F_D)_m \left(\frac{V_p}{V_m}\right)^2 \left(\frac{l_p}{l_m}\right)^2 = (F_D)_m \left(\frac{l_p}{l_m}\right)\left(\frac{l_p}{l_m}\right)^2 = (F_D)_m \left(\frac{l_p}{l_m}\right)^3 \tag{6.24}$$

Essa é a situação para o estudo do modelo de um navio. O número de Reynolds não é utilizado, apesar da força de arrasto viscosa que atua sobre o navio não poder ser ignorada. Não podemos satisfazer tanto o número de Reynolds quanto o número de Froude em um estudo se o mesmo fluido é usado para o estudo do modelo e no escoamento do protótipo; o estudo do modelo de um navio sempre usa a água como fluido. Para levar em conta o arrasto viscoso, os resultados do estudo de um modelo baseado no número de Froude são adaptados usando modificadores industriais que não estão incluídos neste livro.

Exemplo 6.2 O projeto inovador da proa de um navio será testado em uma bacia de água. Um arrasto de 12,2 N é medido em um modelo com escala 1:20 quando rebocado a uma velocidade de 3,6 m/s. Determine a velocidade correspondente do protótipo do navio e o arrasto esperado.

Solução: O número de Froude orienta o estudo do modelo de um navio, pois os efeitos da gravidade (movimentos de onda) são mais significativos do que os efeitos viscosos. Por consequência,

$$\mathrm{Fr}_p = \mathrm{Fr}_m \quad \text{ou} \quad \frac{V_p}{\sqrt{l_p g_p}} = \frac{V_m}{\sqrt{l_m g_m}}$$

Como a gravidade não varia significativamente na terra, o resultado é

$$V_p = V_m \sqrt{\frac{l_p}{l_m}} = 3{,}6 \times \sqrt{20} = 16{,}1 \text{ m/s}$$

Para encontrar o arrasto sobre o protótipo, a razão de arrasto é igualada à razão da força da gravidade (a razão da força inercial poderia ser utilizada, mas não a razão da força viscosa, pois os efeitos viscosos foram ignorados)

$$\frac{(F_D)_p}{(F_D)_m} = \frac{\rho_p V_p^2 l_p^2}{\rho_m V_m^2 l_m^2} \qquad \therefore\ (F_D)_p = (F_D)_m \frac{V_p^2 l_p^2}{V_m^2 l_m^2} = 12{,}2 \times \frac{16{,}1^2}{3{,}6^2} \times 20^2 = 41\,000\ \text{N}$$

onde usamos $\rho_p \cong \rho_m$, pois a água salgada e a doce têm praticamente a mesma massa específica. Os resultados acima seriam modificados com base nos fatores estabelecidos para levar em conta o arrasto viscoso sobre o navio.

Exemplo 6.3 Uma bomba de grande porte que fornece 1,2 m³/s de água com uma elevação de pressão de 400 kPa é necessária para uma determinada usina hidrelétrica. Um mudança técnica proposta é testada em uma bomba menor, com escala de 1:4. Determine a vazão e a elevação de pressão esperadas no estudo do modelo. Se a potência necessária para operar a bomba do modelo é medida como sendo 8000 kW, qual seria a potência esperada para operar a bomba protótipo?

Solução: Para esse problema de escoamento interno, o número de Reynolds seria igualado

$$\text{Re}_p = \text{Re}_m \quad \text{ou} \quad \frac{V_p d_p}{\nu_p} = \frac{V_m d_m}{\nu_m} \quad \text{ou} \quad \frac{V_p}{V_m} = \frac{d_m}{d_p}$$

pressupondo que $\nu_p \cong \nu_m$ para a água no modelo e no protótipo. A razão entre as vazões é

$$\frac{Q_p}{Q_m} = \frac{A_p V_p}{A_m V_m} = \frac{l_p^2 V_p}{l_m^2 V_m} = 4^2 \times \frac{1}{4} = 4 \qquad \therefore\ Q_m = \frac{Q_p}{4} = \frac{1{,}2}{4} = 0{,}3\ \text{m}^3/\text{s}$$

A razão da potência é encontrada usando a potência como a força vezes a velocidade, o que nos dá

$$\frac{\dot{W}_p}{\dot{W}_m} = \frac{\rho_p V_p^2 l_p^2}{\rho_m V_m^2 l_m^2}\frac{V_p}{V_m} \qquad \therefore\ \dot{W}_p = \dot{W}_m \left(\frac{d_m}{d_p}\right)^2 \left(\frac{d_p}{d_m}\right)^2 \frac{d_m}{d_p} = \frac{8000}{4} = 500\ \text{kW}$$

É um resultado inesperado. Quando usamos o número de Reynolds para orientar o estudo de um modelo, a potência medida no modelo é maior do que a potência necessária para operar o protótipo, pois as pressões são muito maiores sobre o modelo. Observe que, neste exemplo, o número de Euler seria usado para fornecer a elevação de pressão do modelo como

$$\frac{\Delta p_p}{\Delta p_m} = \frac{\rho_p V_p^2}{\rho_m V_m^2} \qquad \therefore\ \Delta p_m = \Delta p_p \left(\frac{d_p}{d_m}\right)^2 = 400 \times 4^2 = 6400\ \text{kPa}$$

Por isso e pela observação de que a velocidade é muito maior no modelo, os estudos de modelos não são comuns para situações (p. ex., o escoamento em torno de um automóvel) no qual o número de Reynolds é o parâmetro fundamental.

Exemplo 6.4 A elevação de pressão da corrente livre até um determinado local na superfície do modelo de um foguete é medida em 22 kPa a uma velocidade do ar de 1200 km/h. O túnel de vento é mantido a uma pressão absoluta de 90 kPa e 15 °C. Quais seriam a pressão e a elevação de pressão no protótipo do foguete a uma elevação de 15 km?

Solução: O número de Mach governa o estudo do modelo. Logo,

$$M_m = M_p \qquad \frac{V_m}{c_m} = \frac{V_p}{c_p} \qquad \frac{V_m}{\sqrt{kRT_m}} = \frac{V_p}{\sqrt{kRT_p}}$$

Usando a temperatura da Tabela B.3, a velocidade é

$$V_p = V_m \sqrt{\frac{T_p}{T_m}} = 1200 \sqrt{\frac{216{,}7}{288}} = 1041\ \text{km/h}$$

Uma força de pressão é $\Delta p A \approx \Delta p l^2$, de modo que a razão da força inercial da Equação (6.18) é o número de Euler, $\Delta p / \rho V^2$. Igualar os números de Euler dá a elevação de pressão como sendo

$$\Delta p_p = \Delta p_m \frac{\rho_p V_p^2}{\rho_m V_m^2} = 22 \times \frac{p_p T_m V_p^2}{p_m T_p V_m^2} = 22 \times \frac{12{,}3 \times 288 \times 1041^2}{90 \times 216{,}7 \times 1200^2} = 3{,}01\ \text{kPa}$$

Problemas Resolvidos

6.1 Escreva as dimensões do termo da energia cinética $\frac{1}{2}mV^2$ usando o sistema de unidades F–L–T.

As dimensões de mV^2 são

$$[mV^2] = M\frac{L^2}{T^2} = F\frac{T^2}{L}\frac{L^2}{T^2} = FL$$

onde $M = FT^2/L$ vem da segunda lei de Newton escrita na forma $m = F/a$. As unidades de FL seriam N·m no Sistema Internacional, como esperado. Usando o sistema M–L–T, as unidades seriam (kg·m^2)/s^2, que equivalem a N·m.

6.2 Pressupõe-se que a velocidade V de um peso quando atinge o chão depende da gravidade g, da altura h da qual ele caiu e da massa específica ρ do peso. Use a análise dimensional e escreva uma relação entre as variáveis.

As dimensões de cada variável são listadas como

$$[V] = \frac{L}{T} \qquad [g] = \frac{L}{T^2} \qquad [h] = L \qquad [\rho] = \frac{M}{L^3}$$

Como M ocorre em apenas uma variável, essa variável ρ não pode ser incluída na relação. Os três termos restantes são combinados para formar um único termo π; ele é formado pela observação de que T ocorre em apenas duas das variáveis, logo V^2 está no numerador e g está no denominador. Assim, a dimensão do comprimento é cancelada quando colocamos h no denominador. O termo π unificado é

$$\pi_1 = \frac{V^2}{gh}$$

Como esse termo π depende de todos os outros termos π e não há nenhum, ele deve ser, no máximo, uma constante. Assim, concluímos que

$$V = C\sqrt{gh}$$

Um experimento simples mostraria que $C = \sqrt{2}$. Vemos que a análise dimensional elimina a possibilidade de que a velocidade da queda livre, ignorando os efeitos viscosos (p. ex., arrasto), depende da massa específica do material (ou do peso).

6.3 Propõe-se um novo projeto de automóvel e sugere-se que um estudo de modelo com escala 1:5 seja realizado para avaliar o projeto proposto para uma velocidade de 90 km/h. Qual velocidade deveria ser selecionada para o estudo do modelo e qual seria a força de arrasto esperada sobre o protótipo se uma força de 80 N fosse medida sobre o modelo?

O número de Reynolds seria o parâmetro determinante. Ele exige que

$$\frac{V_m l_m}{\nu_m} = \frac{V_p l_p}{\nu_p}. \qquad \therefore\ V_m = V_p\frac{l_p}{l_m} = 90 \times 5 = 450\,\text{km/h}$$

Essa alta velocidade introduziria efeitos de compressibilidade. Assim, seria preciso selecionar um modelo maior ou então uma velocidade do protótipo menor.

Para a velocidade calculada acima, a força de arrasto seria encontrada usando a Equação (6.22)

$$(F_D)_p = (F_D)_m\left(\frac{V_p}{V_m}\right)^2\left(\frac{l_p}{l_m}\right)^2 = (F_D)_m\left(\frac{l_m}{l_p}\right)^2\left(\frac{l_p}{l_m}\right)^2 = (F_D)_m = 80\,\text{N}$$

É preciso observar que, para escoamentos com números de Reynolds altos, o escoamento em torno de objetos rombudos muitas vezes se torna independente do número de Reynolds, como observado na Figura 8.2 para o escoamento em torno de uma esfera para Re > 4 × 10^5. O mesmo provavelmente aconteceria para o escoamento em torno de um automóvel. Enquanto $(\text{Re})_m > 5 \times 10^5$, qualquer velocidade poderia ser selecionada para o estudo do modelo. Se o modelo tivesse 40 cm de largura, então poderíamos selecionar uma velocidade de 100 km/h; a essa velocidade, o número de Reynolds, baseado na largura, seria

$\text{Re} = V_m l_m / \nu_m = (100\,000/3600) \times 0{,}4/1{,}6 \times 10^{-5} = 7 \times 10^5$. Sem dúvida nenhuma, seria uma velocidade aceitável. Obviamente, estudos desse tipo exigem conhecimento e experiência.

Problemas Complementares

6.4 Divida a Equação (6.1) por V_1^2, expressando a equação de Bernoulli (6.1) como um grupo de termos adimensionais. Identifique os parâmetros adimensionais introduzidos.

6.5 Se o sistema F–L–T é utilizado, selecione as dimensões de cada um dos itens a seguir: (*a*) vazão mássica, (*b*) pressão, (*c*) massa específica, (*d*) viscosidade e (*e*) potência.

Análise Dimensional

6.6 Combine cada um dos grupos de variáveis a seguir em um único grupo adimensional, um termo π.

(*a*) Velocidade V, comprimento l, gravidade g e massa específica ρ

(*b*) Velocidade V, diâmetro D, massa específica ρ e viscosidade μ

(*c*) Velocidade V, massa específica ρ, diâmetro D e viscosidade cinemática ν

(*d*) Velocidade angular Ω, gravidade g, diâmetro d e viscosidade μ

(*e*) Velocidade angular Ω, viscosidade μ, distância b e massa específica ρ

(*f*) Potência $\dot{W}$, diâmetro d, velocidade V e elevação de pressão Δp

6.7 Qual variável não influenciaria a velocidade se fosse proposto que a velocidade depende de um diâmetro, um comprimento, da gravidade, velocidade rotacional e viscosidade?

6.8 Um objeto cai livremente em um fluido viscoso. Relacione a velocidade terminal V com sua largura w, seu comprimento l, a gravidade g e a massa específica ρ e viscosidade μ do fluido. Relacione a velocidade terminal com as outras variáveis. Selecione (*a*) w, g e ρ como variáveis repetidas e (*b*) l, g e ρ como variáveis repetidas. Mostre que a relação para (*a*) equivale àquela de (*b*).

6.9 Propõe-se que a velocidade V emitida de um buraco na lateral de um tanque aberto depende da massa específica ρ do fluido, da distância H da superfície e da gravidade g. Que expressão relaciona as variáveis?

6.10 Inclua a viscosidade μ na lista de variáveis do Problema 6.9. Determine a expressão que relaciona as variáveis.

6.11 Inclua o diâmetro d do buraco e a viscosidade μ na lista de variáveis do Problema 6.9. Determine a expressão que relaciona as variáveis.

6.12 A queda de pressão Δp sobre uma seção horizontal de tubo de diâmetro d depende da velocidade média, viscosidade, massa específica do fluido, altura média dos elementos de rugosidade da superfície e comprimento da seção do tubo. Escreva uma expressão que relacione a queda de pressão com as outras variáveis.

6.13 Pressuponha um tubo vertical e inclua a gravidade na lista das variáveis do Problema 6.12. Determine uma expressão para a queda de pressão.

6.14 A força de arrasto sobre uma esfera depende do diâmetro da esfera e da sua velocidade, da viscosidade e massa específica do fluido e da gravidade. Determine uma expressão para a força de arrasto.

6.15 A força de arrasto sobre um cilindro é estudada em um túnel de vento. Se os efeitos da parede podem ser ignorados, relacione a força de arrasto com a velocidade do vento, a massa específica e a viscosidade cinemática e o diâmetro e comprimento do cilindro.

6.16 Pressupõe-se que a distância do voo de uma bola de golfe depende da velocidade inicial da bola, do ângulo da bola em relação ao taco, da viscosidade e massa específica do ar, do número de cavidades na bola e de seu diâmetro e da gravidade. Escreva uma expressão para a distância de voo. Como a temperatura do ar influenciaria a distância de voo?

6.17 Pressupõe-se que a vazão Q da água em um canal aberto depende da altura h da água e a largura w e a inclinação S do canal, a altura e da rugosidade e a gravidade g. Relacione a vazão com as outras variáveis.

6.18 A sustentação F_L sobre um aerofólio está relacionada com a sua velocidade V, seu comprimento L, o comprimento da corda c, o ângulo de ataque α e a massa específica ρ do ar. Pressupõe-se que os efeitos viscosos são mínimos. Relacione a sustentação às outras variáveis.

6.19 O arrasto F_D sobre um aerofólio está relacionado com a sua velocidade V, seu comprimento L, o comprimento da corda c, o ângulo de ataque α e a massa específica ρ e viscosidade μ do ar. Relacione o arrasto às outras variáveis.

6.20 Determine uma expressão para o torque necessário para girar um disco de diâmetro d, a uma distância t de uma placa plana a uma velocidade rotacional Ω. Um líquido preenche o espaço entre o disco e a placa.

6.21 A potência $\dot{W}_P$ necessária para uma bomba depende da velocidade rotacional Ω do rotor, do diâmetro d do rotor, do número N de pás do rotor, da viscosidade e massa específica do fluido e da diferença de pressão Δp. Qual expressão relaciona a potência às outras variáveis?

6.22 Escreva uma expressão para o torque necessário para girar o cilindro cercado por um fluido, como mostrado na Figura 6.3. (*a*) Ignore os efeitos de h. (*b*) Inclua os efeitos de h.

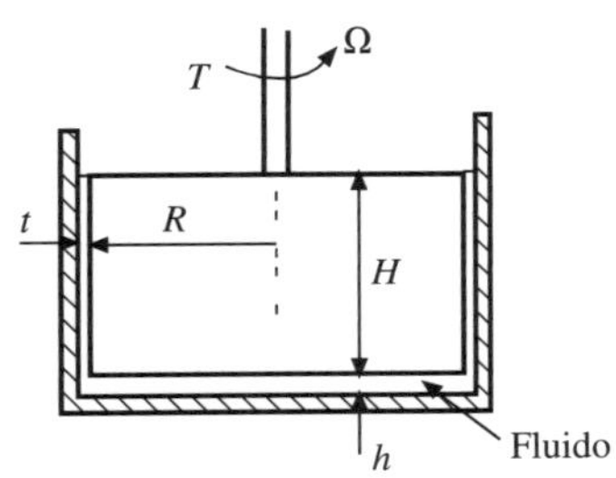

Figura 6.3 Semelhança.

6.23 Após a realização de um estudo de modelo, muitas vezes se prevê as quantidades de interesse para o protótipo. Usando a velocidade média V, uma dimensão característica l e a massa específica do fluido ρ, escreva a razão entre protótipo e modelo (*a*) da força de arrasto F_D, (*b*) da vazão Q, (*c*) da queda de pressão Δp e (*d*) do torque T.

6.24 Um modelo de uma bola de golfe será estudado para determinar os efeitos das cavidades. Uma esfera 10 vezes maior do que uma bola de golfe real é usada no estudo em um túnel de vento. Qual velocidade deveria ser selecionada para que o modelo simule a velocidade do protótipo a 50 m/s?

6.25 Um projeto de cais será estudado em um canal de água para simular as forças causadas por furacões. Usando um modelo com escala 1:10, qual velocidade deveria ser selecionada no estudo do modelo para simular uma velocidade da água de 12 m/s?

6.26 Um estudo de modelo proposto de uma aeronave de baixa velocidade será realizado usando um modelo com escala de 1:10. Se o protótipo deverá se deslocar a 25 m/s, qual velocidade seria selecionada para um modelo em túnel de vento? Esse teste seria aconselhável? Seria melhor testar com uma escala de 40:1 em um canal de água?

6.27 Uma força de reboque de 15 N é medida em um modelo de navio de escala 1:40 em um canal de água. Qual velocidade deveria ser utilizada para simular uma velocidade do protótipo de 10 m/s? Qual seria a força prevista sobre o navio a essa velocidade?

6.28 Um modelo de aeronave com escala 1:20 é estudado em um túnel de vento supersônico a 20 °C ao nível do mar. Se uma sustentação de 20 N a uma velocidade de 250 m/s é medida no túnel de vento, quais velocidade e sustentação esses valores simulam para um protótipo? Pressuponha que o protótipo está (*a*) ao nível do mar, (*b*) a 3000 m e (*c*) a 10.000 m.

6.29 Prevê-se a força sobre uma barragem estudando o escoamento de água sobre um modelo com escala de 1:10. Se esperamos 1,8 m^3/s sobre a barragem, qual vazão seria usada no estudo do modelo? Qual seria a força esperada sobre a barragem se medimos 20 N sobre o modelo?

Respostas dos Problemas Complementares

6.4 $\dfrac{gz}{V^2}$ e $\dfrac{p}{\rho V^2}$

6.5 (*a*) FT/L (*b*) F/L^2 (*c*) FT^2/L^4 (*d*) FT/L^2 (*e*) LF/T

6.6 (*a*) V^2/lg (*b*) $V\rho D/\mu$ (*c*) VD/ν (*d*) $\Omega^2 d/g$ (*e*) $\Omega\rho b^2/\mu$ (*f*) $\dot{W}/\Delta p V^2 d$

6.7 Viscosidade

6.8 (*a*) $\dfrac{V^2}{gw}=f\left(\dfrac{w}{l},\dfrac{\rho\sqrt{g}w^{3/2}}{\mu}\right)$ (*b*) $\dfrac{V^2}{gl}=f\left(\dfrac{l}{w},\dfrac{\rho\sqrt{g}l^{3/2}}{\mu}\right)$

6.9 $V=C\sqrt{gH}$

6.10 $\dfrac{V}{\sqrt{gH}}=f\left(\dfrac{\rho\sqrt{gH^3}}{\mu}\right)$

6.11 $\dfrac{V}{\sqrt{gH}}=f\left(\dfrac{H}{d},\dfrac{\rho\sqrt{gH^3}}{\mu}\right)$

6.12 $\dfrac{\Delta p}{\rho V^2}=f\left(\dfrac{e}{d},\dfrac{L}{d},\dfrac{\rho Vd}{\mu}\right)$

6.13 $\dfrac{\Delta p}{\rho V^2}=f\left(\dfrac{e}{d},\dfrac{L}{d},\dfrac{\rho Vd}{\mu},\dfrac{V^2}{dg}\right)$

6.14 $\dfrac{F_D}{\rho V^2 d^2}=f\left(\dfrac{\rho Vd}{\mu},\dfrac{V^2}{dg}\right)$

6.15 $\dfrac{F_D}{\rho V^2 d^2}=f\left(\dfrac{Vd}{\nu},\dfrac{d}{l}\right)$

6.16 $\dfrac{L}{d}=f\left(\alpha,\dfrac{\rho Vd}{\mu},N,\dfrac{V^2}{dg}\right)$

6.17 $\dfrac{Q}{\sqrt{gh^5}}=f\left(\dfrac{h}{w},S,\dfrac{h}{e}\right)$

6.18 $\dfrac{F_L}{\rho V^2 c^2}=f\left(\dfrac{c}{L},\alpha\right)$

6.19 $\dfrac{F_D}{\rho V^2 c^2} = f\left(\dfrac{c}{L}, \alpha, \dfrac{\rho V c}{\mu}\right)$

6.20 $\dfrac{T}{\rho \Omega^2 d^5} = f\left(\dfrac{d}{t}, \dfrac{\rho \Omega d^2}{\mu}\right)$

6.21 $\dfrac{\dot{W}_P}{\rho \Omega^3 d^5} = f\left(\dfrac{\rho \Omega d^2}{\mu}, N, \dfrac{\Delta p}{\rho \Omega^2 d^2}\right)$

6.22 $\dfrac{T}{\rho \Omega^2 d^5} = f\left(\dfrac{R}{t}, \dfrac{R}{H}, \dfrac{R}{h}, \dfrac{\rho \Omega d^2}{\mu}\right)$

6.23 (*a*) $\dfrac{F_{D,p}}{F_{D,m}} = \dfrac{\rho_p l_p^2 V_p^2}{\rho_m l_m^2 V_m^2}$ (*b*) $\dfrac{Q_p}{Q_m} = \dfrac{V_p l_p^2}{V_m l_m^2}$ (*c*) $\dfrac{\Delta p_p}{\Delta p_m} = \dfrac{\rho_p V_p^2}{\rho_m V_m^2}$ (*d*) $\dfrac{T_p}{T_m} = \dfrac{\rho_p V_p^2 l_p^3}{\rho_m V_m^2 l_m^3}$

6.24 5 m/s

6.25 3,79 m/s

6.26 500 m/s, 133 m/s. Nenhum estudo de modelo é viável.

6.27 1,58 m/s, 60 kN

6.28 (*a*) 250 m/s, 8000 N (*b*) 258 m/s, 6350 N (*c*) 283 m/s, 3460 N

6.29 56,9 m^3/s, 20 kN

Capítulo 7

Escoamentos Internos

7.1 INTRODUÇÃO

O material neste capítulo aborda a influência da viscosidade nos escoamentos internos aos contornos, como o escoamento em um tubo ou entre cilindros giratórios. O Capítulo 8 se concentrará em escoamentos externos a um contorno, como um aerofólio. O parâmetro de maior interesse em um escoamento interno é o número de Reynolds:

$$\mathrm{Re} = \frac{\rho V L}{\mu} \tag{7.1}$$

onde L é o comprimento característico principal (p. ex., o diâmetro de um tubo) no problema de interesse e V geralmente é a velocidade média em um escoamento.

Se os efeitos viscosos dominam o escoamento (o que exige uma área de parede relativamente grande), como em uma seção de tubo longa, o número de Reynolds é importante; se os efeitos inerciais dominam, como em uma curva repentina ou na entrada do tubo, os efeitos viscosos muitas vezes podem ser ignorados, pois não têm uma área suficientemente grande na qual atuar, o que torna o número de Reynolds menos influente.

Vamos considerar em detalhes os escoamentos internos em tubos, entre placas paralelas e cilindros giratórios e em canais abertos. Se o número de Reynolds é relativamente baixo, o escoamento é laminar (ver Seção 3.3.3); se é relativamente alto, o escoamento é turbulento. Para escoamentos em tubos, pressupõe-se que o escoamento é laminar se $\mathrm{Re} < 2000$; para escoamentos entre placas paralelas, ele é laminar se $\mathrm{Re} < 1500$; para o escoamento entre cilindros concêntricos giratórios, ele é laminar e escoa em movimento circular abaixo de $\mathrm{Re} < 1700$; e nos canais abertos de interesse, pressupõe-se que ele é turbulento. Os comprimentos característicos e as velocidades serão definidos posteriormente.

7.2 ESCOAMENTO DE ENTRADA

Os comentários e os números de Reynolds recém mencionados se referem a *escoamentos desenvolvidos*, aqueles nos quais os perfis de velocidade não variam na direção da corrente. Na região próxima a uma variação de geometria, como um joelho ou uma válvula ou próximo à entrada, o perfil de velocidade varia na direção do escoamento. Vamos considerar as variações na região de entrada para um escoamento laminar em um tubo ou entre placas paralelas. O *comprimento de entrada* L_E está desenhado na Figura 7.1. O perfil de velocidade mais próximo à entrada é basicamente uniforme, a *camada de parede viscosa* cresce até permear toda a seção transversal sobre o *comprimento de núcleo não viscoso* L_i; o perfil continua a se desenvolver e formar um escoamento desenvolvido ao final da *região de desenvolvimento do perfil*.

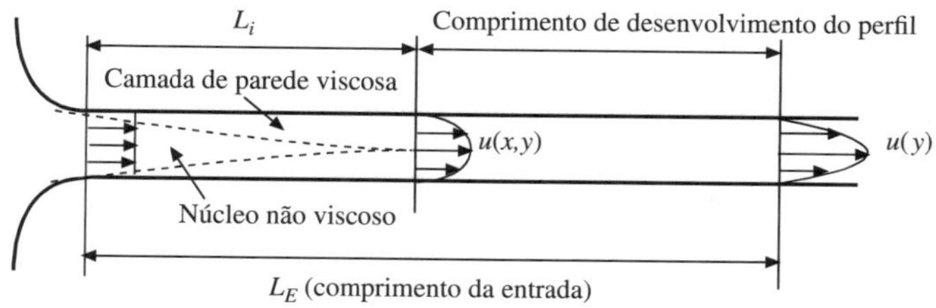

Figura 7.1 A região de entrada de escoamento laminar em um tubo ou entre placas paralelas.

Para um escoamento laminar em um tubo com perfil de velocidade uniforme na entrada,

$$\frac{L_E}{D} = 0{,}065\text{Re} \qquad \text{Re} = \frac{VD}{\nu} \tag{7.2}$$

onde V é a velocidade média e D é o diâmetro. O núcleo não viscoso representa cerca de metade do comprimento de entrada. É preciso mencionar que escoamentos laminares em tubos foram observados com números de Reynolds de até 40.000 em escoamentos extremamente controlados em tubos lisos em edifícios sem vibrações; para um tubo convencional com uma parede rugosa, usamos 2000 como limite para o escoamento laminar.

Para o escoamento entre placas paralelas largas com perfil uniforme na entrada,

$$\frac{L_E}{h} = 0{,}04\text{Re} \qquad \text{Re} = \frac{Vh}{\nu} \tag{7.3}$$

onde h é a distância entre as placas e V é a velocidade média. Um escoamento laminar não consegue existir para Re > 7700; o valor de 1500 é usado como limite para um escoamento convencional.

A região de entrada para um escoamento turbulento desenvolvido é apresentada na Figura 7.2. O perfil de velocidade é desenvolvido no comprimento L_d, mas as características da turbulência no escoamento exigem o comprimento adicional. Para números de Reynolds grandes, acima de 10^5 em um tubo, usamos

$$\frac{L_i}{D} \cong 10 \qquad \frac{L_d}{D} \cong 40 \qquad \frac{L_E}{D} \cong 120 \tag{7.4}$$

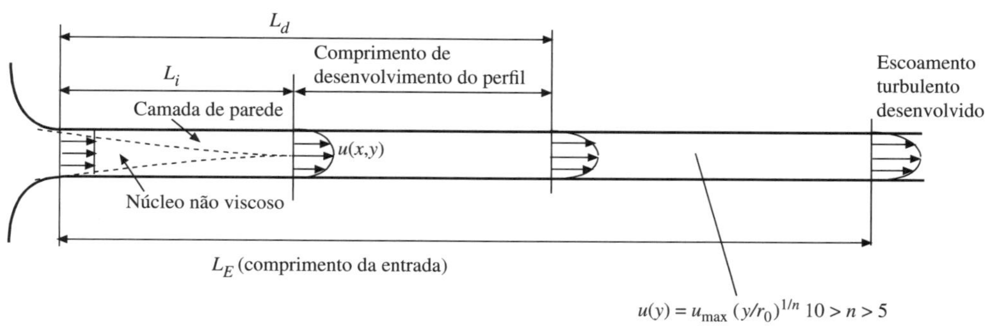

Figura 7.2 A região de entrada de escoamento turbulento em um tubo.

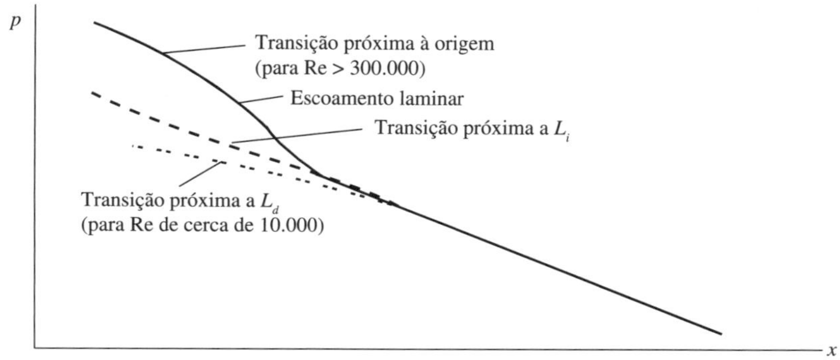

Figura 7.3 Variação de pressão em um tubo para escoamentos laminares e turbulentos.

Para um escoamento com Re = 4000, os comprimentos de desenvolvimento podem ser cinco vezes maiores do que aqueles listados na Equação (7.4) devido ao desenvolvimento laminar inicial, seguido pelo desenvolvimento de turbulência. (Não se tem notícia de pesquisas para escoamentos cujo Re < 10^5).

A Figura 7.3 apresenta um desenho da variação de pressão. A transição inicial para turbulência a partir da parede do tubo é observada na figura. A variação de pressão para o escoamento laminar é maior na região de entrada do que na região plenamente desenvolvida devido ao maior cisalhamento de parede e o fluxo de momento crescente.

7.3 ESCOAMENTO LAMINAR EM UM TUBO

O escoamento laminar desenvolvido em regime permanente em um tubo será deduzido aplicando a segunda lei de Newton ao elemento da Figura 7.4 na Seção 7.3.1 ou usando a equação de Navier–Stokes apropriada do Capítulo 5 na Seção 7.3.2. Ambas as deduções podem ser utilizadas, pois chegamos à mesma equação usando qualquer uma das abordagens.

7.3.1 A Abordagem Elemental

O elemento de fluido mostrado na Figura 7.4 pode ser considerado um volume de controle para o qual e do qual o fluido escoa ou então pode ser considerado uma massa de fluido em um determinado momento. Quando ele é considerado uma massa de fluido instantâneo que não está acelerando nesse escoamento desenvolvido em regime permanente, a segunda lei de Newton assume a forma

$$\sum F_x = 0 \quad \text{ou} \quad p\pi r^2 - (p + dp)\pi r^2 - \tau 2\pi r\, dx + \gamma \pi r^2\, dx \,\text{sen}\, \theta = 0 \tag{7.5}$$

onde τ é o cisalhamento na parede do elemento e γ é o peso específico do fluido. A equação acima é simplificada para

$$\tau = -\frac{r}{2}\frac{d}{dx}(p + \gamma h) \tag{7.6}$$

usando $dh = -\text{sen}\,\theta\, dx$, com h medido na direção vertical. Observe que essa equação pode ser aplicada tanto a escoamentos laminares quanto turbulentos. Para um escoamento laminar, a tensão de cisalhamento τ é relacionada com o gradiente de velocidade* pela Equação (1.9):

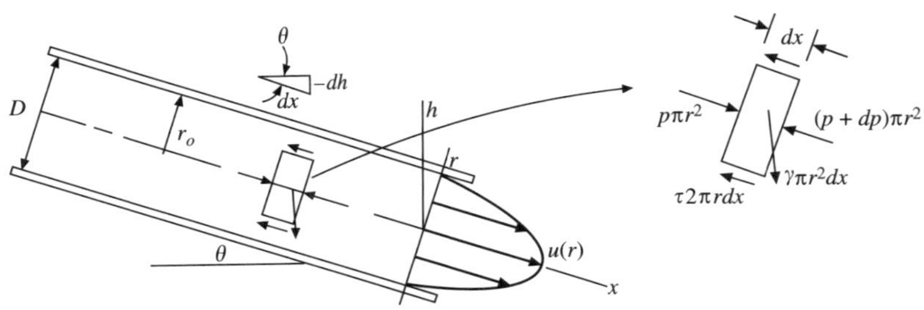

Figura 7.4 Escoamento desenvolvido em regime permanente em um tubo.

$$-\mu\frac{du}{dr} = -\frac{r}{2}\frac{d}{dx}(p + \gamma h) \tag{7.7}$$

Como pressupomos um escoamento desenvolvido (sem variação do perfil de velocidade na direção do escoamento), o lado esquerdo é uma função apenas de r, então $d(p + \gamma h)/dx$ deve ser, no máximo, uma constante (ele não pode depender de r, pois não há aceleração radial e, como pressupomos que o tubo é relativamente pequeno, não há variação da pressão com r); assim, podemos escrever

$$\int du = \int \frac{r}{2\mu}\frac{d}{dx}(p + \gamma h)dr \tag{7.8}$$

* O sinal de subtração é necessário, pois a tensão é uma quantidade positiva e du/dr é negativa junto à parede inferior.

Essa equação é integrada para fornecer o perfil de velocidade

$$u(r) = \frac{r^2}{4\mu}\frac{d}{dx}(p + \gamma h) + C \tag{7.9}$$

onde a constante de integração C pode ser avaliada usando $u(r_0) = 0$ de modo que

$$u(r) = \frac{(r^2 - r_0^2)}{4\mu}\frac{d}{dx}(p + \gamma h) \tag{7.10}$$

Para um tubo horizontal para o qual $dh/dx = 0$, o perfil de velocidade se torna

$$u(r) = \frac{1}{4\mu}\frac{dp}{dx}(r^2 - r_0^2) \tag{7.11}$$

O perfil de velocidade acima é um perfil parabólico; o escoamento também é chamado de *escoamento de Poiseuille*.

O mesmo resultado pode ser obtido resolvendo a equação de Navier–Stokes apropriada; se isso não for do seu interesse, vá diretamente para a Seção 7.3.3.

7.3.2 Aplicação das Equações de Navier–Stokes

A equação do momento diferencial do componente z usando as coordenadas cilíndricas da Tabela 5.1 é aplicada a um escoamento desenvolvido em regime permanente em um tubo circular. Para a situação atual, desejamos nos referir à coordenada na direção do escoamento como x e ao componente de velocidade na direção x como $u(x)$; assim, vamos substituir z por x e v_z por u. Agora a equação diferencial assume a forma

$$\rho\left(\cancel{v_r}\frac{\partial u}{\partial r} + \frac{\cancel{v_\theta}}{r}\frac{\partial u}{\partial \theta} + u\frac{\cancel{\partial u}}{\cancel{\partial x}} + \frac{\cancel{\partial u}}{\cancel{\partial t}}\right) = -\frac{\partial p}{\partial x} + \rho g_x + \mu\left(\frac{\partial^2 u}{\partial r^2} + \frac{1}{r}\frac{\partial u}{\partial r} + \frac{1}{r^2}\frac{\cancel{\partial^2 u}}{\cancel{\partial \theta^2}} + \frac{\cancel{\partial^2 u}}{\cancel{\partial x^2}}\right) \tag{7.12}$$

sem velocidade radial; sem redemoinho; escoamento desenvolvido; escoamento em regime permanente; escoamento simétrico; escoamento desenvolvido

Observe que o lado esquerdo é zero, ou seja, as partículas de fluido não estão acelerando. Usando $\rho g_x = \gamma \operatorname{sen}\theta = -\gamma dh/dx$, a equação acima é simplificada para

$$\frac{1}{\mu}\frac{\partial}{\partial x}(p + \gamma h) = \frac{1}{r}\frac{\partial}{\partial r}\left(r\frac{\partial u}{\partial r}\right) \tag{7.13}$$

onde os dois primeiros termos nos parênteses no lado direito da Equação (7.12) foram combinados, ou seja,

$$\frac{\partial^2 u}{\partial r^2} + \frac{1}{r}\frac{\partial u}{\partial r} = \frac{1}{r}\frac{\partial}{\partial r}\left(r\frac{\partial u}{\partial r}\right)$$

Agora vemos que o lado esquerdo da Equação (7.13) é, no máximo, uma função de x, e que o lado direito é uma função de r. Isso significa que cada um dos lados é, no máximo, uma constante, por exemplo, λ, pois x e r podem ser variados independentemente um do outro. Assim, substituímos as derivadas parciais por derivadas ordinárias e escrevemos a Equação (7.13) como

$$\lambda = \frac{1}{r}\frac{d}{dr}\left(r\frac{du}{dr}\right) \quad \text{ou} \quad d\left(r\frac{du}{dr}\right) = \lambda r\, dr \tag{7.14}$$

O resultado é integrado para obtermos

$$r\frac{du}{dr} = \lambda\frac{r^2}{2} + A \tag{7.15}$$

Multiplique por dr/r e integre mais uma vez. Temos

$$u(r) = \lambda\frac{r^2}{4} + A\ln r + B \tag{7.16}$$

Consulte a Figura 7.4: as duas condições de contorno são u é finito a $r = 0$ e $u = 0$ a $r = r_0$. Assim, $A = 0$ e $B = -\lambda r_0^2/4$. Como λ é o lado esquerdo da Equação (7.13), podemos escrever a Equação (7.16) como

$$u(r) = \frac{1}{4\mu}\frac{d}{dx}(p + \gamma h)(r^2 - r_0^2) \tag{7.17}$$

Essa é a distribuição de velocidade parabólica da um escoamento laminar desenvolvido em um tubo, também chamada de *escoamento de Poiseuille*. Para um tubo horizontal, $dh/dx = 0$ e

$$u(r) = \frac{1}{4\mu}\frac{dp}{dx}(r^2 - r_0^2) \tag{7.18}$$

7.3.3 Quantidades de Interesse

A primeira quantidade de interesse no escoamento em um tubo é a velocidade média V. Se expressamos o gradiente de pressão constante como $dp/dx = -\Delta p/L$, onde Δp é a queda de pressão (um número positivo) em um tubo de comprimento L, o resultado é

$$\begin{aligned} V &= \frac{1}{A}\int u(r) 2\pi r\, dr \\ &= -\frac{2\pi}{\pi r_0^2}\frac{\Delta p}{4\mu L}\int_0^{r_0}(r^2 - r_0^2) r\, dr = \frac{r_0^2\,\Delta p}{8\mu L} \end{aligned} \tag{7.19}$$

A velocidade máxima ocorre a $r = 0$ e é

$$u_{\max} = \frac{r_0^2\,\Delta p}{4\mu L} = 2V \tag{7.20}$$

A queda de pressão, reescrevendo a Equação (7.19), é

$$\Delta p = \frac{8\mu L V}{r_0^2} \tag{7.21}$$

A tensão de cisalhamento na parede pode ser calculada considerando um volume de controle de comprimento L no tubo. Para um tubo horizontal, a força da pressão compensa a força de cisalhamento, de modo que o volume de controle produz

$$\pi r_0^2\,\Delta p = 2\pi r_0 L \tau_0 \qquad \therefore\ \tau_0 = \frac{r_0\,\Delta p}{2L} \tag{7.22}$$

Às vezes, um cisalhamento de parede adimensional, chamado de *fator de atrito de Darcy f*, é usado. Ele é definido como

$$f = \frac{\tau_0}{\frac{1}{8}\rho V^2} \tag{7.23}$$

Também falamos de uma *perda de carga* h_L, definida como $\Delta p/\gamma$. Combinando as equações acima, ela pode ser expressa como

$$h_L = \frac{\Delta p}{\gamma} = f\frac{L}{D}\frac{V^2}{2g} \tag{7.24}$$

Também chamada de *equação de Darcy–Weisbach*, ela é válida para escoamentos laminares e turbulentos em um tubo. Em termos do número de Reynolds, o fator de atrito para um escoamento laminar é (combine as Equações (7.21) e (7.24))

$$f = \frac{64}{\mathrm{Re}} \tag{7.25}$$

onde $\mathrm{Re} = VD/\nu$. Se isso é inserido na Equação (7.24), vemos que a perda de carga é diretamente proporcional à velocidade média em um escoamento laminar, fato que também é aplicado a um escoamento laminar em um conduíte independente da sua seção transversal.

Exemplo 7.1 A queda de pressão em um tubo horizontal de 30 m de comprimento e 1 cm de diâmetro transportando água a 20 °C é medida em 2 kPa. Pressupõe-se um escoamento laminar. Determine (*a*) a velocidade máxima no tubo, (*b*) o número de Reynolds, (*c*) a tensão de cisalhamento da parede e (*d*) o fator de atrito.

Solução: (*a*) Calcula-se que a velocidade máxima é

$$u_{\max} = \frac{r_0^2\,\Delta p}{4\mu L} = \frac{0{,}005^2 \times 2000}{4 \times 10^{-3} \times 30} = 0{,}4167\,\text{m/s}$$

Obs.: A pressão deve estar em pascais para que as unidades funcionem. É uma boa ideia confirmar as unidades quando as equações forem usadas pela primeira vez. As unidades acima são verificadas da seguinte forma:

$$\frac{\text{m}^2 \times \text{N/m}^2}{(\text{N·s/m}^2) \times \text{m}} = \text{m/s}$$

(*b*) O número de Reynolds, uma quantidade adimensional, é

$$\text{Re} = \frac{VD}{\nu} = \frac{(0{,}4167/2)0{,}01}{10^{-6}} = 4167$$

Esse valor é maior do que 2000, mas um escoamento laminar pode existir com números de Reynolds maiores se um tubo liso é utilizado e se toma-se cuidado para criar um escoamento sem perturbações. Contudo, observe que a velocidade nesse tubo relativamente pequeno é baixa. Os escoamentos laminares são raros na maioria das aplicações de engenharia, a menos que o fluido seja extremamente viscoso ou as dimensões, bastante pequenas.

(*c*) A tensão de cisalhamento da parede devido aos efeitos viscosos é calculada como sendo

$$\tau_0 = \frac{r_0\,\Delta p}{2L} = \frac{0{,}005 \times 2000}{2 \times 30} = 0{,}1667\,\text{Pa}$$

Se tivéssemos usado a pressão em kPa, a tensão teria as unidades de kPa.

(*d*) Finalmente, o fator de atrito, uma quantidade adimensional, é

$$f = \frac{\tau_0}{\frac{1}{8}\rho V^2} = \frac{8 \times 0{,}1667}{1000 \times (0{,}4167/2)^2} = 0{,}0307$$

7.4 ESCOAMENTO LAMINAR ENTRE PLACAS PARALELAS

O escoamento laminar desenvolvido em regime permanente entre placas paralelas (uma placa se move com velocidade u) será deduzido na Seção 7.4.1 aplicando a segunda lei de Newton ao elemento da Figura 7.5 ou usando a equação de Navier–Stokes apropriada do Capítulo 5 na Seção 7.4.2. Ambas as deduções podem ser utilizadas, pois chegamos à mesma equação usando qualquer uma das abordagens.

7.4.1 A Abordagem Elemental

O elemento de fluido mostrado na Figura 7.5 pode ser considerado um volume de controle para o qual e do qual o fluido escoa ou então pode ser considerado uma massa de fluido em um determinado momento. Quando é considerado uma massa de fluido instantâneo que não está acelerando nesse escoamento desenvolvido em regime permanente, a segunda lei de Newton assume a forma

$$\sum F_x = 0 \quad \text{ou} \quad p\,dy - (p + dp)dy + \tau dx - (\tau + d\tau)dx + \gamma\,dx\,dy\,\text{sen}\,\theta = 0 \tag{7.26}$$

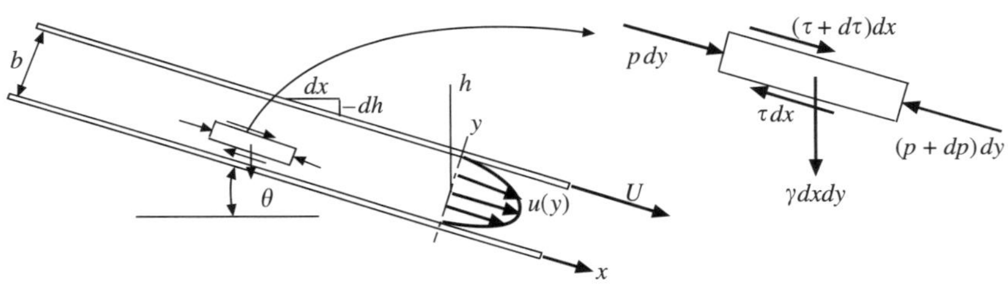

Figura 7.5 Escoamento desenvolvido em regime permanente entre placas paralelas.

onde τ é o cisalhamento na parede do elemento e γ é o peso específico do fluido. Pressupomos comprimento unitário para dentro do papel (na direção z). Para simplificar, divida por $dx\,dy$ e use $dh = -\text{sen}\,\theta\,dx$, com h medido na direção vertical:

$$\frac{d\tau}{dy} = \frac{d}{dx}(p + \gamma h) \tag{7.27}$$

Para esse escoamento laminar, a tensão de cisalhamento é relacionada com o gradiente de velocidade por $\tau = \mu\,du/dy$, de modo que a Equação (7.27) se torna

$$\mu\frac{d^2u}{dy^2} = \frac{d}{dx}(p + \gamma h) \tag{7.28}$$

O lado esquerdo é uma função de y apenas para esse escoamento desenvolvido (pressupomos um canal largo com razão de aspecto maior do que 8) e o lado direito é uma função apenas de x. Assim, podemos integrar duas vezes em y para obter

$$u(y) = \frac{1}{2\mu}\frac{d(p + \gamma h)}{dx}y^2 + Ay + B \tag{7.29}$$

Usando as condições de contorno $u(0) = 0$ e $u(b) = U$, as constantes de integração são avaliadas e o resultado é um perfil parabólico:

$$u(y) = \frac{1}{2\mu}\frac{d(p + \gamma h)}{dx}(y^2 - by) + \frac{U}{b}y \tag{7.30}$$

Se as placas são horizontais e $U = 0$, o perfil de velocidade é simplificado para

$$u(y) = \frac{\Delta p}{2\mu L}(by - y^2) \tag{7.31}$$

onde consideramos $d(p + \gamma h)/dx = -\Delta p/L$ para placas horizontais onde Δp é a queda de pressão, uma quantidade positiva.

Se o escoamento se deve apenas ao movimento da placa superior, com gradiente de pressão zero, trata-se de um *escoamento de Couette*, de forma que $u(y) = Uy/b$. Se ambas as placas são estacionárias e o escoamento se deve apenas a um gradiente de pressão, trata-se de um escoamento de Poiseuille.

O mesmo resultado pode ser obtido resolvendo a equação de Navier–Stokes apropriada; se isso não for do seu interesse, vá diretamente para a Seção 7.4.3.

7.4.2 Aplicação das Equações de Navier–Stokes

O componente x da equação do momento diferencial em coordenadas retangulares (ver Equação (5.18)) é selecionado para esse escoamento desenvolvido em regime permanente com linhas de corrente paralelas às paredes em um canal largo (razão de aspecto mínima de 8:1):

$$\rho\left(\underbrace{\cancel{\frac{\partial u}{\partial t}}}_{\text{permanente}} + \underbrace{u\cancel{\frac{\partial u}{\partial x}}}_{\text{desenvolvido}} + \underbrace{\cancel{v}\frac{\partial u}{\partial y} + \cancel{w}\frac{\partial u}{\partial z}}_{\text{linhas de corrente paralelas à parede}}\right) = -\frac{\partial p}{\partial x} + \gamma\,\text{sen}\,\theta + \mu\left(\underbrace{\cancel{\frac{\partial^2 u}{\partial x^2}}}_{\text{desenvolvido}} + \frac{\partial^2 u}{\partial y^2} + \underbrace{\cancel{\frac{\partial^2 u}{\partial z^2}}}_{\text{canal largo}}\right) \tag{7.32}$$

onde o canal forma um ângulo θ com a horizontal. Usando $dh = -dx$ sen θ, a equação diferencial parcial acima é simplificada para

$$\frac{d^2u}{dy^2} = \frac{1}{\mu}\frac{d}{dx}(p + \gamma h) \tag{7.33}$$

onde as derivadas parciais foram substituídas por derivadas ordinárias, pois u depende apenas de y e p é uma função apenas de x.

Como o lado esquerdo é uma função de y e o lado direito é uma função de x, ambos podendo ser variados independentemente um do outro, os dois lados podem ser, no máximo, uma constante, por exemplo, λ, de modo que

$$\frac{d^2u}{dy^2} = \lambda \tag{7.34}$$

Integrar duas vezes nos dá

$$u(y) = \frac{1}{2}\lambda y^2 + Ay + B \tag{7.35}$$

Consulte a Figura 7.5: as condições de contorno são $u(0) = 0$ e $u(b) = U$, desde que

$$A = \frac{U}{b} - \lambda\frac{b}{2} \qquad B = 0 \tag{7.36}$$

Assim o perfil de velocidade é

$$u(y) = \frac{d(p+\gamma h)/dx}{2\mu}(y^2 - by) + \frac{U}{b}y \tag{7.37}$$

onde λ foi usado como o lado direito da Equação (7.33).

Em um canal horizontal, podemos escrever $d(p+\gamma h)/dx = -\Delta p/L$. Se $U = 0$, o perfil de velocidade é

$$u(y) = \frac{\Delta p}{2\mu L}(by - y^2) \tag{7.38}$$

É um escoamento de Poiseuille. Se o gradiente de pressão é zero e o movimento da placa superior causa o escoamento, trata-se de um *escoamento de Couette* com $u(y) = Uy/b$.

7.4.3 Quantidades de Interesse

Vamos considerar diversas quantidades de interesse para o caso de duas placas fixas com $U = 0$. A primeira quantidade de interesse no escoamento é a velocidade média V. A velocidade média é, pressupondo que as placas têm largura unitária,

$$\begin{aligned} V &= \frac{1}{b\times 1}\int u(y)dy \\ &= \frac{\Delta p}{2b\mu L}\int_0^b (by - y^2)dr = \frac{\Delta p}{2b\mu L}\left[b\frac{b^2}{2} - \frac{b^3}{3}\right] = \frac{b^2\,\Delta p}{12\mu L} \end{aligned} \tag{7.39}$$

A velocidade máxima ocorre a $y = b/2$ e é

$$u_{\max} = \frac{\Delta p}{2\mu L}\left(\frac{b^2}{2} - \frac{b^2}{4}\right) = \frac{b^2\,\Delta p}{8\mu L} = \frac{2}{3}V \tag{7.40}$$

A queda de pressão é, reescrevendo a Equação (7.39), para esse canal horizontal*,

$$\Delta p = \frac{12\mu L V}{b^2} \tag{7.41}$$

A tensão de cisalhamento em qualquer uma das paredes pode ser calculada considerando um corpo livre de comprimento L no canal. Para um canal horizontal, a força de pressão se equilibra com a força de cisalhamento:

$$(b\times 1)\Delta p = 2(L\times 1)\tau_0 \qquad \therefore\ \tau_0 = \frac{b\,\Delta p}{2L} \tag{7.42}$$

Em termos do fator de atrito f, definido por

$$f = \frac{\tau_0}{\frac{1}{8}\rho V^2} \tag{7.43}$$

* Para um canal inclinado, simplesmente substitua p por $(p + \gamma h)$.

a perda de carga para o canal horizontal é

$$h_L = \frac{\Delta p}{\gamma} = f\frac{L}{2b}\frac{V^2}{2g} \tag{7.44}$$

Várias das equações acima podem ser combinadas para obtermos

$$f = \frac{48}{\text{Re}} \tag{7.45}$$

onde Re = bV/ν. Se isso é inserido na Equação (7.44), vemos que a perda de carga é diretamente proporcional à velocidade média em um escoamento laminar.

As equações acima foram deduzidas para um canal com razão de aspecto > 8. Para canais com razão de aspecto menor, as laterais precisariam de termos adicionais, pois o cisalhamento que atua sobre as paredes laterais influenciaria a parte central do escoamento.

Se estamos interessados em um escoamento em canal horizontal no qual a placa superior se move e não há gradiente de pressão, o perfil de velocidade seria o perfil linear

$$u(y) = \frac{U}{b}y \tag{7.46}$$

Exemplo 7.2 A camada fina de chuva a 20 °C escoa por um estacionamento a uma profundidade relativamente constante de 4 mm. A área tem 40 m de largura, com inclinação de 8 cm por 60 m de comprimento. Determine (*a*) a vazão, (*b*) o cisalhamento na superfície, (*c*) o número de Reynolds e a velocidade na superfície.

Solução: (*a*) Podemos pressupor que o perfil de velocidade é metade do perfil mostrado na Figura 7.5, pressupondo um escoamento laminar. A velocidade média permaneceria aquela dada pela Equação (7.39), ou seja,

$$V = \frac{b^2\gamma h}{12\mu L}$$

onde Δp foi substituído por γh. A vazão é

$$Q = AV = bw\frac{b^2\gamma h}{12\mu L} = 0{,}004 \times 40\frac{0{,}004^2 \times 9810 \times 0{,}08}{12 \times 10^{-3} \times 60} = 2{,}80 \times 10^{-3}\ \text{m}^3/\text{s}$$

(*b*) A tensão de cisalhamento atua apenas na parede sólida, de modo que a Equação (7.42) nos forneceria

$$\tau_0 = \frac{b\gamma h}{L} = \frac{0{,}004 \times 9810 \times 0{,}08}{60} = 0{,}0523\ \text{Pa}$$

(*c*) O número de Reynolds é

$$\text{Re} = \frac{bV}{\nu} = \frac{0{,}004}{10^{-6}} \times \frac{0{,}004^2 \times 9810 \times 0{,}08}{12 \times 10^{-3} \times 60} = 697$$

O número de Reynolds é menor do que 1500, então o pressuposto de escoamento laminar é aceitável.

7.5 ESCOAMENTO LAMINAR ENTRE CILINDROS GIRATÓRIOS

O escoamento em regime permanente entre cilindros concêntricos, como desenhado na Figura 7.6, é outro exemplo relativamente simples de um escoamento laminar que podemos resolver analiticamente. Esse tipo de escoamento existe abaixo de um número de Reynolds* de 1700. Acima de 1700, o escoamento pode ser um escoamento laminar diferente ou então ser turbulento. Esse escoamento tem aplicação na lubrificação quando o eixo externo é estacionário. Mais uma vez, vamos resolver o problema usando um elemento de fluido na Seção 7.5.1 e usando a equação de Navier–Stokes apropriada na Seção 7.5.2; ambos os métodos podem ser utilizados.

7.5.1 A Abordagem Elemental

A Figura 7.6 mostra os dois cilindros concêntricos giratórios. Vamos pressupor cilindros verticais para que as forças do corpo atuem de forma normal ao escoamento circular na direção θ, com o único componente de

* O número de Reynolds é definido como Re = $\omega_1 r_1 \delta/\nu$, onde $\delta = r_2 - r_1$.

velocidade não zero sendo v_θ. O elemento de fluido selecionado, mostrado na Figura 7.6, não tem aceleração angular nessa condição de escoamento em regime permanente. Por consequência, a soma dos torques atuando sobre o elemento é zero:

$$\tau \times 2\pi r L \times r - (\tau + d\tau) \times 2\pi(r + dr)L \times (r + dr) = 0 \tag{7.47}$$

onde $\tau(r)$ é a tensão de cisalhamento e L é o comprimento dos cilindros, que deve ser grande em comparação com a largura do espaço entre ele, $\delta = r_2 - r_1$. A Equação (7.47) é simplificada para

$$\tau 2r\,dr + r^2\,d\tau + 2r\,d\tau\,dr + d\tau(dr)^2 = 0 \tag{7.48}$$

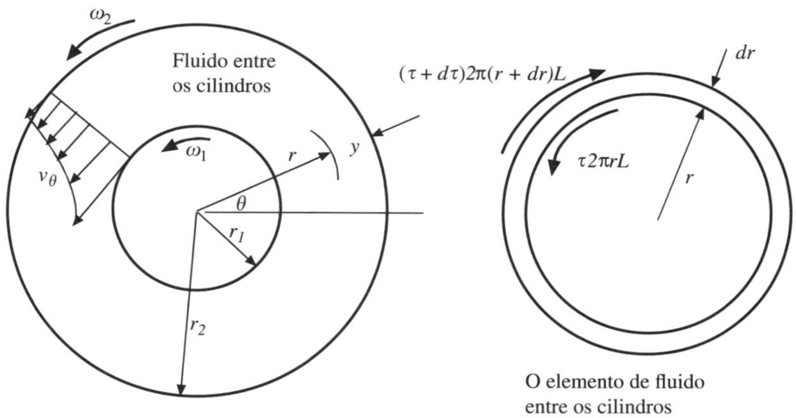

Figura 7.6 Escoamento entre cilindros concêntricos.

Os dois últimos termos da Equação (7.47) são termos de maior ordem que podem ser ignorados em comparação com os dois primeiros, então a equação simplificada é

$$r\frac{d\tau}{dr} + 2\tau = 0 \tag{7.49}$$

Agora precisamos reconhecer que o τ da Equação (7.49) é* $-\tau_{r\theta}$ da Tabela 5.1 com a rubrica sob "Tensões". Para essa aplicação simplificada, a tensão de cisalhamento é relacionada ao gradiente de velocidade por

$$\tau_{r\theta} = \mu r \frac{\partial(v_\theta/r)}{\partial r} \tag{7.50}$$

Isso permite que a Equação (7.49) seja escrita, com as derivadas parciais como derivadas ordinárias, já que v_θ depende apenas de r, como

$$r\mu\frac{d}{dr}r\frac{d(v_\theta/r)}{dr} + 2\mu r\frac{d(v_\theta/r)}{dr} = 0 \tag{7.51}$$

Multiplique por dr, divida por μr e integre:

$$r\frac{d(v_\theta/r)}{dr} + 2\frac{v_\theta}{r} = A \tag{7.52}$$

ou, como $rd(v_\theta/r)/dr = dv_\theta/dr - v_\theta/r$, isso pode ser escrito como

$$\frac{dv_\theta}{dr} + \frac{v_\theta}{r} = A \quad \text{ou} \quad \frac{1}{r}\frac{d(rv_\theta)}{dr} = A \tag{7.53}$$

Agora integre mais uma vez e obtenha

$$v_\theta(r) = \frac{A}{2}r + \frac{B}{r} \tag{7.54}$$

* O sinal de menos ocorre porque a tensão de cisalhamento na Figura 7.6 está na face negativa na direção positiva, a convenção de sinal para um componente de tensão.

Usando as condições de contorno $v_\theta = r_1\omega_1$ a $r = r_1$ e $v_\theta = r_2\omega_2$ a $r = r_2$, calcula-se que as constantes são

$$A = 2\frac{\omega_2 r_2^2 - \omega_1 r_1^2}{r_2^2 - r_1^2} \qquad B = \frac{r_1^2 r_2^2(\omega_1 - \omega_2)}{r_2^2 - r_1^2} \tag{7.55}$$

O mesmo resultado pode ser obtido resolvendo a equação de Navier–Stokes apropriada; se isso não for do seu interesse, vá diretamente para a Seção 7.5.3.

7.5.2 Aplicação das Equações de Navier–Stokes

O componente θ da equação do momento diferencial da Tabela 5.1 é selecionado para esse movimento circular com $v_r = 0$ e $v_z = 0$:

permanente simétrico

$$\frac{\partial v_\theta}{\partial t} + v_r\frac{\partial v_\theta}{\partial r} + \frac{v_\theta}{r}\frac{\partial v_\theta}{\partial \theta} + v_z\frac{\partial v_\theta}{\partial z} + \frac{v_\theta v_r}{r} = -\frac{1}{\rho r}\frac{\partial p}{\partial \theta} + g_\theta$$
$$+ \nu\left(\frac{\partial^2 v_\theta}{\partial r^2} + \frac{1}{r}\frac{\partial v_\theta}{\partial r} + \frac{1}{r^2}\frac{\partial^2 v_\theta}{\partial \theta^2} + \frac{\partial^2 v_\theta}{\partial z^2} - \frac{v_\theta}{r^2} + \frac{2}{r^2}\frac{\partial v_r}{\partial \theta}\right) \tag{7.56}$$

simétrico afastando-se das paredes terminais

Substitua as derivadas ordinárias por derivadas parciais, pois v_θ depende apenas de θ, e a equação se torna

$$0 = \frac{d^2 v_\theta}{dr^2} + \frac{1}{r}\frac{dv_\theta}{dr} - \frac{v_\theta}{r^2} \tag{7.57}$$

o que pode ser escrito na forma

$$\frac{d}{dr}\frac{dv_\theta}{dr} = -\frac{d(v_\theta/r)}{dr} \tag{7.58}$$

Multiplique por dr e integre:

$$\frac{dv_\theta}{dr} = -\frac{v_\theta}{r} + A \quad \text{ou} \quad \frac{1}{r}\frac{d(rv_\theta)}{dr} = A \tag{7.59}$$

Integre de novo:

$$v_\theta(r) = \frac{A}{2}r + \frac{B}{r} \tag{7.60}$$

As condições de contorno $v_\theta(r_1) = r\omega_1$ e $v_\theta(r_2) = r\omega_2$ permitem que

$$A = 2\frac{\omega_2 r_2^2 - \omega_1 r_1^2}{r_2^2 - r_1^2} \qquad B = \frac{r_1^2 r_2^2(\omega_1 - \omega_2)}{r_2^2 - r_1^2} \tag{7.61}$$

7.5.3 Quantidades de Interesse

Muitas aplicações de cilindros giratórios envolvem cilindros externos fixos, ou seja, $\omega_2 = 0$. A distribuição de velocidade, calculada nas duas seções anteriores, com A e B simplificados, se torna

$$v_\theta(r) = \frac{\omega_1 r_1^2}{r_2^2 - r_1^2}\left(\frac{r_2^2}{r} - r\right) \tag{7.62}$$

A tensão de cisalhamento τ_1 ($-\tau_{r\theta}$ da Tabela 5.1) atua sobre o cilindro interno. Ela é

$$\tau_1 = -\left[\mu r\frac{d(v_\theta/r)}{dr}\right]_{r=r_1} = \frac{2\mu r_2^2\omega_1}{r_2^2 - r_1^2} \tag{7.63}$$

O torque T necessário para girar o cilindro interno é

$$T = \tau_1 A r_1 = \frac{2\mu r_2^2 \omega_1}{r_2^2 - r_1^2} 2\pi r_1 L \times r_1 = \frac{4\pi\mu r_1^2 r_2^2 L\omega_1}{r_2^2 - r_1^2} \tag{7.64}$$

A potência $\dot{W}$ necessária para girar o cilindro interno com velocidade rotacional ω_1 é, então,

$$\dot{W} = T\omega_1 = \frac{4\pi\mu r_1^2 r_2^2 L\omega_1^2}{r_2^2 - r_1^2} \tag{7.65}$$

Essa potência, necessária devido aos efeitos viscosos entre os dois cilindros, aquece o fluido nos rolamentos e muitas vezes exige o uso de arrefecimento para controlar a temperatura.

Para um pequeno espaço δ entre os cilindros, como ocorre em problemas de lubrificação, aceita-se que a distribuição de velocidade seja aproximada como um perfil linear, um *escoamento de Couette*. Usando a variável y da Figura 7.6, a distribuição de velocidade é

$$v_\theta(r) = \frac{r_1\omega_1}{\delta} y \tag{7.66}$$

onde y é medido do cilindro externo em direção ao centro.

Exemplo 7.3 A viscosidade será determinada girando um cilindro de 6 cm de diâmetro e 30 cm de comprimento dentro de um cilindro de 6,2 cm de diâmetro. O torque é medido em 0,22 N·m e a velocidade rotacional, em 3000 rpm. Use as Equações (7.62) e (7.66) para determinar a viscosidade. Pressuponha que $S = 0{,}86$.

Solução: O torque é calculado usando a Equação (7.64) com base na distribuição de velocidade da Equação (7.62):

$$T = \frac{4\pi\mu r_1^2 r_2^2 L\omega_1}{r_2^2 - r_1^2} = \frac{4\pi\mu \times 0{,}03^2 \times 0{,}031^2 \times 0{,}3 \times (3000 \times 2\pi/60)}{0{,}031^2 - 0{,}03^2} = 0{,}22$$

$$\therefore\ \mu = 0{,}0131\ (\text{N·s/m}^2)$$

Usando a Equação (7.66), calculamos que o torque é

$$T = \tau_1 A r_1 = \mu \tfrac{r_1\omega_1}{\delta} 2\pi r_1 L \times r_1$$

$$0{,}22 = \mu \frac{0{,}03(3000 \times 2\pi/60)}{0{,}031 - 0{,}03} 2\pi \times 0{,}03^2 \times 0{,}3 \quad \therefore\ \mu = 0{,}0138\ (\text{N·s/m}^2)$$

Pressupondo o perfil linear, o erro é de 5,3%.
O número de Reynolds é, usando $\nu = \mu/\rho$,

$$\text{Re} = \frac{\omega_1 r_1 \delta}{\nu} = \frac{(3000 \times 2\pi/60) \times 0{,}03 \times 0{,}001}{0{,}0131/(1000 \times 0{,}86)} = 619$$

O pressuposto de escoamento laminar é aceitável, pois Re < 1700.

7.6 ESCOAMENTO TURBULENTO EM UM TUBO

O número de Reynolds para a maioria dos escoamentos de interesse em conduítes é maior do que aquele no qual os escoamentos laminares deixam de existir. Se um escoamento parte do estado de repouso, ele logo sofre transição para um escoamento turbulento. O objetivo desta seção é expressar a distribuição de velocidade em um escoamento turbulento em um tubo e determinar as quantidades associadas com tal escoamento.

Um *escoamento turbulento* é aquele no qual todos os três componentes de velocidade são não zero e que exibe comportamento aleatório. Além disso, é preciso haver uma correlação entre a aleatoriedade de pelo menos dois dos componentes da velocidade; se não há correlação, ele é simplesmente um escoamento flutuante. Por exemplo, normalmente existe uma camada limite turbulenta próximo à superfície de um aerofólio, mas o escoamento fora da camada limite não é chamado de turbulento, apesar de haver flutuações no escoamento; ele é uma corrente livre.

Vamos apresentar a seguir uma maneira de descrever um escoamento turbulento. Os três componentes da velocidade em um determinado ponto são escritos como

$$u = \overline{u} + u' \qquad v = \overline{v} + v' \qquad w = \overline{w} + w' \tag{7.67}$$

onde $\overline{u}$ denota uma parte de média temporal do componente x da velocidade e u' denota a parte aleatória flutuante. A *média temporal* de u é

$$\overline{u} = \frac{1}{T}\int_0^T u(t)dt \tag{7.68}$$

onde T é suficientemente grande em comparação com o tempo de flutuação. Para um escoamento turbulento desenvolvido em um tubo, os três componentes da velocidade apareceriam como vemos na Figura 7.7. O único componente de média temporal seria $\overline{u}$ na direção do escoamento. Contudo, é preciso que haja uma correlação entre pelo menos duas das flutuações de velocidade aleatórias, por exemplo, $\overline{u'v'} \neq 0$; essas correlações de velocidade produzem cisalhamento turbulento.

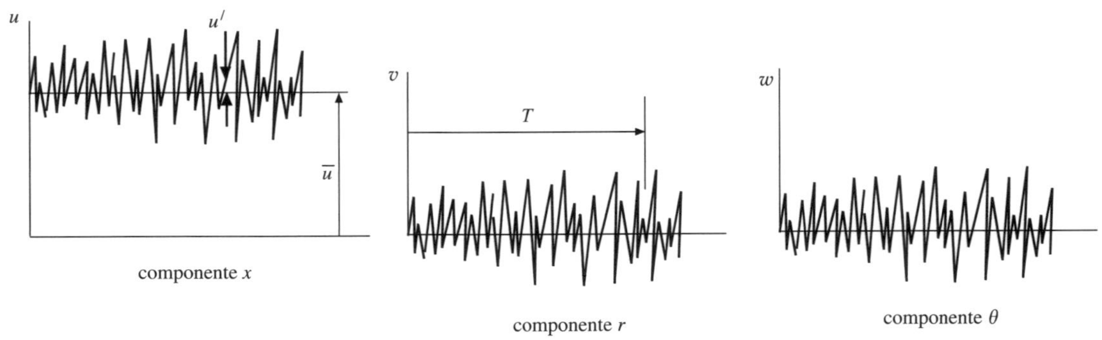

Figura 7.7 Os três componentes da velocidade em um escoamento turbulento em um ponto no qual o escoamento está na direção x, tal que $\overline{v} = \overline{w} = 0$ e $\overline{u} \neq 0$.

Podemos deduzir uma equação que relaciona $\overline{u'v'}$ e o componente de velocidade de média temporal $\overline{u}$ na direção do escoamento de um escoamento turbulento, mas não podemos resolver a equação até para o mais simples estudo de caso de um escoamento em regime permanente* em um tubo. Assim, vamos apresentar dados experimentais para o perfil de velocidade e definir algumas quantidades de interesse para um escoamento turbulento em um tubo.

Primeiro, vamos descrever o que queremos dizer por uma parede "lisa". A Figura 7.8 mostra uma parede "lisa" e uma "rugosa". A *camada de parede viscosa* é uma camada fina próxima à parde do tubo na qual os efeitos viscosos são significativos. Se essa camada viscosa cobre os elementos de rugosidade da parede, esta é "lisa", como na Figura 7.8(*a*); se os elementos de rugosidade se destacam além da camada viscosa, a parede é "rugosa", como na Figura 7.8(*b*).

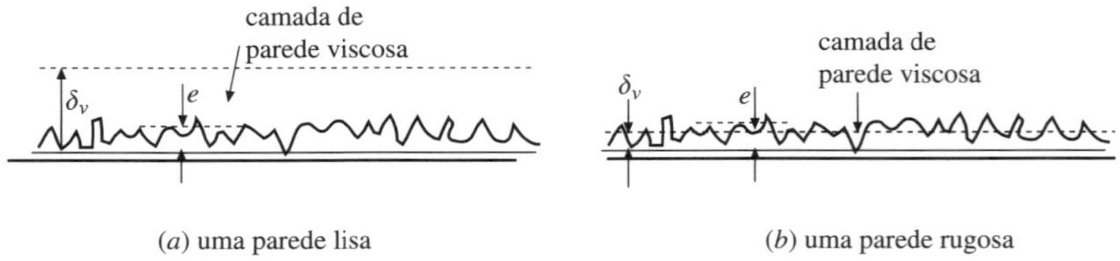

Figura 7.8 Uma parede lisa e uma parede rugosa.

Dois métodos costumam ser utilizados para descrever o perfil da velocidade turbulenta em um tubo. Eles serão apresentados nas próximas seções.

---

* O escoamento turbulento em regime permanente significa que as quantidades médias no tempo independem do tempo.

7.6.1 O Perfil Semilogarítmico

O perfil de velocidade média no tempo em um tubo é apresentado para um tubo liso como um gráfico semilogarítmico na Figura 7.9 com relações empíricas próximo à parede e à linha de centro que permitem que $\bar{u}(0) = 0$ e $d\bar{u}/dy = 0$ em $y = r_0$. Na região da parede, a velocidade característica é a *velocidade de cisalhamento** $u_\tau = \sqrt{\tau_0/\rho}$ e o comprimento característico é o *comprimento viscoso* ν/u_τ; os perfis são

$$\frac{\bar{u}}{u_\tau} = \frac{u_\tau y}{\nu} \qquad 0 \leq \frac{u_\tau y}{\nu} \leq 5 \quad \text{(a camada de parede viscosa)} \tag{7.69}$$

$$\frac{\bar{u}}{u_\tau} = 2{,}44\ln\frac{u_\tau y}{\nu} + 4{,}9 \qquad 30 < \frac{u_\tau y}{\nu},\ \frac{y}{r_0} < 0{,}15 \quad \text{(a região turbulenta)} \tag{7.70}$$

O intervalo $5 < u_\tau y/\nu < 30$ é uma *zona amortecedora* na qual os dados experimentais não se encaixam em nenhuma das curvas. O limite externo da região da parede pode ser de apenas $u_\tau y/\nu = 3000$ para um escoamento com número de Reynolds baixo.

A camada de parede viscosa não é relevante para um tubo rugoso. O comprimento característico é a altura da rugosidade média e e a região da parede é representada por

$$\frac{\bar{u}}{u_\tau} = 2{,}44\ln\frac{y}{e} + 8{,}5 \qquad \frac{y}{r_0} < 0{,}15 \quad \text{(a região da parede, tubo rugoso)} \tag{7.71}$$

A região externa independe dos efeitos da parede e, logo, é normalizada tanto para paredes lisas quanto para rugosas usando o raio como comprimento característico e é dada por

$$\frac{u_{max} - \bar{u}}{u_\tau} = -2{,}44\ln\frac{y}{r_0} + 0{,}8 \qquad \frac{y}{r_0} \leq 0{,}15 \quad \text{(a região externa)} \tag{7.72}$$

Uma relação empírica adicional $h(y/r_0)$ é necessária para completar o perfil para $y > 0{,}15r_0$. Quase todas as relações que satisfazem $d\bar{u}/dy = 0$ em $y = r_0$ servem.

A região da parede da Figura 7.9(*a*) e a região externa da Figura 7.9(*b*) se sobrepõem, como mostrado na Figura 7.9(*a*). Para tubos lisos e rugosos, respectivamente,

$$\frac{u_{max}}{u_\tau} = 2{,}44\ln\frac{u_\tau r_0}{\nu} + 5{,}7 \quad \text{(tubos lisos)} \tag{7.73}$$

$$\frac{u_{max}}{u_\tau} = 2{,}44\ln\frac{r_0}{e} + 9{,}3 \quad \text{(tubos rugosos)} \tag{7.74}$$

É raro que desejemos saber a velocidade em um local específico, mas nesses casos, antes de podermos calcular u_{max}, é preciso conhecer u_τ. Para calcular u_τ, precisamos conhecer τ_0. Para encontrar τ_0, podemos usar (ver Equação (7.6))

$$\tau_0 = \frac{r_0\,\Delta p}{2L} \quad \text{ou} \quad \tau_0 = \frac{1}{8}\rho V^2 f \tag{7.75}$$

O fator de atrito f pode ser estimado usando o perfil de lei de potência que decorre se a queda de pressão não é conhecida.

7.6.2 O Perfil de Lei de Potência

Outra abordagem, apesar de menos precisa, envolve usar o *perfil de lei de potência* dado por

$$\frac{\bar{u}}{u_{max}} = \left(\frac{y}{r_0}\right)^{1/n} \tag{7.76}$$

---

* A velocidade de cisalhamento é uma velocidade fictícia que permite que dados experimentais sejam apresentados em uma forma adimensional que é válida para todos os escoamentos turbulentos em tubos. O comprimento viscoso também é um comprimento fictício.

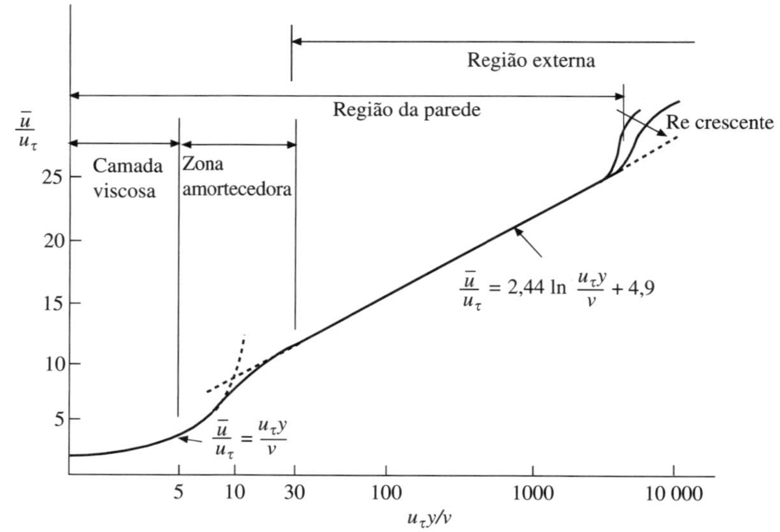

(*a*) A região da parede

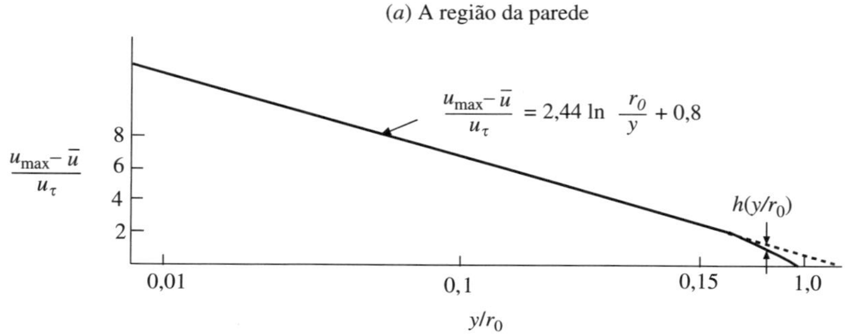

(*b*) A região externa

Figura 7.9 Dados experimentais para uma parede lisa em um escoamento desenvolvido em um tubo.

onde n está entre 5 e 10 e geralmente é um número inteiro. Esse resultado pode ser integrado para fornecer a velocidade média

$$V = \frac{1}{\pi r_0^2} \int_0^{r_0} \bar{u}(r) 2\pi r \, dr = \frac{2n^2}{(n+1)(2n+1)} u_{max} \tag{7.77}$$

O valor de n na Equação (7.76) é relacionado empiricamente com f por

$$n = f^{-1/2} \tag{7.78}$$

Para tubos lisos, a relação entre n e o número de Reynolds é apresentada na Tabela 7.1.

Tabela 7.1 Exponente n para Tubos Lisos

Re = VD/ν	4×10^3	10^5	10^6	$> 2 \times 10^6$
n	6	7	9	10

O perfil de lei de potência não pode ser usado para estimar o cisalhamento da parede, pois possui uma inclinação infinita na parede para todos os valores de n. Ele também não tem inclinação zero na linha de centro do tubo, então ele não é válido próximo à linha de centro. Ele é utilizado para estimar o fluxo de energia e o fluxo de momento dos escoamentos em tubos.

Finalmente, é preciso observar que o fator de correção da energia cinética é de 1,03 para $n = 7$; logo, muitas vezes usa-se 1 para escoamentos turbulentos.

Exemplo 7.4 Água a 20 °C escoa em um tubo de 4 cm de diâmetro com vazão de 0,002 m³/s. Determine (*a*) a tensão de cisalhamento da parede, (*b*) a velocidade máxima, (*c*) a queda de pressão em 20 m e (*d*) a espessura da camada viscosa e (*e*) determine se a parede é lisa ou rugosa, pressupondo que os elementos de rugosidade têm altura de 0,0015 mm. Use o perfil de lei de potência.

Solução: Primeiro, a velocidade média e o número de Reynolds são

$$V = \frac{Q}{A} = \frac{0{,}002}{\pi 0{,}02^2} = 1{,}464\,\text{m/s}, \qquad \text{Re} = \frac{VD}{\nu} = \frac{1{,}464 \times 0{,}04}{10^{-6}} = 5{,}85 \times 10^4$$

(*a*) Para encontrar a tensão de cisalhamento da parede, primeiro vamos calcular o fator de atrito. Pela Tabela 7.1, o valor $n = 6{,}8$ é selecionado, e da Equação (7.78)

$$f = \frac{1}{n^2} = \frac{1}{6{,}8^2} = 0{,}0216$$

A tensão de cisalhamento da parede é, ver Equação (7.75),

$$\tau_0 = \frac{1}{8}\rho V^2 f = \frac{1}{8} \times 1000 \times 1{,}464^2 \times 0{,}0216 = 5{,}787\ \text{Pa}$$

(*b*) A velocidade máxima é calculada usando a Equação (7.77):

$$u_{\max} = \frac{(n+1)(2n+1)}{2n^2} V = \frac{7{,}8 \times 14{,}6}{2 \times 6{,}8^2} 1{,}464 = 1{,}80\,\text{m/s}$$

(*c*) A queda de pressão é

$$\Delta p = \frac{2L\tau_0}{r_0} = \frac{2 \times 20 \times 5{,}787}{0{,}02} = 11\ 574\ \text{Pa} \quad \text{ou} \quad 11{,}574\,\text{kPa}$$

(*d*) A velocidade de atrito é

$$u_\tau = \sqrt{\frac{\tau_0}{\rho}} = \sqrt{\frac{23{,}2}{1000}} = 0{,}0761\,\text{m/s}$$

e a espessura da camada viscosa é

$$\delta_\nu = \frac{5\nu}{u_\tau} = \frac{5 \times 10^{-6}}{0{,}0761} = 6{,}57 \times 10^{-5}\,\text{m} \quad \text{ou} \quad 0{,}0657\,\text{mm}$$

(*e*) A altura dos elementos de rugosidade é dada como sendo de 0,0015 mm (tubos estirados), que é menor do que a espessura da camada viscosa. Assim, a parede é lisa. Obs.: Se a altura dos elementos da parede fosse 0,046 mm (ferro forjado), a parede ainda seria lisa.

7.6.3 Perdas no Escoamento em Tubo

A perda de carga é de grande interesse em escoamentos em tubos. Ela foi apresentada nas Equações (7.24) e (4.23) e é

$$h_L = f\frac{L}{D}\frac{V^2}{2g} \quad \text{ou} \quad h_L = \frac{\Delta p}{\gamma} + z_2 - z_1 \tag{7.79}$$

Logo, assim que o fator é conhecido, a perda de carga e a queda de pressão podem ser determinadas. O fator de atrito depende de certas propriedades do fluido e do tubo:

$$f = f(\rho,\ \mu,\ V,\ D,\ e) \tag{7.80}$$

onde a altura da rugosidade e representa a turbulência gerada pelos elementos de rugosidade. Uma análise dimensional permite que a Equação (7.80) seja escrita como

$$f = f\left(\frac{e}{D},\ \frac{VD\rho}{\mu}\right) \tag{7.81}$$

onde e/D é chamado de *rugosidade relativa*.

Dados experimentais foram coletados e são apresentados na forma do *diagrama de Moody*, como vemos na Figura 7.10 para o escoamento desenvolvido em um tubo convencional. As alturas de rugosidade também estão incluídas no diagrama. Várias características desse diagrama precisam ser enfatizadas, a saber:

- Existe um escoamento laminar até $Re \cong 2000$, após o qual há uma *zona crítica* na qual ele sofre transição para um escoamento turbulento, o que pode envolver um escoamento transitório que alterna entre laminar e turbulento.
- O fator de atrito na *zona de transição*, que começa a cerca de Re = 4000 e diminui com números de Reynolds crescentes, torna-se constante no final da zona, como indicado pela linha tracejada na Figura 7.10.
- O fator de atrito na *zona completamente turbulenta* é constante e depende da rugosidade relativa e/D. Os efeitos viscosos e, logo, o número de Reynolds, não afetam o fator de atrito.
- A altura e dos elementos de rugosidade no diagrama de Moody é usada para tubos novos. Os tubos degradam-se com a idade, o que altera tanto e quando o diâmetro D, criando um fator de atrito maior. Os projetos de sistemas de tubulação devem levar em conta os efeitos do envelhecimento.

Uma alternativa ao uso do diagrama de Moody é aplicar as fórmulas desenvolvidas por Swamee e Jain para o escoamento em tubos; a fórmula específica selecionada depende das informações dadas. As fórmulas para determinar quantidades em seções longas de escoamento desenvolvido em tubos (essas fórmulas não são usadas em comprimentos pequenos ou em tubos com diversos acessórios e mudanças de geometria) são as seguintes:

$$h_L = 1{,}07\frac{Q^2 L}{gD^5}\left\{\ln\left[\frac{e}{3{,}7D} + 4{,}62\left(\frac{\nu D}{Q}\right)^{0{,}9}\right]\right\}^{-2} \qquad 10^{-6} < \frac{e}{D} < 10^{-2} \quad 3000 < \mathrm{Re} < 3\times 10^{8} \tag{7.82}$$

$$Q = -0{,}965\sqrt{\frac{gD^5 h_L}{L}}\ln\left[\frac{e}{3{,}7D} + \left(\frac{3{,}17\nu^2 L}{gD^3 h_L}\right)^{0{,}5}\right] \qquad 2000 < \mathrm{Re} \tag{7.83}$$

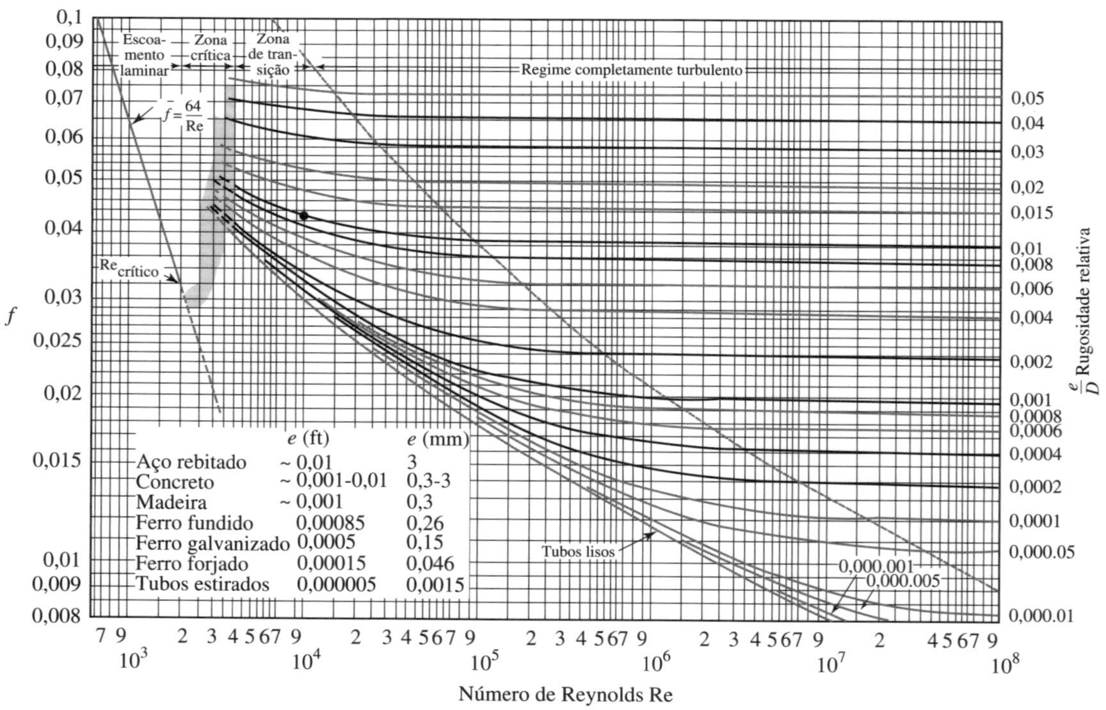

Figura 7.10 O diagrama de Moody.*

* Obs.: Se $e/D = 0{,}01$ e $\mathrm{Re} = 10^4$, o ponto indica $f = 0{,}043$.

Fonte: De L.F. Moody, *Trans. ASME*, v. 66, 1944.

$$D = 0{,}66\left[e^{1{,}25}\left(\frac{LQ^2}{gh_L}\right)^{4{,}75} + \nu Q^{9{,}4}\left(\frac{L}{gh_L}\right)^{5{,}2}\right]^{0{,}04} \qquad \begin{array}{c} 10^{-6} < \dfrac{e}{D} < 10^{-2} \\ 5000 < \text{Re} < 3\times 10^{8} \end{array} \tag{7.84}$$

Tanto unidades SI quanto do Sistema Imperial podem ser utilizadas nas equações acima. Observe também que o diagrama de Moody e as equações acima são precisas até cerca de 5%, o que é suficiente para a maioria das aplicações de engenharia.

Exemplo 7.5 Mede-se uma queda de pressão de 500 kPa em um tubo de ferro fundido horizontal de 8 cm de diâmetro que transporta água a 20 °C. Determine a vazão usando (*a*) o diagrama de Moody e (*b*) uma equação alternativa.

Solução: (*a*) A rugosidade relativa (encontre e na Figura 7.10) é

$$\frac{e}{D} = \frac{0{,}26}{80} = 0{,}00325$$

Pressupondo um escoamento completamente turbulento, o fator de atrito da Figura 7.10 é $f = 0{,}026$. A perda de carga é

$$h_L = \frac{\Delta p}{\gamma} = \frac{500\,000}{9800} = 51 \text{ m}$$

Pela Equação (7.79), a velocidade média é

$$V = \sqrt{\frac{2gDh_L}{fL}} = \sqrt{\frac{2\times 9{,}8\times 0{,}08\times 51}{0{,}026\times 200}} = 3{,}92 \text{ m/s}$$

É preciso verificar o número de Reynolds para garantir que o escoamento é completamente turbulento, e é

$$\text{Re} = \frac{VD}{\nu} = \frac{3{,}92\times 0{,}08}{10^{-6}} = 3{,}14\times 10^{5}$$

O resultado é suficientemente aceitável e não exige o uso de iteração para melhorar o fator de atrito. Assim, a vazão é

$$Q = AV = \pi\times 0{,}04^2\times 3{,}92 = 0{,}0197 \text{ m}^3/\text{s}$$

(*b*) Use a equação alternativa que relaciona Q com as outras quantidades, ou seja, a Equação (7.83). Usamos a perda de carga da parte (*a*):

$$Q = -0{,}965\sqrt{\frac{9{,}8\times 0{,}08^5\times 51}{200}}\ln\left[\frac{0{,}26}{3{,}7\times 80} + \left(\frac{3{,}17\times 10^{-12}\times 200}{9{,}8\times 0{,}08^3\times 51}\right)^{0{,}5}\right] = 0{,}0193 \text{ m}^3/\text{s}$$

Essa equação foi mais fácil de usar e forneceu um resultado aceitável.

7.6.4 Perdas em Conduítes Não Circulares

Para determinar a perda de carga em um conduíte não circular relativamente "aberto", usamos o *raio hidráulico R*, definido como

$$R = \frac{A}{P} \tag{7.85}$$

onde A é a área transversal e P é o *perímetro molhado*, o perímetro do conduíte que está em contato com o fluido. O número de Reynolds, a rugosidade relativa e a perda de carga são, respectivamente,

$$\text{Re} = \frac{4VR}{\nu} \qquad \begin{array}{c}\text{rugosidade}\\ \text{relativa}\end{array} = \frac{e}{4R} \qquad h_L = f\frac{L}{4R}\frac{V^2}{2g} \tag{7.86}$$

Uma área retangular deve ter uma razão de aspecto < 4. Esse método não deve ser utilizado com formas como um espaço anular.

7.6.5 Perdas Menores

As perdas anteriores eram para o escoamento desenvolvido em conduítes longos. A maioria dos sistemas de tubulação, no entanto, inclui variações repentinas, como joelhos, válvulas, entradas e assim por diante, que agregam perdas adicionais ao sistema.

Tabela 7.2 Coeficiente de Perda Menor *K* para Dispositivos Selecionados*

Tipo de acessório		**Roscável**			**Flangeado**	
Diâmetro	2,5 cm	5 cm	10 cm	5 cm	10 cm	20 cm
Válvula de globo (totalmente aberta)	8,2	6,9	5,7	8,5	6,0	5,8
(semiaberta)	20	17	14	21	15	14
(um quarto aberta)	57	48	40	60	42	41
Válvula de ângulo (totalmente aberta)	4,7	2,0	1,0	2,4	2,0	2,0
Válvula de retenção de batente (totalmente aberta)	2,9	2,1	2,0	2,0	2,0	2,0
Válvula de gaveta (totalmente aberta)	0,24	0,16	0,11	0,35	0,16	0,07
Curva de retorno	1,5	0,95	0,64	0,35	0,30	0,25
Tê (desvio)	1,8	1,4	1,1	0,80	0,64	0,58
Tê (linha)	0,9	0,9	0,9	0,19	0,14	0,10
Joelho padrão	1,5	0,95	0,64	0,39	0,30	0,26
Joelho curvo	0,72	0,41	0,23	0,30	0,19	0,15
Joelho de 45°	0,32	0,30	0,29			
Entrada de arestas vivas 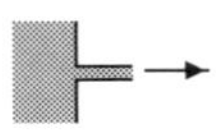		0,5				
Entrada reentrante 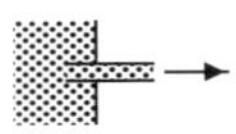		0,8				
Entrada bem arredondada 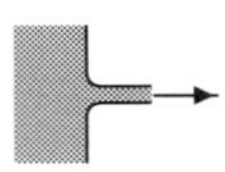		0,03				
Saída do tubo		1,0				
	Razão da área					
Contração repentina† 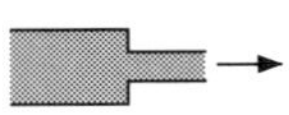	2:1	0,25				
	5:1	0,41				
	10:1	0,46				
	Razão da área A/A_0					
Placa do orifício 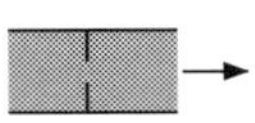	1,5:1	0,85				
	2:1	3,4				
	4:1	29				
	≥6:1	$2{,}78\left(\frac{A}{A_0}-0{,}6\right)^2$				
Alargamento repentino‡ 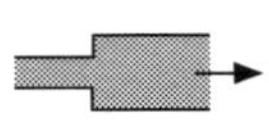		$\left(1-\frac{A_1}{A_2}\right)^2$				
Curva chanfrada de 90° (sem aletas) 		1,1				
(com aletas) 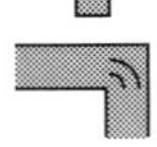		0,2				
Contração geral 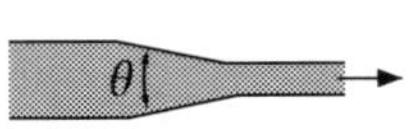	(ângulo incluído 30°)	0,02				
	(ângulo incluído 70°)	0,07				

* Os valores para outras geometrias se encontram em: *Technical Paper 410*. The Crane Company, 1957.
† Com base na velocidade de saída V_2.
‡ Com base na velocidade de entrada V_1.

Essas perdas são chamadas de *perdas menores* e podem, na verdade, exceder a perda de carga calculada nas seções anteriores. Essas perdas menores são expressas em termos de um *coeficiente de perda K*, definido para a maioria dos dispositivos por

$$h_L = K\frac{V^2}{2g} \tag{7.87}$$

A Tabela 7.2 inclui diversos coeficientes de perda. Observe que coeficientes de perda relativamente baixos estão associados a contrações graduais, enquanto coeficientes relativamente altos estão associados a alargamentos. Isso se deve aos escoamentos separados nos alargamentos. Os escoamentos separados e secundários também ocorrem em joelhos, o que resulta em coeficientes de perda relativamente grandes. As aletas que eliminam esses escoamentos separados ou secundários podem reduzir significativamente as perdas, como observado na tabela.

Muitas vezes, equacionamos as perdas em um dispositivo a um *comprimento equivalente* de tubo, ou seja,

$$h_L = K\frac{V^2}{2g} = f\frac{L_e}{D}\frac{V^2}{2g} \tag{7.88}$$

Isso fornece a relação

$$L_e = K\frac{D}{f} \tag{7.89}$$

Um último comentário relativo a perdas menores se faz necessário: se o tubo for bastante longo, > 1000 diâmetros, as perdas menores geralmente são ignoradas. Para comprimentos de 100 diâmetros, as perdas menores em geral são maiores do que as perdas por atrito. Para comprimentos intermediários, as perdas menores devem ser incluídas.

Exemplo 7.6 Um tubo de plástico de 1,5 cm de diâmetro e 20 m de comprimento transporta água de um tanque pressurizado de 400 kPa até uma abertura livre localizada 3 m acima da superfície do tanque. A linha de água possui três joelhos e uma entrada de arestas vivas vinda do tanque. Determine a vazão.

Solução: A equação de energia é aplicada entre o tanque e a saída da torneira:

$$0 = \frac{V_2^2 - V_1^2}{2g} + \frac{p_2 - p_1}{\gamma} + z_2 - z_1 + h_L$$

onde

$$h_L = \left(f\frac{L}{D} + 3K_{\text{joelho}} + K_{\text{entrada}}\right)\frac{V^2}{2g}$$

Pressuponha que o tubo tem $e/D = 0$ e que $\text{Re} \cong 2 \times 10^5$, de modo que o diagrama de Moody produz $f = 0{,}016$. O resultado da equação de energia é

$$0 = \frac{V_2^2}{2\times 9,8} - \frac{400\,000}{9800} + 3 + \left(0,016\times\frac{20}{0,015} + 3\times 1,6 + 0,5\right)\frac{V^2}{2\times 9,8} \qquad \therefore\ V = 5,18\,\text{m/s}$$

O número de Reynolds é, então, $\text{Re} = 5{,}18 \times 0{,}15/10^{-6} = 7{,}8 \times 10^4$. Experimente $f = 0{,}018$. Assim,

$$0 = \frac{V_2^2}{2\times 9,8} - \frac{400\,000}{9800} + 3 + \left(0,018\times\frac{20}{0,015} + 3\times 1,6 + 0,5\right)\frac{V^2}{2\times 9,8} \qquad \therefore\ V = 4,95\,\text{m/s}$$

Logo, $\text{Re} = 4{,}95 \times 0{,}15/10^{-6} = 7{,}4 \times 10^4$. O resultado é próximo o suficiente, então use $V = 5{,}0$ m/s. A vazão é

$$Q = AV = \pi \times 0,0075^2 \times 5 = 8,8 \times 10^{-4}\,\text{m}^3/\text{s}$$

7.6.6 Linha Piezométrica e Linha de Energia

A equação de energia costuma ser escrita de forma que cada termo tenha dimensões de comprimento, ou seja,

$$-\frac{\dot{W}_S}{\dot{m}g} = \frac{V_2^2 - V_1^2}{2g} + \frac{p_2 - p_1}{\gamma} + z_2 - z_1 + h_L \tag{7.90}$$

Em sistemas de tubulação, por convenção, falamos de uma *linha piezométrica* (HGL, *hydraulic grade line*) e uma *linha de energia* (EGL, *energy grade line*). A HGL, a linha tracejada na Figura 7.11, é o conjunto de pontos localizados a uma distância p/γ acima da linha de centro de um tubo. A EGL, a linha contínua na Figura 7.11, é o conjunto de pontos localizado a uma distância $V^2/2$ acima da HGL. As observações a seguir são relativas à HGL e à EGL.

- A EGL se aproxima da HGL à medida que a velocidade vai a zero. Elas são idênticas na superfície de um reservatório.
- Ambas têm inclinação descendente na direção do escoamento devido às perdas no tubo. Quanto maiores as perdas, maior a inclinação.
- Ocorre uma queda repentina na EGL e na HGL igual à perda decorrente de uma variação geométrica súbita, como uma entrada, um alargamento ou uma válvula.
- Ocorre um salto na EGL e na HGL devido a uma bomba e uma queda decorrente de uma turbina.
- Se a HGL está abaixo do tubo, há um vácuo no tubo, uma condição que quase sempre é evitada quando são projetados sistemas de tubulação devido à possibilidade de contaminação.

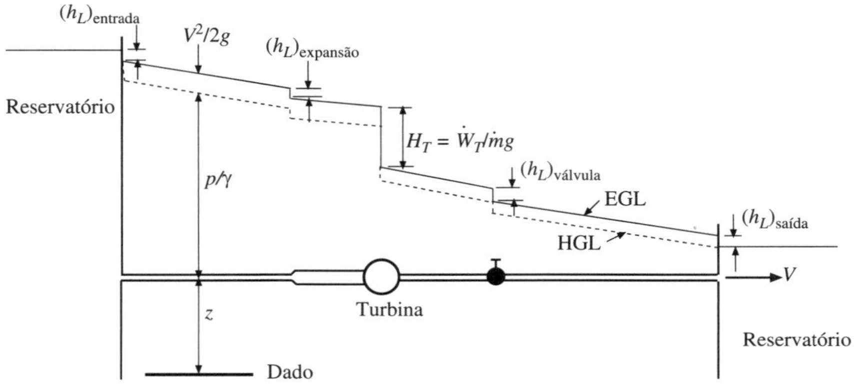

Figura 7.11 A linha piezométrica (HGL) e a linha de energia (EGL) de um sistema de tubulação.

7.7 ESCOAMENTO EM CANAL ABERTO

Considere o escoamento turbulento desenvolvido em um canal aberto, desenhado na Figura 7.12. Água escoa a uma profundidade y e o canal está em uma inclinação S, que se pressupõe ser pequena, de modo que sen $\theta = S$. A seção transversal poderia ser trapezoidal, como mostrado, ou circular, retangular ou triangular. Vamos aplicar a equação de energia entre as duas seções:

$$0 = \frac{V_2^2 - V_1^2}{2g} + \frac{p_2 - p_1}{\gamma} + z_2 - z_1 + h_L \tag{7.91}$$

A perda de carga é a variação da elevação, ou seja,

$$\begin{aligned} h_L &= z_1 - z_2 \\ &= L \operatorname{sen} \theta = LS \end{aligned} \tag{7.92}$$

onde L é a distância entre as duas seções selecionadas. Usando a perda de carga expressa pela Equação (7.86), temos

$$h_L = f\frac{L}{4R}\frac{V^2}{2g} = LS \quad \text{ou} \quad V^2 = \frac{8g}{f}RS \tag{7.93}$$

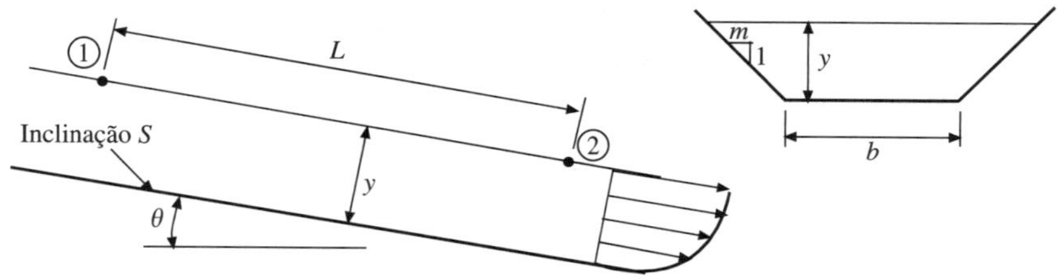

Figura 7.12 Escoamento em um canal aberto.

O número de Reynolds do escoamento em um canal aberto invariavelmente é alto e o canal é rugoso, de modo que o fator de atrito é uma constante independente da velocidade (consulte o diagrama de Moody da Figura 7.10) para um determinado canal. Por consequência, a velocidade está relacionada com a inclinação e o raio hidráulico por

$$V = C\sqrt{RS} \tag{7.94}$$

onde C é uma constante dimensional chamada de *coeficiente de Chezy*, relacionada experimentalmente com a rugosidade do canal e o raio hidráulico por

$$C = \frac{1}{n}R^{1/6} \tag{7.95}$$

A constante adimensional n é uma medida da rugosidade da parede, chamada de *n de Manning*. Os valores referentes a diversos materiais de parede estão listados na Tabela 7.3.

A vazão em um canal aberto decorre de $Q = AV$ e é

$$Q = \frac{1}{n}AR^{2/3}S^{1/2} \tag{7.96}$$

Essa é a chamada *equação de Chezy–Manning*. Ela pode ser aplicada usando as unidades do Sistema Inglês se substituirmos o "1" no numerador por "1,49".

Tabela 7.3 Valores* do *n* de Manning

Material da parde	***n* de Manning**
Tijolo	0,016
Ferro fundido ou forjado	0,015
Tubo de concreto	0,015
Metal corrugado	0,025
Terra	0,022
Terra com pedras e ervas	2,035
Concreto acabado	0,012
Correntes de montanhas	0,05
Madeira aplainada	0,012
Tubo de esgoto	0,013
Aço rebitado	0,017
Escombros	0,03
Concreto inacabado	0,014
Madeira áspera	0,013

* Os valores nesta tabela são o resultado de vazões grandes demais para $R > 3$ m. O n de Manning deve ser aumentado em 10-15% para canais maiores.

Se a superfície do canal é lisa (p. ex., vidro ou plástico), a Equação (7.96) não deve ser utilizada, pois ela pressupõe uma superfície rugosa. Para canais com superfícies lisas, é preciso utilizar a equação de Darcy–Weisbach, a Equação (7.86), além do diagrama de Moody.

Exemplo 7.7 Água a 20 °C escoa em um canal retangular de tijolos de 2 m de largura a uma profundidade de 120 cm. A inclinação é de 0,0012. Determine a vazão usando (*a*) a equação de Chezy–Manning e (*b*) a equação de Darcy–Weisbach.

Solução: Primeiro, calcule o raio hidráulico

$$R = \frac{A}{P} = \frac{by}{b + 2y} = \frac{2 \times 1,2}{2 + 2 \times 1,2} = 0,545\,\text{m}$$

(*a*) A equação de Chezy–Manning nos fornece

$$\begin{aligned} Q &= \frac{1}{n} A R^{2/3} S^{1/2} \\ &= \frac{1}{0,016} \times (2 \times 1,2) \times 0,545^{2/3} \times 0,0012^{1/2} = 3,47\,\text{m}^3/\text{s} \end{aligned}$$

(*b*) Para usar a equação de Darcy–Weisbach, precisamos encontrar o fator de atrito f. O diagrama de Moody exige um valor para e. Use um valor relativamente grande, como aquele do concreto mais rugoso, ou seja, $e = 1$ mm. Como o raio hidráulico $R = D/4$ para um círculo, usamos

$$\frac{e}{D} = \frac{e}{4R} = \frac{0,001}{4 \times 0,545} = 0,00046$$

O diagrama de Moody nos fornece $f \cong 0,0165$. A equação de Darcy–Weisbach assume a forma da Equação (7.93):

$$V = \sqrt{\frac{8g}{f} RS} = \sqrt{\frac{8 \times 9,8}{0,0165} \times 0,545 \times 0,0012} = 1,76\,\text{m/s}$$

A vazão é, então,

$$Q = AV = 2 \times 1,2 \times 1,76 = 4,23\,\text{m}^3/\text{s}$$

Verifique o número de Reynolds

$$\text{Re} = \frac{4VR}{\nu} = \frac{4 \times 1,76 \times 0,545}{10^{-6}} = 3,8 \times 10^6$$

Esse valor é suficientemente grande, então f é aceitável. Observe que o Q da parte (*a*) é cerca de 18% menor do que o da parte (*b*), e que o da parte (*b*) é considerado mais preciso.

Problemas Resolvidos

7.1 Um tubo horizontal de 4 mm de diâmetro e 40 m de comprimento é afixado a um reservatório contendo água a 20 °C. A superfície da água no reservatória está 4 m acima da saída do tubo. Pressuponha um escoamento laminar e calcule a velocidade média no tubo. Calcule também o comprimento da região de entrada.

Usando a Equação (7.21), a velocidade média no tubo é

$$V = \frac{r_0^2 \Delta p}{8\mu L} = \frac{0,002^2 \times (9800 \times 4)}{8 \times 10^{-3} \times 40} = 0,49\,\text{m/s}$$

onde a pressão na entrada do tubo é $p = \gamma h = 9800 \times 4$ N/m^2, ignorando a carga de velocidade $V^2/2g$ na entrada. Verifique o número de Reynolds, que é

$$\text{Re} = \frac{Vd}{\nu} = \frac{0,49 \times 0,004}{10^{-6}} = 1960$$

É um resultado aceitável para que exista um escoamento laminar. Pressupomos que a carga de velocidade na entrada é pequena; ela é

$$\frac{V^2}{2g} = \frac{0{,}49^2}{2 \times 9{,}81} = 0{,}102\,\text{m}$$

É um resultado bastante pequeno em comparação com a carga de pressão de 4 m. Assim, os cálculos são aceitáveis, desde que a região de entrada não seja muito comprida.

Ignoramos os efeitos do perfil de velocidade não parabólico da região de entrada (ver Figura 7.1). O comprimento da região de entrada é

$$L_E = 0{,}065 \times \text{Re} \times D = 0{,}065 \times 1960 \times 0{,}004 = 0{,}51\,\text{m}$$

então o efeito da região de entrada pode ser ignorado.

7.2 Existe um escoamento laminar desenvolvido em regime permanente entre tubos concêntricos horizontais. O escoamento corre na direção do eixo dos tubos. Deduza as equações diferenciais e resolva para determinar o perfil de velocidade.

O elemento selecionado, sobre o qual as forças seriam colocadas, seria uma carcaça cilíndrica oca (um desenho pode ser útil para fins de visualização) que apareceria como um anel do ponto de vista da extremidade, com comprimento dx. O anel teria um raio interno de r e um raio externo de $r + dr$. A força de pressão líquida atuando sobre as duas extremidades seria

$$p2\pi\left(r + \frac{dr}{2}\right)dr - (p + dp)2\pi\left(r + \frac{dr}{2}\right)dr = -2\pi r\,dr\,dp$$

As forças da tensão de cisalhamento sobre o cilindro interno e o externo se somam da seguinte forma (pressupõe-se que a tensão de cisalhamento se opõe ao escoamento):

$$-\tau 2\pi r\,dx + (\tau + d\tau)2\pi(r + dr)dx = 2\pi\tau\,dr\,dx + 2\pi r\,d\tau\,dx$$

Para um escoamento em regime permanente, as forças da pressão e da tensão de cisalhamento devem se equilibrar. O resultado é

$$-2\pi r\,dr\,dp = 2\pi\tau\,dr\,dx + 2\pi r\,d\tau\,dx \qquad \therefore \ \frac{dp}{dx} = -\frac{\tau}{r} - \frac{d\tau}{dr}$$

Insira a equação constitutiva $\tau = -\mu du/dr$ (ver nota de rodapé associada com a Equação (7.7), pressupondo que o elemento está próximo ao tubo externo) e obtenha

$$\frac{dp}{dx} = \mu\left(\frac{1}{r}\frac{du}{dr} + \frac{d^2u}{dr^2}\right) = \frac{\mu}{r}\frac{d}{dr}\left(r\frac{du}{dr}\right)$$

Agora podemos integrar o resultado para obter

$$\frac{r^2}{2\mu}\frac{dp}{dx} = r\frac{du}{dr} + A \quad \text{ou} \quad \frac{r}{2\mu}\frac{dp}{dx} = \frac{du}{dr} + \frac{A}{r}$$

Integre mais uma vez para determinar que o perfil de velocidade é

$$u(r) = \frac{r^2}{4\mu}\frac{dp}{dx} - A\ln r + B$$

As constantes A e B podem ser avaliadas usando $u(r_1) = 0$ e $u(r_2) = 0$.

7.3 Qual gradiente de pressão forneceria uma tensão de cisalhamento zero na placa estacionária inferior na Figura 7.5, pressupondo placas horizontais, com a placa superior se movendo para a direita com velocidade U?

A tensão de cisalhamento é $\tau = -\mu du/dy$, de modo que as condições de contorno são $du/dy\ (0) = 0$, $u(0) = 0$ e $u(b) = U$. Esses valores são aplicados à Equação (7.29) para fornecer os seguintes:

$$\frac{du}{dy}(0) = \frac{1}{\mu}\frac{dp}{dx}0 + A = 0 \qquad \therefore \ A = 0$$

$$u(0) = \frac{1}{2\mu}\frac{dp}{dx}0 + B = 0 \qquad \therefore \ B = 0 \quad \text{e} \quad u(y) = \frac{1}{2\mu}\frac{dp}{dx}y^2$$

Agora, $u(b) = U$, resultando em

$$u = \frac{1}{2\mu}\frac{dp}{dx}b^2 \quad \text{ou} \quad \frac{dp}{dx} = \frac{2\mu u}{b^2}$$

Este é um gradiente de pressão positivo, então a pressão aumenta na direção de U.

7.4 Mostre que a distribuição de velocidade dada pela Equação (7.62) se aproxima de uma linha reta quando o espaço entre os dois cilindros é pequeno em relação aos raios dos cilindros.

Como o espaço é pequeno em relação aos dois raios, podemos considerar $R \cong r_1 \cong r_2$. Além disso, considere $\delta = r_2 - r_1$ e $y = r_2 - r$ (consulte a Figura 7.6) na distribuição de velocidade da Equação (7.62). A distribuição de velocidade assume a forma

$$v_\theta(r) = \frac{\omega_1 r_1^2}{r_2^2 - r_1^2}\left(\frac{r_2^2}{r} - r\right) = \frac{\omega_1 r_1^2}{(r_2 - r_1)(r_2 + r_1)}\frac{(r_2 - r)(r_2 + r)}{r}$$
$$\cong \frac{\omega_1 R^2}{2R\delta} \times \frac{y(2R - y)}{R - y} \cong \frac{\omega_1 R}{\delta} y$$

onde usamos a aproximação

$$\frac{2R - y}{R - y} \cong 2$$

em razão de y ser pequeno em comparação com R e $2R$. A distribuição de velocidade acima é uma distribuição retilínea com inclinação $\omega_1 R/\delta$.

7.5 Água a 15 °C é transportada em um tubo de ferro forjado de 6 cm de diâmetro a uma vazão de 0,004 m³/s. Determine a queda de pressão em um tubo horizontal de 300 m usando (*a*) o diagrama de Moody e (*b*) uma equação alternativa.

A velocidade média e o número de Reynolds são

$$V = \frac{Q}{A} = \frac{0{,}004}{\pi \times 0{,}03^2} = 1{,}415\,\text{m/s} \qquad \text{Re} = \frac{VD}{\nu} = \frac{1{,}415 \times 0{,}06}{1{,}14 \times 10^{-6}} = 7{,}44 \times 10^4$$

(*a*) O valor de e é encontrado usando o diagrama de Moody, de modo que

$$\frac{e}{D} = \frac{0{,}046}{60} = 0{,}00077$$

O fator de atrito, encontrado no diagrama de Moody, é

$$f = 0{,}0225$$

A queda de pressão é, então,

$$\Delta p = \gamma h_L = \rho f \frac{L}{D}\frac{V^2}{2} = 1000 \times 0{,}0225 \frac{300}{0{,}06}\frac{1{,}415^2}{2} = 113\,000\,\text{Pa ou } 113\,\text{kPa}$$

(*b*) Usando a Equação (7.82), a queda de pressão é

$$\Delta p = \gamma h_L = 1{,}07 \times 1000 \frac{0{,}004^2 \times 300}{0{,}06^5}\left\{\ln\left[\frac{0{,}00077}{3{,}7} + 4{,}62\left(\frac{1{,}14 \times 10^{-6} \times 0{,}06}{0{,}004}\right)^{0{,}9}\right]\right\}^{-2}$$
$$= 111\,000\,\text{Pa ou } 111\,\text{kPa}$$

Esses dois resultados estão dentro de uma margem de 2% e são basicamente o mesmo.

7.6 Mede-se uma queda de pressão de 200 kPa em um tubo de ferro fundido horizontal de 400 m de comprimento e 8 cm de diâmetro que transporta água a 20 °C. Determine a vazão usando (*a*) o diagrama de Moody e (*b*) uma equação alternativa.

A rugosidade relativa é

$$\frac{e}{D}=\frac{0,26}{80}=0,00325$$

e a perda de carga é

$$h_L=\frac{\Delta p}{\gamma}=\frac{200\,000}{9800}=20,41\text{ m}$$

(*a*) Pressupondo um escoamento completamente turbulento, o diagrama de Moody produz

$$f=0,026$$

Usando a Equação (7.79), calcula-se que a velocidade média no tubo é

$$V=\sqrt{\frac{2h_L Dg}{fL}}=\sqrt{\frac{2\times 20,41\times 0,08\times 9,81}{0,026\times 400}}=1,76\text{ m/s}$$

resultando em um número de Reynolds de

$$\text{Re}=\frac{VD}{\nu}=\frac{1,76\times 0,08}{10^{-6}}=1,4\times 10^{5}$$

Com esse número de Reynolds e e/D = 0,0325, o diagrama de Moody nos dá $f \cong$ 0,026, então o fator de atrito não precisa ser ajustado. Espera-se que a vazão seja

$$Q=AV=\pi\times 0,04^2\times 1,76=0,0088\text{ m}^3\text{/s}$$

(*b*) Como a perda de carga foi calculada usando a queda de pressão, a Equação (7.83) pode ser usada para determinar a vazão:

$$Q=-0,965\sqrt{\frac{9,81\times 0,08^5\times 20,41}{400}}\ln\left[\frac{0,00325}{3,7}+\left(\frac{3,17\times 10^{-12}\times 400}{9,81\times 0,08^3\times 20,41}\right)^{0,5}\right]=0,00855\text{ m}^3\text{/s}$$

Esses dois resultados estão dentro de uma margem de 3% e ambos são aceitáveis.

7.7 Um fazendeiro precisa levar, por minuto, um volume de 500 L de água a 20 °C de um lago através de um tubo de ferro forjado por uma distância de 800 m até um campo que fica 4 m abaixo da superfície do lago. Determine o diâmetro de tubo que deve ser selecionado. Use (*a*) o diagrama de Moody e (*b*) uma equação alternativa.

(*a*) A velocidade média está relacionada com o diâmetro desconhecido D por

$$V=\frac{Q}{A}=\frac{0,5/60}{\pi D^2/4}=\frac{0,0106}{D^2}$$

A perda de carga é de 4 m (a equação de energia da superfície do lago até a saída do tubo fornece a informação. Pressupomos que $V^2/2g$ pode ser ignorado na saída do tubo), então

$$h_L=f\frac{L}{D}\frac{V^2}{2g} \qquad 4=f\frac{800}{D}\times\frac{0,0106^2/D^4}{2g} \qquad \therefore\ D^5=0,00114f$$

O número de Reynolds e a rugosidade relativa são

$$\text{Re}=\frac{VD}{\nu}=\frac{0,0106D}{D^2\times 10^{-6}}=\frac{10\,600}{D} \qquad \frac{e}{D}=\frac{0,046}{D}$$

Isso exige uma solução de tentativa e erro. Podemos selecionar um valor para f e confirmar que as equações e o diagrama de Moody concordam com a seleção. Selecione f = 0,02. Com isso, as equações acima nos dão

$$D=(0,00114\times 0,02)^{0,2}=0,118\text{ m}, \quad \text{Re}=\frac{10\,600}{0,118}=90\,000, \quad \frac{e}{D}=\frac{0,046}{118}=0,00039$$

Os cálculos acima combinam bem com o diagrama de Moody. Em geral, é necessário fazer outra seleção para f e calcular mais uma vez o diâmetro, o número de Reynolds e a rugosidade relativa.

(*b*) Como o diâmetro é desconhecido, utiliza-se a Equação (7.84), que nos dá

$$D = 0{,}66\left[0{,}000046^{1{,}25}\left(\frac{800(0{,}5/60)^2}{9{,}81\times 4}\right)^{4{,}75} + 10^{-6}\left(\frac{0{,}5}{60}\right)^{9{,}4}\left(\frac{800}{9{,}81\times 4}\right)^{5{,}2}\right]^{0{,}04} = 0{,}12\,\text{m}$$

Esses dois resultados estão dentro de uma margem de 2%, então são basicamente o mesmo.

7.8 Um duto retangular liso que mede 10 × 20 cm transporta 0,4 m³/s de ar a condições padrão por uma distância horizontal de 200 m. Determine a queda de pressão no duto.

O raio hidráulico é

$$R = \frac{A}{P} = \frac{0{,}1\times 0{,}2}{2(0{,}1+0{,}2)} = 0{,}0333\,\text{m}$$

A velocidade média e o número de Reynolds no duto são

$$V = \frac{Q}{A} = \frac{0{,}4}{0{,}1\times 0{,}2} = 20\,\text{m/s} \qquad \text{Re} = \frac{4VR}{\nu} = \frac{4\times 20\times 0{,}0333}{1{,}5\times 10^{-5}} = 1{,}8\times 10^5$$

O diagrama de Moody nos fornece $f = 0{,}016$. A queda de pressão é, então,

$$\Delta p = \gamma h_L = \gamma f\frac{L}{4R}\frac{V^2}{2g} = 1{,}23\times 9{,}81\times 0{,}016\frac{200}{4\times 0{,}0333}\times\frac{20^2}{2\times 9{,}81} = 5900\,\text{Pa}$$

7.9 Desenhe a linha piezométrica para o sistema de tubulação do Exemplo 7.6 se três joelhos estão espaçados igualmente entre o tanque pressurizado e a saída do tubo.

A linha piezométrica é uma distância p/γ acima da superfície da água no tanque no início do tubo. A linha piezométrica está desenhada na Figura 7.13.

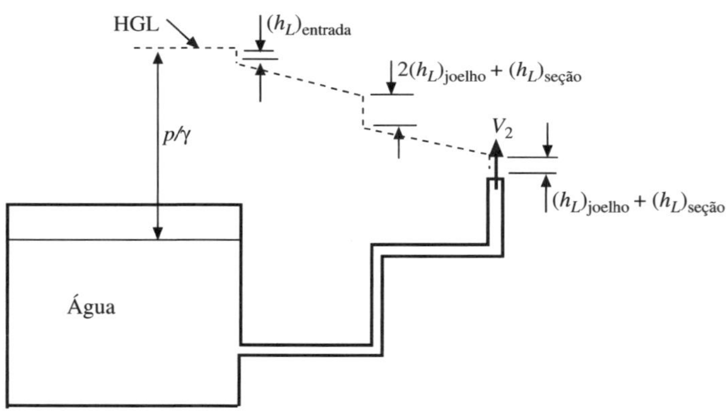

Figura 7.13

7.10 Um tubo de esgoto de 80 cm de diâmetro (concreto acabado) é selecionado para transportar água com uma vazão de 0,24 m³/s e inclinação de 0,0012. Determine a profundidade à qual a água irá escoar.

Pressuponha que a água escoa com o tubo pela metade. A vazão seria

$$Q = \frac{1}{n}AR^{2/3}S^{1/2} = \frac{1}{0{,}013}\frac{\pi\times 0{,}4^2}{2}\left(\frac{0{,}08\pi}{0{,}4\pi}\right)^{2/3}\times 0{,}0012^{1/2} = 0{,}229\,\text{m}^3/\text{s}$$

Por consequência, o tubo está mais do que pela metade. A Figura 7.14 mostra um desenho da área. Para esse tubo, temos

$$0{,}24 = \frac{1}{0{,}013}AR^{2/3}\,0{,}0012^{1/2} \qquad \therefore\ AR^{2/3} = 0{,}09$$

com

$$A = 0{,}8\pi\frac{180-\alpha}{180} + (y-0{,}4)0{,}4\,\text{sen}\,\alpha \qquad R = \frac{A}{0{,}8\pi\frac{180-\alpha}{180}}$$

É preciso trabalhar por tentativa e erro para chegar a uma solução.

Tente $y = 0{,}46$ m : Depois $A = 0{,}299$ $\quad R = 0{,}217 \quad AR^{2/3} = 0{,}108$

Tente $y = 0{,}44$ m : Depois $A = 0{,}283$ $\quad R = 0{,}211 \quad AR^{2/3} = 0{,}100$

Logo, $y = 0{,}42$ m é um resultado aceitável.

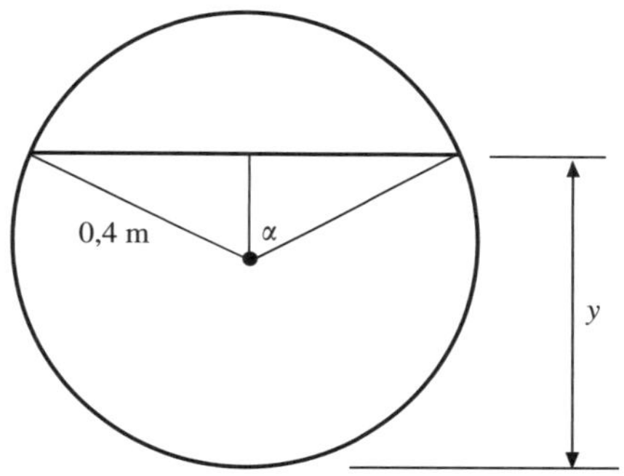

Figura 7.14

Problemas Complementares

Escoamento Laminar ou Turbulento

7.11 Calcule a velocidade média máxima em um tubo de 2 cm de diâmetro para um escoamento laminar usando um número de Reynolds crítico de 2000 se o fluido é (*a*) água a 20 °C, (*b*) água a 80 °C, (*c*) óleo SAE-30 a 80 °C e (*d*) ar atmosférico a 20 °C.

7.12 O Rio Red Cedar escoa placidamente através do campus da Michigan State University a uma profundidade de 80 cm. Observa-se que uma folha percorre 1 m em 4 s. Decida se o escoamento é laminar ou turbulento. Adote todos os pressupostos necessários.

7.13 Um bebedouro tem uma abertura de 4 mm de diâmetro. Água se eleva a uma distância de cerca de 20 cm no ar. O escoamento é laminar ou turbulento quando sai da abertura? Adote todos os pressupostos necessários.

7.14 Óleo SAE-30 a 80 °C ocupa o espaço entre dois cilindros, de 2 e 2,2 cm de diâmetro. O cilindro externo é estacionário e o cilindro interno gira a 100 rpm. O óleo está em estado laminar ou turbulento se $\text{Re}_{\text{crit}} = 1700$? Use $\text{Re} = \omega r_1 \delta/\nu$, onde $\delta = r_2 - r_1$.

Escoamento de Entrada

7.15 Água escoa em um tubo de 2 cm de diâmetro com vazão de $0{,}0002\ \text{m}^3/\text{s}$. Para uma entrada que oferece um perfil de velocidade uniforme, calcule o comprimento do núcleo não viscoso e o comprimento da entrada se a temperatura da água é de (*a*) 20, (*b*) 40, (*c*) 60 e (*d*) 80 °C.

7.16 Deseja-se um perfil de velocidade parabólico no final de um tubo de 10 m de comprimento e 8 mm de diâmetro afixado a um tanque que contém água a 20 °C. É realizado um experimento durante o qual 60 L são coletados em 90 min. O pressuposto de escoamento laminar é razoável? Se sim, o tubo é comprido o suficiente?

7.17 Deseja-se um perfil parabólico em ar a 20 °C enquanto passa entre duas placas paralelas que estão a 80 mm de distância entre si no laboratório de uma universidade. Se o número de Reynolds $Vh/\nu = 1500$, qual deveria ser o comprimento do canal para observar um escoamento plenamente desenvolvido, ou seja, um perfil de velocidade parabólico? Qual seria a velocidade média?

7.18 O escoamento de água a 20 °C em um tubo de 2 cm de diâmetro oscila entre laminar e turbulento enquanto escoa através do tubo saindo de um reservatório. Determine o núcleo não viscoso e os comprimentos de entrada (*a*) se o escoamento é laminar e a velocidade média é de 0,15 m/s e (*b*) se o escoamento é turbulento e a velocidade média é de 0,6 m/s (use os resultados da Equação (7.4)).

7.19 Argumente que o gradiente de pressão $\Delta p/\Delta x$ na região de entrada é maior do que o gradiente de pressão na região de escoamento desenvolvido de um tubo. Use um incremento de fluido de comprimento Δx e área transversal πr_0^2 na região de entrada e na região de escoamento desenvolvido.

7.20 Explique por que a distribuição de pressão na região de entrada de um tubo para o escoamento turbulento com número de Reynolds relativamente baixo (Re ≈ 10.000) fica abaixo da distribuição retilínea estendida do escoamento desenvolvido. Consulte a Figura 7.3.

Escoamento Laminar em um Tubo

7.21 Demonstre que o lado direito da Equação (7.19) decorre mesmo da integração.

7.22 Demonstre que $f = 64/\text{Re}$ para um escoamento laminar em um tubo.

7.23 Demonstre que a perda de carga em um escoamento laminar em um tubo é diretamente proporcional à velocidade média no tubo.

7.24 A queda de pressão em um tubo horizontal de 15 m de comprimento e 8 mm de diâmetro transportando água a 40 °C é medida em 1200 Pa. Pressupõe-se um escoamento laminar. Determine (*a*) a velocidade máxima no tubo, (*b*) o número de Reynolds, (*c*) a tensão de cisalhamento da parede e (*d*) o fator de atrito.

7.25 Um líquido escoa através de um tubo de 2 cm de diâmetro a uma vazão de 20 L a cada minuto. Pressuponha um escoamento laminar e calcule a queda de pressão em 20 m de comprimento no tubo horizontal para (*a*) água a 40 °C, (*b*) óleo SAE-10 a 20 °C e (*c*) glicerina a 40 °C. Decida se o escoamento laminar é um pressuposto razoável.

7.26 Água a 20 °C escoa através de um tubo de 12 mm de diâmetro em uma inclinação descendente de modo que Re = 2000. Qual ângulo produziria uma queda de pressão igual a zero?

7.27 Água a 40 °C escoa em um tubo vertical de 8 mm de diâmetro a 2 L/min. Pressupondo um escoamento laminar, calcule a queda de pressão em um comprimento de 20 m se o escoamento é (*a*) ascendente e (*b*) descendente.

7.28 Ar atmosférico a 25 °C escoa em um tubo horizontal de 2 cm de diâmetro com Re = 1600. Calcule a tensão de cisalhamento da parede, o fator de atrito, a perda de carga e a queda de pressão em 20 m de tubo.

7.29 Um líquido escoa em um tubo de 4 cm de diâmetro. Em qual raio a velocidade é igual à velocidade média, pressupondo um escoamento laminar? Em qual raio a tensão de cisalhamento é igual à metade da tensão de cisalhamento da parede?

7.30 Determine uma expressão para o ângulo θ que uma tubulação precisaria para que a pressão fosse constante, pressupondo um escoamento laminar. A seguir, determine o ângulo de um tubo de 10 mm de diâmetro transportando água a 20 °C com Re = 2000 de modo que ocorra uma pressão constante.

7.31 Determine as constantes A e B no Problema Resolvido 7.2 usando raios de $r_1 = 4$ cm e $r_2 = 5$ cm nos cilindros, pressupondo que água a 20 °C sofre uma queda de pressão de 40 Pa em um comprimento de 10 m. Determine também a vazão. Pressuponha escoamento laminar.

7.32 Óleo SAE-10 a 20 °C escoa entre dois cilindros concêntricos paralelos aos eixos de cilindros horizontais com raios de 2 e 4 cm. A queda de pressão é de 60 Pa em um comprimento de 20 m. Pressuponha um escoamento laminar. Qual é a tensão de cisalhamento no cilindro interno?

Escoamento Laminar entre Placas Paralelas

7.33 Qual gradiente de pressão forneceria uma tensão de cisalhamento zero na placa estacionária inferior na Figura 7.5 para placas horizontais, com a placa superior se movendo para a direita com velocidade U? Pressuponha um escoamento laminar.

7.34 Qual gradiente de pressão é necessário para que a vazão seja zero para o escoamento laminar entre placas paralelas horizontais se a placa inferior é estacionária e a superior se move com velocidade U? Ver Figura 7.5.

7.35 Fluido escoa em um canal horizontal que mede 1 × 40 cm. Se Re = 1500, calcule a vazão e a queda de pressão em um comprimento de 10 m se o fluido é (*a*) água a 20 °C, (*b*) ar a 25 °C e (*c*) óleo SAE-10 a 40 °C. Pressuponha escoamento laminar.

7.36 Água a 20 °C escoa por um estacionamento de 80 m de largura a uma profundidade constante de 5 mm. A inclinação do estacionamento é de 0,0002. Calcule a vazão e a tensão de cisalhamento máxima. O pressuposto de escoamento laminar é razoável?

7.37 Água a 20 °C escoa entre duas placas horizontais paralelas separadas por uma distância de 8 mm. A placa inferior é estacionária e a placa superior se move a 4 m/s para a direita (ver Figura 7.5). Pressupondo um escoamento laminar, qual gradiente de pressão é necessário para que:

(*a*) A tensão de cisalhamento na placa superior seja zero

(*b*) A tensão de cisalhamento na placa inferior seja zero

(*c*) A vazão seja zero

(*d*) A velocidade a y = 4 mm seja 4 m/s

7.38 Ar atmosférico a 40 °C escoa entre duas placas horizontais paralelas separadas por uma distância de 6 mm. A placa inferior é estacionária e o gradiente de pressão é de –3 Pa/m. Pressupondo um escoamento laminar, qual é a velocidade da placa superior (ver Figura 7.5) necessária para que:

(*a*) A tensão de cisalhamento na placa superior seja zero

(*b*) A tensão de cisalhamento na placa inferior seja zero

(*c*) A vazão seja zero

(*d*) A velocidade a y = 4 mm seja 2 m/s

7.39 Óleo SAE-30 a 40 °C preenche o espaço entre a placa estacionária e a placa giratória de 20 cm de diâmetro mostradas na Figura 7.15. Determine o torque necessário, pressupondo um perfil de velocidade linear, se Ω = 100 rad/s.

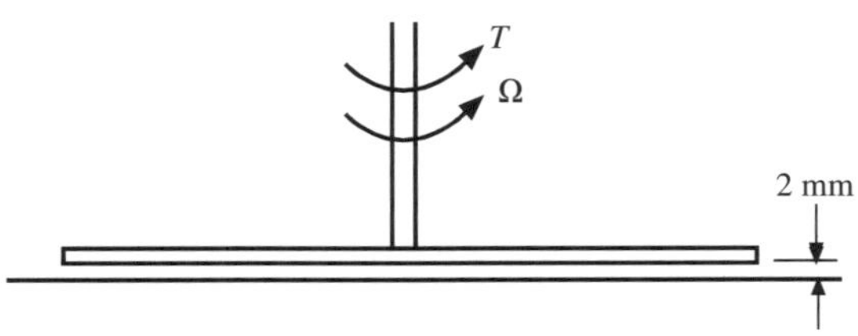

Figura 7.15

7.40 Óleo SAE-10 a 20 °C preenche o espaço entre o cilindro móvel de 120 cm de comprimento e a estrutura externa fixa. Pressupondo um gradiente de pressão zero, calcule a força necessária para mover o cilindro a 10 m/s. Pressuponha um escoamento laminar.

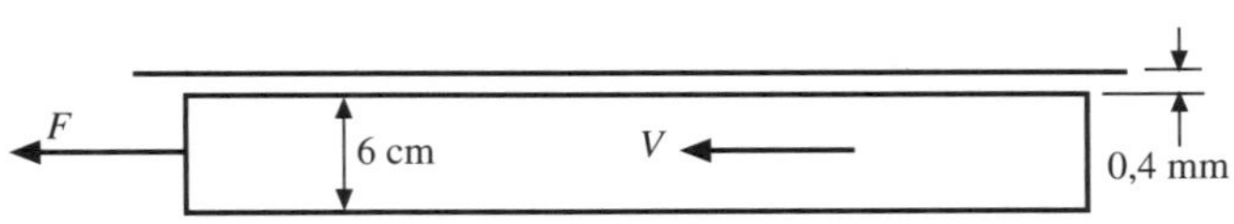

Figura 7.16

Escoamento Laminar entre Cilindros Giratórios

7.41 Pressupondo um escoamento de Couette entre um cilindro estacionário e um giratório, determine a expressão para a potência necessária para girar o cilindro giratório interno. Consulte a Figura 7.6.

7.42 Óleo SAE-10 a 20 °C preenche o espaço entre o cilindro giratório e o cilindro externo fixo mostrados na Figura 7.17. Determine o torque necessário para girar um cilindro de 20 cm de comprimento a 40 rad/s (*a*) usando o perfil da Equação (7.62) e (*b*) pressupondo um escoamento de Couette.

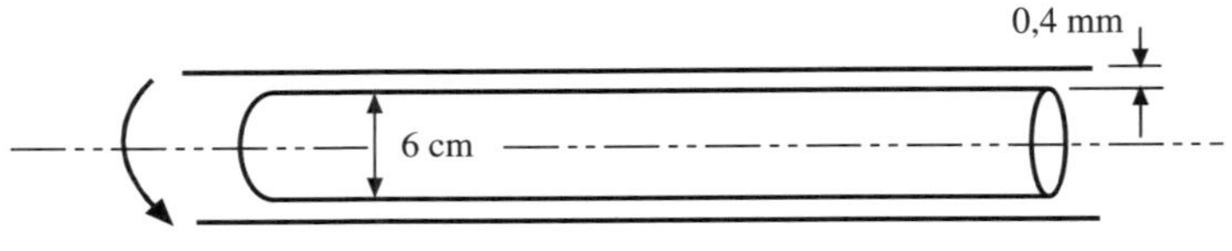

Figura 7.17

7.43 Um cilindro de 3 cm de diâmetro gira dentro de um cilindro fixo de 4 cm de diâmetro com óleo SAE-30 a 40 °C preenchendo o espaço entre os cilindros concêntricos de 30 cm de comprimento. Escreva o perfil de velocidade e calcule o torque e a potência necessária para girar o cilindro interno a 2000 rpm, pressupondo um escoamento laminar.

7.44 Determine as expressões para o torque e a potência necessária para girar o cilindro externo se o cilindro interno da Figura 7.6 é fixo. Pressuponha um escoamento laminar.

Escoamento Turbulento em µm Tubo

7.45 Calcule a média no tempo da equação da continuidade diferencial para um escoamento incompressível e prove que resultam duas equações de continuidade:

$$\frac{\partial u'}{\partial x}+\frac{\partial v'}{\partial y}+\frac{\partial w'}{\partial z}=0 \quad \text{e} \quad \frac{\partial \overline{u}}{\partial x}+\frac{\partial \overline{v}}{\partial y}+\frac{\partial \overline{w}}{\partial z}=0$$

7.46 Um tubo de 12 cm de diâmetro transporta água a 25 °C em um tubo com elementos de rugosidade com altura média de 0,26 mm. Decida se o tubo é liso ou rugoso se a vazão é de (*a*) 0,0004, (*b*) 0,004 e (*c*) 0,04 m^3/s.

7.47 Determine a velocidade máxima no tubo do (*a*) Problema 7.46*a*, (*b*) Problema 7.46*b* e (*c*) Problema 7.46*c*.

7.48 Desenhe um volume de controle cilíndrico de comprimento L e raio r em uma seção de tubo horizontal e mostre que a tensão de cisalhamento varia linearmente com r, ou seja, $\tau = r\,\Delta p/(2L)$. O cisalhamento da parede é dado então por $\tau_0 = r_0\,\Delta p/(2L)$ (ver Equação (7.75)).

7.49 Calcule o gradiente de velocidade na parede, a queda de pressão e a perda de carga em 20 m de comprimento para o escoamento de água do (*a*) Problema 7.46*a*, (*b*) Problema 7.46*b* e (*c*) Problema 7.46*c*. Obs.: Como a turbulência deve ser zero na parede, a tensão de cisalhamento da parede é dada por $\mu\,\partial\overline{u}/\partial y|_{y=0}$.

7.50 Água a 20 °C escoa em um tubo horizontal liso de 10 cm de diâmetro a uma vazão de 0,004 m^3/s. Calcule a velocidade máxima no tubo e a perda de carga em 40 m de comprimento. Use a distribuição de velocidade da lei de potência.

7.51 Óleo SAE-30 a 20 °C é transportado em um tubo liso de 40 cm de diâmetro com uma velocidade média de 10 m/s. Usando o perfil de velocidade da lei de potência, calcule (*a*) o fator de atrito, (*b*) a queda de pressão em 100 m de tubo, (*c*) a velocidade média e (*d*) a espessura da camada de parede viscosa.

7.52 Refaça o Problema 7.51 usando o perfil de velocidade semilogarítmico.

7.53 Se o tubo do Problema 7.51 fosse de ferro fundido, refaça o problema usando o perfil de velocidade semilogarítmico.

Perdas no Escoamento em Tubo

7.54 Água a 20 °C escoa a 0,02 m^3/s em um tubo de ferro galvanizado de 8 cm de diâmetro. Calcule a perda de carga em 40 m de tubo horizontal usando (*a*) o diagrama de Moody e (*b*) a equação alternativa.

7.55 Refaça o Problema 7.54 usando (*a*) óleo SAE-10 a 80 °C, (*b*) glicerina a 70 °C e (*c*) óleo SAE-30 a 40 °C.

7.56 Água a 30 °C escoa por uma inclinação de 30° em um tubo liso de 6 cm de diâmetro com vazão de 0,006 m^3/s. Determine a queda de pressão e a perda de carga em um tubo com 80 m de comprimento.

7.57 Se a queda de pressão em uma seção de tubo horizontal de ferro galvanizado de 100 m e 10 cm de diâmetro de comprimento é de 200 kPa, calcule a vazão se o líquido que escoa é (*a*) água a 20 °C, (*b*) óleo SAE-10 a 80 °C, (*c*) glicerina a 70 °C e (*d*) óleo SAE-30 a 20 °C. Como o diagrama de Moody exige uma solução de tentativa e erro, recomenda-se o uso de uma das equações alternativas.

7.58 Ar a 40 °C e 200 kPa entra em uma seção de 300 m de um tubo de ferro galvanizado de 10 cm de diâmetro. Se é medida uma queda de pressão de 200 Pa na seção, calcule a vazão mássica e a vazão. Como o diagrama de Moody exige uma solução de tentativa e erro, recomenda-se o uso de uma das equações alternativas. Pressuponha que o ar é incompressível.

7.59 Deseja-se uma queda de pressão de 100 kPa em um tubo liso de 80 m transportando água a 20 °C com vazão de 0,0016 m^3/s. Qual diâmetro de tubo deve ser usado? Como o diagrama de Moody exige uma solução de tentativa e erro, recomenda-se o uso de uma das equações alternativas.

7.60 Refaça o Problema 7.59 usando (*a*) óleo SAE-10 a 80 °C, (*b*) glicerina a 70 °C e (*c*) óleo SAE-30 a 20 °C.

7.61 Um fazendeiro deseja extrair água a 20 °C de um lago cuja superfície está 4 m acima da saída do tubo de plástico. Se a distância total é de 400 m e deseja-se 300 L de água por minuto, qual deveria ser o tamanho da tubulação selecionada? Como o diagrama de Moody exige uma solução de tentativa e erro, recomenda-se o uso de uma das equações alternativas.

7.62 Ar a 35 °C e 120 kPa entra em um conduíte de chapa de metal de 20 × 50 cm a uma vazão de 6 m^3/s. Qual é a queda de pressão esperada em um comprimento de 120 m?

7.63 Mede-se uma queda de pressão de 6000 Pa em um comprimento de 20 m enquanto água a 30 °C escoa através de um conduíte liso de 2 × 6 cm. Determine a vazão.

Perdas Menores

7.64 O coeficiente de perda do joelho padrão listado na Tabela 7.2 parece ser bastante grande em comparação com diversos outros coeficientes de perda. Explique por que o joelho tem um coeficiente de perda relativamente tão grande, inferindo um escoamento secundário após a curva. Consulte a Equação (3.31).

7.65 Água a 20 °C escoa de um reservatória por um tubo de ferro galvanizado de 100 m de comprimento e 4 cm de diâmetro e sai para a atmosfera. A saída está 20 m abaixo da superfície do reservatório. Qual é a velocidade de saída (*a*) pressupondo que não há perdas no tubo e (*b*) incluindo as perdas? Há uma entrada de arestas vivas. Desenhe a EGL e a HGL para (*a*) e (*b*).

7.66 Adicione um bocal com uma saída de 2 cm de diâmetro ao tubo do Problema 7.65. Calcule a velocidade de saída.

7.67 O tubo horizontal do Problema 7.65 recebe três joelhos roscáveis padrão com espaçamento igual entre si. Calcule o escoamento, incluindo todas as perdas. Desenhe a linha piezométrica.

7.68 Um tubo de ferro fundido de 4 cm de diâmetro conecta dois reservatórios, com a superfície de um reservatório 10 m abaixo da superfície do outro. Há dois joelhos roscáveis padrão e uma válvula angular totalmente aberta no tubo de 50 m de comprimento. Pressupondo uma entrada de arestas vivas, calcule a vazão entre os reservatórios. Pressuponha uma temperatura de 20 °C.

7.69 Uma bomba com 88% de eficiência é usada para transportar água a 30 °C de um reservatório inferior através de um tubo de ferro galvanizado de 8 cm de diâmetro até um reservatório superior cuja superfície está 40 m acima da superfície do inferior. O comprimento total do tubo é de 200 m. Determine a potência necessária para que a vazão seja de 0,04 m^3/s. Qual é a distância máxima em relação ao reservatório inferior à qual a bomba pode ficar localizada se o tubo horizontal está 10 m abaixo da superfície do reservatório inferior?

7.70 Uma turbina com 90% de eficiência opera entre dois reservatórios conectados por um tubo de ferro fundido de 200 m de comprimento e 40 cm de diâmetro que transporta 0,8 m^3/s de água a 20 °C. Determine a potência de saída da turbina se a diferença de elevação entre as superfícies dos reservatórios é de 40 m.

7.71 As *curvas características da bomba*, mostradas na Figura 7.18, relacionam a eficiência e a carga da bomba (ver Equação (4.25)) para a bomba desse problema com a vazão. Se a bomba é usada para mover água a 20 °C de um reservatório inferior a uma elevação de 20 m até um reservatório superior a uma elevação de 60 m através de 200 m de tubos de ferro fundido de 16 cm de diâmetro, determine a vazão e a potência necessária.

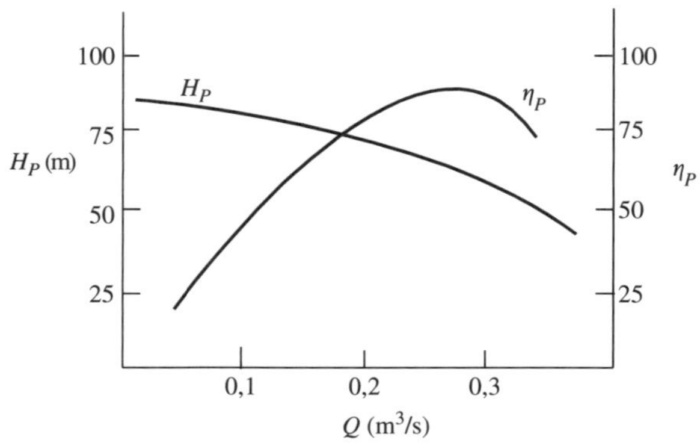

Figura 7.18

Escoamento em Canal Aberto

7.72 Água escoa a uma profundidade de 80 cm em um canal aberto em uma inclinação de 0,0012. Determine a tensão de cisalhamento média que atua sobre as paredes do canal se a seção transversal do canal é (*a*) um retângulo de 140 cm de largura e (*b*) um círculo com 3,2 m de diâmetro. (Desenhe um volume de controle e some as forças.)

7.73 Água escoa em um canal de concreto acabado retangular de 2 m de largura com inclinação de 0,001 a uma profundidade de 80 cm. Calcule a vazão usando (*a*) a equação de Chezy–Manning e (*b*) o diagrama de Moody.

7.74 Água não deve exceder uma profundidade de 120 cm em um canal de concreto acabado retangular de 2 m de largura em uma inclinação de 0,001. Qual seria a vazão a essa profundidade? (*a*) Use a equação de Chezy–Manning e (*b*) o diagrama de Moody.

7.75 Calcule a vazão no canal mostrado na Figura 7.19 se a inclinação é de 0,0014. As laterais estão em uma inclinação de 45°. (*a*) Use a equação de Chezy–Manning e (*b*) a equação de Darcy–Weisbach. (*c*) Calcule também a tensão de cisalhamento média nas paredes.

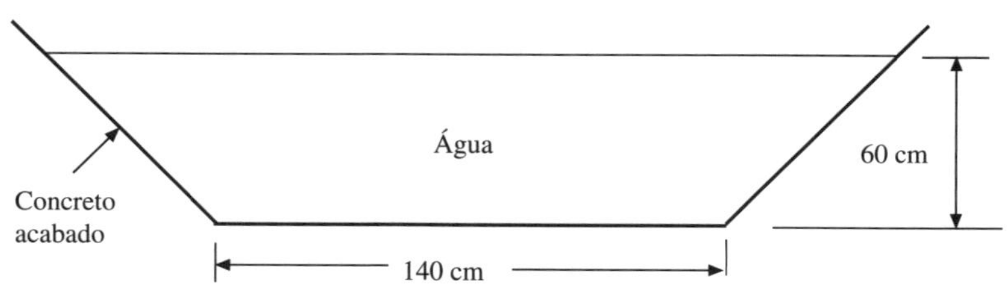

Figura 7.19

7.76 Água escoa em um esgoto de 2 m de diâmetro (concreto acabado) com $S = 0{,}0016$. Calcule a vazão se a profundidade é de (*a*) 50, (*b*) 100, (*c*) 150 e (*d*) 199 cm.

7.77 Água escoa em um esgoto de 120 cm de diâmetro (concreto acabado) com $S = 0{,}001$ a uma vazão de 0,4 m^3/s. Qual é a profundidade esperada do escoamento?

Respostas dos Problemas Complementares

7.11 (*a*) 0,1007 m/s (*b*) 0,0367 m/s (*c*) 1,8 m/s (*d*) 1,51 m/s

7.12 Altamente turbulento

7.13 Turbulento

7.14 Laminar

7.15 (*a*) 16,4 m, 8,2 m (*b*) 25,1 m, 12,5 m (*c*) 34,7 m, 17,4 m (*d*) 45,1 m, 22,6 m

7.16 Sim, sim

7.17 4,8 m, 0,283 m/s

7.18 (*a*) 1,94 m, 3,87 m (*b*) 0,2 m, 2,4 m

7.19 Ver enunciado do problema

7.20 Ver enunciado do problema

7.21 Ver enunciado do problema

7.22 Ver enunciado do problema

7.23 Ver enunciado do problema

7.24 (*a*) 0,448 m/s (*b*) 2950 (*c*) 0,16 Pa (*d*) 0,0217

7.25 (*a*) 1114 Pa, não laminar (*b*) 153 kPa, laminar (*c*) 594 kPa, laminar

7.26 0,219° para baixo

7.27 (*a*) 200,6 kPa (*b*) −191,8 kPa

7.28 0,0091 Pa, 0,04, 3,13 m, 36,4 Pa

7.29 1,414 cm, 1 cm

7.30 $\text{sen}^{-1}(8\mu V/\gamma r_0^2)$, 0,376°

7.31 4,1, 14,8, 0,0117 m^3/s

7.32 0,035 N/m^2

7.33 $2U/b^2$

7.34 $6\mu U/b^2$

7.35 (*a*) 0,0006 m^3/s, 180 Pa (*b*) 0,0093 m^3/s, 51,5 Pa (*c*) 0,0024 m^3/s, 264 kPa

7.36 0,000653 m^3/s, 0,00098 N/m^2

7.37 (*a*) −125 Pa/m (*b*) 125 Pa/m (*c*) 375 Pa/m (*d*) −0,25 Pa/m

7.38 (*a*) 2,83 m/s (*b*) −2,83 m/s (*c*) −0,942 m/s (*d*) 1,37 m/s

7.39 12,6 N·m

7.40 565 N

7.41 $2\pi\mu r_1^3\omega^2 L/\delta$

7.42 (*a*) 0,346 N·m (*b*) 0,339 N·m

7.43 539(0,0016/*r* − *r*), 0,325 N·m, 136 W

7.44 $T = 4\pi\mu r_1^2 r_2^2 L\omega_2/(r_2^2 - r_1^2)$

7.45 Ver enunciado do problema

7.46 (*a*) liso (*b*) rugoso (*c*) rugoso

7.47 (*a*) 0,047 m/s (*b*) 0,474 m/s (*c*) 4,6 m/s

7.48 Ver enunciado do problema

7.49 (*a*) 7,3 s^{-1}, 4,4 Pa, 0,00045 m (*b*) 490 s^{-1}, 290 Pa, 0,03 m (*c*) 45.200 s^{-1}, 27 kPa, 2,7 m

7.50 0,63 m/s, 0,125 m

7.51 (*a*) 0,024 (*b*) 275 kPa (*c*) 12,4 m/s (*d*) 1,82 mm

7.52 (*a*) 0,0255 (*b*) 292 kPa (*c*) 11,9 m/s (*d*) 1,77 mm

7.53 (*a*) 0,0275 (*b*) 315 kPa (*c*) 12,5 m/s (*d*) 1,71 mm

7.54 (*a*) 9,7 m (*b*) 9,55 m

7.55 (*a*) 11,3 m, 11,1 m (*b*) 15,1 m, 15,2 m (*c*) 16,1 m, 16,5 m

7.56 − 343 kPa, 4,98 m

7.57 (*a*) 0,033 m^3/s (*b*) 0,032 m^3/s (*c*) 0,022 m^3/s (*d*) 0,022 m^3/s

7.58 0,0093 m^3/s, 0,031 kg/s

7.59 5,6 cm

7.60 (*a*) 3,5 cm (*b*) 3,9 cm (*c*) 3,9 cm

7.61 8,4 cm

7.62 18,8 kPa

7.63 0,00063 m^3/s

7.64 Ver enunciado do problema

7.65 (*a*) 19,8 m/s (*b*) 2,01 m/s

7.66 0,995 m/s

7.67 1,56 m/s

7.68 1,125 m/s

7.69 138 hp, 6,7 m

7.70 173 hp

7.71 0,3 m^3/s, 290 hp

7.72 (*a*) 4,39 Pa (*b*) 4,92 Pa

7.73 (*a*) 2,45 m^3/s (*b*) 2,57 m^3/s

7.74 (*a*) 0,422 m^3/s (*b*) 0,435 m^3/s

7.75 (*a*) 1,99 m^3/s (*b*) 2,09 m^3/s (*c*) 5,32 Pa

7.76 (*a*) 0,747 m^3/s (*b*) 3,30 m^3/s (*c*) 6,27 m^3/s (*d*) 6,59 m^3/s

7.77 0,45 m

Capítulo 8

Escoamentos Externos

8.1 INTRODUÇÃO

O objeto dos escoamentos externos envolve escoamentos com números de Reynolds baixos e altos. Os escoamentos com números de Reynolds baixos não são relevantes para a maioria das aplicações de engenharia e não serão considerados neste livro; o escoamento em torno de gotículas de sprays, sedimentos fluviais, filamentos e glóbulos vermelhos seriam exemplos deixados nas mãos de especialistas. Os escoamentos com números de Reynolds altos são relevantes para muitos engenheiros e incluem escoamentos em torno de aerofólios, veículos, edifícios, cabos de pontes, estádios, lâminas de turbinas e placas, entre outros.

É muito difícil resolver o campo de escoamento externo a um corpo, mesmo para os corpos mais simples, como um cilindro longo ou uma esfera. Podemos, no entanto, desenvolver equações que nos permitem estimar o crescimento da camada viscosa fina, a camada limite, que cresce sobre uma placa plana ou o nariz arredondado de um veículo. Além disso, coeficientes foram determinados experimentalmente que permitem que o arrasto e a sustentação sejam objetos de interesse. Começaremos este capítulo apresentando esses coeficientes. Antes, no entanto, precisamos de algumas definições.

O escoamento ao redor de um corpo rombudo envolve uma *região separada*, uma região na qual o escoamento se separa do corpo e forma uma região recirculante a jusante, como desenhado na Figura 8.1. Uma *esteira*, uma região influenciada pela viscosidade, também é formada; é uma região difusiva que continua a crescer (alguma distância a jusante a velocidade é menor do que a velocidade de corrente livre V). Existe uma camada limite

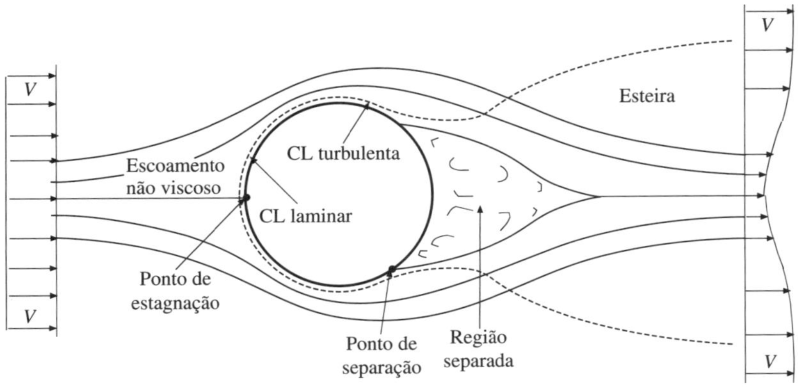

Figura 8.1 Os detalhes de um escoamento ao redor de um corpo rombudo.

laminar próximo à frente do corpo, seguida por uma camada limite turbulenta, como mostrado na Figura 8.1. Um escoamento não viscoso, muitas vezes chamado de *corrente livre*, existe na frente do corpo e no lado de fora da camada limite, região separada e esteira. O escoamento ao redor de um corpo carenado tem todos os mesmos componentes que a Figura 8.1, exceto por não ter uma região separada significativa e sua esteira ser muito menor.

O escoamento não viscoso de corrente livre normalmente é irrotacional, apesar de poder ser um escoamento rotacional com vorticidade, por exemplo, o escoamento de ar próximo ao solo ao redor do tronco de uma árvore ou água próxima do solo ao redor de um pilar no rio; a água escava uma depressão na areia em frente ao pilar e o ar escava uma depressão semelhante na neve em frente à árvore, uma observação interessante. A vorticidade no ar ou água que se aproxima explica o fenômeno observado.

É preciso observar que o limite da região separada é mostrado em um local médio. Contudo, ele é altamente transiente e pode trocar massa lentamente com a corrente livre, apesar de as linhas de corrente do médio permanecerem fora da região separada. Além disso, a região separada sempre fica localizada dentro da esteira.

O interesse no escoamento ao redor de um objeto rombudo se concentra no *arrasto*, a força que o escoamento exerce sobre o corpo na direção do escoamento.* A *sustentação* é a força exercida em sentido normal à direção do escoamento e é relevante para aerofólios e corpos carenados. O arrasto F_D e a sustentação F_L são especificados em termos do *coeficiente de arrasto* C_D e do *coeficiente de sustentação* C_L, respectivamente, por

$$F_D = \frac{1}{2}\rho A V^2 C_D \qquad \text{e} \qquad F_L = \frac{1}{2}\rho A V^2 C_L \tag{8.1}$$

onde, para um corpo rombudo, a área A é a área projetada sobre um plano normal à direção do escoamento, e para um aerofólio, a área A é a *corda* (a distância do nariz até o bordo de fuga) vezes o comprimento.

A força acarretada pela pressão menor na região separada domina a força de arrasto sobre um corpo rombudo, o tema da Seção 8.2. A tensão viscosa que atua sobre e em paralelo a cada elemento do limite pode ser ignorada, e assim nenhuma ou quase nenhuma atenção é dada à camada limite na superfície de um corpo rombudo. O contrário é verdade para um aerofólio, tema da Seção 8.3; a força de arrasto se deve principalmente às tensões viscosas que atuam sobre os elementos do limite. Por consequência, há um interesse significativo na camada limite que surge sobre um corpo carenado. É esse interesse que motiva boa parte do estudo sobre camadas limite. Os elementos básicos da teoria da camada limite serão apresentados na Seção 8.5. Antes, no entanto, é preciso conhecer o escoamento não viscoso no exterior da camada limite (Figura 8.1). Assim, a teoria do escoamento não viscoso será apresentada na Seção 8.4. A camada limite é tão fina que pode ser ignorada quando resolvemos um escoamento não viscoso. A solução do escoamento não viscoso fornece a sustentação, que não é influenciada significativamente pela camada limite viscosa, e a distribuição de pressão sobre a superfície do corpo, além da velocidade sobre essa superfície (como a solução não viscosa ignora os efeitos da viscosidade, o fluido não adere ao limite, mas sim escorrega por ele). A pressão e a velocidade na superfície são necessárias na solução da camada limite.

8.2 ESCOAMENTO EM TORNO DE CORPOS ROMBUDOS

8.2.1 Coeficientes de Arrasto

O parâmetro de escoamento primário que influencia o arrasto ao redor de um corpo rombudo é o número de Reynolds. Se não há uma superfície livre, os coeficientes de arrasto para esferas e cilindros longos lisos e rugosos são apresentados na Figura 8.2; os valores para esferas e cilindros carenados também são incluídos.

A separação sempre ocorre no escoamento de um fluido em torno de um corpo rombudo se o número de Reynolds é suficientemente alto. Contudo, a números de Reynolds baixos (diz-se que é um *escoamento de Stokes* se $\text{Re} < 5$), não há separação e o coeficiente de arrasto é dado, para uma esfera, por

$$C_D = \frac{24}{\text{Re}} \qquad \text{Re} < 1 \tag{8.2}$$

A separação ocorre para $\text{Re} \geq 10$, começando sobre uma pequena área na traseira da esfera até a região separada alcançar seu máximo em $\text{Re} \cong 1000$. Assim, o coeficiente de arrasto é relativamente constante

* Na verdade, o corpo se move através do fluido estacionário. Para criar um escoamento em regime permanente, o fluido é transportado além do corpo estacionário, como em um laboratório; as pressões e a força permanecem as mesmas. Para obter a velocidade real, a velocidade do escoamento é subtraída da velocidade em cada ponto.

até ocorrer uma queda súbita em torno de $Re = 2 \times 10^5$. Essa queda súbita se deve à transição da camada limite logo antes da separação sofrer transição de escoamento laminar para turbulento. Uma camada limite turbulenta contém significativamente mais momento e é capaz de mover a região de separação mais para trás; observe a comparação na Figura 8.3. A redução súbita do arrasto pode chegar a 80%. É possível tornar a superfície de um objeto mais rugosa para fazer com que a camada limite sofra a transição prematuramente; é o que fazem as cavidades em uma bola de golfe, que aumentam o voo em até 100% em comparação com o voo de uma bola lisa.

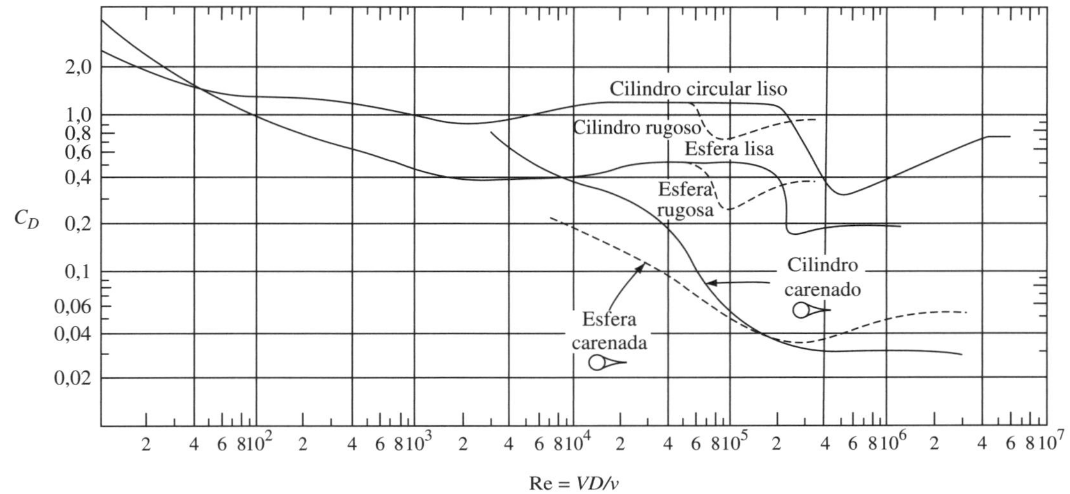

Figura 8.2 Coeficientes de arrasto para escoamentos ao redor de esferas e cilindros longos.

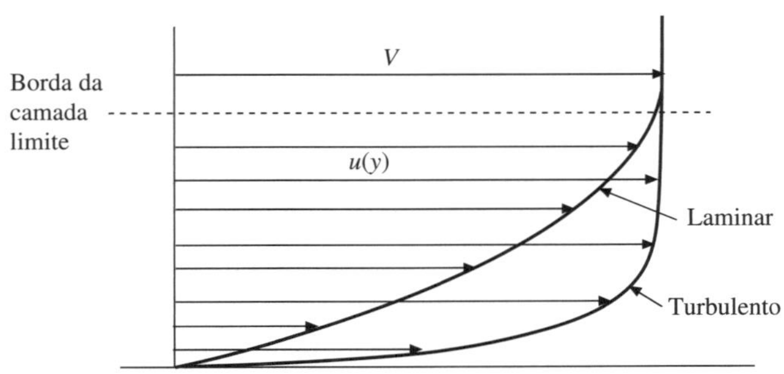

Figura 8.3 Perfis da velocidade laminar e turbulenta para a mesma espessura da camada limite.

Após a queda súbita, o coeficiente de arrasto mais uma vez aumenta com o número de Reynolds maior. Os dados experimentais não fornecem os coeficientes de arrasto para a esfera ou o cilindro para números de Reynolds altos. Em geral, são usados os valores de 0,2 para esferas lisas e 0,4 para cilindros lisos longos para números de Reynolds acima de 10^6.

O carenamento pode reduzir significativamente os coeficientes de arrasto de corpos rombudos. A Figura 8.2 mostra os coeficientes de arrasto para esferas e cilindros carenados. O ângulo incluído no bordo de fuga não deve ser maior do que cerca de 20° se a região separada deve ser minimizada. O arrasto devido à tensão de cisalhamento que atua sobre a superfície alargada certamente aumenta para um corpo carenado, mas o arrato devido à baixa pressão será reduzido muito mais, de modo que o arrasto total será menor. Além disso, o carenamento elimina as vibrações que costumam ocorrer quando os vórtices são desprendidos de um corpo rombudo.

Para cilindros de comprimento finito com extremidades livres, o coeficiente de arrasto deve ser reduzido usando os dados da Tabela 8.1. Se um cilindro de comprimento finito tem uma extremidade afixada a uma superfície sólida, o comprimento do cilindro deve ser dobrado. Observe que a razão L/D de um cilindro com extremidades livres precisa ser muito grande antes que os efeitos de extremidade não sejam significativos.

Tabela 8.1 Coeficientes de Arrasto para Cilindros Circulares de Comprimento Finito* com Extremidades Livres†

L/D	$C_D/C_{D\infty}$
∞	1
40	0,82
20	0,76
10	0,68
5	0,62
3	0,62
2	0,57
1	0,53

* $C_{D\infty}$ é o coeficiente de arrasto da Figura 8.2.

† Se uma extremidade está afixada a uma superfície sólida, dobre o comprimento do cilindro.

Os coeficientes de arrasto para diversas formas comuns que são insensíveis a números de Reynolds altos estão apresentados na Tabela 8.2.

Tabela 8.2 Coeficientes de Arrasto para Diversos Objetos Rombudos

Objeto	Re	C_D
Cilindro quadrado com largura w	$L/w = \infty$ $> 10^4$	2,0
	$L/w = 1$ $> 10^4$	1,1
Placas retangulares	$L/w = \infty$ $> 10^3$	2,0
	$L/w = 20$ $> 10^3$	1,5
	$L/w = 5$ $> 10^3$	1,2
	$L/w = 1$ $> 10^3$	1,1
Disco circular	$>10^3$	1,1
Paraquedas	$>10^7$	1,4
Automóvel moderno	$>10^5$	0,29
Van	$>10^5$	0,42
Bicicleta	ciclista ereto	1,1
	ciclista inclinado	0,9
	ciclista no vácuo do outro	0,5
Caminhão	padrão	0,96
	com defletor carenado	0,76
	com defletor e vedação da junta	0,70

Exemplo 8.1 Um poste de 5 cm de diâmetro e 6 m de altura afixado em concreto sustenta uma placa plana circular de 4 m de diâmetro. Calcule o momento máximo contra o qual o concreto deve resistir para uma velocidade do vento de 30 m/s.

Solução: Para obter o momento máximo, pressupõe-se que o vento é normal em relação à placa. Como vemos na Tabela 8.2, o coeficiente de arrasto para um disco é 1,1. O momento devido à força de arrasto, que atua no centro da placa, é

$$M_1 = F_{D1} \times L_1 = \frac{1}{2}\rho A_1 V^2 C_{D1} \times L_1 = \frac{1}{2} \times 1,22 \times \pi \times 2^2 \times 30^2 \times 1,1 \times 8 = 60\,700\ \text{N}\cdot\text{m}$$

onde a massa específica a uma elevação acima do mar de 0 é utilizada, já que a elevação não é dada. O momento devido ao poste é

$$M_2 = F_{D2} \times L_2 = \frac{1}{2}\rho A_2 V^2 C_{D2} \times L_2 = \frac{1}{2} \times 1,22 \times 0,05 \times 6 \times 30^2 \times 0,7 \times 3 = 346\ \text{N}\cdot\text{m}$$

usando um número de Reynolds de $\text{Re} = 30 \times 0{,}05/1{,}5 \times 10^{-5} = 10^5$ e pressupondo flutuações de alta intensidade no fluxo de ar, ou seja, um cilindro rugoso. O fator da Tabela 8.1 não foi usado porque nenhuma das extremidades era livre.

O momento contra o qual a base de concreto deve resistir é de

$$M = M_1 + M_2 = 60\,700 + 346 = 61\,000\ \text{N}\cdot\text{m}$$

8.2.2 Desprendimento de Vórtices

Corpos cilíndricos longos expostos a um escoamento de fluido podem exibir o fenômeno do desprendimento de vórtices a números de Reynolds relativamente baixos. Os vórtices são desprendidos de fios elétricos, pontes, torres e fiação de comunicação subaquática e podem causar danos significativos. Vamos considerar os vórtices desprendidos de um longo cilindro circular. O desprendimento ocorre em lados alternados do cilindro, como desenhado na Figura 8.4. A frequência de desprendimento *f*, Hz, é dada pelo número de Strouhal,

$$\text{St} = \frac{fD}{V} \tag{8.3}$$

Se a frequência de desprendimento é a mesma ou um múltiplo da frequência de uma estrutura, existe a possibilidade de que ocorram danos devido à ressonância.

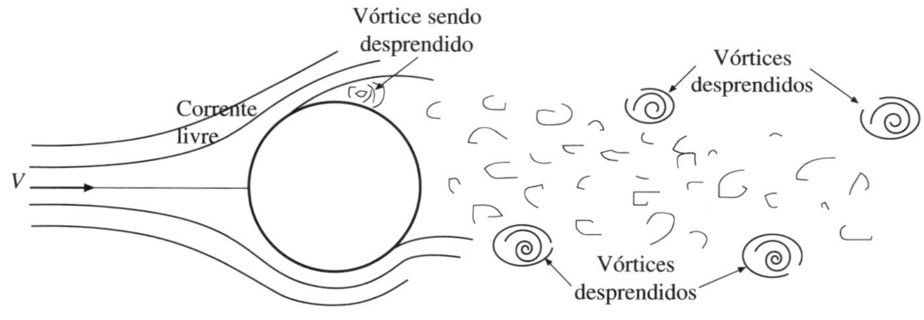

Figura 8.4 Vórtices desprendidos de um cilindro.

O número de Strouhal não pode ser calculado usando equações; ele é determinado experimentalmente e mostrado na Figura 8.5. Observe que o desprendimento de vórtices inicia a $\text{Re} \approx 40$ e que, para $\text{Re} \geq 300$, o número de Strouhal é basicamente independente do número de Reynolds e igual a cerca de 0,21. O fenômeno do desprendimento de vórtices desaparece para $\text{Re} > 10^4$.

Exemplo 8.2 Um cilindro de 6 cm de diâmetro é usado para medir a velocidade de uma corrente de ar lenta. Duas tomadas de pressão são usadas para determinar que os vórtices sejam desprendidos com uma frequência de 4 Hz. Determine a velocidade da corrente de ar.

Solução: Pressuponha que o número de Strouhal está na faixa de 300 < Re < 10.000. Então,

$$\frac{fD}{V} = 0{,}21 \quad \text{de modo que} \quad V = \frac{4 \times 0{,}06}{0{,}21} = 1{,}14\,\text{m/s}$$

É muito difícil medir a velocidade de uma corrente de ar tão lenta. A medição dos vórtices desprendidos é um dos métodos usados para isso.

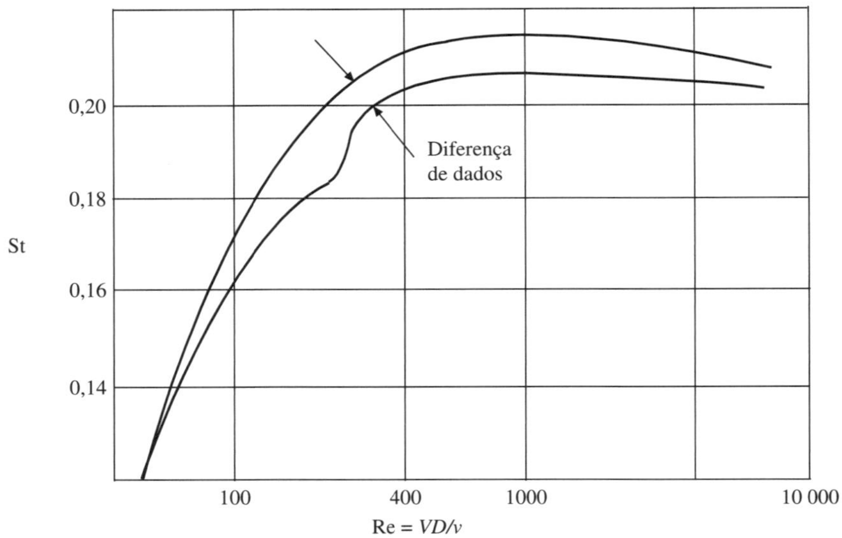

Figura 8.5 Número de Strouhal para o desprendimento de vórtices de um cilindro.

8.2.3 Cavitação

Quando um líquido escoa de uma região de pressão relativamente alta para uma região de baixa pressão, pode ocorrer *cavitação*, ou seja, a pressão pode ser suficientemente baixa para que o líquido se vaporize. Isso pode ocorrer em escoamentos em tubos, nos quais existe uma contração e uma expansão, nas aletas de uma bomba centrífuga, próximo às pontas de impulsores, em hidrofólios e em torpedos. A cavitação pode até danificar os impulsores e os eixos de aço (devido às vibrações) em navios e fazer com que as bombas deixem de funcionar corretamente. Contudo, o fenômeno também pode ser útil na destruição de cálculos renais, em dispositivos de limpeza ultrassônica e para melhorar o desempenho de torpedos.

A cavitação ocorre sempre que o *número de cavitação* σ, definido por

$$\sigma = \frac{p_\infty - p_v}{\frac{1}{2}\rho V^2} \tag{8.4}$$

é menor do que o número de cavitação crítico σ_{crit}, que depende da geometria e do número de Reynolds. Na Equação (8.4), p_∞ é a pressão absoluta na corrente livre e p_v é a pressão de vapor do líquido.

O coeficiente de arrasto de um corpo que sofre cavitação é dado por

$$C_D(\sigma) = C_D(0)(1 + \sigma) \tag{8.5}$$

onde $C_D(0)$ é dado na Tabela 8.3 para diversos corpos para $\text{Re} \cong 10^5$.

O *hidrofólio*, um formato do tipo aerofólio usado para sustentar um barco acima da superfície da água, não consegue operar sem cavitação. A área e o número de Reynolds se baseiam no comprimento da corda. Os coeficientes de arrasto e de sustentação, além dos números de cavitação críticos, são apresentados na Tabela 8.4.

Tabela 8.3 Coeficientes de Arrasto para Números de Cavitação Zero a Re ≅ 10^5

Geometria	Ângulo	$C_D(0)$
Esfera		0,30
Disco (circular)		0,8
Cilindro circular		0,50
Placa plana (retangular)		0,88
Cunha bidimensional	120	0,74
	90	0,64
	60	0,49
	30	0,28
Cone (cilindricamente simétrico)	120	0,64
	90	0,52
	60	0,38
	30	0,20

Tabela 8.4 Coeficientes de Arrasto e Sustentação e Números de Cavitação Críticos para Hidrofólios para $10^5 < \text{Re} < 10^6$

Ângulo (°)	Coeficiente de sustentação	Coeficiente de arrasto	Número de cavitação crítico
–2	0,2	0,014	0,5
0	0,4	0,014	0,6
2	0,6	0,015	0,7
4	0,8	0,018	0,8
6	0,95	0,022	1,2
8	1,10	0,03	1,8
10	1,22	0,04	2,5

Exemplo 8.3 Um hidrofólio de 2 m de comprimento com corda de 40 cm de comprimento opera 30 cm abaixo da superfície da água com ângulo de ataque de 6°. Para uma velocidade de 16 m/s, determine o arrasto e a sustentação e decida se há cavitação no hidrofólio.

Solução: A pressão p_∞ deve ser absoluta. Ela é

$$p_\infty = \gamma h + p_{\text{atm}} = 9800 \times 0,3 + 100\,000 = 102\,900 \text{ Pa abs}$$

Pressupondo que a temperatura da água é de cerca de 15 °C, a pressão de vapor é de 1600 Pa (Tabela C.1), e o número de cavitação é

$$\sigma = \frac{p_\infty - p_v}{\frac{1}{2}\rho V^2} = \frac{102\,900 - 1705}{0,5 \times 1000 \times 16^2} = 0,79$$

O valor é menor do que o número de cavitação crítico de 1,2 dado na Tabela 8.4; logo, há cavitação. Observe que poderíamos ter usado $p_v = 0$, como costuma ser feito, alcançando um nível suficiente de precisão.

O arrasto e a sustentação são

$$F_D = \frac{1}{2}\rho V^2 A C_D = \frac{1}{2} \times 1000 \times 16^2 \times 2 \times 0,4 \times 0,022 = 2250 \text{ N}$$
$$F_L = \frac{1}{2}\rho V^2 A C_L = \frac{1}{2} \times 1000 \times 16^2 \times 2 \times 0,4 \times 0,95 = 97\,300 \text{ N}$$

8.2.4 Massa Adicional

Quando um corpo é acelerado em um fluido, parte do fluido ao seu redor também é acelerada. Isso exige uma força maior do que aquela necessária para acelerar apenas o corpo. Para levar em conta a massa maior que precisa ser acelerada, uma *massa adicional* m_a simplesmente é adicionada ao corpo para calcular a força. Para movimentos no plano horizontal, a força necessária para acelerar um corpo é dada por

$$F - F_D = (m + m_a)\frac{dV}{dt} \tag{8.6}$$

onde F_D é a força de arrasto. Se o corpo está acelerando a partir do estado de repouso, a força de arrasto seria 0.

A massa adicionada é relacionada com a massa de fluido m_f deslocada pelo corpo. A relação

$$m_a = km_f \tag{8.7}$$

fornece a massa adicional se o fator k é conhecido. Para uma esfera, k = 0,5; para um elipsoide com o eixo maior igual ao dobro do eixo menor e movendo-se na direção do eixo maior, k = 0,2; e para um cilindro longo movendo-se normal ao seu eixo, k = 1,0. Esses valores são referentes a escoamentos não viscosos, então são usados quando o corpo parte do estado de repouso ou a velocidades muito baixas.

Para corpos densos acelerando no ar, a massa adicionada pode ser ignorada, mas esta deve ser incluída para corpos acelerando em um líquido.

Exemplo 8.4 Uma esfera com gravidade específica de 3 é solta em um volume de água a partir do estado de repouso. Determine sua aceleração inicial.

Solução: Aplique a segunda lei de Newton, incluindo a força de impulsão:

$$W - F_B = (m + m_a)\frac{dV}{dt}$$

$$(S\gamma_{\text{água}} - \gamma_{\text{água}})\forall_{\text{esfera}} = (S\rho_{\text{água}} + 0,5\rho_{\text{água}})\forall_{\text{esfera}}\frac{dV}{dt}$$

$$\therefore \quad \frac{dV}{dt} = \frac{(3-1)g}{3+0,5} = 5,6\,\text{m/s}^2$$

onde usamos $\gamma = \rho g$.

8.3 ESCOAMENTO EM TORNO DE AEROFÓLIOS

Os aerofólios são carenados para que não ocorra separação. Os aerofólios projetados para operar a velocidades subsônicas são arredondados no bordo de ataque, enquanto aqueles projetados para velocidades supersônicas podem ter bordos de ataque aguçados. O arrasto sobre um aerofólio se deve principalmente à tensão de cisalhamento que atua sobre a superfície; há também algum arrasto devido à distribuição de pressão. A camada limite, na qual todas as tensões de cisalhamento estão confinadas, que surge sobre um aerofólio é bastante fina (ver desenho na Figura 8.6) e pode se ignorada quando calculamos o escoamento não viscoso ao redor do aerofólio. A distribuição de pressão determinada pela solução do escoamento não viscoso é muito pouco influenciada pela presença da camada limite. Por consequência, estima-se a sustentação sobre um aerofólio ignorando a camada limite e integrando a distribuição de pressão do escoamento não viscoso. A solução do escoamento não viscoso também fornece a velocidade no limite externo da camada limite fina, uma condição de contorno necessária quando resolvemos as equações de camada limite; a solução das equações de camada limite serão apresentadas na Seção 8.5.

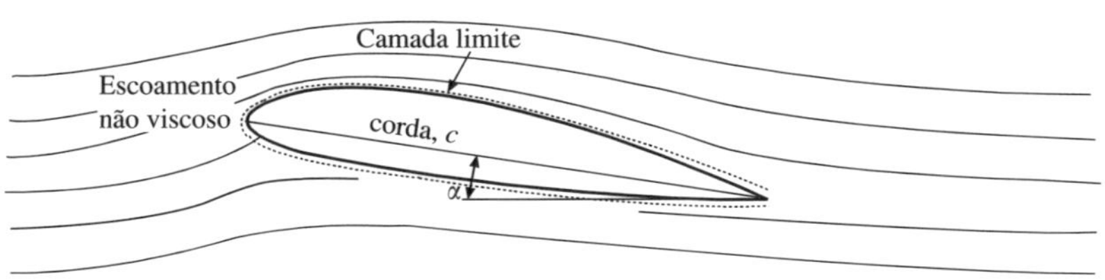

Figura 8.6 Escoamento em torno de um aerofólio a um ângulo de ataque α.

A sustentação e o arrasto sobre aerofólios não serão calculados a partir das condições de escoamento, mas sim de valores gráficos dos coeficientes de sustentação e arrasto. Estes são apresentados na Figura 8.7 para um aerofólio convencional com Re = 9×10^6. Os coeficientes de sustentação e de arrasto são definidos como

$$C_L = \frac{F_L}{\frac{1}{2}\rho c L V^2} \qquad C_D = \frac{F_D}{\frac{1}{2}\rho c L V^2} \tag{8.8}$$

Os aerofólios convencionais não são simétricos, mas projetados para terem sustentação positiva a um ângulo de ataque zero, como mostrado na Figura 8.7. A sustentação é diretamente proporcional ao ângulo de ataque até logo antes de encontrar o estol. O coeficiente de arrasto também é diretamente proporcional ao ângulo de ataque até cerca de 5°. A condição de cruzeiro ocorre em um ângulo de ataque de cerca de 5°, onde o valor mínimo do arrasto ocorre a $C_L = 0{,}3$, como observado. Na sua maior parte, as asas fornecem a sustentação da aeronave, mas um comprimento efetivo é a distância de ponta a ponta, a *envergadura*, pois a fuselagem também fornece parte da sustentação.

O coeficiente de arrasto é basicamente constante até um número de Mach de cerca de 0,75. Depois, ele aumenta por um fator de 10 até o número de Mach de 1 ser alcançado, quando começa a diminuir lentamente. Assim, os números de Mach de cruzeiro entre 0,75 e 1,5 são evitados para não enfrentar os coeficientes de arrasto mais altos. Os aerofólios com enflechamento positivo são usados porque é o componente normal da velocidade que é usado quando calculamos o número de Mach, o que permite que o avião tenha velocidades maiores antes de encontrar os coeficientes de arrasto mais altos.

Flapes com fendas também são usadas para criar coeficientes de sustentação maiores durante decolagens e pousos. O ar escoa da região de alta pressão na parte inferior do aerofólio através da fenda para energizar o ar lento na camada limite no lado superior do aerofólio, o que reduz a tendência de separação e estol. O coeficiente de arrasto pode alcançar 2,5 com uma flape de fenda única e 3,2 com duas fendas.

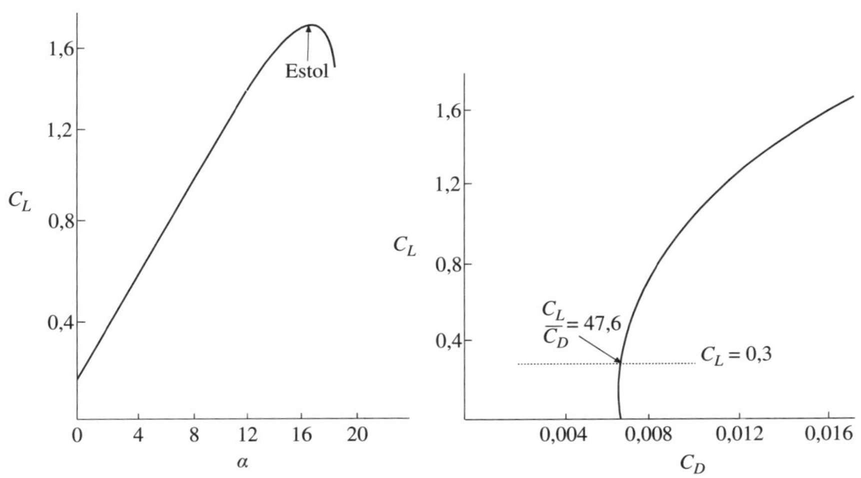

Figura 8.7 Coeficientes de sustentação e arrasto para um aerofólio convencional a Re = 9×10^6.

Exemplo 8.5 Determine a velocidade de decolagem para uma aeronave que pesa 15.000 N, incluindo sua carga, se sua envergadura é de 15 m e a corda tem 2 m. Pressuponha um ângulo de 8° na decolagem.

Solução: Pressuponha um aerofólio convencional e use o coeficiente de sustentação da Figura 8.7 de cerca de 0,95. A velocidade é calculada usando a equação para o coeficiente de sustentação

$$C_L = \frac{F_L}{\frac{1}{2}\rho c L V^2} \qquad 0{,}95 = \frac{15\,000}{\frac{1}{2} \times 1{,}2 \times 2 \times 15 \times V^2}. \qquad \therefore\ V = 30\,\text{m/s}$$

A resposta é arredondada para dois algarismos significativos, pois a figura fornece o coeficiente de sustentação de 0,95.

8.4 ESCOAMENTO POTENCIAL

8.4.1 Conceitos Básicos

Quando um corpo está se movendo em um fluido estacionário, não há presença de vorticidade no fluido não perturbado. Para criar um escoamento em regime permanente, sobrepõe-se um escoamento uniforme com a velocidade do corpo ao campo de escoamento de modo que o escoamento sem vorticidade passe pelo corpo estacionário, como acontece em um túnel de vento. A única maneira de introduzir vorticidade no escoamento é pelos efeitos da viscosidade. Para escoamentos com números de Reynolds altos, os efeitos viscosos estão concentrados na camada limite e na esteira (a esteira inclui a região separada). Para um corpo carenado e sobre a parte frontal de um corpo rombudo, o escoamento no exterior da camada limite não tem efeitos viscosos e, logo, vorticidade, então ele é não viscoso. A solução do problema do escoamento não viscoso informa o campo de velocidade e o campo de pressão na vizinhança do corpo. A pressão não é influenciada significativamente pela camada limite, então ela fornece a sustentação quando integrada sobre a superfície do corpo. A velocidade na superfície do corpo* de acordo com a solução do escoamento não viscoso será a velocidade na borda externa da camada limite fina, necessária na solução da camada limite (a ser apresentada na Seção 8.5). Assim, antes que possamos analisar a camada limite sobre um corpo, é preciso conhecer o escoamento não viscoso.

Um *escoamento potencial* (ou escoamento irrotacional) é aquele no qual o campo de velocidade pode ser expresso como o gradiente de uma função escalar, ou seja,

$$\mathbf{V} = \boldsymbol{\nabla}\phi \tag{8.9}$$

onde ϕ é o *potencial de velocidade*. Para um escoamento potencial, a vorticidade é 0

$$\boldsymbol{\omega} = \boldsymbol{\nabla} \times \mathbf{V} = 0 \tag{8.10}$$

Para demonstrar que isso é verdade, expandimos as coordenadas retangulares e usamos a Equação (8.9).

Para entender por que um escoamento irrotacional não pode gerar vorticidade, considere os três tipos de força que atuam sobre um elemento de fluido cúbico: a pressão e as forças corporais atuam através do centro do elemento e, por consequência, não podem conferir um movimento rotatório ao elemento. Apenas as forças de cisalhamento viscosas podem dar movimento rotatório para partículas de fluido. Assim, se os efeitos viscosos são inexistentes, a vorticidade não pode ser introduzida ao que seria um escoamento potencial. Além disso, podemos observar que isso é verdade usando o rotacional da equação de Navier–Stokes (5.20).

Se a velocidade é dada pela Equação (8.9), a equação da continuidade (5.8) para um escoamento incompressível nos dá

$$\boldsymbol{\nabla}\cdot\boldsymbol{\nabla}\phi = \nabla^2\phi = 0 \tag{8.11}$$

que é a famosa *equação de Laplace*. Em coordenadas retangulares, ela é escrita como

$$\frac{\partial^2\phi}{\partial x^2} + \frac{\partial^2\phi}{\partial y^2} + \frac{\partial^2\phi}{\partial z^2} = 0 \tag{8.12}$$

Com as condições de contorno necessárias, essa equação poderia ser resolvida. Contudo, em vez de tentar resolver o problema de valor de contorno resultante diretamente, vamos restringir nosso interesse a escoamentos planos, como aerofólios e corpos cilíndricos, identificar diversos escoamentos simples que satisfazem a equação de Laplace e então sobrepor esses escoamentos simples para formar escoamentos relevantes mais complexos. Como a equação de Laplace é linear, os escoamentos sobrepostos também satisfarão a equação de Laplace.

Primeiro, no entanto, vamos definir outra função escalar que será de grande utilidade em nossos estudos. Para os escoamentos planos de interesse, a *função corrente* ψ é definida por

$$u = \frac{\partial\psi}{\partial y} \qquad \text{e} \qquad v = -\frac{\partial\psi}{\partial x} \tag{8.13}$$

de modo que a equação da continuidade (5.8) com $\partial w/\partial z = 0$ (para um escoamento plano) seja satisfeita para todos os escoamentos planos. Com isso, a vorticidade, as Equações (8.10) e (3.14), temos

---

* Se há efeitos viscosos insignificantes, o fluido não se adere ao limite e consegue escorregar.

$$\omega_z = \frac{\partial v}{\partial x} - \frac{\partial u}{\partial y} = -\frac{\partial^2 \psi}{\partial x^2} - \frac{\partial^2 \psi}{\partial y^2} = 0 \quad (8.14)$$

de modo que

$$\frac{\partial^2 \psi}{\partial x^2} + \frac{\partial^2 \psi}{\partial y^2} = 0 \quad (8.15)$$

A função corrente também satisfaz à equação de Laplace, Assim, pelas equações acima, temos

$$u = \frac{\partial \phi}{\partial x} = \frac{\partial \psi}{\partial y} \quad \text{e} \quad v = \frac{\partial \phi}{\partial y} = -\frac{\partial \psi}{\partial x} \quad (8.16)$$

As equações entre ϕ e ψ na Equação (8.16) formam as *equações de Cauchy–Riemann,* e ϕ e ψ são chamados de *funções harmônicas.* A função $\phi + i\psi$ é o *potencial de velocidade complexo.* Assim, a poderosa teoria matemática das variáveis complexas pode ser aplicada a esse subconjunto de escoamentos de fluidos: escoamentos planos incompressíveis em regime permanente.

Destacamos três itens de interesse nas equações acima:

- A função corrente é constante ao longo de uma linha de corrente.
- As linhas de corrente e linhas de potencial constante se cruzam em ângulos retos.
- A diferença das funções corrente entre duas linhas de corrente é a vazão q por profundidade unitária entre as duas linhas de corrente, ou seja, $q = \psi_2 - \psi_1$.

Esses itens serão provados nos exemplos e problemas resolvidos.

Exemplo 8.6 Mostre que ψ é constante ao longo de uma linha de corrente.

Solução: Uma linha de corrente é uma linha à qual o vetor de velocidade é tangencial, expressa em forma vetorial como $\mathbf{V} \times d\mathbf{r} = 0$, o que, para um escoamento plano (sem variação em z), usando $d\mathbf{r} = dx\,\mathbf{i} + dy\,\mathbf{j}$, assume a forma $u\,dy - v\,dx = 0$. Usando a Equação (8.13), o resultado é

$$\frac{\partial \psi}{\partial y} dy + \frac{\partial \psi}{\partial x} dx = 0$$

Essa é a definição de $d\psi$ do cálculo, logo $d\psi = 0$ ao longo de uma linha de corrente. Em outras palavras, ψ é constante ao longo de uma linha de corrente.

8.4.2 Vários Escoamentos Simples

Vários dos escoamentos simples que serão apresentados são muito mais fáceis de entender usando coordenadas polares (cilíndricas). A equação de Laplace, a equação da continuidade e as expressões para os componentes da velocidade para um escoamento plano (Tabela 5.1) são

$$\nabla^2 \psi = \frac{1}{r}\frac{\partial}{\partial r}\left(r\frac{\partial \psi}{\partial r}\right) + \frac{1}{r^2}\frac{\partial^2 \psi}{\partial \theta^2} = 0 \quad (8.17)$$

$$\frac{1}{r}\frac{\partial}{\partial r}(rv_r) + \frac{1}{r}\frac{\partial v_\theta}{\partial \theta} = 0 \quad (8.18)$$

$$v_r = \frac{\partial \phi}{\partial r} = \frac{1}{r}\frac{\partial \psi}{\partial \theta} \quad \text{e} \quad v_\theta = \frac{1}{r}\frac{\partial \phi}{\partial \theta} = -\frac{\partial \psi}{\partial r} \quad (8.19)$$

onde as expressões que relacionam os componentes da velocidade com a função corrente são selecionados de modo que a equação da continuidade sempre seja satisfeita. Agora definimos quatro escoamentos simples que satisfazem à equação de Laplace.

$$\textit{Escoamento uniforme}: \quad \psi = U_\infty y \qquad \phi = U_\infty x \quad (8.20)$$

$$\textit{Linha de fonte}: \quad \psi = \frac{q}{2\pi}\theta \qquad \phi = \frac{q}{2\pi}\ln r \quad (8.21)$$

$$\textit{Vórtice}: \quad \psi = \frac{\Gamma}{2\pi}\ln r \qquad \phi = -\frac{\Gamma}{2\pi}\theta \tag{8.22}$$

$$\textit{Dipolo}: \quad \psi = -\frac{\mu \operatorname{sen}\theta}{r} \qquad \phi = \frac{\mu\cos\theta}{r} \tag{8.23}$$

Esses escoamentos planos simples estão esquematizados na Figura 8.8. Se desejamos um componente y para o escoamento uniforme, um termo apropriado é adicionado. A *intensidade da fonte* q na fonte da linha é a vazão por profundidade unitária; adicionar um sinal de menos cria um sumidouro. A *intensidade do vórtice* Γ é a *circulação* ao redor da origem, definida como

$$\Gamma = \oint_L \mathbf{V}\cdot d\mathbf{s} \tag{8.24}$$

onde L é uma curva fechada, geralmente um círculo, ao redor da origem, com o sentido horário sendo positivo. A flecha mais pesada na direção x negativa representa a *intensidade do dipolo* μ na Figura 8.8(*d*). (Um dipolo pode ser considerado uma fonte e um sumidouro de intensidades iguais, separados por uma distância muito pequena.)

Os componentes da velocidade são bastante usados para os escoamentos simples apresentados. Eles são apresentados a seguir para as coordenadas polares e para as retangulares:

$$\textit{Escoamento uniforme}: \quad \begin{array}{ll} u = U_\infty & v = 0 \\ v_r = U_\infty\cos\theta & v_\theta = -U_\infty \operatorname{sen}\theta \end{array} \tag{8.25}$$

$$\textit{Linha de fonte}: \quad \begin{array}{ll} v_r = \dfrac{q}{2\pi r} & v_\theta = 0 \\ u = \dfrac{q}{2\pi}\dfrac{x}{x^2+y^2} & v = \dfrac{q}{2\pi}\dfrac{y}{x^2+y^2} \end{array} \tag{8.26}$$

$$\textit{Vórtice}: \quad \begin{array}{ll} v_r = 0 & v_\theta = -\dfrac{\Gamma}{2\pi r} \\ u = -\dfrac{\Gamma}{2\pi}\dfrac{y}{x^2+y^2} & v = \dfrac{\Gamma}{2\pi}\dfrac{x}{x^2+y^2} \end{array} \tag{8.27}$$

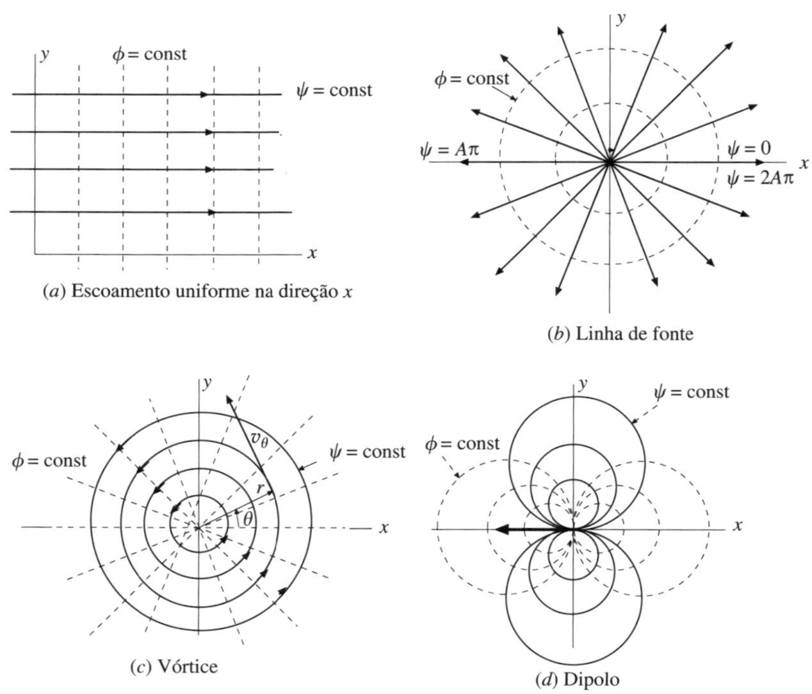

Figura 8.8 Quatro escoamentos potenciais planos simples.

$$\textit{Dipolo}: \quad \begin{array}{ll} v_r = -\dfrac{\mu \cos\theta}{r^2} & v_\theta = -\dfrac{\mu \operatorname{sen}\theta}{r^2} \\ u = -\mu \dfrac{x^2 - y^2}{(x^2+y^2)^2} & v = -\mu \dfrac{2xy}{(x^2+y^2)^2} \end{array} \tag{8.28}$$

Esses quatro escoamentos simples podem ser sobrepostos para criar os escoamentos de interesse mais complexos, como veremos na próxima seção.

Exemplo 8.7 Se a função corrente de um escoamento é dada como $\psi = A\theta$, determine a função potencial ϕ.

Solução: Usamos a Equação (8.19) para relacionar a função corrente com a função potencial, pressupondo coordenadas polares, devido à presença de θ:

$$\frac{\partial\phi}{\partial r} = \frac{1}{r}\frac{\partial\psi}{\partial\theta} = \frac{A}{r}. \qquad \therefore\ \phi(r,\theta) = A\ln r + f(\theta)$$

Agora use a segunda equação da Equação 8.19:

$$\frac{1}{r}\frac{\partial\phi}{\partial\theta} = \frac{1}{r}\frac{df}{d\theta} = -\frac{\partial\psi}{\partial r} = 0 \quad \text{o que implica que} \quad \frac{df}{d\theta} = 0 \quad \text{de modo que} \quad f = \text{Const}$$

Como estamos interessados apenas nas derivadas das funções potenciais para fornecer os campos de velocidade e de pressão, simplesmente definimos a constante como 0 e, então,

$$\phi(r,\theta) = A\ln r$$

Assim, vemos que a função potencial pode ser identificada se a função corrente é conhecida. Além disso, a função corrente pode ser calculada se a função potencial é conhecida.

8.4.3 Escoamentos Sobrepostos

Combinar os escoamentos simples introduzidos na Seção 8.4.2 pode criar os escoamentos planos mais complexos. Divida uma superfície, como um aerofólio, em um grande número de segmentos e coloque fontes, sumidouros ou dipolos no centro de cada segmento; além disso, adicione um escoamento uniforme e um vórtice. A seguir, ajuste as diversas intensidades de modo que o componente de velocidade normal em cada segmento seja 0 e o ponto de estagnação traseiro fique localizado no bordo de fuga. Obviamente, é preciso usar um programa de computador para criar o escoamento ao redor de um aerofólio. Não vamos tentar isso neste livro, mas vamos demonstrar como criar o escoamento ao redor de um cilindro circular.

Sobreponha as funções corrente de um escoamento uniforme e um dipolo

$$\psi(r,\theta) = U_\infty y - \frac{\mu \operatorname{sen}\theta}{r} \tag{8.29}$$

O componente da velocidade v_r é (considere que $y = r \operatorname{sen}\theta$)

$$v_r = \frac{1}{r}\frac{\partial\psi}{\partial\theta} = U_\infty\cos\theta - \frac{\mu}{r^2}\cos\theta \tag{8.30}$$

Existe um cilindro circular se há um círculo no qual não há um componente de velocidade radial, ou seja, $v_r = 0$ a $r = r_c$. Defina $v_r = 0$ na Equação (8.30) e calcule

$$U_\infty\cos\theta - \frac{\mu}{r_c^2}\cos\theta = 0 \quad \text{de modo que} \quad r_c = \sqrt{\frac{\mu}{U_\infty}} \tag{8.31}$$

A esse raio, $v_r = 0$ para todos os θ e, assim, $r = r_c$ é uma linha de corrente, e o resultado é o escoamento ao redor de um cilindro. Os pontos de estagnação ocorrem onde a velocidade é 0; se $r = r_c$, isso significa onde $v_\theta = 0$, ou seja,

$$v_\theta = -\left.\frac{\partial\psi}{\partial r}\right|_{r=r_c} = -U_\infty \operatorname{sen}\theta - \frac{\mu \operatorname{sen}\theta}{r_c^2} = 0. \qquad \therefore\ -2U_\infty\operatorname{sen}\theta = 0 \tag{8.32}$$

Assim, dois pontos de estagnação ocorrem a $\theta = 0°$ e 180°. O padrão de linhas de corrente apareceria como vemos na Figura 8.9. A linha de corrente circular representa o cilindro, que normalmente é um sólido, e logo nosso interesse se concentra no escoamento fora do círculo. Para um escoamento real, haveria uma região separada na traseira do cilindro, mas o escoamento sobre a parte frontal (possivelmente sobre toda a metade frontal, dependendo do número de Reynolds) poderia ser aproximado pelo escoamento potencial mostrado no desenho. A velocidade que existe no lado de fora da camada limite final que estaria presente em um cilindro real seria aproximada como a velocidade no cilindro do escoamento potencial, ou seja, seria dada por

$$v_\theta = -2U_\infty \operatorname{sen}\theta \tag{8.33}$$

A pressão que existiria na superfície do cilindro seria calculada pela aplicação da equação de Bernoulli entre o ponto de estagnação onde a pressão é p_0 e $V = 0$ e algum ponto geral a r_c e θ:

$$p_c = p_0 - \rho\frac{v_\theta^2}{2} \tag{8.34}$$

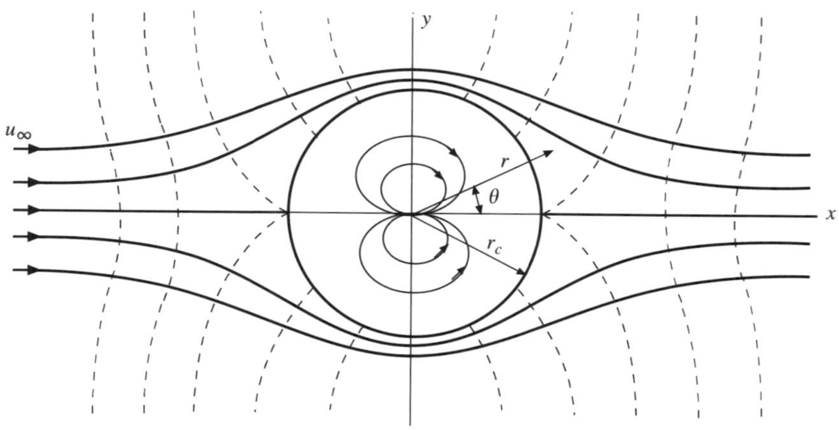

Figura 8.9 Escoamento potencial ao redor de um cilindro circular. (As linhas tracejadas são linhas de ϕ constante.)

Essa pressão seria um valor aproximado da pressão real para escoamentos com número de Reynolds alto até a separação. Para escoamentos com números de Reynolds baixos, por exemplo, abaixo de Re $\approx$ 50, os efeitos viscosos não estão confinados a uma camada limite fina, então o escoamento potencial não representa uma aproximação do escoamento real.

Para criar escoamento ao redor de um cilindro giratório, como na Figura 8.10, adicione um vórtice à função corrente da Equação (8.29) (use o raio do cilindro da Equação (8.31)):

$$\psi(r,\theta) = U_\infty y - r_c^2 U_\infty \frac{\operatorname{sen}\theta}{r} + \frac{\Gamma}{2\pi}\ln r \tag{8.35}$$

reconhecendo que o raio do cilindro permanece inalterado, pois o vórtice não afeta v_r. Os pontos de estagnação mudam, entretanto, e podemos identificá-los definindo $v_\theta = 0$ em $r = r_c$:

$$v_\theta = -\frac{\partial\psi}{\partial r}\bigg|_{r=r_c} = -U_\infty \operatorname{sen}\theta - r_c^2 U_\infty \frac{\operatorname{sen}\theta}{r_c^2} - \frac{\Gamma}{2\pi r_c} = 0 \tag{8.36}$$

Isso situa os pontos de estagnação em

$$\theta = \operatorname{sen}^{-1}\frac{-\Gamma}{4\pi r_c U_\infty} \tag{8.37}$$

Se $|\Gamma| > 4\pi r_c U_\infty$, a Equação (8.37) não é válida (isso nos daria $|\operatorname{sen}\theta| > 1$), de modo que existe um ponto de estagnação fora do cilindro, como desenhado na Figura 8.10(*b*). O ângulo $\theta = 270°$ e o raio são identificados definindo os componentes da velocidade como sendo iguais a 0. Os problemas servirão de ilustração.

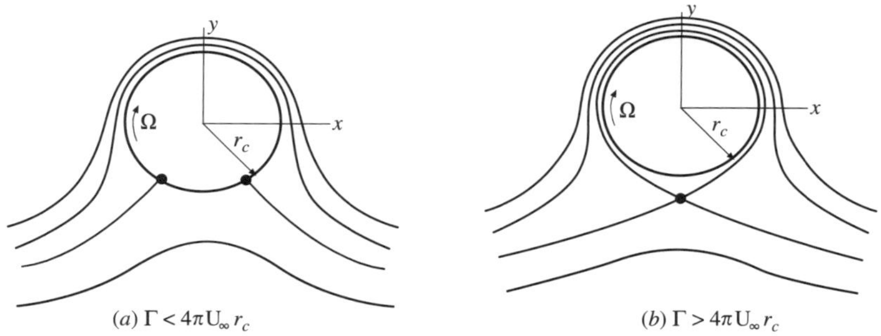

Figura 8.10 Escoamento ao redor de um cilindro giratório.

A pressão sobre a superfície do cilindro giratório usando a equação de Bernoulli é calculada como sendo

$$p_c = p_0 - \rho\frac{v_c^2}{2} = p_0 - \rho\frac{U_\infty^2}{2}\left(2\,\text{sen}\,\theta + \frac{\Gamma}{2\pi r_c U_\infty}\right)^2 \tag{8.38}$$

Se esse resultado é integrado ao redor da superfície do cilindro, o componente na direção do escoamento, o arrasto, seria 0, e o componente normal à direção do escoamento, a sustentação, seria

$$F_L = \int_0^{2\pi} p_c\,\text{sen}\,\theta r_c\,d\theta = \rho U_\infty \Gamma \tag{8.39}$$

Acontece que essa expressão para a sustentação pode ser aplicada a todos os cilindros, incluindo o aerofólio. Ela é conhecida pelo nome de *teorema de Kutta–Joukowski*, sendo precisa para escoamentos potenciais e uma aproximação para escoamentos reais.

Exemplo 8.8 Um cilindro de 20 cm de diâmetro gira em sentido horário a 200 rpm em uma corrente de ar atmosférico escoando a 10 m/s. Identifique os pontos de estagnação, se houver algum, e calcule a pressão mínima.

Solução: Primeiro é preciso encontrar a circulação. Ela é $\Gamma = \oint_L \mathbf{V}\cdot d\mathbf{s}$, a velocidade $r_c\Omega$ multiplicada por $2\pi r_c$, reconhecendo que **V** está na direção de ds na superfície do cilindro:

$$\Gamma = 2\pi r_c^2\Omega = 2\pi \times 0{,}1^2 \times (200 \times 2\pi/60) = 1{,}318\,\text{m}^2/\text{s}$$

Esse valor é menor do que $4\pi r_c U_\infty = 12{,}57\,\text{m}^2/\text{s}$, então os dois pontos de estagnação estão no cilindro a

$$\theta = \text{sen}^{-1}\frac{-\Gamma}{4\pi r_c U_\infty} = \text{sen}^{-1}\frac{-1{,}318}{4\pi \times 0{,}1 \times 10} = -6^\circ \qquad \text{e} \qquad 186^\circ$$

A pressão mínima se encontra no ápice do cilindro (Figura 8.10 e Equação (8.38)), então vamos aplicar a equação de Bernoulli entre a corrente livre e o ponto no alto onde $\theta = 90°$:

$$\begin{aligned} p_c &= \not{p}_\infty + \rho\frac{U_\infty^2}{2} - \rho\frac{U_\infty^2}{2}\left(2\,\text{sen}\,\theta + \frac{\Gamma}{2\pi r_c U_\infty}\right)^2 \\ &= 0 + 1{,}2 \times \frac{10^2}{2}\left[1 - \left(2\,\text{sen}\,90^\circ + \frac{1{,}318}{2\pi \times 0{,}1 \times 10}\right)^2\right] = -233\,\text{Pa} \end{aligned}$$

usando $\rho = 1{,}2\,\text{kg/m}^3$ para o ar atmosférico. (Se a temperatura não for dada, assuma condições padrão.)

8.5 ESCOAMENTO NA CAMADA LIMITE

8.5.1 Informações Gerais

Sem dúvida nenhuma, a identificação de uma camada limite é resultado de interesse no aerofólio. A observação de que para um escoamento com número de Reynolds alto, todos os efeitos viscosos podem ser confinados a uma camada de fluido fina próxima à superfície deu origem à teoria da camada limite. Fora da camada limite, o fluido atua como um fluido não viscoso, pois os efeitos viscosos podem ser ignorados. Assim, a teoria do escoamento potencial da seção anterior fornece a velocidade imediatamente fora da camada limite e a pressão na superfície. Nesta seção, vamos fornecer as equações integrais e diferenciais necessárias para calcular a distribuição da velocidade. Como essas equações são difíceis de resolver para superfícies curvas, entretanto, limitaremos nosso estudo ao escoamento sobre uma placa plana com gradiente de pressão zero.

O limite externo de uma camada limite não pode ser observado, então determinamos arbitrariamente que sua espessura $\delta(x)$, como mostrado na Figura 8.11, é o conjunto de pontos nos quais a velocidade é 99% da *velocidade de corrente livre* $U(x)$ (a velocidade na superfície pela solução do escoamento não viscoso). Lembre-se também de que a pressão na superfície não é influenciada pela presença da camada limite fina, então ela é a pressão na superfície causada pelo escoamento não viscoso. Observe que o sistema de coordenadas xy é orientado de forma que a coordenada x corra ao longo da superfície; essa escolha é feita para as equações da camada limite e é possível porque a camada limite é tão fina que os termos da curvatura não aparecem nas equações descritivas.

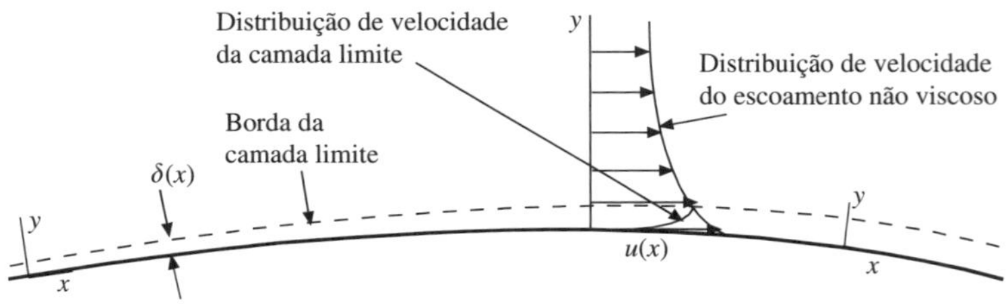

Figura 8.11 Uma camada limite.

A camada limite é laminar próximo ao bordo de ataque ou a um ponto de estagnação. Ela sofre transição para escoamento turbulento a x_T se o comprimento for suficientemente longo, como mostrado na Figura 8.12. Essa transição ocorre quando o *número de Reynolds crítico* $U_\infty x_T/\nu = 5 \times 10^5$ sobre placas rígidas lisas em um escoamento com gradiente de pressão zero com baixa intensidade de flutuação da corrente livre* e $U_\infty x_T/\nu = 3 \times 10^5$ para escoamentos sobre placas planas rugosas ou com alta intensidade de flutuação da corrente livre (intensidade mínima de 0,1). A região de transição do escoamento laminar para o turbulento é relativamente curta e geralmente pode ser ignorada, então pressupõe-se que existe um escoamento turbulento no local do primeiro estouro.

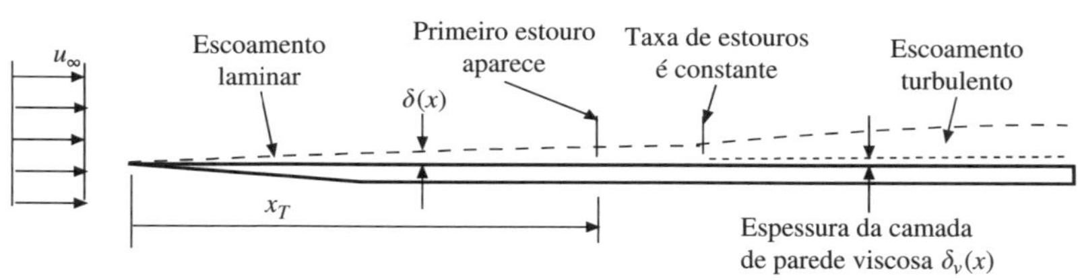

Figura 8.12 Uma camada limite sofrendo transição.

A camada limite turbulenta ganha espessura mais rapidamente do que a camada limite laminar e contém significativamente mais momento (se tem a mesma espessura), como observado no desenho dos perfis de velocidade na Figura 8.13. Ela também tem uma inclinação muito maior na parede, resultando em uma tensão de cisalhamento da parede muito maior. A camada limite turbulenta instantânea varia aleatoriamente com o tempo e a posição e pode ser 20% mais espessa ou 60% mais fina em uma determinada posição e instante ou em qualquer momento em uma determinada posição. Assim, geralmente usamos uma média temporal para desenhar a espessura da camada limite. A *camada de parede viscosa* com espessura δ_v na qual acredita-se que os efeitos viscosos se concentram em uma camada limite turbulenta é bastante fina em comparação com a espessura da camada limite, como vemos no desenho.

É preciso manter em mente que a camada limite turbulenta é muito fina na maioria das aplicações. Em uma placa plana com $U_\infty = 5$ m/s, a camada limite teria cerca de 7 cm de espessura após 4 m. Com um

* A intensidade da flutuação é $\sqrt{\overline{u'^2}}/U_\infty$] [ver Equação (7.67)].

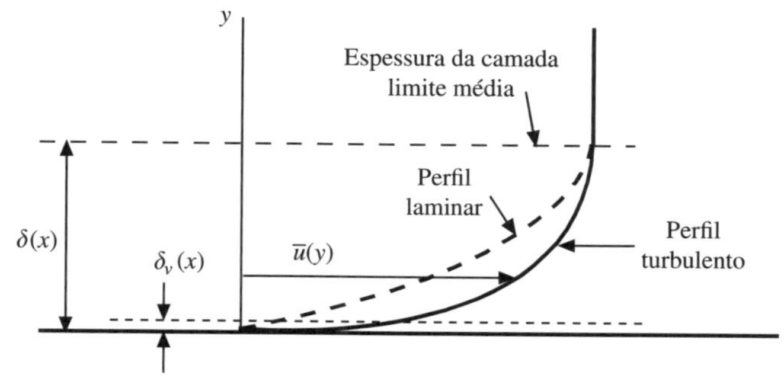

Figura 8.13 Perfis das camadas limite laminares e turbulentas.

desenho proporcional, o fato de a camada limite ser finíssima ficaria evidente. Como a camada limite é tão fina e a velocidade varia de 0 na parede até $U(x)$ na borda da camada limite, é possível aproximar o perfil de velocidade na camada limite pressupondo um perfil parabólico ou cúbico para uma camada laminar e um perfil de lei de potência para a camada turbulenta. Com o perfil de velocidade pressuposto, as equações integrais, apresentadas a seguir, fornecem as quantidades de interesse.

8.5.2 As Equações Integrais

A Figura 8.14 mostra um volume de controle infinitesimal de espessura dx, com os fluxos de massa em (*b*) e os fluxos de momento em (*d*). A equação da continuidade fornece a vazão mássica $\dot{m}_{\text{topo}}$ que atravessa o volume de controle através do topo, que é

$$\dot{m}_{\text{topo}} = \dot{m}_{\text{sai}} - \dot{m}_{\text{entra}} = \frac{\partial}{\partial x}\left(\int_0^\delta \rho u\, dy\right)dx \qquad (8.40)$$

A equação do momento do componente x (a segunda lei de Newton) é escrita na forma

$$\sum F_x = m\dot{o}m_{\text{sai}} - m\dot{o}m_{\text{entra}} - m\dot{o}m_{\text{topo}} \qquad (8.41)$$

que se torna

$$-\tau_0\, dx - \delta\, dp = \frac{\partial}{\partial x}\left(\int_0^\delta \rho u^2\, dy\right)dx - U(x)\frac{\partial}{\partial x}\left(\int_0^\delta \rho u\, dy\right)dx \qquad (8.42)$$

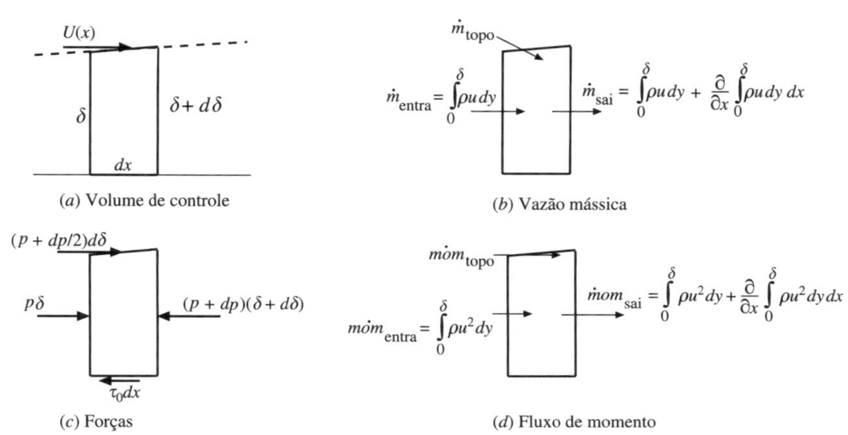

Figura 8.14 O volume de controle infinitesimal para uma camada limite.

onde ignoramos* $p\,d\delta$ e $dp\,d\delta$, pois são menores por uma ordem do que os termos restantes; também usamos $\dot{m}om_{\text{topo}} = U(x)\dot{m}_{\text{topo}}$. Divida por (–$dx$) e obtenha a *equação integral de von Karman*:

$$\tau_0 + \delta\frac{dp}{dx} = \rho U(x)\frac{d}{dx}\int_0^\delta u\,dy - \rho\frac{d}{dx}\int_0^\delta u^2\,dy \qquad (8.43)$$

Foram usadas derivadas ordinárias pois, após a integração, resta apenas uma função de x (δ é uma função de x). Além disso, pressupõe-se que a massa específica ρ é constante sobre a camada limite.

Para um escoamento sobre uma placa plana com gradiente de pressão zero, ou seja, $U(x) = U_\infty$ e $\partial p/\partial x = 0$, a Equação (8.43) pode ser colocada na forma simplificada

$$\tau_0 = \rho\frac{d}{dx}\int_0^\delta u(U_\infty - u)dy \qquad (8.44)$$

Se pressupomos um perfil de velocidade $u(x, y)$ para um determinado escoamento, a Equação (8.44), junto a $\tau_0 = \mu\partial u/\partial y|_{y=0}$, permite-nos determinar $\delta(x)$ e $\tau_0(x)$.

Dois comprimentos adicionais são utilizados no estudo das camadas limite, a *espessura de deslocamento* δ_d e a *espessura de momento* θ, definidas por

$$\delta_d = \frac{1}{U}\int_0^\delta (U - u)dy \qquad (8.45)$$

$$\theta = \frac{1}{U^2}\int_0^\delta u(U - u)dy \qquad (8.46)$$

A espessura de deslocamento é a distância da linha de corrente fora da camada limite que é deslocada devido ao fluido mais lento dentro dela. A espessura de momento é a espessura de uma camada de fluido com velocidade U que possui o momento perdido devido aos efeitos viscosos; ela é muito usada como comprimento característico para estudos de camadas limite turbulentas. Observe que a Equação (8.44) pode ser escrita como

$$\tau_0 = \rho U_\infty^2\frac{d\theta}{dx} \qquad (8.47)$$

8.5.3 Camadas Limite Laminar e Turbulenta

As condições limite que devem ser atendidas para o perfil de velocidade em uma camada limite sobre uma placa plana com gradiente de pressão zero são

$$\begin{aligned} u &= 0 \quad &\text{a } y = 0 \\ u &= U_\infty \quad &\text{a } y = \delta \\ \frac{\partial u}{\partial y} &= 0 \quad &\text{a } y = \delta \end{aligned} \qquad (8.48)$$

Camadas limite laminares

Para uma camada limite laminar, podemos resolver o componente x da equação de Navier–Stokes ou então pressupor um perfil, como uma parábola. Como a camada limite é tão fina, o perfil pressuposto fornece resultados razoáveis. Vamos pressupor o perfil parabólico

$$\frac{u}{U_\infty} = A + By + Cy^2 \qquad (8.49)$$

* $p\,d\delta$ é pequeno, pois pressupomos que δ é pequeno e $d\delta$ é uma ordem menor.

As três condições de contorno anteriores exigem

$$\begin{aligned} 0 &= A \\ 1 &= A + B\delta + C\delta^2 \\ 0 &= B + 2C\delta \end{aligned} \tag{8.50}$$

cuja solução é

$$A = 0 \qquad B = \frac{2}{\delta} \qquad C = -\frac{1}{\delta^2} \tag{8.51}$$

resultando no perfil de velocidade de escoamento laminar

$$\frac{u}{U_\infty} = 2\frac{y}{\delta} - \frac{y^2}{\delta^2} \tag{8.52}$$

Insira esse perfil na equação integral (8.44) e integre:

$$\tau_0 = \frac{d}{dx}\int_0^\delta \rho U_\infty^2\left(\frac{2y}{\delta} - \frac{y^2}{\delta^2}\right)\left(1 - \frac{2y}{\delta} + \frac{y^2}{\delta^2}\right)dy = \frac{2}{15}\rho U_\infty^2\frac{d\delta}{dx} \tag{8.53}$$

A tensão de cisalhamento da parede também é dada por

$$\tau_0 = \mu\left.\frac{\partial u}{\partial y}\right|_{y=0} = \mu U_\infty\frac{2}{\delta} \tag{8.54}$$

Equacione as duas expressões para τ_0 acima para obter

$$\delta\, d\delta = \frac{15\nu}{U_\infty}dx \tag{8.55}$$

Integre o resultado acima com $\delta = 0$ a $x = 0$ e encontre a expressão para $\delta(x)$

$$\delta(x) = 5{,}48\sqrt{\frac{\nu x}{U_\infty}} \tag{8.56}$$

O resultado é cerca de 10% maior do que a solução mais precisa de $5\sqrt{\nu x/U_\infty}$ encontrada resolvendo a equação de Navier–Stokes na Seção 8.5.4, a seguir.

A tensão de cisalhamento da parede é calculada inserindo a Equação (8.56) na Equação (8.54) e é

$$\tau_0(x) = 0{,}365\rho U_\infty^2\sqrt{\frac{\nu}{xU_\infty}} \tag{8.57}$$

O *coeficiente local de atrito superficial* c_f muitas vezes é de interesse. Ele é

$$c_f(x) = \frac{\tau_0}{\frac{1}{2}\rho U_\infty^2} = 0{,}730\sqrt{\frac{\nu}{xU_\infty}} \tag{8.58}$$

O *coeficiente de atrito superficial* C_f é uma força de arrasto adimensional e é

$$C_f = \frac{F_D}{\frac{1}{2}\rho U_\infty^2 L} = \frac{\int_0^L \tau_0\, dx}{\frac{1}{2}\rho U_\infty^2 L} = 1{,}46\sqrt{\frac{\nu}{U_\infty L}} \tag{8.59}$$

Os coeficientes mais precisos para τ_0, c_f e C_f são 0,332, 0,664 e 1,33, respectivamente, então o pressuposto de um perfil de velocidade parabólico para um escoamento de camada limite laminar tem um erro de cerca de 10%.

Camadas Limite Turbulentas

Para uma camada limite turbulenta, muitas vezes pressupomos um perfil de velocidade de lei de potência,* como fizemos para o escoamento em um tubo. Ele é

$$\frac{\bar{u}}{U_\infty} = \left(\frac{y}{\delta}\right)^{1/n} \qquad n = \begin{cases} 7 & \text{Re}_x < 10^7 \\ 8 & 10^7 < \text{Re}_x < 10^8 \\ 9 & 10^8 < \text{Re}_x < 10^9 \end{cases} \tag{8.60}$$

onde $\text{Re}_x = U_\infty x/\nu$. Insira esse perfil de velocidade com $n = 7$ na Equação (8.44) e integre para obter

$$\tau_0 = \frac{7}{72}\rho U_\infty^2 \frac{d\delta}{dx} \tag{8.61}$$

O perfil de velocidade de lei de potência produz $\tau_0 = \mu\, \partial\bar{u}/\partial y = \infty$ em $y = 0$, então ele não pode ser usado na parede. É necessária uma segunda expressão para τ_0; selecionamos a *fórmula de Blasius*, dada por

$$c_f = 0{,}046\left(\frac{\nu}{U_\infty \delta}\right)^{1/4} \qquad \text{o que nos dá} \qquad \tau_0 = 0{,}023\rho U_\infty^2\left(\frac{\nu}{U_\infty \delta}\right)^{1/4} \tag{8.62}$$

Combine as Equações (8.61) e (8.62) para encontrar

$$\delta^{1/4}\, d\delta = 0{,}237\left(\frac{\nu}{U_\infty}\right)^{1/4} dx \tag{8.63}$$

Pressuponha um escoamento turbulento a partir do bordo de ataque (a porção laminar quase sempre é curtíssima) e integre de 0 para x:

$$\delta = 0{,}38x\left(\frac{\nu}{U_\infty x}\right)^{1/5} \qquad \text{Re}_x < 10^7 \tag{8.64}$$

Insira isso na fórmula de Blasius para calcular que o coeficiente local de atrito superficial é

$$c_f = 0{,}059\left(\frac{\nu}{U_\infty x}\right)^{1/5} \qquad \text{Re}_x < 10^7 \tag{8.65}$$

O coeficiente de atrito superficial se torna

$$C_f = 0{,}073\left(\frac{\nu}{U_\infty L}\right)^{1/5} \qquad \text{Re}_x < 10^7 \tag{8.66}$$

As fórmulas acima podem ser utilizadas até $\text{Re} = 10^8$ sem erros significativos.

Se a camada limite possui uma parte laminar significativa, esta deve ser incluída. Se a transição ocorre a $\text{Re}_{\text{crit}} = 5 \times 10^5$, o coeficiente de atrito superficial deve ser modificado da forma

$$C_f = 0{,}073\left(\frac{\nu}{U_\infty L}\right)^{1/5} - 1700\frac{\nu}{U_\infty L} \qquad \text{Re}_x < 10^7 \tag{8.67}$$

Para uma placa rugosa, $\text{Re}_{\text{crit}} = 3 \times 10^5$, e a constante de 1700 deve ser substituída por 1060.

As espessuras de deslocamento e de momento podem ser avaliadas usando o perfil de velocidade de lei de potência e são

$$\begin{aligned} \delta_d &= 0{,}048x\left(\frac{\nu}{U_\infty x}\right)^{1/5} \\ \theta &= 0{,}037x\left(\frac{\nu}{U_\infty x}\right)^{1/5} \end{aligned} \qquad \text{Re} < 10^7 \tag{8.68}$$

* Existem outros métodos, mais complexos e detalhados, para considerar a camada limite turbulenta. Todos eles são empíricos, pois não há soluções analíticas da camada limite turbulenta.

Muitas vezes, quantidades adicionais são usadas no estudo das camadas limite turbulentas, duas das quais serão introduzidas aqui. Uma é a *velocidade de cisalhamento* u_τ, definida como

$$u_\tau = \sqrt{\frac{\tau_0}{\rho}} \tag{8.69}$$

Esta é uma velocidade fictícia e muitas vezes aparece nas relações de camadas limite turbulentas. A outra é a espessura δ_v da camada limite viscosa altamente flutuante, mostrada nas Figuras 8.12 e 8.13. Acredita-se que é nessa camada finíssima que os estouros turbulentos se originam. Usando observações experimentais, ela foi relacionada com a velocidade de cisalhamento por

$$\delta_v = \frac{5\nu}{u_\tau} \tag{8.70}$$

Exemplo 8.9 Ar atmosférico a 20 °C escoa a 10 m/s sobre uma placa lisa e rígida de 2 m de largura e 4 m de comprimento alinhada com o escoamento. Qual é o comprimento da porção laminar da camada limite? Faça uma previsão da força de arrasto sobre a porção laminar em um lado da placa.

Solução: Pressupondo que o ar não tem perturbações de alta intensidade, use o número de Reynolds crítico como sendo 5×10^5, ou seja,

$$\frac{U_\infty x_T}{\nu} = 5 \times 10^5$$

de modo que

$$x_T = 5 \times 10^5 \times 1{,}51 \times 10^{-5}/10 = 0{,}755\,\text{m}$$

A força de arrasto, usando a Equação (8.60) e um coeficiente de 1,33 em vez de 1,46 (o coeficiente de 1,33 é mais preciso, como enunciado), é

$$F_D = \frac{1{,}33}{2}\rho U_\infty^2 L w \sqrt{\frac{\nu}{U_\infty L}}$$
$$= 0{,}665 \times 1{,}2 \times 10^2 \times 0{,}755 \times 2 \times \sqrt{\frac{1{,}51 \times 10^{-5}}{10 \times 0{,}755}} = 0{,}017\,\text{N}$$

um valor relativamente pequeno.

Exemplo 8.10 Água a 20 °C escoa sobre uma placa plana de 2 m de comprimento e 3 m de largura a 12 m/s. Calcule a velocidade de cisalhamento, a espessura da camada de parede viscosa e a espessura da camada limite na extremidade da placa (pressuponha uma camada turbulenta a partir do bordo de ataque). Calcule também a força de arrasto sobre um lado da placa.

Solução: O número de Reynolds é $\text{Re} = U_\infty x/\nu = 12 \times 2/10^{-6} = 2{,}4 \times 10^7$. Assim, com $n = 7$, a Equação (8.65) nos dá

$$\tau_0 = \frac{0{,}059}{2}\rho U_\infty^2 \left(\frac{\nu}{U_\infty x}\right)^{1/5} = 0{,}0295 \times 1000 \times 12^2 \times \left(\frac{10^{-6}}{12 \times 2}\right)^{0,2} = 142\,\text{Pa}$$

A velocidade de cisalhamento é, então,

$$u_\tau = \sqrt{\frac{\tau_0}{\rho}} = \sqrt{\frac{142}{1000}} = 0{,}377\,\text{m/s}$$

A espessura da camada de parede viscosa é

$$\delta_v = \frac{5\nu}{u_\tau} = \frac{5 \times 10^{-6}}{0{,}377} = 1{,}33 \times 10^{-5}\,\text{m}$$

A espessura da camada limite é, pressupondo uma camada turbulenta a partir do bordo de ataque,

$$\delta = 0{,}38x\left(\frac{\nu}{U_\infty x}\right)^{1/5} = 0{,}38 \times 2 \times \left(\frac{10^{-6}}{12 \times 2}\right)^{0,2} = 0{,}0254\,\text{m}$$

A força de arrasto sobre um lado da placa é

$$F_D = \frac{0{,}073}{2}\rho U_\infty^2 Lw\left(\frac{\nu}{U_\infty L}\right)^{1/5}$$
$$= 0{,}0365 \times 1000 \times 12^2 \times 2 \times 3 \times \left(\frac{10^{-6}}{12 \times 2}\right)^{0{,}2} = 1050\,\text{N}$$

8.5.4 Equação Diferencial da Camada Limite Laminar

A solução do escoamento laminar dada na Seção 8.5.3 foi uma solução aproximada. Nesta seção, vamos apresentar uma solução mais precisa usando o componente x da equação de Navier–Stokes. Para um escoamento plano horizontal (sem variação em z), ela é

$$u\frac{\partial u}{\partial x} + v\frac{\partial u}{\partial y} = -\frac{1}{\rho}\frac{\partial p}{\partial x} + \nu\left(\frac{\partial^2 u}{\partial x^2} + \frac{\partial^2 u}{\partial y^2}\right) \tag{8.71}$$

Podemos simplificar essa equação e obter uma solução de verdade. Primeiro, lembre-se de que a camada limite é finíssima, então não há variação de pressão normal à camada limite, ou seja, a pressão depende apenas de x e é a pressão na parede advinda da solução do escoamento potencial. Como a pressão é considerada conhecida, os elementos desconhecidos na Equação (8.71) são u e v. A equação da continuidade

$$\frac{\partial u}{\partial x} + \frac{\partial v}{\partial y} = 0 \tag{8.72}$$

também relaciona u e v. Assim, temos duas equações e dois elementos desconhecidos. Considere as Figuras 8.12 e 8.13; u varia de 0 até U_∞ em uma distância ínfima δ, resultando em gradientes enormes na direção y, enquanto u varia muito lentamente na direção x (mantendo y fixo). Por consequência, concluímos que

$$\frac{\partial^2 u}{\partial y^2} >> \frac{\partial^2 u}{\partial x^2} \tag{8.73}$$

Agora a equação diferencial (8.71) pode ser escrita como

$$u\frac{\partial u}{\partial x} + v\frac{\partial u}{\partial y} = -\frac{1}{\rho}\frac{dp}{dx} + \nu\frac{\partial^2 u}{\partial y^2} \tag{8.74}$$

Os dois termos da aceleração na esquerda são mantidos, pois apesar de v ser muito pequeno, o gradiente $\partial u/\partial y$ é bastante grande e, logo, o produto é mantido. A Equação (8.74) é a *equação da camada limite de Prandtl.*

Para um escoamento sobre uma placa plana com $dp/dx = 0$ e em termos da função corrente ψ (lembre-se de que $u = \partial\psi/\partial y$ e $v = -\partial\psi/\partial x$), a Equação (8.74) assume a forma

$$\frac{\partial\psi}{\partial y}\frac{\partial^2\psi}{\partial x\partial y} - \frac{\partial\psi}{\partial x}\frac{\partial^2\psi}{\partial y^2} = \nu\frac{\partial^3\psi}{\partial y^3} \tag{8.75}$$

Se considerarmos (foram usados tentativa e erro e experiência para encontrar essa transformação)

$$\xi = x \qquad \text{e} \qquad \eta = y\sqrt{\frac{U_\infty}{\nu x}} \tag{8.76}$$

A Equação (8.75) se torna*

$$-\frac{1}{2\xi}\left(\frac{\partial\psi}{\partial\eta}\right)^2 + \frac{\partial\psi}{\partial\eta}\frac{\partial^2\psi}{\partial\xi\,\partial\eta} - \frac{\partial\psi}{\partial\xi}\frac{\partial^2\psi}{\partial\eta^2} = \nu\frac{\partial^3\psi}{\partial\eta^3}\sqrt{\frac{U_\infty}{\nu\xi}} \tag{8.77}$$

Essa equação parece muito mais difícil do que a Equação (8.75), mas se consideramos que

$$\psi(\xi,\eta) = \sqrt{U_\infty \nu\xi}\,F(\eta) \tag{8.78}$$

* Observe que $\frac{\partial\psi}{\partial y} = \frac{\partial\psi}{\partial\eta}\frac{\partial\eta}{\partial y} + \frac{\partial\psi}{\partial\xi}\frac{\partial\xi}{\partial y} = \frac{\partial\psi}{\partial\eta}\sqrt{\frac{U_\infty}{\nu x}}$

e inserimos isso na Equação (8.77), o resultado é

$$F\frac{d^2F}{d\eta^2} + 2\frac{d^3F}{d\eta^3} = 0 \tag{8.79}$$

Essa equação diferencial ordinária pode ser resolvida numericamente com as condições de contorno apropriadas, que são

$$F = F' = 0 \text{ a } \eta = 0 \text{ e } F' = 1 \text{ para um valor grande de } \eta \tag{8.80}$$

que resultam dos componentes da velocidade

$$\begin{aligned} u &= \frac{\partial\psi}{\partial y} = U_\infty F'(\eta) \\ v &= -\frac{\partial\psi}{\partial x} = \frac{1}{2}\sqrt{\frac{\nu U_\infty}{x}}(\eta F' - F) \end{aligned} \tag{8.81}$$

A solução numérica para o problema do valor do limite está apresentada na Tabela 8.5. As duas últimas colunas nos permitem calcular v e τ_0, respectivamente. Definimos a espessura da camada limite como sendo a espessura na qual $u = 0{,}99U_\infty$ e observamos que isso ocorre a $\eta = 5$, então, de acordo com essa solução numérica,

$$\delta = 5\sqrt{\frac{\nu x}{U_\infty}} \tag{8.82}$$

Além disso,

$$\frac{\partial u}{\partial y} = \frac{\partial u}{\partial \eta}\frac{\partial \eta}{\partial y} = U_\infty F''\sqrt{\frac{U_\infty}{\nu x}} \tag{8.83}$$

de modo que a tensão de cisalhamento da parede para essa camada limite com $dp/dx = 0$ é

$$\tau_0 = \mu\frac{\partial u}{\partial y}\bigg|_{y=0} = 0{,}332\rho U_\infty\sqrt{\frac{\nu U_\infty}{x}} \tag{8.84}$$

Os coeficientes de atrito são

$$c_f = 0{,}664\sqrt{\frac{\nu}{U_\infty x}} \qquad C_f = 1{,}33\sqrt{\frac{\nu}{U_\infty L}} \tag{8.85}$$

e as espessuras de deslocamento e de momento são (estas exigem o uso da integração numérica)

$$\delta_d = 1{,}72\sqrt{\frac{\nu x}{U_\infty}} \qquad \theta = 0{,}644\sqrt{\frac{\nu x}{U_\infty}} \tag{8.86}$$

Tabela 8.5 Solução da Camada Limite Laminar com $dp/dx = 0$

$\eta = y\sqrt{U_\infty/\nu x}$	F	$F' = u/U_\infty$	$\frac{1}{2}(\eta F' - F)$	F''
0	0	0	0	0,3321
1	0,1656	0,3298	0,0821	0,3230
2	0,6500	0,6298	0,3005	0,2668
3	1,397	0,8461	0,5708	0,1614
4	2,306	0,9555	0,7581	0,0642
5	3,283	0,9916	0,8379	0,0159
6	4,280	0,9990	0,8572	0,0024
7	5,279	0,9999	0,8604	0,0002
8	6,279	1,000	0,8605	0,0000

Exemplo 8.11 Ar a 30 °C escoa sobre uma placa plana de 2 m de largura e 4 m de comprimento com velocidade de 2 m/s e $dp/dx = 0$. Na extremidade da placa, estime (*a*) a tensão de cisalhamento da parede, (*b*) o valor máximo de v na camada limite e (*c*) a vazão através da camada limite. Pressuponha escoamento laminar por toda a extensão.

Solução: O número de Reynolds é $\text{Re} = U_\infty L/\nu = 2 \times 4/1{,}6 \times 10^{-5} = 5 \times 10^5$, então o escoamento laminar é razoável.
(*a*) A tensão de cisalhamento da parede (isso exige F'' na parede) a $x = 4$ m é

$$\tau_0 = 0{,}332\rho U_\infty \sqrt{\frac{\nu U_\infty}{x}} = 0{,}332 \times 1{,}164 \times 2 \times \sqrt{\frac{1{,}6 \times 10^{-5} \times 2}{4}} = 0{,}00219\,\text{Pa}$$

(*b*) O valor máximo de v exige o uso de $(\eta F' - F)$. Seu valor máximo ocorre na borda externa da camada limite e é de 0,860. O valor máximo de v é

$$v = \frac{1}{2}\sqrt{\frac{\nu U_\infty}{x}}(\eta F' - F) = \frac{1}{2} \times \sqrt{\frac{1{,}6 \times 10^{-5} \times 2}{4}} \times 0{,}860 = 0{,}0012\,\text{m/s}$$

Observe o valor pequeno de v em comparação com $U_\infty = 2$ m/s.
(*c*) Para descobrir a vazão através da camada limite, integre $u(y)$ a $x = 4$ m

$$Q = \int_0^\delta u \times 2dy = \int_0^5 U_\infty \frac{dF}{d\eta} \times 2 \times \sqrt{\frac{\nu x}{U_\infty}} d\eta$$

$$= 2 \times 2 \times \sqrt{\frac{1{,}6 \times 10^{-5} \times 4}{2}} \int_0^{3{,}283} dF = 0{,}0743\,\text{m}^3/\text{s}$$

Problemas Resolvidos

8.1 Uma esfera de 20 cm de diâmetro com gravidade específica $S = 1{,}06$ cai em água a 20 °C. Determine a velocidade terminal se ela é (*a*) lisa e (*b*) rugosa.

À velocidade terminal, a esfera não estará acelerando, de modo que as forças, incluindo a força de impulsão [Equação (2.24)], serão somadas da seguinte forma

$$W = F_D + F_B$$

$$\gamma_{\text{esfera}} \times \text{volume} = C_D \times \frac{1}{2}\rho A V^2 + \gamma_{\text{água}} \times \text{volume}$$

Usando $\gamma_{\text{esfera}} = S_{\text{esfera}}\gamma_{\text{água}}$, o resultado é

$$C_D \times \frac{\gamma_{\text{água}}}{2g} \times \pi R^2 \times V^2 = (S-1)\gamma_{\text{água}} \times \frac{4}{3}\pi R^3$$

Inserindo os valores conhecidos, obtemos

$$V = \left(\frac{8R(S-1)g}{3C_D}\right)^{1/2} = \left(\frac{8 \times 0{,}1 \times (1{,}06-1) \times 9{,}81}{3C_D}\right)^{1/2} = \frac{0{,}396}{\sqrt{C_D}}$$

(*a*) Para uma esfera lisa, a Figura 8.2 sugere que devemos pressupor para $2 \times 10^4 < \text{Re} < 2 \times 10^5$ que $C_D = 0{,}6$. Assim,

$$V = \frac{0{,}396}{\sqrt{0{,}6}} = 0{,}511\,\text{m/s} \qquad \text{e} \qquad \text{Re} = \frac{VD}{\nu} = \frac{0{,}511 \times 0{,}2}{10^{-6}} = 1{,}02 \times 10^5$$

Logo, espera-se uma velocidade terminal de 0,511 m/s.

(*b*) Para uma esfera rugosa, a Figura 8.2 sugere que para $\text{Re} \cong 10^5$, devemos pressupor que $C_D \cong 0{,}3$. Assim,

$$V = \frac{0{,}396}{\sqrt{0{,}3}} = 0{,}723\,\text{m/s} \qquad \text{e} \qquad \text{Re} = \frac{VD}{\nu} = \frac{0{,}723 \times 0{,}2}{10^{-6}} = 1{,}4 \times 10^5$$

Esse valor é bastante próximo de $C_D = 0,3$, então é um valor aproximado para a velocidade, quase 50% maior do que a velocidade de uma esfera lisa. É exatamente por isso que as bolas de golfe têm cavidades: uma velocidade maior durante boa parte de sua trajetória resulta em uma distância de voo maior.

8.2 Calcule a potência necessária para mover um cilindro circular liso de 10 m de comprimento e 10 cm de diâmetro que se ergue verticalmente do convés de um navio a uma velocidade de 30 nós (15,4 m/s), depois carene o cilindro e recalcule a potência.

Primeiro, encontre o número de Reynolds, que é

$$\text{Re} = \frac{VD}{\nu} = \frac{15,4 \times 0,1}{1,6 \times 10^{-5}} = 9,6 \times 10^4$$

O coeficiente de arrasto é encontrado usando a Figura 8.2 e a Tabela 8.1 e é

$$C_D \cong 1,2 \times 0,85 = 1,02$$

A potência é, então,

$$\begin{aligned}\dot{W} = F_D \times V &= \frac{1}{2} C_D \rho V^3 A_{\text{projetado}} \\ &= \frac{1}{2} \times 1,02 \times 1,2 \times 15,4^3 \times \pi \times 0,1 \times 10 = 7020 \text{ W}\end{aligned}$$

Para o cilindro carenado, o coeficiente de arrasto é reduzido para

$$C_D \cong 0,06 \times 0,85 = 0,051$$

e a potência para

$$\begin{aligned}\dot{W} = F_D \times V &= \frac{1}{2} C_D \rho V^3 A_{\text{projetado}} \\ &= \frac{1}{2} \times 0,051 \times 1,2 \times 15,4^3 \times \pi \times 0,1 \times 10 = 350 \text{ W}\end{aligned}$$

O efeito do carenamento é de reduzir significativamente o coeficiente de arrasto.

8.3 Calcule a potência necessária para que o aerofólio convencional do Exemplo 8.2 voe a uma velocidade de 150 nós.

Convertida para m/s, a velocidade é $V = 150 \times 1,688/3,281 = 77,2$ m/s. A potência é a força de arrasto vezes a velocidade. O coeficiente de arrasto da Figura 8.7 é $C_D = 0,3/47,6 = 0,0063$. A potência é, então,

$$\begin{aligned}\dot{W} = F_D \times V &= \frac{1}{2} \rho c L V^2 C_D \times V \\ &= \frac{1}{2} \times 1,2 \times 2 \times 15 \times 77,2^3 \times 0,0063 = 52\,000 \text{ W} \quad \text{ou} \quad 70 \text{ hp}\end{aligned}$$

8.4 Mostre que as linhas de corrente e as linhas potenciais de um escoamento não viscoso se cruzam em ângulos retos.

Se as linhas de corrente e linhas potenciais se cruzam em ângulos retos, o cálculo afirma que a inclinação de uma linha de corrente será a recíproca negativa da linha potencial. Sabemos que um vetor de velocidade **V** é tangencial a uma linha de corrente, de modo que a inclinação da linha de corrente seria dada por (Figura 8.15)

$$\frac{v}{u} = \frac{dy}{dx}$$

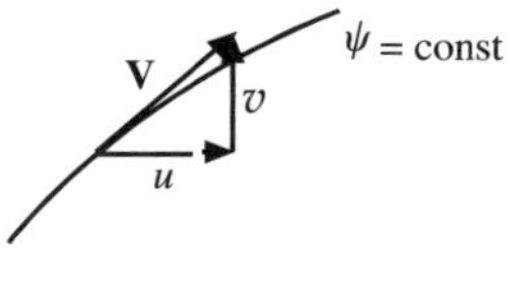

Figura 8.15

A inclinação de uma linha potencial é encontrada por

$$d\phi = \frac{\partial \phi}{\partial x} dx + \frac{\partial \phi}{\partial y} dy = 0$$

de modo que, para a linha potencial,

$$\frac{dy}{dx} = -\frac{\partial \phi / \partial x}{\partial \phi / \partial y} = -\frac{u}{v}$$

Assim, vemos que a inclinação da linha potencial é a negativa da recíproca da inclinação da linha de corrente. Logo, a linha potencial cruza com a linha de corrente em um ângulo reto.

8.5 Um tornado é aproximado por um vórtice irrotacional (exceto próximo ao seu "olho", onde gira como um corpo rígido). Calcule a força que tende a elevar o telhado plano de 5 m × 10 m de um edifício (pressupõe-se que a pressão dentro do edifício é atmosférica, ou seja, 0) se a pressão sobre o telhado é aproximada pela pressão a $r = 4$ m. Observa-se que a velocidade a uma distância de 60 m do centro do edifício é de 8 m/s.

Usando a Equação (8.27), calcula-se que a circulação é

$$\Gamma = -2\pi r v_\theta = -2\pi \times 60 \times 8 = -3320\,\text{m}^2/\text{s}$$

A velocidade a $r = 4$ m é, então,

$$v_\theta = -\frac{\Gamma}{2\pi r} = \frac{-(-3320)}{2\pi \times 4} = 132\,\text{m/s}$$

A pressão, usando a equação de Bernoulli, é calculada, pressupondo

$$V_\infty = 0 \text{ e } p_\infty = 0,$$

$$p + \frac{V^2}{2} = \not{p}_\infty + \frac{\not{V}_\infty^2}{2}\rho = 0. \qquad \therefore\ p = -\frac{132^2}{2} \times 1{,}2 = -10\,500\,\text{Pa}$$

A força de sustentação é, então,

$$F = pA = 10\,500 \times 5 \times 10 = 520\,000\,\text{N}$$

8.6 Um cilindro de 40 cm de diâmetro gira em sentido horário a 800 rpm em uma corrente de ar atmosférica escoando a 8 m/s. Identifique os pontos de estagnação, se houver algum, e encontre a pressão mínima.

A circulação $\Gamma = \oint_L \mathbf{V} \cdot d\mathbf{s}$ é a velocidade $r_c\Omega$ multiplicada por $2\pi r_c$, pois a velocidade constante **V** é tangencial à superfície do cilindro. Calcula-se que a circulação é

$$\Gamma = 2\pi r_c^2 \Omega = 2\pi \times 0{,}2^2 \times (800 \times 2\pi/60) = 21{,}1\,\text{m}^2/\text{s}$$

Esse resultado é ligeiramente maior do que $4\pi r_c U_\infty = 20{,}1\,\text{m}^2/\text{s}$, então há um único ponto de estagnação fora do cilindro a $\theta = -90°$ [Figura 8.10(*b*)].

A pressão mínima se encontra no ápice do cilindro (Figura 8.10), então vamos aplicar a equação de Bernoulli (Equação (8.38)) entre a corrente livre onde $p = 0$ e o ponto no alto onde $\theta = 90°$:

$$\begin{aligned} p_c &= \not{p}_\infty + \rho\frac{U_\infty^2}{2} - \rho\frac{U_\infty^2}{2}\left(2\,\text{sen}\,\theta + \frac{\Gamma}{2\pi r_c U_\infty}\right)^2 \\ &= 0 + 1{,}2 \times \frac{8^2}{2}\left[1 - \left(2\,\text{sen}\,90° + \frac{21{,}1}{2\pi \times 0{,}2 \times 8}\right)^2\right] = -607\,\text{Pa} \end{aligned}$$

usando $\rho = 1{,}2\,\text{kg/m}^3$, pressupondo ar atmosférico.

8.7 Passe a $U(x)$ sob o símbolo de integral e reescreva a equação integral de von Karman (8.43).

Diferenciamos um produto: $(fg)' = fg' + gf'$. Para a equação atual, considere que $g(x) = \int_0^{\delta(x)} \rho u\,dy$ (a dependência y é eliminada pela integração), de modo que

$$\frac{d}{dx} U(x) \int_0^\delta \rho u\,dy = U(x)\frac{d}{dx}\int_0^\delta \rho u\,dy + \left[\int_0^\delta \rho u\,dy\right]\frac{dU(x)}{dx}$$

Podemos passar $U(x)$ sob a integral, pois é uma função de x e a integração é em y, então a Equação (8.43) assume a forma

$$\tau_0(x) = -\delta\frac{dp}{dx} + \frac{d}{dx}U(x)\int_0^\delta \rho u\,dy - \left[\int_0^\delta \rho u\,dy\right]\frac{dU(x)}{dx} - \frac{d}{dx}\int_0^\delta \rho u^2\,dy$$

$$= -\delta\frac{dp}{dx} + \rho\frac{d}{dx}\int_0^\delta u(U-u)dy - \rho\frac{dU}{dx}\int_0^\delta u\,dy$$

Essa é uma forma equivalente da equação integral de von Karman. Pressupõe-se que a massa específica ρ é constante na camada limite fina.

8.8 Calcule a força de arrasto sobre um lado da placa plana do Exemplo 8.9: (*a*) Pressupondo escoamento turbulento a partir do bordo de ataque. (*b*) Incluindo a porção laminar da camada limite.

(*a*) Pressupondo um escoamento turbulento a partir do bordo de ataque, a espessura da camada limite após 4 m é dada pela Equação (8.64) e é

$$\delta = 0{,}38x\left(\frac{\nu}{U_\infty x}\right)^{1/5} = 0{,}38\times 4\times\left(\frac{1{,}51\times 10^{-5}}{10\times 4}\right)^{0{,}2} = 0{,}0789\,\text{m}$$

A força de arrasto sobre um lado é, então,

$$\frac{1}{2}C_f\rho U_\infty^2 Lw = \frac{0{,}073}{2}\left(\frac{1{,}51\times 10^{-5}}{10\times 4}\right)^{1/5}\times 1{,}2\times 10^2\times 4\times 2 = 1{,}82\,\text{N}$$

Verifique o número de Reynolds: $\text{Re} = 10\times 4/1{,}51\times 10^{-5} = 2{,}65\times 10^6$. $\therefore$ OK.

(*b*) Primeiro, as camadas limite são desenhadas com as distâncias apropriadas na Figura 8.16. O comprimento da camada limite laminar é calculado usando $\text{Re}_{crit} = 5\times 10^5$:

$$x_L = \frac{\text{Re}\times\nu}{U_\infty} = \frac{5\times 10^5\times 1{,}51\times 10^{-5}}{10} = 0{,}755\,\text{m}$$

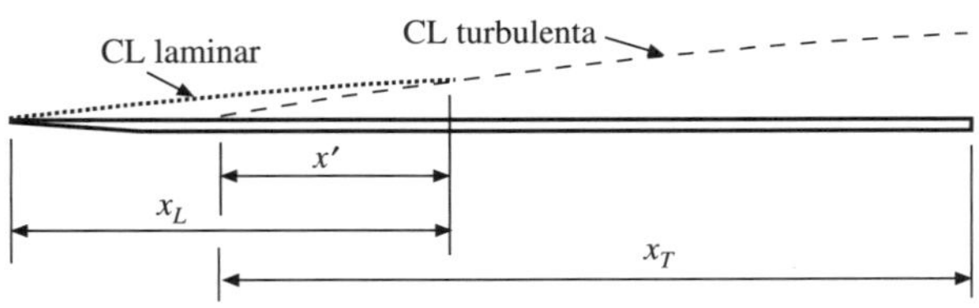

Figura 8.16

A espessura da camada limite laminar a x_L é, pela Equação (8.56),

$$\delta = 5\sqrt{\frac{x\nu}{U_\infty}} = 5\sqrt{\frac{0{,}755\times 1{,}51\times 10^{-5}}{10}} = 0{,}00534\,\text{m}$$

O local da origem fictícia da camada limite turbulenta é identificado calculando x' na Figura 8.16. Usando a Equação (8.64), calcula-se que é

$$x'^{4/5} = \frac{\delta}{0{,}38}\left(\frac{U_\infty}{\nu}\right)^{1/5} = \frac{0{,}00534}{0{,}38}\left(\frac{10}{1{,}51\times 10^{-5}}\right)^{1/5}. \qquad \therefore\ x' = 0{,}205\,\text{m}$$

A distância x_T é, então, $x_T = L - x_L + x' = 4 - 0{,}755 + 0{,}205 = 3{,}45\,\text{m}$. A espessura da camada limite na extremidade da placa é

$$\delta = 0{,}38x\left(\frac{\nu}{U_\infty x}\right)^{1/5} = 0{,}38\times 3{,}45\times\left(\frac{1{,}51\times 10^{-5}}{10\times 3{,}45}\right)^{0{,}2} = 0{,}070\,\text{m}$$

Usando a Equação (8.67), calcula-se que a força de arrasto é

$$\frac{1}{2}C_f\rho U_\infty^2 Lw = \frac{1}{2}\left[0{,}073\left(\frac{v}{U_\infty L}\right)^{1/5} - 1700\frac{v}{U_\infty L}\right]\rho U_\infty^2 Lw$$

$$= \left[\frac{0{,}073}{2}\left(\frac{1{,}51\times 10^{-5}}{10\times 4}\right)^{0{,}2} - \frac{1700}{2}\frac{1{,}51\times 10^{-5}}{10\times 4}\right]\times 1{,}2\times 10^2\times 4\times 2 = 1{,}51\text{ N}$$

A força de arrasto em (*a*) é cerca de 20% alta demais. A porção laminar, com sua tensão de cisalhamento menor, reduz a força de arrasto total para distâncias curtas.

8.9 Confirme que os componentes da velocidade são mesmo dados pela Equação (8.81) quando resolvemos a equação de Navier–Stokes com componente x para um escoamento de camada limite laminar.

O componente x da velocidade é dado por (use as Equações (8.76) e (8.78))

$$u = \frac{\partial\psi}{\partial y} = \frac{\partial\psi}{\partial\xi}\frac{\partial\xi}{\partial y} + \frac{\partial\psi}{\partial\eta}\frac{\partial\eta}{\partial y} = \sqrt{U_\infty v\xi}F'(\eta)\times\sqrt{\frac{U_\infty}{v\xi}} = U_\infty F'(\eta)$$

O componente y da velocidade é (use as Equações (8.76) e (8.78))

$$v = -\frac{\partial\psi}{\partial x} = -\frac{\partial\psi}{\partial\xi}\frac{\partial\xi}{\partial x} - \frac{\partial\psi}{\partial\eta}\frac{\partial\eta}{\partial x} = -\frac{1}{2}\sqrt{\frac{vU_\infty}{x}}F(\eta) - \sqrt{U_\infty v x}F'(\eta)\left(-\frac{1}{2}x^{-3/2}y\sqrt{\frac{U_\infty}{v}}\right)$$

$$= -\frac{1}{2}\sqrt{\frac{vU_\infty}{x}}F(\eta) + \frac{1}{2}\sqrt{U_\infty v x}y^{-1}\sqrt{\frac{U_\infty}{vx}}F'(\eta) = \frac{1}{2}\sqrt{\frac{vU_\infty}{x}}(\eta F' - F)$$

onde usamos x e ξ de forma intercambiável, já que eles são iguais, conforme a definição.

8.10 Usando a equação de Navier–Stokes com componente x (8.71), determine uma condição de contorno adicional para o escoamento laminar sobre uma placa plana com gradiente de pressão zero.

Na parede, $u = v = 0$, de modo que o lado esquerdo da Equação (8.71) é 0 para $y = 0$. Além disso, na parede, como $u = 0$, então $\partial u/\partial x = 0$ e $\partial^2 u/\partial x^2 = 0$. Assim, na parede onde $y = 0$, a Equação (8.71) nos dá

$$u\frac{\partial u}{\partial x} + v\frac{\partial u}{\partial y} = -\frac{1}{\rho}\frac{\partial p}{\partial x} + v\left(\frac{\partial^2 u}{\partial x^2} + \frac{\partial^2 u}{\partial y^2}\right) \quad \text{ou} \quad 0 = \frac{\partial^2 u}{\partial y^2}$$

Assim, além das condições da Equação (8.48), temos a condição acima na parede. Essa condição não poderia ser atendida com o perfil parabólico da Seção 8.5.3, mas se pressupomos um perfil cúbico, essa condição seria necessária. Se pressupomos um perfil retilíneo, uma suposição ruim, apenas as duas primeiras condições da Equação (8.48) seriam utilizadas.

Problemas Complementares

Escoamento em Torno de Corpos Rombudos

8.11 Vento sopra em paralelo ao lado mais comprido de um edifício grande com um telhado plano. Desenhe o escoamento esperado olhando do alto do edifício para baixo e olhando para o edifício do lado. Mostre as regiões de separação e o pontos de religação esperados.

8.12 Um caminhão tem um defletor de vento no alto da cabine e outro não tem. Desenhe uma visão lateral do fluxo de ar para ambos, mostrando as regiões de separação esperadas, as camadas limite, os pontos de religação e as esteiras.

8.13 Desenhe o escoamento esperado ao redor de uma esfera se (*a*) Re = 4, (*b*) Re = 4000 e (*c*) 40 000. Identifique a região separada, a esteira, quaisquer camadas limite laminares ou turbulentas e a corrente livre.

8.14 Determine o escoamento esperado ao redor de cada um dos itens a seguir e calcule o coeficiente de arrasto.

(*a*) Ar a 10 °C escoando ao redor de uma bola de golfe de 4,1 cm de diâmetro se deslocando a 35 m/s.

(*b*) Uma pedra de granizo de 2 mm de diâmetro atravessando o ar a –10 °C a uma velocidade de 5 m/s.

(*c*) Um grão de areia de 1 mm de diâmetro caindo em água estagnada a 20 °C a 1 m/s.

(*d*) Ar a 20 °C escoando sobre uma esfera de 8 cm de diâmetro a uma velocidade de 1 m/s.

(*e*) Ar a 0 °C passando por um poste de 10 cm de diâmetro e 4 m de altura a 2 m/s.

8.15 Uma esfera de 2 cm de diâmetro se move a Re = 10 (a separação está ocorrendo). Qual é a sua velocidade se está submersa em (*a*) água a 10 °C, (*b*) ar a 40 °C e 400 kPa e (*c*) água a 90 °C?

8.16 Água a 10 °C escoa por um fio de 2 mm de diâmetro com velocidade de 2 m/s. Desenhe o escoamento esperado mostrando a região separada, a esteira, a camada limite e a corrente livre, caso existam.

8.17 Um fluido escoa por um disco circular plano com velocidade V normal ao disco a Re > 10^3. Calcule o coeficiente de arrasto se (*a*) pressupõe-se que a pressão é constante sobre a face do disco e (*b*) se existe um perfil de pressão parabólico na frente do disco. Pressuponha que a pressão é 0 sobre o lado traseiro. Explique os resultados à luz do coeficiente de arrasto da Tabela 8.1.

8.18 Ar atmosférico a 20 °C escoa a 10 m/s. Calcule a força de arrasto sobre (*a*) uma esfera lisa de 10 cm de diâmetro, (*b*) um cilindro de 10 cm de diâmetro e 80 cm de comprimento com as extremidades livres, (*c*) um disco de 10 cm de diâmetro e (*d*) uma placa retangular de 10 cm de largura e 20 cm de comprimento. O vetor de velocidade é normal a todos os objetos.

8.19 Uma placa de 220 cm^2 é impactada diretamente por um vento de 50 m/s a 10 °C. Calcule a força sobre a placa. Se a placa é sustentada por um poste de 3 m de altura embutido em concreto, qual é o momento na base do poste?

8.20 Uma esfera lisa de 20 cm de diâmetro é equipada com um extensômetro calibrado para medir a força sobre a esfera. Calcule a velocidade do vento em ar a 20 °C se o aparelho mede (*a*) 4 N e (*b*) 0,5 N.

8.21 Um automóvel se desloca em uma seção horizontal de rodovia ao nível do mar onde a temperatura é 20 °C. Calcule a potência (em cavalos-vapor) necessária para uma velocidade de 100 km/h. Use todos os pressupostos necessários.

8.22 Calcule a economia de combustível em um ano para um caminhão que viaja 300.000 milhas se o combustível custa $2,50/gal se o caminhão instala um defletor e uma vedação da junta. Sem o defletor e a vedação, o caminhão tem média de 4 mi/gal. Se o proprietário deseja que o investimento se pague em três anos, até quanto ele pagaria pelo defletor e a vedação?

8.23 Um ciclista despende uma determinada quantidade de energia para se deslocar a 12 m/s em posição ereta. Qual seria a velocidade do ciclista se ele gastasse a mesma quantidade de energia em posição inclinada? Pressuponha que a área projetada do ciclista é reduzida em 25% na posição inclinada.

8.24 Calcule a velocidade de queda de um homem de 1,83 m de altura com braços e pernas estirados. Use pressupostos razoáveis. Agora dê ao homem um paraquedas de 6 m de diâmetro e calcule a velocidade de descida, mais uma vez usando pressupostos razoáveis.

8.25 Um abeto azul do Colorado tem o formato de um triângulo que está a 15 cm do solo. O triângulo tem diâmetro máximo de 6 m e tem 10 m de altura. Calcule o arrasto sobre a árvore se ela está exposta a um vento de 25 m/s. Use $C_D = 0{,}4$ nos seus cálculos.

Desprendimento de Vórtices, Cavitação e Massa Adicional

8.26 São observados vórtices a jusante de um cilindro de 2 cm de diâmetro em ar atmosférico a 20 °C. Qual é a distância entre os vórtices desprendidos a jusante do cilindro para uma velocidade do ar de 5 m/s?

8.27 Um sensor é posicionado a uma breve distância a jusante de um cilindro de 4 cm de diâmetro em um fluxo de ar atmosférico a 20 °C. Ele detecta o desprendimento de vórtices a uma frequência de 0,16 Hz. Calcule a velocidade do ar.

8.28 Um vento de 10 °C sopra sobre fios de alta tensão de 6 mm de diâmetro. Determine a amplitude de velocidades na qual o ocorre o desprendimento de vórtices. A frequência de desprendimento poderia ser escutada? Os seres humanos com boa audição escutam frequências entre 20 e 20.000 Hz. (Esse desprendimento de vórtices quando os fios estão cobertos de gelo faz com que os fios oscilem das catenárias normais para catenárias invertidas, o que faz com que os fios se estraguem).

8.29 Qual força de arrasto atua sobre uma esfera de 76 cm de diâmetro rebocada 2 m abaixo da superfície da água a 20 m/s?

8.30 Um hidrofólio de 2,2 m de comprimento com corda de 50 cm de comprimento opera 40 cm abaixo da superfície da água com ângulo de ataque de 4°. Para uma velocidade de 15 m/s, determine o arrasto e a sustentação e decida se há cavitação no hidrofólio.

8.31 Uma esfera de 40 cm de diâmetro é largada de um estado de repouso sob a água. Se ela pesa 380 N no ar, qual é a aceleração inicial sob a água se a massa adicional é ignorada? E se a massa adicional é incluída?

8.32 Um cilindro horizontal de 20 cm de diâmetro e 4 m de comprimento é largado de um estado de repouso sob a água. Se ele pesa 1500 N no ar, qual é a aceleração inicial sob a água se a massa adicional é ignorada? E se a massa adicional é incluída?

Sustentação e Arrasto sobre Aerofólios

8.33 Desenhe o campo de escoamento ao redor de um aerofólio em estol. Mostre as camadas limite, a região separada e a esteira.

8.34 Calcule a velocidade de decolagem para uma aeronave com aerofólios convencionais se a aeronave com sua carga pesa 120.000 N e a área efetiva da asa é de 20 m^2, pressupondo uma temperatura de (*a*) 30 °C, (*b*) 10 °C e (*c*) –20 °C. Deseja-se um ângulo de ataque de 8° na decolagem.

8.35 Refaça o Problema 8.34, mas pressuponha uma temperatura de 20 °C a uma pressão de (*a*) 100 kPa, (*b*) 80 kPa e (*c*) 60 kPa.

8.36 Um avião de 2000 kg foi projetado para carregar uma carga de 4000 N em cruzeiro próximo ao nível do mar. Para aerofólios convencionais com área efetiva da asa de 25 m^2, calcule a velocidade de decolagem para um ângulo de ataque de 10°, a velocidade de estol e a potência necessária (os aerofólios representam aproximadamente 40% do arrasto) para uma velocidade de cruzeiro de 80 m/s a uma elevação de 2000 m.

8.37 Se a aeronave do Problema 8.36 voasse a 10 km, qual seria a potência necessária?

8.38 A aeronave do Problema 8.36 deve pousar com os aerofólios em um ângulo de ataque próximo do estol. Calcule a velocidade de aterrissagem mínima sem flapes com fendas, com flapes com uma fenda e com flapes com duas fendas. Pressuponha que a área efetiva da asa é a mesma na três situações.

Escoamento Potencial

8.39 Mostre que a diferença das funções corrente entre duas linhas de corrente é a vazão q por profundidade unitária entre as duas linhas de corrente, ou seja, $q = \psi_2 - \psi_1$.

8.40 Mostre que cada um dos itens a seguir representa um escoamento plano incompressível e determine a função corrente ou função potencial associada.

(*a*) $\phi = 10y$

(*b*) $\psi = 20xy$

(*c*) $\phi = 10\theta$ (coordenadas cilíndricas)

(*d*) $\psi = (20/r)\text{sen}\,\theta$ (coordenadas cilíndricas)

8.41 O campo de velocidade $\mathbf{V} = (x\mathbf{i} + y\mathbf{j})/(x^2 + y^2)$ representa um escoamento incompressível? Se sim, determine o potencial de velocidade ϕ e a função corrente ψ.

8.42 Mostre que o escoamento representado por $\psi = 10 \ln(x^2 + y^2)$ m^2/s é um escoamento incompressível. Além disso,

(*a*) Determine o potencial de velocidade ϕ.

(*b*) Determine a pressão ao longo do eixo x negativo se escoa ar atmosférico e $p = 0$ a $x = -\infty$.

(*c*) Determine o componente x da aceleração a $(-4, 0)$.

8.43 Mostre que o escoamento representado por $\phi = 20 \ln r$ m^2/s é um escoamento incompressível. Além disso,

(*a*) Determine a função corrente ψ.

(*b*) Determine a pressão ao longo do eixo x negativo se escoa água e $p = 40$ kPa a $x = -\infty$.

(*c*) Determine a aceleração nas coordenadas retangulares $(-2, 0)$.

8.44 Mostre que o escoamento representado por $\phi = 10r \cos\theta + 40 \ln r$ m^2/s é um escoamento incompressível. Além disso,

(*a*) Determine a função corrente ψ.

(*b*) Determine a pressão ao longo do eixo x negativo se escoa água e $p = 100$ kPa a $x = -\infty$.

(*c*) Determine a aceleração nas coordenadas retangulares $(-2, 0)$.

(*d*) Localize os pontos de estagnação, se algum estiver presente.

8.45 Sobreponha um escoamento uniforme paralelo ao eixo x de 10 m/s e uma fonte na origem da intensidade $q = 10\pi$ m^2/s.

(*a*) Escreva o potencial de velocidade ϕ e a função corrente ψ.

(*b*) Localize os pontos de estagnação, se algum estiver presente.

(*c*) Desenhe o corpo formado pela linha de corrente que separa o escoamento de fonte do escoamento uniforme.

(*d*) Localize o ponto de interceptação y positivo do corpo de (*c*).

(*e*) Determine a espessura do corpo de (*c*) a $x = -\infty$.

8.46 Um escoamento uniforme $\mathbf{V} = 20\mathbf{i}$ m/s é sobreposto a uma fonte de intensidade 20π m^2/s e um sumidouro de intensidade igual localizado a (–2 m, 0) e (2 m, 0), respectivamente. O corpo resultado formado pela linha de corrente apropriada é uma *oval de Rankine*. Determine o comprimento e a espessura da oval. Calcule a velocidade a (0, 0).

8.47 Uma fonte próxima a uma parede é criada pelo *método de imagens*: sobreponha duas fontes iguais de intensidade 4π m^2/s a (2 m, 0) e (–2 m, 0), respectivamente. Desenhe o escoamento mostrando a parede e calcule a distribuição de velocidade ao longo da parede.

8.48 Sobreponha uma velocidade de $\mathbf{V} = 20\mathbf{i}$ m/s sobre o escoamento do Problema 8.47. Localize os pontos de estagnação, se houver algum.

8.49 Um escoamento uniforme $\mathbf{V} = 10\mathbf{i}$ m/s é sobreposto a um dipolo com intensidade de 40 m^3/s. Determine:

(*a*) O raio do cilindro que é formado.

(*b*) A distribuição de velocidade $v_\theta(\theta)$ sobre o cilindro.

(*c*) Os locais dos pontos de estagnação.

(*d*) A pressão mínima sobre o cilindro se a pressão no ponto de estagnação é de 200 kPa. Está escoando água.

8.50 Sobreponha um escoamento uniforme $\mathbf{V} = 10\mathbf{i}$ m/s, um dipolo $\mu = 40$ m^3/s e um vórtice. Localize os pontos de estagnação, se houver, e determine a pressão mínima sobre o cilindro se a pressão do ar atmosférico é zero a uma distância grande do cilindro. A intensidade do vórtice é (*a*) $\Gamma = 40\pi$ m^2/s, (*b*) $\Gamma = 80\pi$ m^2/s e (*c*) $\Gamma = 120\pi$ m^2/s.

8.51 Pressuponha que é possível criar um modelo de um escoamento real usando o escoamento do Problema 8.49 na metade frontal do cilindro e que a pressão na metade traseira é igual à pressão mínima sobre o cilindro (pressupõe-se que o escoamento se separa do cilindro na metade traseira). Calcule o coeficiente de arrasto resultante.

Camadas Limite

8.52 Uma camada limite turbulenta é estudada em um escoamento com gradiente de pressão zero sobre uma placa plana em um laboratório. Ar atmosférico a 20 °C escoa sobre a placa a 10 m/s. A que distância do bordo de ataque podemos esperar turbulência (*a*) se a intensidade de flutuação da corrente livre é baixa? (*b*) Se a intensidade de flutuação da corrente livre é alta?

8.53 Responda ao Problema 8.52 se o fluido for água a 20 °C.

8.54 Uma camada limite laminar será estudada em laboratório. Para obter uma camada suficientemente espessa, deseja-se uma porção laminar de 2 m de comprimento. Qual velocidade deve ser utilizada se (*a*) seleciona-se um canal de água? (*b*) seleciona-se um túnel de vento? Pressupõe-se que a intensidade da flutuação pode ser controlada a um nível suficientemente baixo.

8.55 Se uma equação diferencial para a camada limite deve ser resolvida na parte frontal de um cilindro, é preciso saber a velocidade U no limite externo da camada limite, assim como a pressão p na camada limite. Enuncie U e p para o cilindro circular do Problema 8.49.

8.56 Na Figura 8.13, os perfis de velocidade laminar e turbulenta são esquematizados para a mesma espessura da camada limite. Calcule o aumento percentual do fluxo de momento para uma camada turbulenta pressupondo o perfil da lei de potência $u/U_\infty = (y/\delta)^{1/7}$ em comparação com uma camada laminar, pressupondo o perfil parabólico $u/U_\infty = 2y/\delta - (y/\delta)^2$.

8.57 Mostre que a Equação (8.43) decorre da Equação (8.41).

8.58 Mostre que a equação integral de von Karman do Problema Resolvido 8.7 pode ser escrita em termos das espessuras de momento e deslocamento como

$$\tau_0 = \rho \frac{d}{dx}(\theta U^2) + \rho \delta_d U \frac{dU}{dx}$$

onde diferenciamos a equação de Bernoulli para obter

$$\frac{dp}{dx} = -\rho U \frac{dU}{dx} = -\frac{\rho}{\delta}\frac{dU}{dx}\int_0^\delta U\,dy$$

8.59 Pressuponha um perfil de velocidade linear em uma camada limite laminar sobre uma placa plana com gradiente de pressão zero. Determine:

(*a*) $\delta(x)$. Compare com a solução mais precisa e calcule o erro percentual.

(*b*) $\tau_0(x)$.

(*c*) v a $y = \delta$ e $x = 2$ m.

(*d*) A força de arrasto se a placa tem 2 m de largura e 4 m de comprimento.

8.60 Pressuponha um perfil de velocidade sinusoidal em uma camada limite laminar sobre uma placa plana usando água a 20 °C com $U_\infty = 1$ m/s. Determine:

(*a*) $\delta(x)$. Compare com a solução mais precisa e calcule o erro percentual.

(*b*) $\tau_0(x)$.

(*c*) A força de arrasto se a placa tem 2 m de largura e 4 m de comprimento.

8.61 Pressuponha um perfil de velocidade cúbico em uma camada limite laminar sobre uma placa plana. Use $\partial^2 u/\partial y^2\big|_{y=0} = 0$ como condição de contorno adicional (Equação (8.75)). Determine:

(*a*) $\delta(x)$. Compare com a solução mais precisa e calcule o erro percentual.

(*b*) $\tau_0(x)$.

(*c*) A força de arrasto se a placa tem 2 m de largura e 4 m de comprimento.

8.62 Desenhe em escala uma camada limite laminar relativamente espessa sobre um comprimento de 10 m para o escoamento de água a 20 °C sobre uma placa plana com gradiente de pressão zero para $U_\infty = 1$ m/s. Considere que cerca de 15 cm representam o comprimento de 10 m da placa. Pressuponha uma camada laminar sobre todos os 10 m de comprimento.

8.63 Se as paredes de um túnel de vento estão em paralelo, o escoamento acelera devido às camadas limite em cada uma delas. Se um túnel de vento é quadrado, de que modo uma das paredes deve ser deslocada para fora para que exista um gradiente de pressão zero?

8.64 Uma linha de corrente em água a 20 °C está a 2 mm de uma placa plana no bordo de ataque. Usando o perfil de velocidade parabólico da Seção 8.5.3 com $U_\infty = 1$ m/s, faça uma previsão da distância entre a placa e a linha de corrente quando $x = 1$ m.

8.65 Mostre que a forma da lei de potência para o perfil de velocidade em um escoamento turbulento não é uma boa aproximação na parede ou na borda externa da camada limite.

8.66 Mostre que a Equação (8.61) decorre da Equação (8.44).

8.67 Ar a 20 °C escoa sobre um placa plana de 3 m de comprimento e 2 m de largura a 16 m/s. Pressuponha um escoamento turbulento a partir do bordo de ataque (um fio no bordo de ataque pode ser usado para causar a turbulência) e calcule:

(*a*) δ a $x = 3$ m.

(*b*) τ_0 a $x = 3$ m.

(*c*) A força de arrasto sobre um lado da placa.

(*d*) As espessuras de deslocamento e momento a $x = 3$ m.

(*e*) A velocidade de cisalhamento e a espessura da camada de parede viscosa.

8.68 Água a 20 °C escoa sobre um placa plana de 3 m de comprimento e 2 m de largura a 3 m/s. Pressuponha um escoamento turbulento a partir do bordo de ataque (um fio no bordo de ataque pode ser usado para causar a turbulência) e calcule:

(*a*) δ a $x = 3$ m.

(*b*) τ_0 a $x = 3$ m.

(*c*) A força de arrasto sobre um lado da placa.

(*d*) As espessuras de deslocamento e momento a $x = 3$ m.

(*e*) A velocidade de cisalhamento e a espessura da camada de parede viscosa.

8.69 Ar a 20 °C escoa sobre uma placa plana de 2 m de comprimento e 3 m de largura a 16 m/s. Inclua a porção laminar próxima ao bordo de ataque (Figura 8.16) pressupondo flutuações baixas e uma placa lisa e calcule:

(*a*) δ a $x = 3$ m.

(*b*) A força de arrasto sobre um lado da placa.

8.70 Água a 20 °C escoa sobre uma placa plana de 2 m de comprimento e 3 m de largura a 3 m/s. Inclua a porção laminar próxima ao bordo de ataque (Figura 8.16) pressupondo flutuações baixas e uma placa lisa e calcule:

(*a*) δ a $x = 3$ m.

(*b*) A força de arrasto sobre um lado da placa.

8.71 Ar atmosférico sopra em direção ao litoral em uma praia da Flórida. Pressupõe-se que uma camada limite começa a se desenvolver a cerca de 12 km da praia. Se a velocidade média do vento é de 18 m/s, calcule a espessura da camada limite e a tensão de cisalhamento sobre a superfície da água próximo ao litoral.

8.72 Propõe-se construir um dirigível comprido em forma de charuto para levar passageiros ricos em passeios. O veículo teria 1000 m de comprimento e 150 m de diâmetro. Quanta potência (em cavalos-vapor) seria necessária para que o dirigível se movesse através do ar ao nível do mar a 12 m/s se o arrasto sobre as partes frontal e traseira é ignorado?

8.73 Mostre que a Equação (8.79) decorre da Equação (8.77).

8.74 Resolva a Equação (8.79) com as condições de contorno dadas pela Equação (8.80) usando um programa de software disponível como o MATLAB.

8.75 Uma camada limite laminar de ar atmosférico a 20 °C que se move a 2 m/s existe em um lado de uma placa plana de 2 m de largura e 3 m de comprimento. A $x = 3$ m, determine:

(*a*) A espessura da camada limite.

(*b*) A tensão de cisalhamento da parede.

(*c*) O componente y máximo da velocidade.

(*d*) A força de arrasto.

(*e*) As espessuras de deslocamento e de momento.

(*f*) A vazão através da camada limite.

8.76 Uma camada limite laminar de água a 20 °C que se move a 0,8 m/s existe em um lado de uma placa plana de 2 m de largura e 3 m de comprimento. A $x = 3$ m, determine:

(*a*) A espessura da camada limite.

(*b*) A tensão de cisalhamento da parede.

(*c*) O componente y máximo da velocidade.

(*d*) A força de arrasto.

(*e*) As espessuras de deslocamento e de momento.

(*f*) A vazão através da camada limite.

Respostas dos Problemas Complementares

8.11 Ver problema

8.12 Ver problema

8.13 Ver problema

8.14 (*a*) 0,25 (*b*) 0,55 (*c*) 0,46 (*d*) 0,4 (*e*) 1,14

8.15 (*a*) 0,000654 m/s (*b*) 0,00214 m/s (c) 0,000164 m/s

8.16 Re = 3060

8.17 (*a*) 1,0 (*b*) 0,5

8.18 (*a*) 0,26 N (*b*) 4,0 N (*c*) 0,52 N (*d*) 1,32 N

8.19 8300 N, 34 000 N·m

8.20 (*a*) 32,6 m/s (*b*) 6,9 m/s

8.21 11,3 hp

8.22 \$152.700

8.23 14,1 m/s

8.24 73 m/s, 5,8 m/s

8.25 4500 N

8.26 4,25 cm

8.27 0,04 m/s

8.28 0,012 m/s até 29,3 m/s. Sim, para $V > 0{,}57$ m/s

8.29 43,5 kN

8.30 99 kN, 2,23 kN, Não

8.31 1,32 m/s^2, 0,883 m/s^2

8.32 1,74 m/s^2, 0,870 m/s^2

8.33 Ver problema

8.34 (*a*) 102 m/s (*b*) 98 m/s (*c*) 93 m/s

8.35 (*a*) 100 m/s (*b*) 112 m/s (*c*) 130 m/s

8.36 36,2 m/s, 33,3 m/s, 129 hp

8.37 53 hp

8.38 33,3 m/s, 25,1 m/s, 22,2 m/s

8.39 Ver problema

8.40 (*a*) $-10x$ (*b*) $10(x^2 + y^2)$ (*c*) $-10 \ln r$ (*d*) $20r \cos \theta$

8.41 $\ln\sqrt{x^2 + y^2}$, $\tan^{-1} x/y$

8.42 (*a*) $-20 \tan^{-1} y/x$ (*b*) $-240/x^2$ (*c*) $-6{,}25$m/s^2

8.43 (*a*) $\psi = \theta$ (*b*) $40 - 200/x^2$ kPa (*c*) -50 m/s^2

8.44 (*a*) $10r \operatorname{sen} \theta + 40\theta$ (*b*) $100\left(1 + \frac{1}{x} - \frac{8}{x^2}\right)$ kPa (*c*) 200 m/s^2 (*d*) $(-4, 0)$

8.45 (*a*) $10r \cos \theta + 5 \ln r$ e $10r \operatorname{sen} \theta + 5\theta$ (*b*) $(-0{,}5, 0)$ (*d*) $\pi/4$ m (*e*) π m

8.46 4,9 m por 2,1 m

8.47 $4y/(y^2 + 4)$ m/s

8.48 1,902 m, $-2{,}102$ m

8.49 (*a*) 2 m (*b*) $20 \operatorname{sen} \theta$ m/s (*c*) (2 m, 0°), (2 m, 180°) (*d*) $200(1 - \operatorname{sen}^2\theta)$ kPa

8.50 (*a*) (2, −30°), (2, 150°), −488 Pa (*b*) (2, −90°), −915 Pa (*c*) (2, 270°), −1464 Pa

8.51 2,67

8.52 (*a*) 90,5 cm (*b*) 54,3 cm

8.53 (*a*) 5 cm (*b*) 3 cm

8.54 (*a*) 0,25 m/s (*b*) 4,52 m/s

8.55 $2U_\infty \operatorname{sen}\theta$ e $p_0 - \rho U_\infty^2 \operatorname{sen}^2\theta$

8.56 45,8%

8.57 Ver problema

8.58 Ver problema

8.59 (*a*) $3{,}46\sqrt{\nu x/U_\infty}$, −31% (*b*) $0{,}289\rho U_\infty^2 \mathrm{Re}_x^{-1/2}$ (*c*) $0{,}0256\delta^2\sqrt{U_\infty^3/\nu}$ (*d*) $2{,}31\rho U_\infty\sqrt{U_\infty \nu}$

8.60 (*a*) $0{,}00479\sqrt{x}$, −4,2% (*b*) $0{,}328x^{-1/2}$ (*c*) 2,62 N

8.61 (*a*) $4{,}65\sqrt{\nu x/U_\infty}$, −7% (*b*) $0{,}323\rho U_\infty^2\sqrt{\nu/U_\infty x}$ (*c*) $1{,}29\rho U_\infty^2\sqrt{\nu/U_\infty}$

8.62 Ver problema

8.63 $4\delta_d$

8.64 2,8 mm

8.65 Ver problema

8.66 Ver problema

8.67 (*a*) 5,92 cm (*b*) 0,47 Pa (*c*) 3,49 N (*d*) 7,47 mm, 5,76 mm (*e*) 0,626 m/s, 0,145 mm

8.68 (*a*) 4,64 cm (*b*) 10,8 Pa (*c*) 80,1 N (*d*) 5,85 mm, 4,51 mm (*e*) 0,104 m/s, 0,048 mm

8.69 (*a*) 5,28 cm (*b*) 2,90 N

8.70 (*a*) 4,45 cm (*b*) 75 N

8.71 53 m

8.72 800 hp

8.73 Ver problema

8.74 Ver problema

8.75 (*a*) 2,61 cm (*b*) 0,000277 Pa (*c*) 0,003 m/s (*d*) 0,0333 Pa (*e*) 3,36 mm (*f*) 0,068 m^3/s

8.76 (*a*) 9,7 mm (*b*) 0,0137 Pa (*c*) 0,00044 m/s (*d*) 1,65 N (*e*) 1,25 mm (*f*) 0,0102 m^3/s

Capítulo 9

Escoamento Compressível

9.1 INTRODUÇÃO

Escoamentos compressíveis ocorrem quando as variações de massa específica são significativas entre dois pontos em uma linha de corrente. Nem todos os escoamentos de gases são compressíveis, apenas aqueles com variações de massa específica significativas. O escoamento em torno de automóveis, em furacões, em torno de aeronaves durante o pouso e a decolagem e em torno de edifícios e torres de comunicação são apenas alguns exemplos de escoamentos incompressíveis nos quais a massa específica do ar não varia mais de 3% entre os pontos de interesse e que, por consequência, são tratados como incompressíveis. Contudo, existem muitos exemplos de escoamentos de gases nos quais a massa específica varia mais de 3%, incluindo o fluxo de ar em torno de aeronaves que voam mais rapidamente do que um número de Mach [ver Equação (3.18)] de 0,3 (cerca de 100 m/s), através de compressores, motores a jato e tornados, entre outros. Também ocorrem efeitos compressíveis em escoamentos líquidos que dão origem a golpes de ariete e ondas de compressão subaquáticas de explosões; estes não serão considerados aqui.

Apenas problemas de escoamento compressível que podem ser resolvidos usando equações integrais serão considerados neste capítulo. O mais simples deles é o escoamento uniforme em um conduíte. Lembre-se de que a equação da continuidade, a equação do momento e a equação de energia são, respectivamente,

$$\dot{m} = \rho_1 A_1 V_1 = \rho_2 A_2 V_2 \tag{9.1}$$

$$\sum \mathbf{F} = \dot{m}(\mathbf{V}_2 - \mathbf{V}_1) \tag{9.2}$$

$$\frac{\dot{Q} - \dot{W}_S}{\dot{m}} = \frac{V_2^2 - V_1^2}{2} + h_2 - h_1 \tag{9.3}$$

onde a entalpia $h = \tilde{u} + p/\rho$ é utilizada [ver Equações (1.20) e (4.23)]. Se o gás pode ser aproximado como um gás ideal, então a equação de energia assume uma das duas formas a seguir:

$$\frac{\dot{Q} - \dot{W}_S}{\dot{m}} = \frac{V_2^2 - V_1^2}{2} + c_p(T_2 - T_1) \tag{9.4}$$

$$\frac{\dot{Q} - \dot{W}_S}{\dot{m}} = \frac{V_2^2 - V_1^2}{2} + \frac{k}{k-1}\left(\frac{p_2}{\rho_2} - \frac{p_1}{\rho_1}\right) \tag{9.5}$$

onde usamos as relações termodinâmicas

$$\Delta h = c_p \Delta T \qquad c_p = c_v + R \qquad k = \frac{c_p}{c_v} \tag{9.6}$$

A lei do gás ideal também será usada; a forma mais comum é

$$p = \rho RT \tag{9.7}$$

Também podemos determinar a variação da entropia ou pressupor um processo isentrópico ($\Delta s = 0$). Assim, uma das seguintes equações poderia ser utilizada:

$$\Delta s = c_p \ln\frac{T_2}{T_1} - R\ln\frac{p_2}{p_1} \tag{9.8}$$

$$\frac{T_2}{T_1} = \left(\frac{p_2}{p_1}\right)^{(k-1)/k} \qquad \frac{p_2}{p_1} = \left(\frac{\rho_2}{\rho_1}\right)^{k} \qquad \frac{T_2}{T_1} = \left(\frac{\rho_2}{\rho_1}\right)^{(k-1)} \tag{9.9}$$

Lembre-se de que as temperaturas e pressões devem sempre ser quantidades absolutas quando usamos várias das relações acima, então sempre é seguro usar a temperatura e a pressão absolutas na hora de resolver problemas envolvendo um escoamento compressível.

9.2 VELOCIDADE DO SOM

Uma onda de pressão de baixa amplitude é chamada de *onda sonora* e se desloca através de um gás à *velocidade do som*, denotada por c. Considere a onda de baixa amplitude mostrada na Figura 9.1, deslocando-se através de um conduíte. Na Figura 9.1(*a*), ela se move de modo que um observador estacionário veja um movimento transiente; na Figura 9.1(*b*), o observador se move com a onda, de modo que esta é estacionária, e observa-se um escoamento em regime permanente; e a Figura 9.1(*c*) mostra o volume de controle ao redor da onda. Pressupõe-se que a onda cria uma pequena variação diferencial na pressão p, temperatura T, massa específica ρ e velocidade V no gás. A equação da continuidade aplicada ao volume de controle nos dá

$$\rho Ac = (\rho + d\rho)A(c + dV) \tag{9.10}$$

que, ignorando o termo de ordem maior $d\rho\, dV$, é simplificado para

$$\rho\, dV = -c\, d\rho \tag{9.11}$$

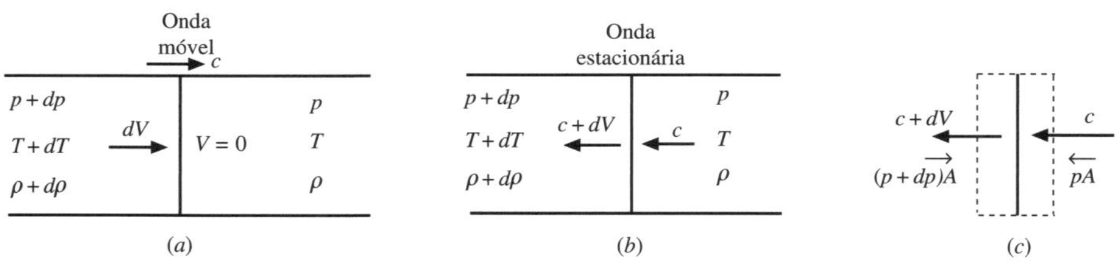

Figura 9.1 (*a*) Uma onda sonora deslocando-se através de um gás, (*b*) o gás deslocando-se através da onda e (*c*) o volume de controle que envolve a onda em (*b*).

A equação do momento na direção da corrente é escrita como

$$pA - (p + dp)A = \rho Ac(c + dV - c) \tag{9.12}$$

que é simplificada para

$$dp = -\rho c\, dV \tag{9.13}$$

Combinando as equações da continuidade e do momento, o resultado é

$$c = \sqrt{\frac{dp}{d\rho}} \tag{9.14}$$

para as ondas sonoras de pequena amplitude.

As ondas sonoras de menor frequência (abaixo de 18.000 Hz) se movem isentropicamente, de modo que p/ρ^k = const, o que, quando diferenciado, dá

$$\frac{dp}{d\rho} = k\frac{p}{\rho} \qquad (9.15)$$

Assim, a velocidade do som para tais ondas é

$$c = \sqrt{\frac{kp}{\rho}} = \sqrt{kRT} \qquad (9.16)$$

As ondas de alta frequência se deslocam isotermicamente, resultando em uma velocidade do som de

$$c = \sqrt{RT} \qquad (9.17)$$

Para ondas de baixa amplitude deslocando-se através de um líquido ou sólido, utiliza-se o módulo de compressibilidade [ver Equação (1.13)], que é igual a $\rho\, dp/d\rho$ e tem o valor de 2100 MPa para água a 20 °C. Isso leva a um valor de cerca de 1450 m/s para uma onda de baixa amplitude deslocando-se através da água.

O número de Mach, introduzido no Capítulo 3, é usado para perturbações que se deslocam em um gás. Ele é

$$\mathrm{M} = \frac{V}{c} \qquad (9.18)$$

Se M < 1, o escoamento é *subsônico*, e se M > 1, o escoamento é *supersônico*. Considere a fonte estacionária de perturbações mostrada na Figura 9.2(*a*); as ondas sonoras são mostradas após três incrementos temporais. Na Figura 9.2(*b*), a fonte se move a uma velocidade subsônica, que é menor do que a velocidade do som, então a fonte "anuncia" sua abordagem para um observador à direita. Na Figura 9.2(*c*), a fonte se move a uma velocidade supersônica, mais rapidamente do que a velocidade da fonte, então o observador não está ciente da aproximação da fonte caso esteja na *zona de silêncio*, que fica fora do *cone de Mach* mostrado. Pela figura, o cone de Mach tem um *ângulo de Mach* dado por

$$\alpha = \mathrm{sen}^{-1}\frac{c}{V} = \mathrm{sen}^{-1}\frac{1}{\mathrm{M}} \qquad (9.19)$$

As ondas de baixa amplitude discutidas acima são chamadas de *ondas de Mach*. Elas são o resultado de fontes de som e projéteis pontiagudos e os bordos de ataque aguçados de aerofólios supersônicos. As ondas de grande amplitude, chamadas de *ondas de choque*, que emanam do bordo de ataque de aerofólios com pontas rombudas, também formam zonas de silêncio, mas os ângulos são maiores do que aqueles criados pelas ondas de Mach. As ondas de choque serão estudadas nas Seções 9.4 e 9.5.

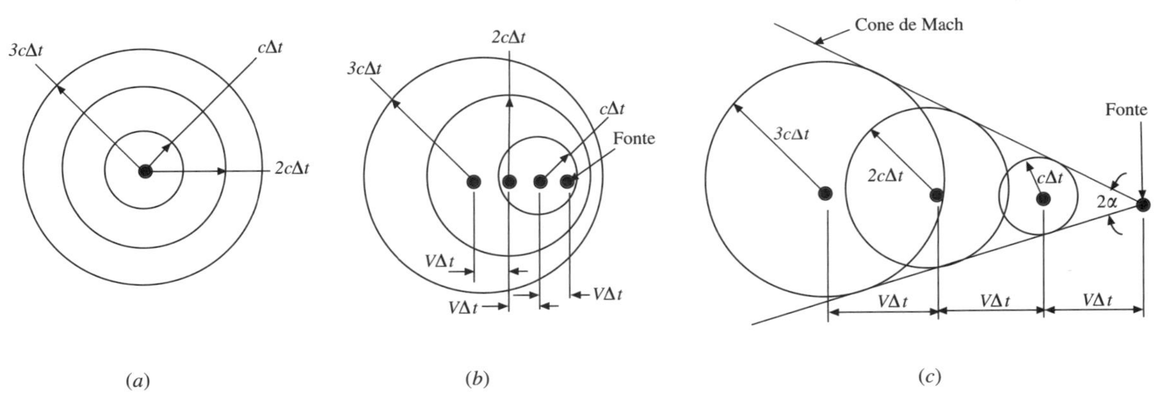

Figura 9.2 A propagação de ondas sonoras de uma fonte: (*a*) fonte estacionária, (*b*) fonte móvel com M < 1 e (*c*) fonte móvel com M > 1.

Exemplo 9.1 Um dispositivo eletrônico é situado no alto de uma colina e escuta um projétil supersônico que produz ondas de Mach após o projétil estar 500 m além da posição do dispositivo. Se sabemos que o projétil voa a 850 m/s, calcule sua altura acima do dispositivo.

Solução: O número de Mach é

$$\mathrm{M} = \frac{V}{c} = \frac{850}{\sqrt{kRT}} = \frac{850}{\sqrt{1{,}4 \times 287 \times 288}} = 2{,}5$$

onde se pressupõe uma temperatura padrão de 288 K, pois a temperatura não foi informada. A relação do ângulo de Mach nos permite escrever

$$\operatorname{sen}\alpha = \frac{1}{\mathrm{M}} = \frac{h}{\sqrt{h^2 + 500^2}} = \frac{1}{2{,}5}$$

onde h é a altura acima do dispositivo [consulte a Figura 9.2(*c*)]. Essa equação pode ser resolvida de modo a fornecer o resultado $h = 218$ m.

9.3 ESCOAMENTO ISENTRÓPICO ATRAVÉS DE BOCAL

Existem inúmeras aplicações nas quais um escoamento isentrópico, uniforme e em regime permanente representa uma boa aproximação do escoamento em conduítes, incluindo o escoamento através de um motor a jato, através do bocal de um foguete, saindo de um gasoduto rompido e passando pelas lâminas de uma turbina. Para criar um modelo dessas situações, considere o volume de controle na área com variação no conduíte da Figura 9.3. A equação da continuidade entre as duas seções a uma distância infinitesimal dx entre elas é

$$\rho A V = (\rho + d\rho)(A + dA)(V + dV) \tag{9.20}$$

Se apenas os termos de primeira ordem de uma quantidade diferencial são mantidos, a continuidade assume a forma

$$\frac{dV}{V} + \frac{dA}{A} + \frac{d\rho}{\rho} = 0 \tag{9.21}$$

A equação de energia (9.5) com $\dot{Q} = \dot{W}_S = 0$ é

$$\frac{V^2}{2} + \frac{k}{k-1}\frac{p}{\rho} = \frac{(V+dV)^2}{2} + \frac{k}{k-1}\frac{p+dp}{\rho+d\rho} \tag{9.22}$$

Ignorando os termos de ordem maior, isso é simplificado para

$$V\,dV + \frac{k}{k-1}\frac{\rho\,dp - p\,d\rho}{\rho^2} = 0 \tag{9.23}$$

Pressupondo um escoamento isentrópico, a Equação (9.15) permite que a equação de energia assuma a forma

$$V\,dV + k\frac{p}{\rho^2}\,d\rho = 0 \tag{9.24}$$

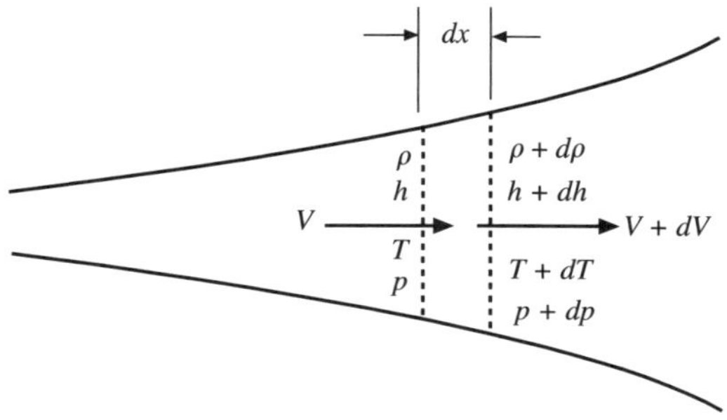

Figura 9.3 Escoamento isentrópico uniforme em regime permanente através de um conduíte.

Insira o termo da equação da continuidade (9.21) para obter

$$\frac{dV}{V}\left(\frac{\rho V^2}{kp} - 1\right) = \frac{dA}{A} \tag{9.25}$$

ou, em termos do número de Mach,

$$\frac{dV}{V}(\mathrm{M}^2 - 1) = \frac{dA}{A} \tag{9.26}$$

Essa equação se aplica a um escoamento isentrópico uniforme em regime permanente.

Várias observações podem ser realizadas a partir de uma análise da Equação (9.26):

- Para um escoamento subsônico em um conduíte em expansão ($\mathrm{M} < 1$ e $dA > 0$), o escoamento está desacelerando ($dV < 0$).
- Para um escoamento subsônico em um conduíte em convergência ($\mathrm{M} < 1$ e $dA < 0$), o escoamento está acelerando ($dV > 0$).
- Para um escoamento supersônico em um conduíte em expansão ($\mathrm{M} > 1$ e $dA > 0$), o escoamento está acelerando ($dV > 0$).
- Para um escoamento supersônico em um conduíte em convergência ($\mathrm{M} > 1$ e $dA < 0$), o escoamento está desacelerando ($dV < 0$).
- Em uma garganta onde $dA = 0$, ou $\mathrm{M} = 1$ ou $dV = 0$ (o escoamento poderia estar acelerando através de $\mathrm{M} = 1$ ou alcançar uma velocidade tal que $dV = 0$).

Observe que um bocal para um escoamento supersônico deve aumentar de área na direção do escoamento e um difusor deve diminuir de área, contrariamente ao que acontece com um bocal e um difusor para escoamentos subsônicos. Assim, para que um escoamento supersônico surja a partir de um reservatório no qual a velocidade é 0, o escoamento subsônico antes deve acelerar através de uma área convergente até uma garganta, seguido pela aceleração continuada através de uma área em expansão. Os bocais de um foguete projetado para colocar satélites em órbita são construídos usando essa geometria convergente-divergente, como mostrado na Figura 9.4.

As equações de energia e continuidade podem assumir formas particularmente úteis para o escoamento isentrópico uniforme em regime permanente através do bocal da Figura 9.4. Aplique a equação de energia (9.4) com $\dot{Q} = \dot{W}_S = 0$ entre o reservatório e algum local no bocal para obter

$$c_p T_0 = \frac{V^2}{2} + c_p T \tag{9.27}$$

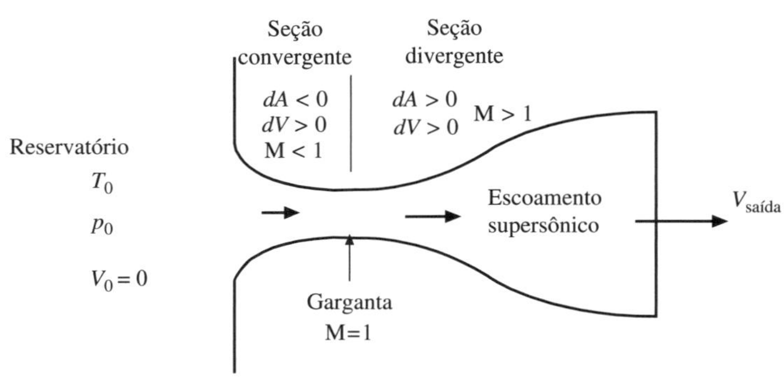

Figura 9.4 Um bocal supersônico.

Qualquer quantidade com um 0 subscrito se refere a um ponto de estagnação onde a velocidade é 0, como no reservatório. Usando diversas relações termodinâmicas, as Equações (9.6), (9.9), (9.16) e (9.18), a Equação (9.27) pode ser colocada nas formas

$$\frac{T_0}{T} = 1 + \frac{k-1}{2}\mathrm{M}^2 \qquad \frac{p_0}{p} = \left(1 + \frac{k-1}{2}\mathrm{M}^2\right)^{k/(k-1)} \qquad \frac{\rho_0}{\rho} = \left(1 + \frac{k-1}{2}\mathrm{M}^2\right)^{1/(k-1)} \tag{9.28}$$

Se as equações anteriores forem aplicadas à garganta onde M = 1, a *área crítica* indicada por um asterisco (*) sobrescrito, a equação de energia assume as formas

$$\frac{T^*}{T_0} = \frac{2}{k+1} \qquad \frac{p^*}{p_0} = \left(\frac{2}{k+1}\right)^{k/(k-1)} \qquad \frac{\rho^*}{\rho_0} = \left(\frac{2}{k+1}\right)^{1/(k-1)} \tag{9.29}$$

A área crítica muitas vezes é referenciada, apesar de não existir uma garganta, como na Tabela D.1. Para o ar com $k = 1{,}4$, as Equações (9.29) nos dão

$$T^* = 0{,}8333T_0 \qquad p^* = 0{,}5283p_0 \qquad \rho^* = 0{,}6340\rho_0 \tag{9.30}$$

A vazão mássica através do bocal é de interesse e é dada por

$$\dot{m} = \rho AV = \frac{p}{RT} \times A\mathrm{M}\sqrt{kRT} = p\sqrt{\frac{k}{RT}}\,A\mathrm{M} \tag{9.31}$$

Com o uso das Equações (9.28), a vazão mássica, após um pouco de álgebra, pode ser expressa como

$$\dot{m} = p_0\mathrm{M}A\sqrt{\frac{k}{RT_0}}\left(1 + \frac{k-1}{2}\mathrm{M}^2\right)^{(k+1)/2(1-k)} \tag{9.32}$$

Se é selecionada a área crítica onde M = 1, isso assume a forma

$$\dot{m} = p_0A^*\sqrt{\frac{k}{RT_0}}\left(1 + \frac{k-1}{2}\right)^{(k+1)/2(1-k)} \tag{9.33}$$

que, quando combinada com a Equação (9.32), nos dá

$$\frac{A}{A^*} = \frac{1}{\mathrm{M}}\left[\frac{2 + (k-1)\mathrm{M}^2}{k+1}\right]^{(k+1)/2(1-k)} \tag{9.34}$$

Essa razão está incluída no escoamento isentrópico (Tabela D.1) para o ar. A tabela pode ser utilizada no lugar das equações acima.

Agora vamos analisar algumas das características das equações acima. Considere um bocal convergente que conecta um reservatório a um receptor, como mostrado na Figura 9.5. Se a pressão do reservatório é mantida constante e a do receptor é reduzida, o número de Mach na saída do bocal aumentará até alcançar $\mathrm{M}_e = 1$, indicado pela curva à esquerda na figura. Após alcançar $\mathrm{M}_e = 1$ na saída do bocal para $p_r = 0{,}5283p_0$, ocorre a condição de *escoamento bloqueado,* e a velocidade em todo o bocal não pode variar com reduções adicionais no valor de p_r. Isso se deve ao fato de as variações de pressão a jusante da saída não poderem se deslocar a montante para causar variações nas condições do escoamento.

A curva à direita da Figura 9.5(*b*) representa o caso quando a pressão do reservatório é aumentada e a pressão do receptor é mantida constante. Quando $\mathrm{M}_e = 1$, também ocorre a condição de escoamento bloqueado, mas a Equação (9.33) indica que a vazão mássica vai continuar a aumentar à medida que p_0 aumenta. É isso que acontece quando um gasoduto sofre uma ruptura.

É interessante que a pressão de saída p_e pode ser maior do que a pressão do receptor p_r. A natureza permite que isso aconteça ao dar às linhas de corrente de um gás a capacidade de mudar repentinamente de direção na saída e se expandir para uma área muito maior, o que reduz a pressão de p_e para p_r.

O caso de um bocal convergente-divergente permite que ocorra um escoamento supersônico, desde que a pressão do receptor seja suficientemente baixa. É isso que vemos na Figura 9.6, pressupondo pressão constante no reservatório e pressão decrescente no receptor. Se a pressão do receptor é igual à pressão do reservatório, não ocorre escoamento, representado pela curva *A*. Se p_r é ligeiramente menor do que p_0, o escoamento é subsônico em toda a região, com pressão mínima na garganta, como representado pela curva *B*. À medida que a pressão é reduzida ainda mais, atinge-se uma pressão que resulta em M = 1 na garganta, com escoamento subsônico em todo o restante do bocal.

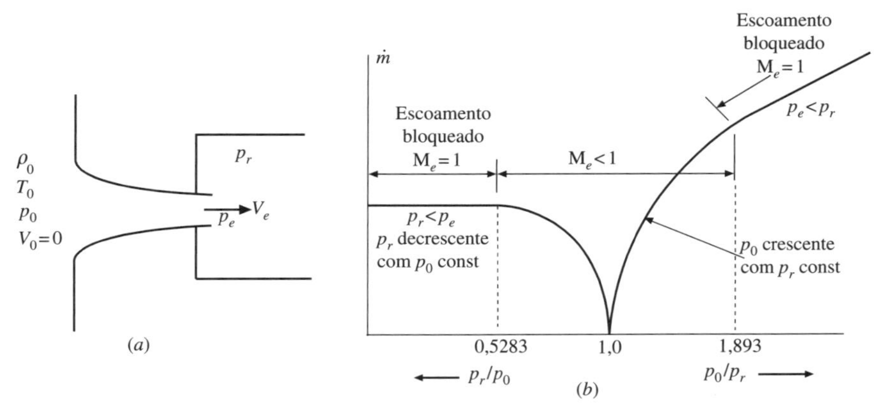

Figura 9.5 (*a*) Um bocal convergente e (*b*) variação de pressão no bocal.

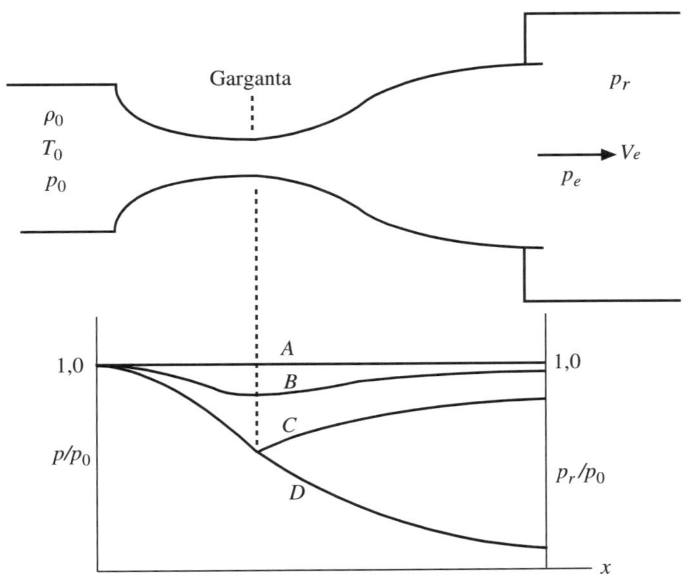

Figura 9.6 Um bocal convergente-divergente com a pressão do reservatório fixa.

Há outra pressão do receptor significativamente abaixo da pressão da curva *C* que também produz um escoamento isentrópico através do bocal, representada pela curva *D*; após a garganta, o escoamento é supersônico. As pressões no receptor entre as das curvas *C* e *D* resultam em um escoamento não isentrópico (ocorre uma onda de choque no escoamento) e serão consideradas na Seção 9.4. Se p_r está abaixo da pressão da curva *D*, a pressão de saída p_e é maior do que p_r. Mais uma vez, para pressões do receptor abaixo da pressão da curva *C*, a vazão mássica permanece constante, pois as condições na garganta permanecem inalteradas.

Pode parecer que o escoamento tenderá a se separar do bocal, mas o contrário é verdade. Um escoamento supersônico consegue virar ângulos bastante agudos, como será observado na Seção 9.6, pois a natureza oferece leques de expansão que não existem nos escoamentos subsônicos. Para evitar a separação em bocais subsônicos, o ângulo de expansão não deve ser maior do que 10°. Para ângulos maiores, são usadas aletas para que o ângulo entre as aletas não supere 10°.

Exemplo 9.2 Ar escoa de um reservatório mantido a 300 kPa absolutos e 20 °C para um reservatório mantido a 200 kPa absolutos atravessando um bocal convergente com diâmetro de saída de 4 cm. Calcule a vazão mássica através do bocal. Use (*a*) as equações e (*b*) a tabela de escoamento isentrópico.

Solução: (*a*) A pressão do receptor que daria M = 1 na saída do bocal é

$$p_r = 0{,}5283 \text{ kPa} \qquad p_0 = 0{,}5283 \times 300 = 158{,}5 \text{ kPa absoluta}$$

A pressão do receptor é maior do que isso, então M*e* < 1. A segunda das Equações (9.28) pode ser colocada na forma

$$\frac{k-1}{2}\mathrm{M}^2 = \left(\frac{p_0}{p}\right)^{(k-1)/k} - 1 \qquad \text{ou} \qquad 0{,}2\mathrm{M}^2 = \left(\frac{300}{200}\right)^{0{,}4/1{,}4} - 1$$

Isso nos dá M = 0,784. A vazão mássica calculada usando a Equação (9.32) é

$$\dot{m} = p_0 \mathrm{M} A \sqrt{\frac{k}{RT_0}}\left(1 + \frac{k-1}{2}\mathrm{M}^2\right)^{(k+1)/2(1-k)}$$

$$= 300\ 000 \times 0{,}784 \times \pi \times 0{,}02^2 \sqrt{\frac{1{,}4}{287 \times 293}}\left(1 + \frac{0{,}4}{2} \times 0{,}784^2\right)^{-2{,}4/0{,}8} = 0{,}852 \text{ kg/s}$$

Para que as unidades sejam consistentes, a pressão deve estar em Pa e R em J/(kg·K).

(*b*) Agora use a Tabela D.1. Para uma razão de pressão de p/p_0 = 200/300 = 0,6667, o número de Mach encontrado por interpolação é

$$\mathrm{M}_e = \frac{0{,}6821 - 0{,}6667}{0{,}6821 - 0{,}6560}(0{,}8 - 0{,}76) + 0{,}76 = 0{,}784$$

Para encontrar a vazão mássica, é preciso conhecer a velocidade, o que a exige a temperatura, pois $V = \mathrm{M}\sqrt{kRT}$. A temperatura é interpolada (semelhante à interpolação para o número de Mach) da Tabela D.1 para obtermos $T_e = 0{,}8906 \times 293 = 261$ K. A velocidade e a massa específica são, então,

$$V = \mathrm{M}\sqrt{kRT} = 0{,}784\sqrt{1{,}4 \times 287 \times 261} = 254 \text{ m/s}$$

$$\rho = \frac{p}{RT} = \frac{200}{0{,}287 \times 261} = 2{,}67 \text{ kg/m}^3$$

Determina-se que a vazão mássica é

$$\dot{m} = \rho A V = 2{,}67 \times \pi \times 0{,}02^2 \times 254 = 0{,}852 \text{ kg/s}$$

9.4 ONDAS DE CHOQUE NORMAIS

Ondas de choque são ondas de grande amplitude que existem em um gás. Elas emanam das asas de uma aeronave supersônica, de um explosão de grande magnitude, de um motor a jato e em frente ao projétil no cano de uma arma de fogo. Elas podem ser ondas oblíquas ou normais. Primeiro, vamos considerar a onda de choque normal, como mostrado na Figura 9.7. Nessa figura, ela é estacionária, então existe um escoamento em regime permanente. Se V_1 fosse sobreposto à esquerda, o choque estaria se deslocando em ar estagnado com velocidade V_1, e a *velocidade induzida* atrás da onda de choque seria ($V_1 - V_2$). A onda de choque é bastante fina, na ordem de ~10^{-4} mm, e nessa breve distância ocorrem fortes variações de pressão que causam uma enorme dissipação de energia. A equação da continuidade com $A_1 = A_2$ é

$$\rho_1 V_1 = \rho_2 V_2 \tag{9.35}$$

A equação de energia com $\dot{Q} = \dot{W}_S = 0$ assume a forma

$$\frac{V_2^2 - V_1^2}{2} + \frac{k}{k-1}\left(\frac{p_2}{\rho_2} - \frac{p_1}{\rho_1}\right) = 0 \tag{9.36}$$

As únicas forças na equação do momento são as forças da pressão, então

$$p_1 - p_2 = \rho_1 V_1 (V_2 - V_1) \tag{9.37}$$

onde as áreas foram divididas uma pela outra e eliminadas, pois $A_1 = A_2$. Pressupondo que as três quantidades ρ_1, p_1 e V_1 antes das ondas de choque sejam conhecidas, as três equações acima nos permitem calcular os três fatores desconhecidos ρ_2, p_2 e V_2, pois k é conhecido para cada gás.

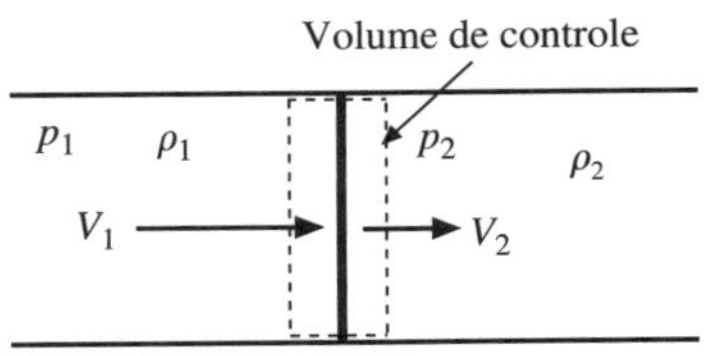

Figura 9.7 Uma onda de choque estacionária.

Em vez de resolver as Equações (9.35) a (9.37) simultaneamente, vamos escrevê-las em termos dos números de Mach M_1 e M_2 e colocá-las em formas mais convenientes. Primeiro, a equação do momento (9.37), usando a Equação (9.35) e $V^2 = M^2pk/\rho$, pode ser escrita como

$$\frac{p_2}{p_1} = \frac{1 + kM_1^2}{1 + kM_2^2} \tag{9.38}$$

Da mesma forma, a equação de energia (9.36), com $p = \rho RT$ e $V^2 = M^2kRT$, pode ser escrita como

$$\frac{T_2}{T_1} = \frac{1 + \dfrac{k-1}{2}M_1^2}{1 + \dfrac{k-1}{2}M_2^2} \tag{9.39}$$

A equação da continuidade (9.35) com $\rho = p/RT$ e $V = M\sqrt{kRT}$ se torna

$$\frac{p_2}{p_1}\frac{M_2}{M_1}\sqrt{\frac{T_1}{T_2}} = 1 \tag{9.40}$$

Se as razões de pressão e temperatura das Equações (9.38) e (9.39) são inseridas na Equação (9.40), o número de Mach a jusante é relacionado ao número de Mach a montante por (a álgebra necessária para demonstrar a relação não é mostrada aqui)

$$M_2^2 = \frac{M_1^2 + \dfrac{2}{k-1}}{\dfrac{2k}{k-1}M_1^2 - 1} \tag{9.41}$$

Isso permite que a equação do momento (9.38) seja escrita como

$$\frac{p_2}{p_1} = \frac{2k}{k+1}M_1^2 - \frac{k-1}{k+1} \tag{9.42}$$

e a equação de energia (9.39) como

$$\frac{T_2}{T_1} = \frac{\left(1 + \dfrac{k-1}{2}M_1^2\right)\left(\dfrac{2k}{k-1}M_1^2 - 1\right)}{\dfrac{(k+1)^2}{2(k-1)}M_1^2} \tag{9.43}$$

Para o ar, as equações acima são simplificadas para

$$M_2^2 = \frac{M_1^2 + 5}{7M_1^2 - 1} \qquad \frac{p_2}{p_1} = \frac{7M_1^2 - 1}{6} \qquad \frac{T_2}{T_1} = \frac{(M_1^2 + 5)(7M_1^2 - 1)}{36M_1^2} \tag{9.44}$$

Essas três equações nos permitem diversas observações:

- Se $M_1 = 1$, então $M_2 = 1$, e não há onda de choque.
- Se $M_1 > 1$, então $M_2 < 1$. Um escoamento supersônico sempre é convertido em subsônico quando atravessa uma onda de choque normal.
- Se $M_1 < 1$, então $M_2 > 1$, e um escoamento subsônico parece ser convertido em um escoamento supersônico. Isso é impossível, pois resulta na produção positiva de entropia, violando a segunda lei da termodinâmica; essa violação não será provada aqui.

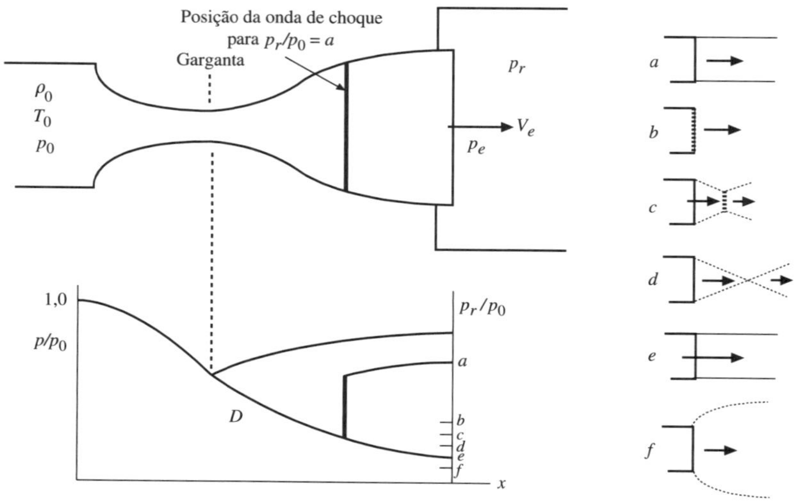

Figura 9.8 Escoamento com ondas de choque em um bocal.

Várias relações de choques normais para o ar foram apresentadas na Tabela D.2. Os dados dessa tabela nos permite evitar o uso das Equações (9.44). Além disso, a razão p_{02}/p_{01} das pressões do ponto de estagnação em frente e atrás da onda de choque está listada.

Volte ao bocal convergente-divergente e concentre sua atenção no escoamento abaixo da curva C da Figura 9.6. Se a pressão do receptor diminuísse para $p_r/p_0 = a$ na Figura 9.8, uma onde choque normal ficaria posicionada em algum lugar dentro do bocal, como apresentado. Se a pressão do receptor diminuísse ainda mais, haveria uma razão $p_r/p_0 = b$ que posicionaria a onda de choque no plano de saída do bocal. As razões de pressão c e d resultariam nos padrões de ondas de choque oblíquas semelhantes àqueles mostrados. A razão de pressão e está associada com o escoamento isentrópico em toda a região, enquanto a razão de pressão f daria uma pressão de saída maior do que a pressão do receptor, provocando a formação de ondulações no escoamento de saída, como mostrado e como vemos nos foguetes que colocam satélites em órbita.

Exemplo 9.3 Uma onda de choque normal se desloca a 600 m/s através de ar estagnado a 20 °C. Calcule a velocidade induzida atrás da onda de choque. (*a*) Use as equações e (*b*) use o escoamento de choque normal (Tabela D.2). Consulte a Figura 9.7.

Solução: Sobreponha uma velocidade de 600 m/s de modo que a onda de choque seja estacionária e $V_1 = 600$ m/s, como mostrado na Figura 9.7. O número de Mach a montante é

$$M_1 = \frac{V_1}{\sqrt{kRT}} = \frac{600}{\sqrt{1{,}4 \times 287 \times 293}} = 1{,}75$$

(*a*) Usando as equações, o número de Mach e a temperatura a jusante são, respectivamente,

$$M_2 = \left(\frac{M_1^2 + 5}{7M_1^2 - 1}\right)^{1/2} = \left(\frac{1{,}75^2 + 5}{7 \times 1{,}75^2 - 1}\right)^{1/2} = 0{,}628$$

$$T_2 = \frac{T_1(M_1^2 + 5)(7M_1^2 - 1)}{36M_1^2} = \frac{293(1{,}75^2 + 5)(7 \times 1{,}75^2 - 1)}{36 \times 1{,}75^2} = 438\text{ K}$$

A velocidade atrás da onda de choque é, então,

$$V_2 = M_2\sqrt{kRT_2} = 0{,}628\sqrt{1{,}4\times 287\times 438} = 263\,\text{m/s}$$

Se V_1 é sobreposto à esquerda na Figura 9.7, a velocidade induzida é

$$V_{\text{induzida}} = V_1 - V_2 = 600 - 263 = 337\,\text{m/s}$$

que atuaria à esquerda, na direção da onda de choque móvel.
(*b*) A Tabela D.2 é interpolada a $M_1 = 1{,}75$ para encontrarmos

$$M_2 = \frac{1{,}75-1{,}72}{1{,}76-1{,}72}(0{,}6257-0{,}6355)+0{,}6355 = 0{,}6282$$

$$\frac{T_2}{T_1} = \frac{1{,}75-1{,}72}{1{,}76-1{,}72}(1{,}502-1{,}473)+1{,}473 = 1{,}495. \qquad \therefore\ T_2 = 438\,\text{K}$$

A velocidade V_2 é, então,

$$V_2 = M_2\sqrt{kRT_2} = 0{,}628\sqrt{1{,}4\times 287\times 438} = 263\,\text{m/s}$$

e a velocidade induzida devido à onda de choque é

$$V_{\text{induzida}} = V_1 - V_2 = 600 - 263 = 337\,\text{m/s}$$

Exemplo 9.4 Ar escoa de um reservatório mantido a 20 °C e 200 kPa absolutos através de um bocal convergente--divergente com diâmetro da garganta de 6 cm e diâmetro de saída de 12 cm para um receptor. Qual pressão do receptor é necessária para localizar uma onda de choque em uma posição onde o diâmetro é de 10 cm? Consulte a Figura 9.8.

Solução: Vamos usar as tabelas de escoamento isentrópico (Tabela D.1) e choque normal (Tabela D.2). Na garganta, para esse escoamento supersônico, $M_t = 1$. O número de Mach logo antes da onda de choque é interpolado usando a Tabela D.1, onde $A_1/A^* = 10^2/6^2 = 2{,}778$, e é

$$M_1 = 2{,}556$$

Da Tabela D.2,

$$M_2 = 0{,}5078 \qquad \frac{p_{02}}{p_{01}} = 0{,}4778$$

de modo que

$$p_{02} = 0{,}4778\times 200 = 95{,}55\,\text{kPa}$$

em razão de a pressão de estagnação não variar no escoamento isentrópico antes da onda de choque, de modo que $p_{01} = 200$ kPa. De logo após a onda de choque até a saída, o escoamento isentrópico volta a existir, de modo que, pela Tabela D.1, a $M_2 = 0{,}5078$

$$\frac{A_2}{A^*} = 1{,}327$$

Introduzimos uma garganta imaginária entre a onda de choque e a saída do bocal. A área de saída A_e é introduzida por

$$\frac{A_e}{A^*} = \frac{A_2}{A^*}\times\frac{A_e}{A_2} = 1{,}327\times\frac{12^2}{10^2} = 1{,}911$$

Usando a Tabela D.1 nessa razão de área (confirme que a parte subsônica da tabela é utilizada), encontramos

$$M_e = 0{,}3223 \qquad \text{e} \qquad \frac{p_e}{p_{0e}} = 0{,}9305$$

de modo que

$$p_e = 0{,}9305\times 95{,}55 = 88{,}9\,\text{kPa}$$

usando $p_{0e} = p_{02}$ para o escoamento isentrópico após a onda de choque. A pressão de saída é igual à pressão do receptor para esse escoamento subsônico isentrópico.

9.5 ONDAS DE CHOQUE OBLÍQUAS

As ondas de choque oblíquas se formam no bordo de ataque de um aerofólio supersônico de arestas afiadas ou em um canto, como mostrado na Figura 9.9. Um escoamento plano uniforme em regime permanente existe antes e depois da onda de choque. As ondas de choque oblíquas também se formam em projéteis cilindricamente simétricos.

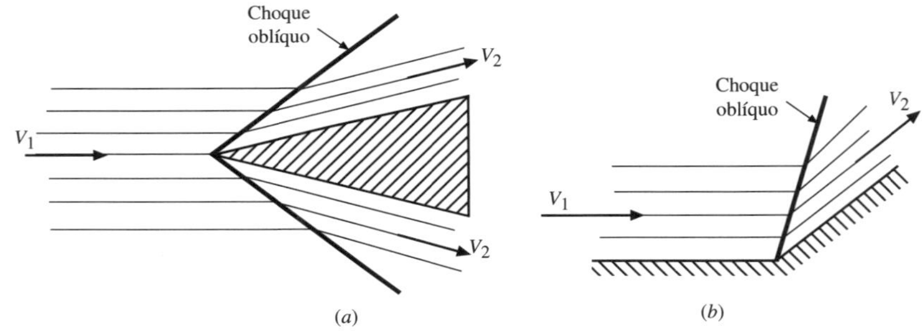

Figura 9.9 Ondas de choque oblíquas (*a*) escoam sobre uma cunha e (*b*) escoam em um canto.

A onda de choque oblíqua desvia o escoamento de modo que $\mathbf{V}_2$ seja paralela à superfície do plano. Outra variável, o ângulo ao qual o escoamento vira, é introduzido, mas a equação do momento tangencial adicional nos permite obter uma solução. Considere o volume de controle da Figura 9.10 ao redor da onda de choque oblíqua. Pressupõe-se que o vetor de velocidade $\mathbf{V}_1$ está na direção x e a onda de choque oblíqua desvia o escoamento através do *ângulo de cunha* ou *ângulo de deflexão* θ de modo que $\mathbf{V}_2$ seja paralelo à parede. A onda de choque oblíqua forma um ângulo β com $\mathbf{V}_1$. Os componentes dos vetores de velocidade são mostrados normais e tangenciais ao choque oblíquo. Os componentes tangenciais dos vetores de velocidade não fazem o fluido escoar para dentro ou para fora do volume de controle, então a continuidade nos dá

$$\rho_1 V_{1n} = \rho_2 V_{2n} \tag{9.45}$$

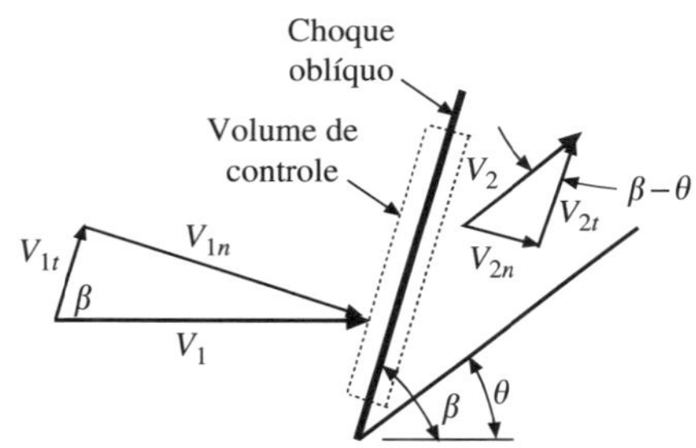

Figura 9.10 Volume de controle de onda de choque oblíqua.

As forças de pressão atuam de forma normal ao volume de controle e não produzem uma força líquida tangencial ao choque oblíquo, o que permite que a equação do momento tangencial assuma a forma

$$\dot{m}_1 V_{1t} = \dot{m}_2 V_{2t} \tag{9.46}$$

A continuidade exige $\dot{m}_1 = \dot{m}_2$, de modo que

$$V_{1t} = V_{2t} \tag{9.47}$$

A equação do momento normal ao choque oblíquo é

$$p_1 - p_2 = \rho_2 V_{2n}^2 - \rho_1 V_{1n}^2 \tag{9.48}$$

A equação de energia, usando $V^2 = V_n^2 + V_t^2$, pode ser escrita na forma

$$\frac{V_{1n}^2}{2} + \frac{k-1}{k}\frac{p_1}{\rho_1} = \frac{V_{2n}^2}{2} + \frac{k-1}{k}\frac{p_2}{\rho_2} \tag{9.49}$$

pois os termos da velocidade tangencial se cancelam.

Observe que os componentes da velocidade tangencial não entram nas Equações (9.45), (9.48) e (9.49), que são as mesmas três usadas para resolver o problema da onda de choque normal. Assim, os componentes V_{1n} e V_{2n} podem ser substituídos pelos V_1 e V_2, respectivamente, do problema da onda de choque normal, levando a uma solução. A Tabela D.2 também pode ser usada. Também substituímos M_{1n} e M_{2n} por M_1 e M_2 nas equações e na tabela.

Muitas vezes, para simplificar uma solução, relacionamos o ângulo do choque oblíquo β com o ângulo de deflexão θ usando a Equação (9.45) para obter

$$\frac{\rho_2}{\rho_1} = \frac{V_{1n}}{V_{2n}} = \frac{V_{1t}\tan\beta}{V_{2t}\tan(\beta-\theta)} = \frac{\tan\beta}{\tan(\beta-\theta)} \tag{9.50}$$

Usando as Equações (9.42) e (9.43), essa razão de massa específica pode ser escrita como

$$\frac{\rho_2}{\rho_1} = \frac{p_2 T_1}{p_1 T_2} = \frac{(k+1)M_{1n}^2}{(k-1)M_{1n}^2 + 2} \tag{9.51}$$

Usar essa razão de massa específica na Equação (9.50) nos permite escrever

$$\tan(\beta-\theta) = \frac{\tan\beta}{k+1}\left(k - 1 + \frac{2}{M_1^2\,\text{sen}^2\beta}\right) \tag{9.52}$$

Com essa relação, o ângulo do choque oblíquo β pode ser identificado para um determinado número de Mach e ângulo de cunha θ. Um gráfico da Equação (9.52) pode ser útil para evitar uma solução por tentativa e erro e está apresentado na Figura 9.11. O estudo da figura nos permite fazer três observações:

- Para um determinado número de Mach M_1 e ângulo de cunha θ há dois ângulos de choque oblíquo possíveis β. O maior é a onda de choque oblíqua "forte" e o menor é a onda de choque oblíqua "fraca".
- Para um determinado ângulo de cunha θ, existe um número de Mach mínimo para o qual há apenas um ângulo do choque oblíquo β.
- Se o número de Mach é menor do que o mínimo para um determinado valor de θ, mas maior do que um, a onda de choque é separada, como mostrado na Figura 9.12. Além disso, para um determinado valor de M_1, há um valor suficientemente grande de θ que produz uma onda de choque separada.

O aumento de pressão necessário determina se existe um choque fraco ou um choque forte. O aumento de pressão é determinado pelas condições do escoamento.

Para uma onda de choque separada ao redor de um corpo rombudo ou cunha, existe uma onda de choque normal na linha de corrente de estagnação; o choque normal é seguido por um choque oblíquo forte, depois um choque oblíquo fraco e, finalmente, uma onda de Mach, como mostrado na Figura 9.12. A onda de choque sempre é separada sobre um objeto rombudo.

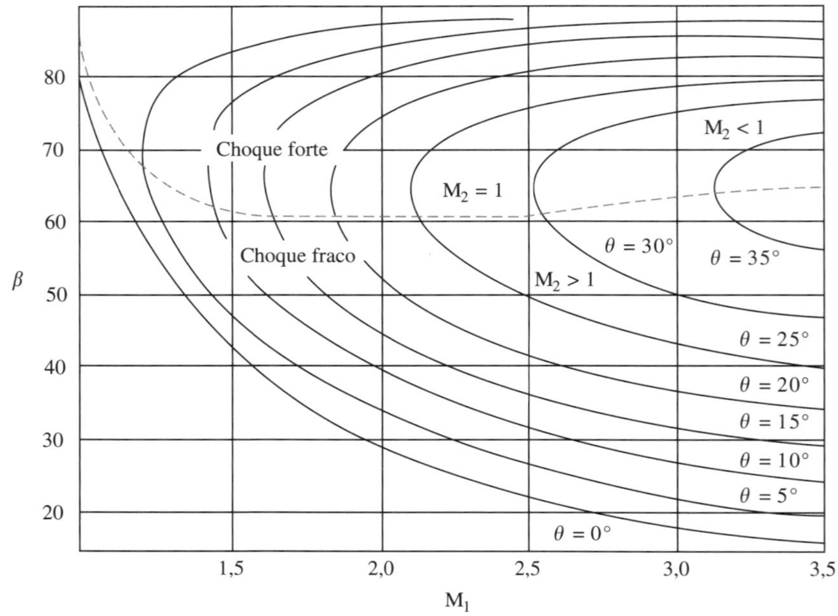

Figura 9.11 Ângulo β de onda de choque oblíquo relacionado ao ângulo de cunha θ e o número de Mach M_1 para o ar.

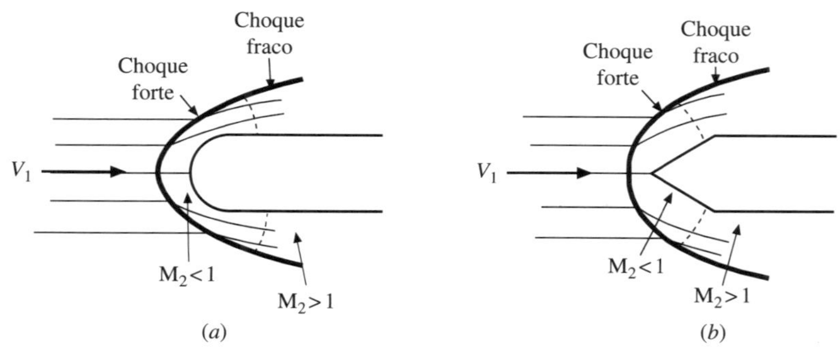

Figura 9.12 Ondas de choque separadas ao redor de (*a*) um plano, um objeto rombudo e (*b*) uma cunha.

Exemplo 9.5 Ar a 30 °C escoa ao redor de uma cunha com um ângulo incluído de 60° [Figura 9.9(*a*)]. Um choque oblíquo emana da cunha a um ângulo de 50°. Determine a velocidade de aproximação do ar. Calcule também M_2 e T_2.

Solução: Pela Figura 9.11 o número de Mach, a $\theta = 30°$ e $\beta = 50°$, é

$$M_1 = 3{,}1$$

Assim, a velocidade é

$$V_1 = M_1\sqrt{kRT} = 3{,}1\sqrt{1{,}4 \times 87 \times 303} = 1082\,\text{m/s}$$

Se a Equação (9.52) fosse usada para obter maior precisão, teríamos

$$\tan(50^\circ - 30^\circ) = \frac{\tan 50^\circ}{1{,}4+1}\left(1{,}4 - 1 + \frac{2}{M_1^2\,\text{sen}^2 50^\circ}\right). \qquad \therefore\ M_1 = 3{,}20$$

A velocidade seria V_1 = 1117 m/s.

Para encontrar M_2, a velocidade normal de aproximação e o número de Mach são

$$V_{1n} = V_1\,\text{sen}\,\beta = 1117\,\text{sen}\ 50^\circ = 856\,\text{m/s}. \qquad \therefore\ M_{1n} = \frac{856}{\sqrt{1{,}4 \times 287 \times 303}} = 2{,}453$$

Pela Tabela D.2, a interpolação nos dá $M_{2n} = 0{,}5176$, de modo que

$$M_2 = \frac{M_{2n}}{\text{sen}(50^\circ - 30^\circ)} = \frac{0{,}5176}{\text{sen}\,20^\circ} = 1{,}513$$

A temperatura por trás do choque oblíquo é calculada por interpolação, resultando em

$$T_2 = T_1 \times 2{,}092 = 303 \times 2{,}092 = 634\,\text{K}$$

9.6 ONDAS DE EXPANSÃO

O escoamento supersônico sai de um bocal, como para a razão de pressão *f* na Figura 9.8, e forma uma enorme pluma de descarga. Além disso, o escoamento supersônico não se separa da parede de um bocal que se expande com tanta rapidez, como vemos no desenho da Figura 9.8. Como isso acontece? Considere a possibilidade de uma única onda finita, como um choque oblíquo, ser capaz de desviar o escoamento ao redor do canto convexo, como mostrado na Figura 9.12(*a*). Pela equação do momento tangencial, o componente tangencial da velocidade deve permanecer o mesmo em ambos os lados da onda finita. Para que isso seja verdade, $V_2 > V_1$, como fica evidente pelo desenho simples apresentado aqui. Assim como antes, esse aumento de velocidade à medida que o fluido escoa através de uma onda finita exige o aumento da entropia, uma violação da segunda lei da termodinâmica, o que impossibilita a onda finita.

Uma segunda possibilidade é permitir um leque infinito de ondas de Mach, chamado de *leque de expansão*, que emana do canto, como mostrado na Figura 9.13(*b*). É um processo isentrópico ideal, então a segunda lei não é violada; esse processo pode ser aproximado em uma aplicação real. Vamos considerar a única onda de Mach infinitesimal apresentada na Figura 9.14, aplicar nossas leis fundamentais e então integrar ao redor do canto. Como os componentes tangenciais da velocidade são iguais, o triângulo da velocidade nos dá

$$V_t = V\cos\mu = (V + dV)\cos(\mu + d\theta) \tag{9.53}$$

ignorando os termos de ordem maior,* a Equação (9.53) se torna

$$V\,d\theta\,\text{sen}\,\mu = \cos\mu\,dV \tag{9.54}$$

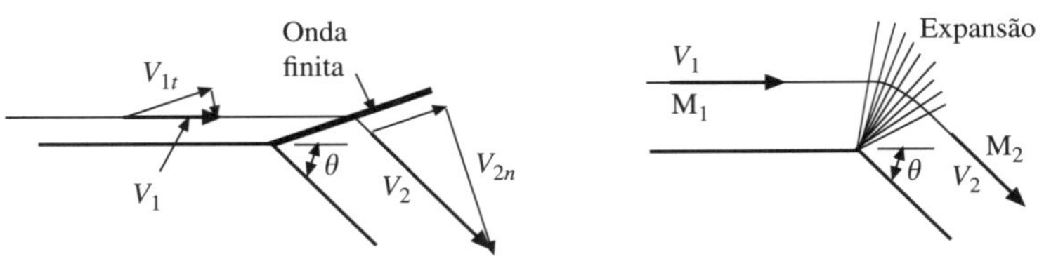

(*a*) Uma única onda finita

(*b*) Um número infinito de ondas de Mach

Figura 9.13 Escoamento supersônico ao redor de um canto convexo. (*a*) Uma única onda finita. (*b*) Um número infinito de ondas de Mach.

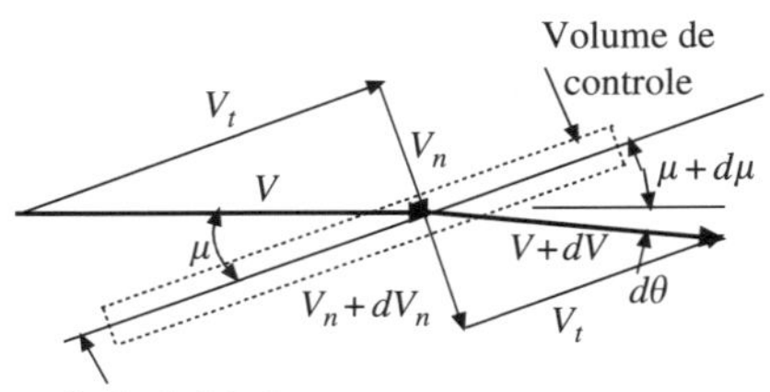

Figura 9.14 Uma onda de Mach em um leque de expansão.

* Lembre que $\cos(\mu + d\theta) = \cos\mu\cos d\theta - \text{sen}\,\mu\,\text{sen}\,d\theta = \cos\mu - d\theta\,\text{sen}\,\mu$, pois $\cos d\theta \approx 1$ e $\text{sen}\,d\theta \approx d\theta$.

Insira sen $\mu = 1/\mathrm{M}$ [ver Equação (9.19)] e cos $\mu = \sqrt{\mathrm{M}^2 - 1}/\mathrm{M}$ para obter

$$d\theta = \sqrt{\mathrm{M}^2 - 1}\frac{dV}{V} \tag{9.55}$$

Diferencie a equação $V = \mathrm{M}\sqrt{kRT}$ e coloque na forma

$$\frac{dV}{V} = \frac{d\mathrm{M}}{\mathrm{M}} + \frac{1}{2}\frac{dT}{T} \tag{9.56}$$

A equação de energia $V^2/2 + kRT/(k-1) = \text{const}$ também pode ser diferenciada para obtermos

$$\frac{dV}{V} + \frac{1}{(k-1)\mathrm{M}^2}\frac{dT}{T} = 0 \tag{9.57}$$

Combine as Equações (9.56) e (9.57) para obter

$$\frac{dV}{V} = \frac{2}{2 + (k-1)\mathrm{M}^2}\frac{d\mathrm{M}}{\mathrm{M}} \tag{9.58}$$

Insira isso na Equação (9.55) para obter uma relação entre θ e M

$$d\theta = \frac{2\sqrt{\mathrm{M}^2 - 1}}{2 + (k-1)\mathrm{M}^2}\frac{d\mathrm{M}}{\mathrm{M}} \tag{9.59}$$

Esse resultado é integrado de $\theta = 0$ e M = 1 para um ângulo geral θ chamado de *função de Prandtl–Meyer*, e o número de Mach M [este seria M_2 na Figura 9.12(*b*)] para encontrarmos que

$$\theta = \left(\frac{k+1}{k-1}\right)^{1/2}\tan^{-1}\left[\frac{k-1}{k+1}(\mathrm{M}^2 - 1)\right]^{1/2} - \tan^{-1}(\mathrm{M}^2 - 1)^{1/2} \tag{9.60}$$

A solução dessa relação está apresentada para o ar na Tabela D.3 para evitar uma solução por tentativa e erro para M dado o ângulo θ. Se desejamos obter a pressão ou a temperatura, a tabela do escoamento isentrópico pode ser utilizada. As ondas de Mach que permitem que o gás vire o canto também são chamadas de *ondas de expansão*.

Na Tabela D.3, observe que o leque de expansão que desvia o gás por um ângulo θ resulta em M = 1 antes do leque e vai até um escoamento supersônico após o leque. O gás se acelera enquanto vira o canto e não se separa. Um escoamento subsônico mais lento se separaria do canto e desaceleraria. Se M = ∞ for inserido na Equação (9.60), $\theta = 130{,}5°$, que é o ângulo máximo ao qual o escoamento poderia virar. Isso mostra que ângulos de virada maiores do que 90° são possíveis, um resultado surpreendente.

Exemplo 9.6 Ar a 150 kPa e 140 °C escoa a M = 2 e vira um canto convexo de 30°. Calcule o número de Mach, a pressão, a temperatura e a velocidade após o canto.

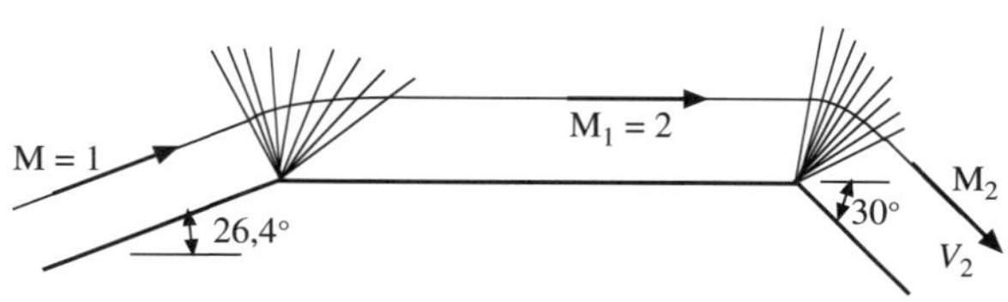

Figura 9.15

Solução: A Tabela D.3 pressupõe que o ar inicialmente está a M = 1. Assim, pressuponha que o escoamento se origina de M = 1 e vira um canto para $\mathrm{M}_1 = 2$ e então um segundo canto para M_2, como mostrado na Figura 9.15. Pela Tabela D.3, um ângulo de 26,4° é necessário para acelerar o escoamento de M = 1 até M = 2. Adicione outros 30 aos 26,4° e, a $\theta = 56{,}4°$, calculamos que

$$\mathrm{M}_2 = 3{,}37$$

Usando a tabela de escoamento isentrópico (Tabela D.1), os itens do reservatório até o estado 1 e também até o estado 2 podem ser usados para encontrarmos

$$p_2 = p_1 \frac{p_0}{p_1}\frac{p_2}{p_0} = 150 \times \frac{1}{0{,}1278} \times 0{,}01580 = 18{,}54\,\text{kPa}$$

$$T_2 = T_1 \frac{T_0}{T_1}\frac{T_2}{T_0} = 413 \times \frac{1}{0{,}5556} \times 0{,}3058 = 227\,\text{K} \qquad \text{ou} \qquad -46\,°\text{C}$$

A velocidade após o canto é, então,

$$V_2 = \text{M}_2\sqrt{kRT_2} = 3{,}37\sqrt{1{,}4 \times 287 \times 227} = 1018\,\text{m/s}$$

Problemas Resolvidos

9.1 Dois meninos decidem calcular a distância de um lado ao outro de um lago. Um bate duas pedras sob a água em um lado e o segundo calcula que demora 0,4 s para o som chegar no outro lado. Qual é a distância de um lado ao outro do lago?

Usando 2110 × 10^6 Pa como valor do módulo de compressibilidade, a velocidade do som na água é

$$c = \sqrt{\frac{dp}{d\rho}} = \sqrt{\frac{1}{\rho}\left(\rho\frac{dp}{d\rho}\right)} = \sqrt{\frac{1}{1000} \times 2110 \times 10^6} = 1453\,\text{m/s}$$

A essa velocidade, a distância é

$$d = c\,\Delta t = 1453 \times 0{,}4 = 581\,\text{m}$$

9.2 Mostre que a Equação (9.26) decorre da Equação (9.22).

O lado direito da Equação (9.22) é expandido para que

$$\frac{V^2}{2} + \frac{k}{k-1}\frac{p}{\rho} = \frac{V^2 + 2V\,dV + (dV)^2}{2} + \frac{k}{k-1}\frac{p+dp}{\rho+d\rho}$$

$$\frac{V^2}{2} = \frac{V^2}{2} + \frac{2V\,dV + (dV)^2}{2} + \frac{k}{k-1}\left(\frac{p+dp}{\rho+d\rho} - \frac{p}{\rho}\right)$$

$$0 = \frac{2V\,dV}{2} + \frac{k}{k-1}\left(\frac{p\rho + \rho dp - p\rho - p d\rho}{\rho(\rho + d\rho)}\right) = V\,dV + \frac{k}{k-1}\left(\frac{kp\,d\rho - p\,d\rho}{\rho^2}\right)$$

usando $\rho\,dp = kp\,d\rho$ para um processo isentrópico [ver Equação (9.15)]. Então temos

$$0 = V\,dV + k\left(\frac{p\,d\rho}{\rho^2}\right) = V\,dV + k\frac{p}{\rho}\left(-\frac{dV}{V} - \frac{dA}{A}\right)$$

quando $d\rho/\rho$ é inserido da Equação (9.21), o que pode ser escrito como

$$\frac{dA}{A} = \left(\frac{V^2\rho}{kp} - 1\right)\frac{dV}{V}$$

Usando $c^2 = kp/\rho$ e M = V/c, isso é colocado na forma

$$\frac{dA}{A} = (\text{M}^2 - 1)\frac{dV}{V}$$

9.3 Um bocal convergente com diâmetro de saída de 6 é afixado a um reservatório mantido a 30 °C e 150 kPa absolutos. Determine a vazão mássica do ar escoando através do bocal se o receptor tem saída para a atmosfera. (*a*) Use equações e (*b*) use a tabela apropriada.

O escoamento é bloqueado?

$$0{,}5283 \times 150 = 79{,}2\,\text{kPa}. \quad \therefore\ p_r > 0{,}5283 p_0$$

e o escoamento não é bloqueado e $\text{M}_e < 1$. (Pressupõe-se que a pressão do receptor, ou seja, a da atmosfera, é de 100 kPa.)

(*a*) Usando as equações, temos a energia e a relação isentrópica nos dando

$$\frac{V_0^2}{2} + 1000 \times 303 = \frac{V_e^2}{2} + \frac{1,4}{0,4}\frac{100\,000}{\rho_e} \qquad \frac{100}{150} = \left(\frac{\rho_e}{1,725}\right)^{1,4}$$

onde

$$\rho_0 = \frac{150}{0,287 \times 303} = 1,725 \qquad \therefore \rho_e = 1,291\,\text{kg/m}^3 \qquad \text{e} \qquad V_e = 253\,\text{m/s}$$

O que nos leva à vazão mássica:

$$\therefore \dot{m} = \rho_e A_e V_e = 1,291 \times \pi \times 0,03^2 \times 253 = 0,925\,\text{kg/s}$$

(*b*) Use a Tabela D.1 e calcule

$$\frac{p_e}{p_0} = \frac{100}{150} = 0,6667$$

A interpolação nos dá $M_e = 0,784$ e $T_e = 0,8906 \times 303 = 270$ K. Assim,

$$\rho_e = \frac{100}{0,287 \times 270} = 1,290\,\text{kg/m}^3 \qquad \text{e} \qquad V_e = 0,784\sqrt{1,4 \times 287 \times 270} = 258\,\text{m/s}$$

$$\therefore \dot{m} = \rho_e A_e V_e = 1,290 \times \pi \times 0,03^2 \times 258 = 0,941\,\text{kg/s}$$

9.4 Ar escoa através de um bocal convergente-divergente com diâmetro da garganta de 10 cm e diâmetro da saída de 20 cm, saindo de um reservatório mantido a 20 °C e 300 kPa absolutos. Calcule as duas pressões de receptores que criam um escoamento isentrópico em todo o sistema (curvas *C* e *D* da Figura 9.6). Determine também os números de Mach de saída associados.

Vamos usar a Tabela D.1 em vez das equações. A razão de área é $A/A^* = 4$. Há duas razões de pressão na Tabela D.1 correspondentes a essa razão de área. Interpolando-as, obtemos

$$\left(\frac{p}{p_0}\right)_C = \frac{4,0 - 3,6727}{4,8643 - 3,6727}(0,9823 - 0,990) + 0,990 = 0,988$$

$$\left(\frac{p}{p_0}\right)_D = \frac{4,0 - 3,924}{4,076 - 3,924}(0,02891 - 0,03071) + 0,03071 = 0,0298$$

As duas pressões são

$$p_r = 0,988 \times 300 = 296,4\,\text{kPa} \qquad \text{e} \qquad p_r = 0,0298 \times 300 = 8,94\,\text{kPa}$$

Os dois números de Mach são interpolados na Tabela D.1 para obtermos

$$M_e = 0,149 \quad \text{e} \quad 2,94$$

9.5 Os escoamentos de gás podem ser considerados incompressíveis se o número de Mach for menor do que 0,3. Calcule o erro na pressão de estagnação no ar se M = 0,3.

A pressão de estagnação é calculada aplicando a equação de energia entre a corrente livre e o ponto de estagnação onde $V_0 = 0$. Pressupondo um escoamento incompressível, a Equação (9.3) com $\dot{Q} = \dot{W}_S = 0$ e $\tilde{u}_2 = \tilde{u}_1$ (sem perdas) nos dá

$$p_0 = p + \rho\frac{V^2}{2}$$

Para um escoamento isentrópico com $k = 1,4$, a equação de energia (9.28) pode ser colocada na forma

$$p_0 = p(1 + 0,2M^2)^{3,5}$$

Esse resultado pode ser expandido usando o teorema binomial $(1 + x)^n = 1 + nx + n(n-1)x^2/2 + \ldots$ determinando que $x = 0,2M^2$. Assim temos

$$p_0 = p(1 + 0,7M^2 + 0,175M^4 + \ldots) \qquad \text{ou} \qquad p_0 - p = pM^2(0,7 + 0,175M^2 + \ldots)$$

Usando as Equações (9.16) e (9.18), isso assume a forma

$$p_0 - p = \rho\frac{V^2}{2}(1 + 0{,}25\text{M}^2 + \ldots)$$

Defina M = 0,3 para que

$$p_0 - p = \rho\frac{V^2}{2}(1 + 0{,}0225 + \ldots)$$

Comparando esse resultado com a equação do escoamento incompressível acima, vemos que o erro é de cerca de 2,25%. Assim, se M < 0,3 (cerca de 100 m/s para o ar em condições padrão), o escoamento de um gás é considerado incompressível.

9.6 Uma sonda de Pitot (Figura 3.11) é usada para medir a pressão de estagnação em um escoamento supersônico. A pressão de estagnação é medida em 360 kPa absolutos em um fluxo de ar no qual a pressão é de 90 kPa absolutos e a temperatura de 15 °C. Calcule a velocidade da corrente livre V_1. (Uma onda de choque estará posicionada na frente da sonda. Considere que o estado 2 está localizado logo após o choque e que p_3 é a pressão de estagnação na abertura da sonda.)

A razão de pressão através do choque é dada pela Equação (9.42)

$$\frac{p_2}{p_1} = \frac{2k}{k+1}\text{M}_1^2 - \frac{k-1}{k+1}$$

Os números de Mach são relacionados pela Equação (9.41)

$$\text{M}_2^2 = \frac{(k-1)\text{M}_1^2 + 2}{2k\text{M}_1^2 - k + 1}$$

O escoamento isentrópico de trás do choque até o ponto de estagnação nos fornece a razão de pressão como sendo [ver Equação (9.28)]

$$\frac{p_3}{p_2} = \left(1 + \frac{k-1}{2}\text{M}_2^2\right)^{k/(k-1)}$$

As três equações acima podem ser combinadas para eliminar p_2 e M_2 e fornecer a *fórmula de tubo pitot de Raleigh* para um escoamento supersônico, a saber,

$$\frac{p_3}{p_1} = \frac{\left(\dfrac{k+1}{2}\text{M}_1^2\right)^{k/(k-1)}}{\left(\dfrac{2k}{k+1}\text{M}_1^2 - \dfrac{k-1}{k+1}\right)^{1/(k-1)}}$$

Usando $k = 1{,}4$, $p_1 = 90$ kPa e $p_3 = 350$ kPa, a equação acima se torna

$$\frac{360}{90} = \frac{(1{,}2\text{M}_1^2)^{3{,}5}}{(1{,}167\text{M}_1^2 - 0{,}1667)^{2{,}5}}$$

Uma solução por tentativa e erro resulta em

$$\text{M}_1 = 1{,}65$$

A velocidade de corrente livre é, então,

$$V_1 = \text{M}_1\sqrt{kRT_1} = 1{,}65\sqrt{1{,}4 \times 287 \times 288} = 561$$

9.7 Ar escoa com $\text{M}_1 = 2$ de modo que uma onda de choque oblíqua fraca a $\beta_1 = 40°$ é refletida de uma parede plana, como mostrado na Figura 9.16. Calcule M_3 e β_3. (Observe que V_3 deve ser paralela à parede.)

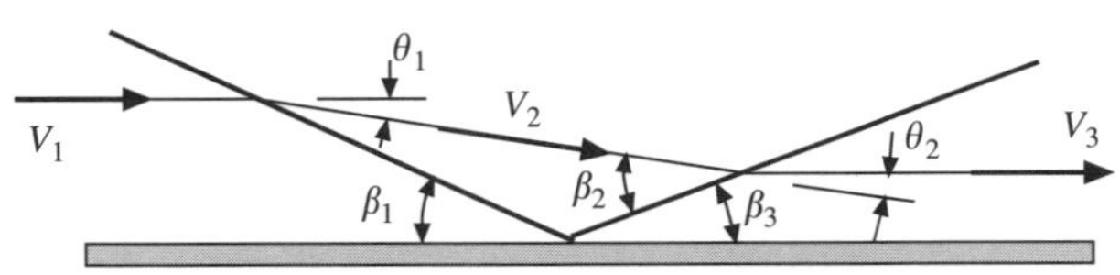

Figura 9.16

Os diversos ângulos são mostrados na Figura 9.16. Da Figura 9.11, com $\beta = 40°$ e M = 2, vemos que $\theta = 11°$. A onda de choque normal tem magnitude de

$$M_{1n} = 2\,\text{sen}\,40° = 1{,}28$$

Pelo choque (Tabela D.2), calculamos M_{2n} e então M_2, ou seja,

$$M_{2n} = 0{,}7963 = M_2\,\text{sen}(40° - 11°). \qquad \therefore\ M_2 = 1{,}64$$

A onda refletida precisa então desviar o escoamento através de 11° para estar em paralelo à parede de modo que θ_2 também seja 11°. Usando a Figura 9.11 mais uma vez a $M_2 = 1{,}64$, calculamos que $\beta_2 \cong 50°$. Assim, M_{2n} relativo ao choque refletido é

$$M_{2n} = 1{,}64\,\text{sen}\,50° = 1{,}26$$

Pelo choque, calculamos M_{3n} e então M_3, ou seja,

$$M_{3n} = 0{,}807 = M_3\,\text{sen}(50° - 11°). \qquad \therefore\ M_3 = 1{,}28$$

Como $\beta_3 + 11° = 50°$, vemos que $\beta_3 = 39°$.

Problemas Complementares

9.8 Mostre que $c_v = R/(k-1)$.

9.9 Usando unidades do Sistema Imperial, $c_p = 0{,}24$ Btu/(lbm-°R). Mostre que isso equivale a 1,0 kJ/(kg·K).

9.10 Mostre que a Equação (9.9) está implícita na Equação (9.8) desde que $\Delta s = 0$.

9.11 Mostre que a equação de energia (9.5) decorre da Equação (9.3).

9.12 Diferencie p/ρ^k = const e mostre que o resultado é a Equação (9.15).

Velocidade de uma Perturbação Pequena

9.13 Mostre que a equação de energia relaciona a elevação da temperatura com a variação da velocidade para uma pequena perturbação adiabática se deslocando em um gás por $c_p\,\Delta T = -c\,\Delta V$.

9.14 Mostre que uma perturbação pequena se move na água a cerca de 1450 m/s e no ar em condições padrão a cerca de 340 m/s.

9.15 Um amigo bate duas pedras uma contra a outra em um lado do lago. Um dispositivo auditivo capta a onda gerada 0,75 s depois. A que distância ele está no outro lado do lago?

9.16 Um animal submarino gera um sinal que se desloca através da água até atingir um objeto e então ecoa de volta para o animal 0,46 s depois. A que distância o animal está do objeto?

9.17 Determine o número de Mach para um projétil voando a:

(*a*) 1000 m a 100 m/s

(*b*) 10.000 m a 200 m/s

(*c*) 30.000 m a 300 m/s

(*d*) 10.000 m a 250 m/s

9.18 Um raio ilumina o céu e 1,5 s depois você escuta um trovão. A que distância da sua posição caiu o raio?

9.19 Uma aeronave supersônica passa a 200 m de altura em um dia em que a temperatura é de 26 °C. Calcule quanto vai demorar para ouvir seu som após ela passar diretamente sobre você e a que distância a aeronave está de você se seu número de Mach é

(*a*) 1,68

(*b*) 2,02

(*c*) 3,49

9.20 Uma onda de baixa amplitude se desloca através da atmosfera, criando um aumento de pressão de 5 Pa. Calcule o aumento de temperatura através da onda e a velocidade induzida atrás da onda.

Escoamento Isentrópico Através de Bocal

9.21 Mostre que

(*a*) A Equação (9.21) decorre da Equação (9.20)

(*b*) A Equação (9.24) decorre da Equação (9.22)

(*c*) A Equação (9.26) decorre da Equação (9.24)

(*d*) A Equação (9.33) decorre da Equação (9.31)

(*e*) A Equação (9.34) decorre da Equação (9.33)

9.22 Uma sonda de Pitot é usada para medir a velocidade de um veículo terrestre em Bonneville Salt Flats. Ela mede 3400 Pa em ar a 28 °C. Calcule sua velocidade pressupondo:

(*a*) Um processo isentrópico

(*b*) Que o ar é incompressível

9.23 Refaça o Exemplo 9.2, mas pressuponha que a pressão do receptor é de 100 kPa absolutos. Use

(*a*) As equações

(*b*) A Tabela D.1

9.24 Um bocal convergente com área de saída de 10 cm^2 é afixado a um reservatório mantido a 250 kPa absolutos e 20 °C. Usando apenas equações, calcule a vazão mássica se a pressão do receptor é mantida a:

(*a*) 150 kPa absoluta

(*b*) 100 kPa absoluta

(*c*) 50 kPa absoluta

9.25 Resolva o Problema 9.24b usando a Tabela D.1.

9.26 Um bocal convergente com área de saída de 10 cm^2 é afixado a um reservatório mantido a 350 kPa absolutos e 20 °C. Determine a pressão do receptor que produziria exatamente $M_e = 1$ e a vazão mássica do bocal para essa pressão do receptor. Use (*a*) as equações e (*b*) a Tabela D.1.

9.27 Um bocal convergente com área de saída de 5 cm^2 é afixado a um reservatório mantido a 20 °C e é descarregado diretamente para a atmosfera. Qual pressão do reservatório resultaria em $M_e = 1$? Calcule a vazão mássica para essa pressão. Use (*a*) as equações e (*b*) a Tabela D.1.

9.28 Dobre a pressão do reservatório do Problema 9.27 e calcule o aumento da vazão mássica. Use as equações ou a Tabela D.1.

9.29 Uma grande linha de ar a 25 °C pressurizada a 600 kPa absolutos estoura de repente. Mede-se um furo com área de 20 cm^2 do qual o ar está escapando. Pressupondo que a pressão da linha de ar permaneceu constante, calcule quantos metros cúbicos de ar foram perdidos para a atmosfera nos primeiros 30 s. (A mesma análise pode ser utilizada para um gasoduto que estoura.)

9.30 Se o reservatório do Problema 9.27 contivesse hidrogênio, calcule a vazão mássica para a condição do problema. Utilize as equações.

9.31 Um *tubo de Venturi*, mostrado na Figura 9.17, é usado para medir o fluxo de ar através do tubo ao medir as pressões antes da seção reduzida e na área mínima. Se a temperatura antes da seção reduzida é de 30 °C, determine a vazão mássica.

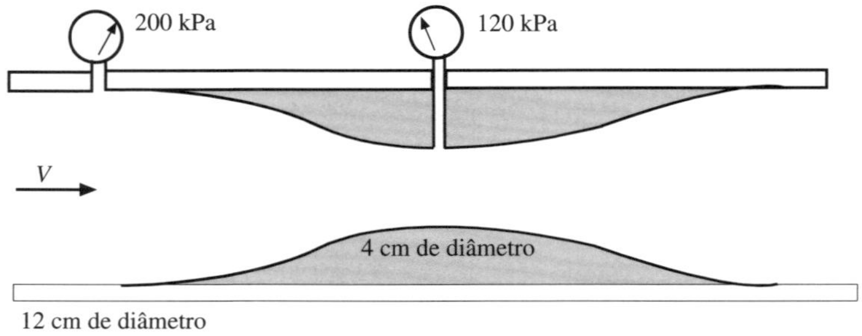

Figura 9.17

9.32 Ar escoa através de um bocal convergente-divergente de um reservatório mantido a 400 kPa absolutos e 20 °C para um receptor. Se os diâmetros da garganta e da saída são 10 e 24 cm, respectivamente, quais duas pressões do receptor serão produzidas em um escoamento isentrópico tal que M = 1 na garganta? Use (*a*) apenas as equações e (*b*) a Tabela D.1.

9.33 Ar escoa de um bocal convergente-divergente de um reservatório mantido a 400 kPa absolutos e 20 °C através de uma garganta de 12 cm de diâmetro. A qual diâmetro na seção divergente M = 2? Use as equações ou as tabelas.

9.34 Calcule a velocidade de saída e a vazão mássica para ambas as pressões do Problema 9.32.

9.35 Ar entra em um difusor a 50 kPa absolutos e 120 °C com M = 2,4 e vazão mássica de 8,5 kg/s. Desenhe a forma geral do difusor e então determine o diâmetro da garganta e a pressão de saída, pressupondo escoamento isentrópico em toda a região. Ignore a energia cinética da saída.

Onda de Choque Normal

9.36 A temperatura, a pressão e a velocidade antes de uma onda de choque normal são 20 °C, 100 kPa absolutos e 600 m/s, respectivamente. Determine a temperatura, a pressão, a velocidade e o número de Mach após a onda de choque. Pressuponha ar e use (*a*) as equações básicas (9.35)–(9.37), (*b*) as equações especializadas e (*c*) a tabela de choques normais.

9.37 Ar escoa através de uma onda de choque. Dadas as quantidades entre os primeiros parênteses antes do choque e as quantidades entre os segundos após o choque, calcule as quantidades desconhecidas. (As pressões são absolutas.)

(*a*) (20 °C, 400 kPa, 480 m/s, M_1) (T_2, p_2, M_2, V_2)

(*b*) (20 °C, 400 kPa, V_1, M_1) (T_2, p_2, 0,5, V_2)

(*c*) (20 °C, 400 kPa, V_1, M_1) (T_2, 125 kPa, M_2, V_2)

9.38 Uma forte explosão ocorre na superfície terrestre, produzindo uma onda de choque que se desloca radialmente a partir do centro do ocorrido. Em um determinado local, o número de Mach da onda é 2,0. Determine a velocidade induzida atrás da onda de choque. Pressuponha condições padrão.

9.39 Uma sonda de Pitot é usada para medir a pressão em um escoamento supersônico em um tubo (revise o Problema Resolvido 9.6). Se a pressão no tubo é de 120 kPa absoluta, a temperatura é 30 °C e o número de Mach é 2,0, qual é a pressão medida pela sonda de Pitot?

9.40 Ar escoa de um reservatório mantido a 400 kPa absolutos e 20 °C por um bocal com garganta de 10 cm de diâmetro e saída de 20 cm de diâmetro para um receptor. Calcule a pressão do receptor necessária para localizar uma onda de choque a um diâmetro de 16 cm. Além disso, calcule a vazão mássica e a velocidade logo antes do choque.

9.41 Ar escoa de um reservatório através de um bocal e para um receptor. O reservatório é mantido a 400 kPa absolutos e 20 °C. O bocal tem uma garganta de 10 cm de diâmetro e saída de 20 cm de diâmetro. Determine a pressão do receptor necessária para localizar uma onda de choque na saída. Para essa pressão, calcule a vazão mássica e a velocidade logo antes do choque.

Onda de Choque Oblíqua

9.42 Um fluxo de ar supersônico muda de direção em 20° devido a um canto súbito [Figura 9.9(*b*)]. Se $T_1 = 40$ °C, $p_1 = 60$ kPa absolutos e $V_1 = 900$ m/s, calcule M_2, p_2 e V_2, pressupondo (*a*) um choque fraco e (*b*) um choque forte.

9.43 Um fluxo de ar a 25 °C e 50 kPa absolutos com velocidade de 900 m/s é desviado por um canto abrupto de 25° com um choque oblíquo fraco. Determine a pressão, a velocidade e o número de Mach após o canto.

9.44 Um choque oblíquo fraco é refletido por uma parede plana (Figura 9.15). Se $M_1 = 3$ e $\beta_1 = 35°$, determine o ângulo do choque oblíquo refletido e M_3.

9.45 Se $T_1 = 10$ °C, calcule V_3 para o choque oblíquo refletido do Problema 9.44.

9.46 Uma onda oblíqua forte é refletida de um canto. Se o número de Mach a montante é 2,5 e o escoamento vira um ângulo de 25°, determine o ângulo obtuso que a onda forma com a parede e o número de Mach a jusante.

9.47 Se $T_1 = 10$ °C no Problema 9.46, calcule a velocidade a jusante.

Ondas de Expansão

9.48 Um fluxo de ar com número de Mach de 2,4 vira um canto convexo de 40°. Se a temperatura e a pressão são 5 °C e 60 kPa absolutos, respectivamente, determine o número de Mach, a pressão e a velocidade após o canto.

9.49 Deseja-se um fluxo de ar com M = 3,6 pela virada de um escoamento supersônico a 20 °C com número de Mach de 1,8 por um canto convexo. Se a pressão a montante é de 40 kPa absolutos, qual ângulo deve ter o canto? Qual é a velocidade após o canto?

9.50 Uma placa plana, projetada para voar a um ângulo de 6°, é usada como aerofólio em um escoamento supersônico. Desenhe o padrão de escoamento esperado sobre o aerofólio.

9.51 O aerofólio do Problema 9.50 deve voar a M = 2,4 a uma elevação de 16.000 m. Determine (*a*) as pressões sobre as superfícies superior e inferior da placa, (*b*) os números de Mach (nas partes superior e inferior) após a placa, pressupondo que o escoamento é paralelo à direção original, e (*c*) o coeficiente de sustentação, definido por

$$C_L = \text{sustentação} \Big/ \left(\frac{1}{2}\rho_1 V_1^2 A\right)$$

Respostas dos Problemas Complementares

9.8 Ver problema.

9.9 Ver problema.

9.10 Ver problema.

9.11 Ver problema.

9.12 Ver problema.

9.13 Ver problema.

9.14 Ver problema.

9.15 1087 m

9.16 333 m

9.17 (*a*) 0,297 (*b*) 0,668 (*c*) 0,996 (*d*) 0,835

9.18 510 m

9.19 (*a*) 336 m, 0,463 s (*b*) 404 m, 0,501 s (*c*) 672 m, 0,552 s

9.20 $0{,}00406°\text{C}$, $1{,}19 \times 10^{-5}$ m/s

9.21 Ver problema.

9.22 (*a*) 75,6 m/s (*b*) 76,2 m/s

9.23 (*a*) 0,890 kg/s (*b*) 0,890 kg/s

9.24 (*a*) 0,584 kg/s (*b*) 0,590 kg/s (*c*) 0,590 kg/s

9.25 0,590 kg/s

9.26 (*a*) 0,826 kg/s (*b*) 0,826 kg/s

9.27 (*a*) 0,226 kg/s (*b*) 0,226 kg/s

9.28 0,452 kg/s

9.29 44,5 m^3

9.30 0,00187 kg/s

9.31 0,792 kg/s

9.32 (*a*) 388 e 6,69 kPa (*b*) 397 e 6,79 kPa

9.33 15,59 cm

9.34 34,8 m/s e 7,41 kg/s, 632 m/s e 7,42 kg/s

9.35 9,23 cm, 731 kPa absoluta

9.36 (*a*) 145°C, 340 kPa, 264 m/s, 0,629

9.37 (*a*) 1,4, 95°C, 848 kPa, 0,628, 264 m/s (*b*) 906 m/s, 2,64, 395°C, 319 kPa, 259 m/s
(*c*) 583 m/s, 1,7, 154°C, 0,640, 265 m/s

9.38 425 m/s

9.39 677 kPa

9.40 192 kPa, 7,41 kg/s, 569 m/s

9.41 118,2 kPa, 7,41 kg/s, 611 m/s

9.42 (*a*) 1,71, 192 kPa, 733 m/s (*b*) 0,585, 431 kPa, 304 m/s

9.43 124 kPa absoluta, 602 m/s, 1,51

9.44 47°, 1,39

9.45 667 m/s

9.46 104°, 0,67

9.47 324 m/s

9.48 4,98, 1,697 kPa, 998 m/s

9.49 39,4°, 835 m/s

9.51 (*a*) 6,915 kPa, 14,52 kPa (*b*) 2,33, 2,46 (*c*) 0,182

Capítulo 10

Escoamentos em Tubos e Bombas

10.1 INTRODUÇÃO

Os escoamentos em tubos e dutos ocorrem em todo o mundo. Eles são usados para transportar água potável, águas residuais, petróleo, gasolina, produtos químicos e muitos outros líquidos. Eles variam em tamanho, desde tubulações enormes (p. ex., o oleoduto do Alasca) até os dutos de médio porte dos sistemas de aquecimento e ar condicionados e as tubulações minúsculas dos sistemas cardiovasculares e pulmonares. Neste capítulo, começamos pela análise da hidráulica associada com um único tubo, seguida por uma breve introdução às bombas, pois estas muitas vezes formam uma parte essencial das tubulações. Depois, abordaremos a análise dos escoamentos em regime permanente em sistemas mais complexos, mais bem resolvidos com uma técnica iterativa chamada de método de Hardy Cross. Por fim, concluímos com uma breve introdução aos escoamentos em regime transiente em tubulações.

10.2 SISTEMAS DE TUBOS SIMPLES

10.2.1 Perdas

Nas Seções 7.6.3 a 7.6.5, representamos as perdas da tubulação com a relação de Darcy–Weisbach, a Equação (7.78) para levar em conta o atrito e a Equação (7.86) para lidar com perdas menores. As equações são repetidas a seguir para a conveniência do leitor:

$$h_L = f\frac{L}{D}\frac{V^2}{2g} \qquad (7.78)$$

$$h_L = K\frac{V^2}{2g} \qquad (7.86)$$

Como utilizaremos esses conceitos, o leitor deveria revisar essas seções completamente antes de avançar. A Figura 7.10 pode ser utilizada para determinar o fator de atrito. Além da formulação de Darcy–Weisbach, a fórmula de Hazen–Williams é amplamente aplicada pelos profissionais. Ela é

$$h_L = \frac{K_1 L}{C^{1,85} D^{4,87}} Q^{1,85} \qquad (10.1)$$

onde Q = descarga

L = comprimento do elemento de tubo

C = coeficiente dependente da rugosidade do tubo

K_1 = 10,59 (para unidades SI) e 4,72 (para unidades do Sistema Imperial); observe que K_1 depende do sistema de unidades

Os valores de C se encontram na Tabela 10.1. A fórmula da perda de Hazen–Williams se baseia em dados empíricos e é menos precisa do que a relação de Darcy–Weisbach; logo, dá-se preferência para a Equação (7.78).

Tabela 10.1 Valores do Coeficiente de Hazen–Williams

Tipo de tubo	C
Extremamente liso; cimento fibroso	140
Ferro fundido novo ou liso; concreto	130
Aço recém-soldado	120
Ferro fundido médio; aço recém-rebitado; argila vitrificada	110
Ferro fundido ou aço rebitado após alguns anos de uso	95–100
Tubos velhos e deteriorados	60–80

Exemplo 10.1 Um tubo de ferro fundido (L = 400 m, D = 150 mm) conduz 0,05 m^3/s de água a 15 °C. Compare a perda devido ao atrito usando as fórmulas de Darcy–Weisbach e de Hazen–Williams.

Solução: Primeiro determine o fator de atrito e calcule o coeficiente de Hazen–Williams:

$$V = \frac{Q}{A} = \frac{0,05}{\pi \times 0,15^2/4} = 2,83\text{m/s} \qquad \nu = 1,141 \times 10^{-6}\ \text{m}^2/\text{s} \qquad \text{Re} = \frac{VD}{\nu} = 3,72 \times 10^5$$

$\frac{e}{d} = \frac{0,26}{150} = 0,00173$, e da Figura 7.10: f = 0,024, e da Tabela 10.1: C = 100.

Usando a relação de Darcy–Weisbach, a Equação (7.78):

$$h_L = 0,024 \times \frac{400}{0,15} \times \frac{2,83^2}{2 \times 9,81} = 26,2\,\text{m}$$

Com a fórmula de Hazen–Williams, a Equação (10.1):

$$h_L = \frac{10,59 \times 400}{100^{1,85} \times 0,15^{4,87}} \times 0,05^{1,85} = 34,1\,\text{m}$$

A relação de Darcy–Weisbach oferece o resultado mais preciso.

10.2.2 Hidráulica de Sistemas de Tubo Simples

Os escoamentos em tubos únicos são examinados nas Seções 7.6.3 a 7.6.5. O leitor deve dar atenção especial ao uso do diagrama de Moody (Figura 7.10) e às três categorias de problemas de tubos dadas pelas Equações (7.81) a (7.83). Os Exemplos 7.6 e 7.7 ilustram como a análise é executada. Nesta seção, estudamos os escoamentos em três sistemas de tubo relativamente simples: em série, em paralelo e ramificado. As técnicas de solução são simplificadas devido à exclusão das bombas e à falta de complexidade da tubulação; elas são apropriadas para uso com calculadoras, algoritmos de planilhas eletrônicas e software computacional. O princípio fundamental dessa abordagem *ad hoc* é identificar os elementos desconhecidos e escrever um número equivalente de equações independentes a serem resolvidas. A simplificação subsequente pela eliminação de tantas variáveis quanto possível resulta em uma série de problemas de tubo único a ser resolvida simultaneamente; esta pode ser resolvida por tentativa e erro ou usando um solucionador de sistemas de equações.

As equações de energia e da continuidade são utilizadas para analisar os sistemas de tubos. Normalmente, os parâmetros previstos são a descarga Q e a *carga piezométrica* $H = p/\gamma + z$. Em todo este capítulo, vamos pressupor que o termo de energia cinética pode ser ignorado em comparação com a magnitude da linha piezométrica, ou seja, $V^2/2g \ll p/\gamma + z$. Consultando a Figura 10.1(a), a equação de energia para um único segmento de tubo é

$$H_A - H_B = \sum h_f = \left(f\frac{L}{D}\frac{1}{2gA^2} + \frac{\Sigma K}{2gA^2}\right)Q^2 \qquad (10.2)$$

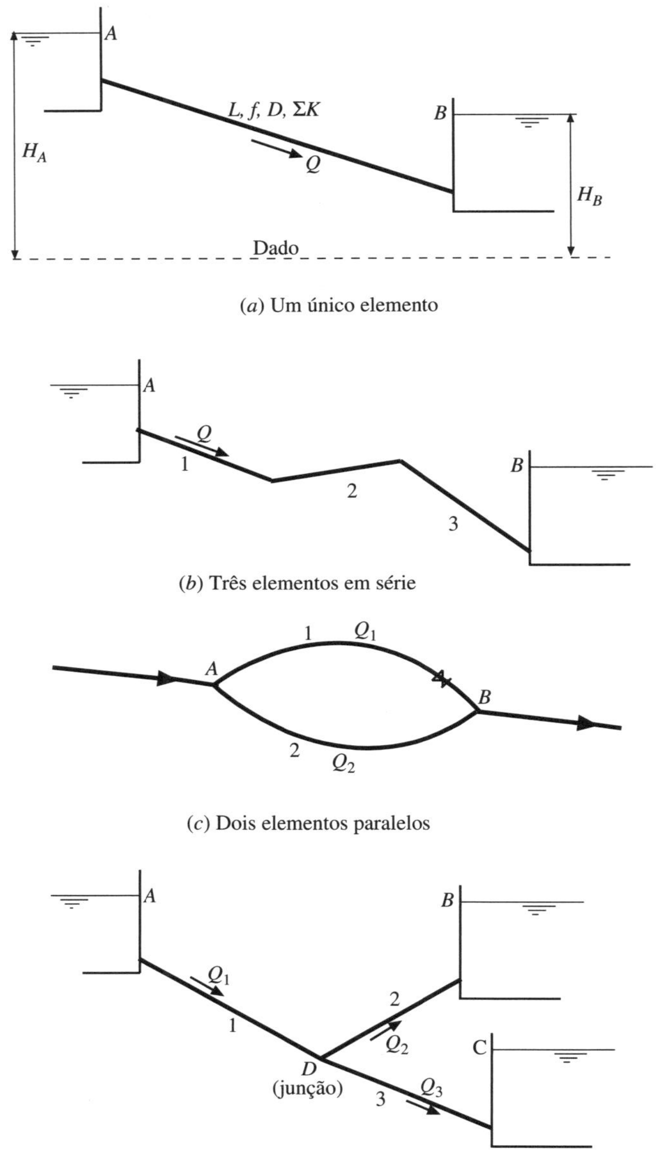

(*a*) Um único elemento

(*b*) Três elementos em série

(*c*) Dois elementos paralelos

(*d*) Três elementos ramificados

Figura 10.1 Sistemas de tubos simples.

Aqui, a equação de Darcy–Weisbach é usada para representar as perdas por atrito, e ΣK é a soma dos coeficientes de perdas menores no segmento. Mais simplesmente, se considerarmos que os termos de atrito e de perdas menores são representados por um coeficiente de resistência, ou de perda, R, definido como

$$R = \frac{1}{2gA^2}\left(f\frac{L}{D} + \sum K\right) \tag{10.3}$$

a Equação (10.2) se torna

$$H_A - H_B = RQ^2 \tag{10.4}$$

A relação simplificada contém todas as informações necessárias para resolver um problema de tubo simples que emprega a relação de Darcy–Weisbach para o atrito em tubos. Utilizaremos essa relação exclusivamente em todos os desenvolvimentos deste capítulo.

Exemplo 10.2 Calcule a descarga usando os dados de tubo do Exemplo 10.1 se a diferença de carga piezométrica é de 20 m. Pressuponha que a soma dos coeficientes de perdas menores é $\Sigma K = 2{,}5$ e $f = 0{,}025$.

Solução: Primeiro calcule o coeficiente de resistência com a Equação (10.3):

$$R = \frac{1}{2gA^2}\left(f\frac{L}{D} + \Sigma K\right) = \frac{1}{2 \times 9{,}81(\pi \times 0{,}15^2/4)^2}\left(0{,}025 \times \frac{400}{0{,}15} + 2{,}5\right) = 1{,}13 \times 10^4\ \mathrm{s^2/m^5}$$

A seguir, determine a descarga usando a Equação (10.4):

$$Q = \sqrt{\frac{H_A - H_B}{R}} = \sqrt{\frac{20}{1{,}13 \times 10^4}} = 0{,}042\ \mathrm{m^3/s}$$

A Figura 10.1(*b*) mostra um sistema de tubos em série composto de três segmentos, cada um dos quais tem um coeficiente de perda especificado. Como a mesma descarga Q existe em cada segmento, a equação de energia do local A até o local B é

$$H_A - H_B = R_1Q^2 + R_2Q^2 + R_3Q^2 = (R_1 + R_2 + R_3)Q^2 \qquad (10.5)$$

Obviamente, essa relação pode ser expandida para qualquer quantidade de elementos de tubulação. Para avaliar os coeficientes de perda, é possível substituir a Equação (10.3) e empregar a Figura 7.10 para o fator de atrito f junto à Tabela 7.2 para o coeficiente de perdas menores K. Observe que o resultado é uma solução por tentativa e erro, já que f depende de Q. Em muitas situações, pode-se pressupor que o fator de atrito é constante; logo, R pode ser avaliado com a Equação (10.3) antes de determinarmos a descarga ou a variação da carga piezométrica. Esse é o pressuposto que iremos adotar no restante deste capítulo.

Exemplo 10.3 Para os três tubos em série mostrados na Figura 10.1(*b*), determine a descarga se a diferença em carga piezométrica é $H_A - H_B = 10$ m. Use $L_1 = 2000$ m, $D_1 = 450$ mm, $L_2 = 650$ m, $D_2 = 150$ mm, $K_2 = 2{,}0$, $L_3 = 1650$ m, $D_3 = 300$ mm e $f_1 = f_2 = f_3 = 0{,}03$.

Solução: Primeiro calcule os coeficientes de resistência usando a Equação (10.3):

$$R_1 = \frac{1}{2 \times 9{,}81(\pi \times 0{,}45^2/4)^2}\left(0{,}03 \times \frac{2000}{0{,}45}\right) = 269\ \mathrm{s^2/m^5}$$
$$R_2 = \frac{1}{2 \times 9{,}81(\pi \times 0{,}15^2/4)^2}\left(0{,}03 \times \frac{650}{0{,}15} + 2{,}0\right) = 21\,550\ \mathrm{s^2/m^5}$$
$$R_3 = \frac{1}{2 \times 9{,}81(\pi \times 0{,}30^2/4)^2}\left(0{,}03 \times \frac{1650}{0{,}30}\right) = 1684\ \mathrm{s^2/m^5}$$

Calcule a descarga usando a Equação (10.4):

$$Q = \sqrt{\frac{H_A - H_B}{R_1 + R_2 + R_3}} = \sqrt{\frac{10}{269 + 21\,550 + 1684}} = 0{,}0206\ \mathrm{m^3/s}$$

A tubulação em paralelo está ilustrada na Figura 10.1(*c*); apesar de apenas dois tubos serem mostrados, qualquer quantidade de tubos pode ser colocada em paralelo. Os tubos são ligados nos locais A e B e cada tubo tem sua própria geometria especial e termo referente às perdas menores. O balanço de continuidade na junção A ou na B exige que

$$Q = Q_1 + Q_2 \qquad (10.6)$$

Para os dois elementos de tubo, as equações de energia necessárias do local A para o B são

$$\begin{aligned} H_A - H_B &= R_1Q_1^2 \\ H_A - H_B &= R_2Q_2^2 \end{aligned} \qquad (10.7)$$

Pressupondo que Q é conhecida, os elementos desconhecidos nas equações acima são Q_1, Q_2 e $\Delta H = H_A - H_B$. Eles são resolvidos simultaneamente de acordo com o modo apresentado no exemplo a seguir.

Exemplo 10.4 Calcule a distribuição do escoamento e a variação da linha piezométrica para a tubulação paralela mostrada na Figura 10.1(c) usando os seguintes dados: $L_1 = 50$ m, $D_1 = 100$ mm, $K_1 = 2$, $L_2 = 75$ m, $D_2 = 150$ mm, $K_2 = 10$. A descarga total nos dois tubos é $Q = 0{,}04$ m^3/s.

Solução: Combine as Equações (10.6) e (10.7) da seguinte forma:

$$Q = Q_1 + Q_2 = \sqrt{\frac{H_A - H_B}{R_1}} + \sqrt{\frac{H_A - H_B}{R_2}} = \sqrt{H_A - H_B}\left(\frac{1}{\sqrt{R_1}} + \frac{1}{\sqrt{R_2}}\right)$$

Observe que $H_A - H_B$ também é um elemento desconhecido, e antes é preciso obter o seu valor:

$$R_1 = \frac{1}{2 \times 9{,}81(\pi \times 0{,}10^2/4)^2}\left(0{,}025 \times \frac{50}{0{,}10} + 2\right) = 11\,980\ \text{s}^2/\text{m}^5$$

$$R_2 = \frac{1}{2 \times 9{,}81(\pi \times 0{,}15^2/4)^2}\left(0{,}030 \times \frac{75}{0{,}15} + 10\right) = 4082\ \text{s}^2/\text{m}^5$$

$$H_A - H_B = \frac{Q^2}{\left(\frac{1}{\sqrt{R_1}} + \frac{1}{\sqrt{R_2}}\right)^2} = \frac{0{,}04^2}{\left(\frac{1}{\sqrt{11\,980}} + \frac{1}{\sqrt{4082}}\right)^2} = 2{,}604\ \text{m}$$

Finalmente, os escoamentos nos tubos paralelos são calculados usando a Equação (10.7):

$$Q_1 = \sqrt{\frac{H_A - H_B}{R_1}} = \sqrt{\frac{2{,}604}{11\,980}} = 0{,}0147\ \text{m}^3/\text{s}$$

$$Q_2 = \sqrt{\frac{H_A - H_B}{R_2}} = \sqrt{\frac{2{,}604}{4082}} = 0{,}0253\ \text{m}^3/\text{s}$$

A Figura 10.1(d) apresenta um exemplo de tubulação ramificada; ela é composta de três elementos conectados a uma única junção. Em geral, as cargas piezométricas nos locais A a C são consideradas conhecidas, enquanto os elementos desconhecidos são as descargas Q_1, Q_2 e Q_3 em cada linha e a carga piezométrica no local D. A análise pressupõe a direção do escoamento e inclui escrever o balanço de energia em cada elemento:

$$H_A - H_D = R_1 Q_1^2 \qquad (10.8)$$

$$H_D - H_B = R_2 Q_2^2 \qquad (10.9)$$

$$H_D - H_C = R_3 Q_3^2 \qquad (10.10)$$

O balanço de continuidade no local D é

$$Q_1 - Q_2 - Q_3 = 0 \qquad (10.11)$$

Observe que se pressupôs uma direção do escoamento em cada tubo. Um método de solução seria o seguinte:

1. Pressuponha H_D na junção.
2. Calcule Q_1, Q_2 e Q_3 nos três ramos usando as Equações (10.8) a (10.10).
3. Insira Q_1, Q_2 e Q_3 na Equação (10.11) para verificar o balanço da continuidade. Em geral, o desequilíbrio do escoamento $\Delta Q = Q_1 - Q_2 - Q_3$ será não zero na junção.
4. Ajuste a carga H_D e repita os passos 2 e 3 até ΔQ estar dentro dos limites desejados. Pode ser necessário corrigir o sinal em uma ou mais das equações se, durante as iterações, H_D se mover de cima ou de baixo dos reservatórios ou vice-versa.

Um método de solução alternativo é combinar as equações e eliminar todas as variáveis, exceto uma (em geral, H_D) e utilizar uma técnica de solução numérica. O Exemplo 10.5 oferece um nível de complexidade que representa um limite para o uso de soluções com calculadoras. Para sistemas mais complexos, que podem incluir bombas, reservatórios adicionais ou elementos de tubos, recomenda-se a análise de rede descrita na Seção 10.4.

Exemplo 10.5 Determine as vazões e a carga piezométrica na junção do sistema ramificado da Figura 10.1(*d*). Pressuponha fatores de atrito constantes. $H_A = 12$ m, $H_B = 15$ m, $H_C = 5$ m, $f_1 = f_2 = f_3 = 0{,}02$, $L_1 = 200$ m, $D_1 = 100$ mm, $L_2 = 150$ m, $D_2 = 100$ mm, $L_3 = 750$ m, $D_3 = 150$ mm.

Solução: Use o procedimento em quatro passos detalhado anteriormente. Primeiro, calcule os coeficientes de resistência usando a Equação (10.3); o resultado é $R_1 = 33.890$ s^2/m^5, $R_2 = 27.280$ s^2/m^5 e $R_3 = 16.570$ s^2/m^5. Pressupomos que H_D é menor do que H_A e H_B, mas maior do que H_C. Por consequência, as direções do escoamento resultantes são Q_1 de A a D, Q_2 de B a D e Q_3 de D a C. Uma solução iterativa é apresentada na tabela a seguir quando $|\Delta Q| < 0{,}001$ unidades.

Iteração	H_D (pressuposto)	Q_1 (Equação (10.8))	Q_2 (Equação (10.10))	Q_3 (Equação (10.9))	$Q_1 + Q_2 - Q_3$ (Equação (10.11))
1	12	0	0,01049	0,02055	−0,01006
2	11	0,00543	0,01211	0,01903	−0,00149
3	10	0,00768	0,01354	0,01737	+0,00385
4	10,74	0,00610	0,01250	0,01861	−0,00002

Assim, a solução resultante é $H_D = 10{,}7$ m, $Q_1 = 0{,}0061$ m^3/s, $Q_2 = 0{,}0125$ m^3/s e $Q_3 = 0{,}0186$ m^3/s.

10.3 BOMBAS EM SISTEMAS DE TUBOS

Até aqui, consideramos apenas sistemas que não envolviam bombas. Se o sistema de tubos inclui uma bomba e a vazão é especificada, a solução é simples e direta usando os métodos desenvolvidos anteriormente. Por outro lado, se a descarga não é conhecida, como costuma ser o caso, é preciso adotar uma solução por tentativa e erro. O motivo para isso é que a carga da bomba H_P depende da descarga, como mostrado na *curva característica da bomba*, a curva sólida da Figura 10.2. Os fabricantes das bombas fornecem as curvas características. A Figura 10.3 mostra um conjunto completo de curvas para uma bomba centrífuga, incluindo conjuntos de curvas de carga *versus* descarga para diversos tamanhos de rotor, além de curvas de eficiência e potência. O requisito de potência para uma bomba é dado pela expressão (ver Equação (4.25))

$$\dot{W}_P = \frac{\gamma Q H_P}{\eta} \qquad (10.12)$$

Determinar a descarga em uma linha bombeada exige uma relação adicional, a saber, a *curva de demanda*, gerada quando escrevemos o balanço de energia através do sistema para descargas variáveis. Consultando o sistema bomba-tubo da Figura 10.2, a equação de energia (ver Equação (10.4)) para o tubo, incluindo a bomba, é uma quadrática em Q:

$$H_P = (H_B - H_A) + RQ^2 \qquad (10.13)$$

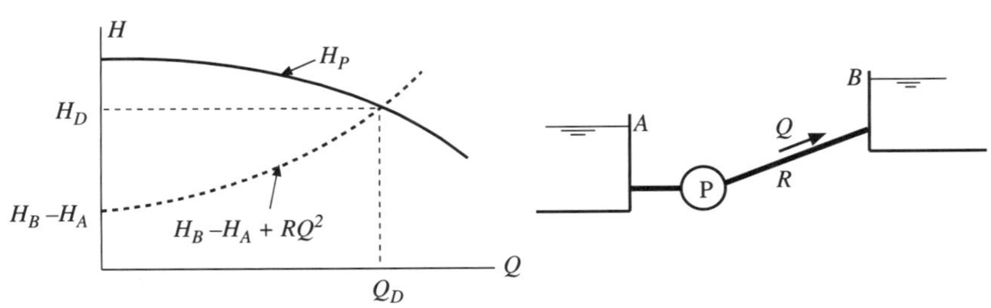

Figura 10.2 Curvas de demanda de bomba e de sistema.

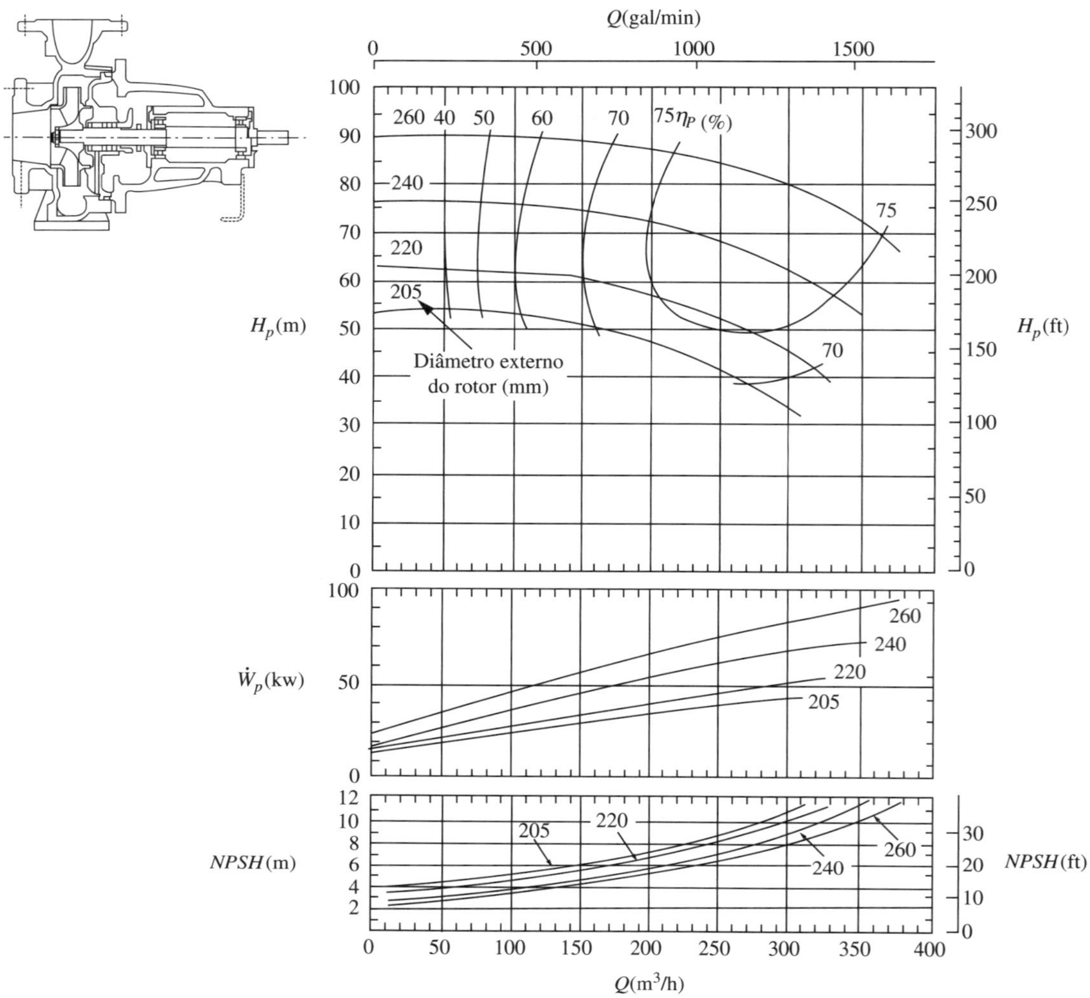

Figura 10.3 Curvas de desempenho e de bomba centrífuga para quatro impulsores diferentes. O líquido bombeado é água a 20 °C. (Cortesia de Sulzer Pumps Ltd)

Na Figura 10.2, a curva de demanda é ilustrada pela linha tracejada (ver Equação (10.13)). O primeiro termo no lado direito da Equação (10.13) é a carga estática, enquanto o segundo representa as perdas do sistema. A inclinação da curva de demanda depende das perdas na tubulação; à medida que as perdas aumentam, a carga de bombeamento necessária aumenta e vice-versa. A tubulação pode sofrer alterações de curto prazo na curva de demanda, como o estrangulamento de válvulas, enquanto no longo prazo o envelhecimento dos tubos pode aumentar permanentemente a demanda. A intersecção da curva característica da bomba e a curva de demanda informa a carga de projeto H_D e a descarga Q_D na Figura 10.2. É melhor que a solução ocorra no ponto de melhor eficiência da bomba ou próximo dele.

Em vez de uma curva de bomba real, às vezes se utiliza uma representação aproximada da carga-descarga da bomba:

$$H_P(Q) = a_0 + a_1 Q + a_2 Q^2 \tag{10.14}$$

onde pressupõe-se que os coeficientes a_0, a_1 e a_2 são conhecidos; eles podem ser calculados inserindo os três dados conhecidos de uma curva de bomba específica na Equação (10.14) e resolvendo as três equações resultantes simultaneamente.

Exemplo 10.6 Calcule a descarga no sistema de tubos mostrado na Figura 10.2 e, além disso, calcule a potência exigida da bomba. Para o tubo, $L = 700$ m, $D = 300$ mm, $f = 0{,}02$ e $H_B - H_A = 30$ m. Use a curva de 240 mm na Figura 10.3 para a relação de carga-descarga da bomba.

Solução: Primeiro determine R usando a Equação (10.3):

$$R = \frac{1}{2\times 9{,}81(\pi \times 0{,}30^2/4)^2}\left(0{,}02\times\frac{700}{0{,}30}\right) = 476\ \mathrm{s^2/m^5}$$

Uma solução experimental é utilizada para determinar a carga e descarga da bomba. O procedimento é o seguinte: (1) faça uma estimativa da descarga; (2) calcule H_P com a Equação (10.13); e (3) compare o valor com o da curva da bomba de 240 mm da Figura 10.3. Continue a calcular valores de Q até as duas cargas das bombas concordarem. A solução é apresentada na tabela.

Q, m^3/h	Q, m^3/s	H_P, m (Eq. (10.13))	H_P, m (Fig. 10.3)
150	0,042	70,8	74
250	0,069	72,3	67
200	0,056	71,5	72

Assim, a solução aproximada é $Q = 200$ m^3/h e $H_P = 72$ m. Pela Figura 10.3, a eficiência é de aproximadamente 75%, de modo que a potência necessária é

$$\dot{W}_P = \frac{\gamma Q H_p}{\eta} = \frac{9800\times 0{,}056\times 72}{0{,}75} = 52.700\ \mathrm{W}\ \text{ou}\ 706\ \mathrm{hp}$$

Em alguns casos, as instalações de bombeamento podem precisar de uma ampla variedade de cargas ou descargas, de modo que uma só bomba não consegue atender à demanda em sua totalidade. Nessas situações, as bombas podem ser organizadas em série ou em paralelo para aumentar a eficiência da operação. Quando ocorre uma forte variação na demanda de escoamento, duas ou mais bombas podem ser colocadas em paralelo, como na Figura 10.4(*a*). A curva característica combinada é determinada pelo reconhecimento de que a carga H_P através de cada bomba é idêntica e que a descarga total através do sistema ΣQ é a soma das descargas através de cada bomba para uma determinada carga. Para demandas que exigem cargas altas, colocar as bombas em série permite uma carga maior do que usá-las individualmente (Figura 10.4(*b*)). Como a descarga através de cada bomba em série é a mesma, a curva característica combinada é encontrada pela soma das cargas ΣH_P através das bombas para uma determinada descarga.

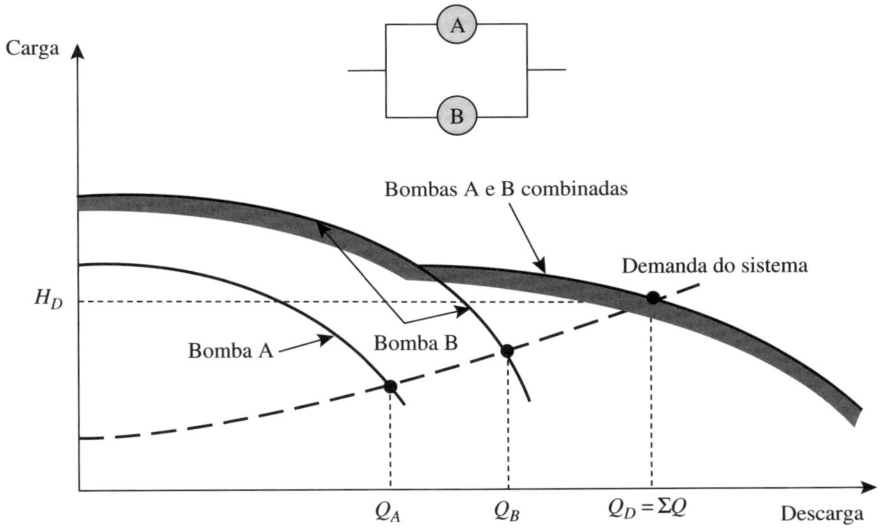

(*a*) Bombeamento paralelo

Figura 10.4 Continua.

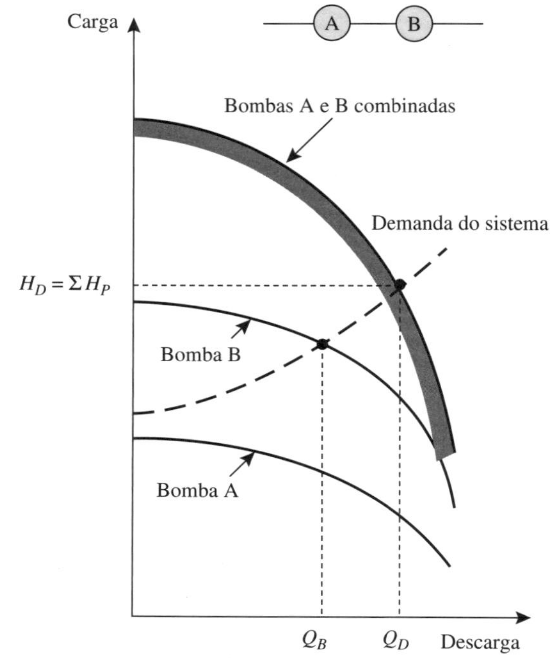

(*b*) Bombeamento em série

Figura 10.4 Operação de múltiplas bombas.

Exemplo 10.7 Água é bombeada entre dois reservatórios em um único tubo com o valor de $R = 85\ s^2/m^5$. Para a curva característica da bomba, use $H_P = 22{,}9 + 10{,}7Q - 111Q^2$. Calcule a descarga Q e a carga da bomba H_P para:

(*a*) $H_B - H_A = 15$ m com uma bomba em operação
(*b*) $H_B - H_A = 15$ m com duas bombas idênticas operando em paralelo
(*c*) $H_B - H_A = 25$ m com duas bombas operando em série

Solução: Como a curva da bomba é fornecida em forma quadrática, as Equações (10.13) e (10.14) podem ser combinadas para eliminar H_P e determinar Q. As soluções são as seguintes:

(*a*) Equacione a curva de demanda do sistema com a curva característica da bomba e resolva a equação quadrática resultante:

$$15 + 85Q^2 = 22{,}9 + 10{,}7Q - 111Q^2$$
$$195Q^2 - 10{,}7Q - 7{,}9 = 0$$
$$Q = \frac{1}{2 \times 195}\left(10{,}7 + \sqrt{10{,}7^2 + 4 \times 195 \times 7{,}9}\right) = 0{,}23\,\text{m}^3/\text{s}$$
$$H_P = 15 + 85 \times 0{,}23^2 = 19{,}5\,\text{m}$$

(*b*) Para duas bombas em paralelo, a curva característica é

$$H_P = 22{,}9 + 10{,}7\left(\frac{Q}{2}\right) - 111\left(\frac{Q}{2}\right)^2 = 22{,}9 + 5{,}35Q - 27{,}75Q^2$$

A curva de demanda do sistema é equacionada com esse resultado, e calcula-se o valor de Q:

$$15 + 85Q^2 = 22{,}9 + 5{,}35Q - 27{,}75Q^2$$
$$112{,}8Q^2 - 5{,}35Q - 7{,}9 = 0$$
$$Q = \frac{1}{2 \times 112{,}8}\left(5{,}35 + \sqrt{5{,}35^2 + 4 \times 112{,}8 \times 7{,}9}\right) = 0{,}29\,\text{m}^3/\text{s}$$
$$H_P = 15 + 85 \times 0{,}29^2 = 22{,}2\,\text{m}$$

(*c*) Com duas bombas em série, a curva característica se torna

$$H_P = 2(22{,}9 + 5{,}35Q - 111Q^2) = 45{,}8 + 21{,}4Q - 222Q^2$$

Equacione isso com a curva de demanda do sistema e calcule o valor de Q:

$$25 + 85Q^2 = 45{,}8 + 21{,}4Q - 222Q^2$$
$$307Q^2 - 21{,}4Q - 20{,}8 = 0$$
$$Q = \frac{1}{2 \times 307}\left(21{,}4 + \sqrt{21{,}4^2 + 4 \times 307 \times 20{,}8}\right) = 0{,}30\,\text{m}^3/\text{s}$$
$$H_P = 25 + 85 \times 0{,}30^2 = 32{,}5\,\text{m}$$

10.4 REDES DE TUBOS

10.4.1 Equações de Rede

As técnicas de solução de sistemas de tubo simples, como descritas anteriormente, são limitadas pelo tamanho e complexidade do sistema de tubulação que pode ser analisado. Na verdade, pode ser vantajoso buscar um método mais generalizado, capaz de lidar com um sistema, ou uma suposta rede, composta de diversos elementos de tubo, uma ou mais bombas e talvez até vários reservatórios. Muitas vezes, o objetivo da análise seria prever as descargas que entram na rede. Existem diversas soluções de redes de tubo disponíveis, quase todas as quais utilizam um método de tentativa e erro. A única técnica que utilizamos aqui é chamada de método de Hardy Cross. O método pode ser adaptado facilmente para um algoritmo de computador, mas usamos software de planilha eletrônica como alternativa.

Considere a tubulação mostrada na Figura 10.5(*a*); ela é mais complexa do que aquelas analisadas nas Seções 10.2 e 10.3, então seria difícil resolvê-la usando um método *ad hoc*. Todos os sistemas de tubulação analisados anteriormente neste capítulo podem ser resolvidos usando a *técnica de Hardy Cross*, mas antes precisamos enunciar o problema de forma consistente e sistemática.

Podemos considerar que redes de tubulação como aquelas mostradas na Figura 10.5(*a*) são compostas de *nós internos, malhas internas* e trajetórias que conectam dois nós de grau fixo (essas trajetórias às vezes são chamadas de *pseudomalhas*). Um nó interno é um local onde dois ou mais tubos se conectam e a carga é desconhecida, enquanto os nós de grau fixo são reservatórios e locais de pressão constante. A Figura 10.5(*b*) mostra os nós e as malhas do sistema de tubulação da Figura 10.5(*a*). Os nós A e E são nós de grau fixo, enquanto B, C e D são nós internos. A malha I é uma malha interna, enquanto II é uma pseudomalha. Para esse sistema de tubos, assim como para qualquer outro, as equações de rede generalizadas são apresentadas a seguir.

- O balanço de energia em modo positivo e sentido horário ao redor de uma malha interna ou ao longo de uma trajetória única ou pseudomalha que conecta nós de grau fixo:

$$\sum (\pm)_i[R_iQ_i^{\,2} - (H_P)_i] + \Delta H = 0 \qquad (10.15)$$

onde i = elementos de tubo que compõem a malha ou trajetória

$(H_P)i$ = carga através de uma bomba que pode existir no tubo i

ΔH = diferença de magnitude dos dois nós de grau fixo na trajetória ordenada em sentido horário através de um tubo imaginário (a linha tracejada na Figura 10.5(*b*))

Para uma malha interna, $\Delta H = 0$, e se não há uma bomba na malha ou trajetória, $(H_P)_i = 0$. O sinal de mais ou de menos se refere à direção pressuposta do escoamento em cada tubo, com o sentido horário sendo o positivo.

- Continuidade em um nó interno:

$$\sum (\pm)_j Q_j - Q_e = 0 \qquad (10.16)$$

onde o j subscrito se refere a todos os tubos conectados ao nó j e Q_e é a demanda externa. O sinal de mais ou menos se refere à direção do escoamento (positivo para o escoamento para dentro do nós, negativo para o escoamento para fora).

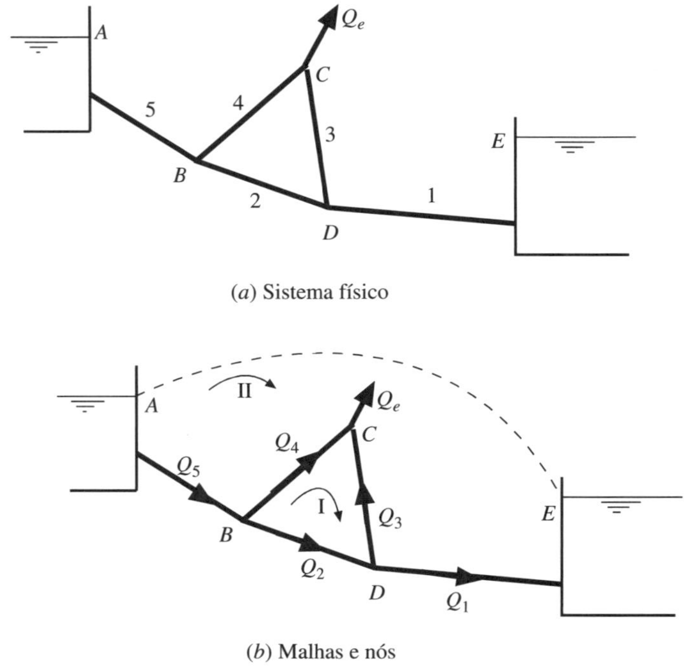

Figura 10.5 Rede de tubos representativa.

Para determinar se a rede foi definida corretamente, podemos usar a regra a seguir. Determine que F é o número de nós de grau fixo, P é o número de elementos de tubo, J é o número de nós internos e L é o número de malhas internas. Assim, se a rede for definida corretamente, a seguinte relação será válida:

$$P = J + L + F - 1 \tag{10.17}$$

Na Figura 10.4, $J = 3$, $F = 2$ e $P = 5$, de modo que $L = 1$.

10.4.2 Método de Hardy Cross

A solução de Hardy Cross é uma técnica de tentativa e erro e exige que as equações de rede sejam lineares. A Equação (10.15) é uma relação geral que pode ser aplicada a qualquer trajetória ou malha fechada em uma rede; como afirmado anteriormente, se não há uma bomba $(H_P)_i = 0$, e para uma malha interna $\Delta H = 0$. Considere que a descarga variável $\tilde{Q}$ é determinada por uma estimativa anterior e que Q será a nova estimativa. Assim, os termos não lineares na Equação (10.15) são linearizados da seguinte forma:

$$\begin{aligned} RQ^2 &= R\tilde{Q}^2 + \frac{d(RQ^2)}{dQ}(Q - \tilde{Q}) + \cdots \\ &\approx R\tilde{Q}^2 + 2R\tilde{Q}(Q - \tilde{Q}) \end{aligned} \tag{10.18}$$

$$\begin{aligned} H_P(Q) &= H_P(\tilde{Q}) + \frac{dH_P(Q)}{dQ}(Q - \tilde{Q}) + \cdots \\ &\approx a_0 + a_1\tilde{Q} + a_2\tilde{Q}^2 + (a_1 + 2a_2\tilde{Q})(Q - \tilde{Q}) \end{aligned} \tag{10.19}$$

Para expandir a Equação (10.19), utilizamos a Equação (10.14). Agora a malha ou relação de energia da trajetória (Equação (10.15)) se torna

$$\begin{aligned} &\sum(\pm)_i[R_i\tilde{Q}_i^{\,2} - (a_0 + a_1\tilde{Q}_i + a_2\tilde{Q}_i^{\,2})] \\ &+ \sum[2R_i\tilde{Q}_i - (a_1 + 2a_2\tilde{Q}_i)](Q_i - \tilde{Q}_i) + \Delta H = 0 \end{aligned} \tag{10.20}$$

Observe que o segundo termo não contém o sinal de mais ou de menos. Definindo o ajuste do escoamento para uma determinada malha ou trajetória como $\Delta Q = Q - \tilde{Q}$, inserindo na Equação (10.20) e calculando o valor de ΔQ, obtemos

$$\Delta Q = \frac{-\sum(\pm)_i[R_i\tilde{Q}_i^2 - (a_0 + a_1\tilde{Q}_i + a_2\tilde{Q}_i^2)] - \Delta H}{\sum[2R_i\tilde{Q}_i - (a_1 + 2a_2\tilde{Q}_i)]} \tag{10.21}$$

No método de Hardy Cross, pressupõe-se que o ajuste de escoamento ΔQ é aplicado de maneira independente a todos os tubos em uma determinada malha. É necessário que o sinal algebraico de Q seja positivo na direção da operação normal da bomba; caso contrário, a curva da bomba não será representada corretamente e a Equação (10.21) não será válida. Além disso, é importante que a descarga através da bomba permaneça dentro dos limites dos dados utilizados para gerar a curva da bomba. Para uma malha fechada na qual não há bombas ou nós de grau fixo, a Equação (10.21) é reduzida para a forma mais simples

$$\Delta Q = \frac{-\sum(\pm)_i R_i\tilde{Q}_i^2}{\sum 2R_i\tilde{Q}_i} \tag{10.22}$$

Na solução iterativa de Hardy Cross, a continuidade (Equação (10.16)) inicialmente é satisfeita com escoamentos pressupostos que são designados e permanecem satisfeitos durante todo o processo de solução. O método é resumido nos seguintes passos:

1. Pressuponha uma distribuição do escoamento inicial na rede que satisfaça à Equação (10.16). Quanto mais próximas as estimativas iniciais são dos valores verdadeiros, menos iterações são necessárias para a convergência. Uma regra a seguir é reconhecer que à medida que R aumenta para um elemento de tubo, Q diminui.
2. Determine ΔQ em cada trajetória ou malha usando a Equação (10.21) ou a (10.22), dependendo de qual for apropriada. Os numeradores se aproximam de zero à medida que as trajetórias ou malhas são equilibradas.
3. Ajuste os escoamentos em cada elemento de tubo em todas as malhas e trajetos usando a relação

$$Q_i = \tilde{Q}_i + \sum \Delta Q \tag{10.23}$$

   Aqui, o termo $\Sigma\Delta Q$ é empregado como correção, pois um determinado tubo pode ser parte de mais de uma malha ou trajetória. Como resultado, a correção será a soma das correções de todas as malhas para as quais o elemento de tubo é comum.
4. Repita os passos 2 e 3 até alcançar a precisão desejada. Um critério de convergência é

$$\frac{\sum|Q_i - \tilde{Q}_i|}{\sum|Q_i|} \le \varepsilon \tag{10.24}$$

   onde ε é um número arbitrariamente pequeno, como $0{,}001 < \varepsilon < 0{,}005$. Outro critério é continuar a iteração até o ΔQ de cada malha alcançar um valor arbitrariamente pequeno.

Exemplo 10.8 Determine a distribuição do escoamento e as cargas piezométricas nas junções usando o método de Hardy Cross para a rede mostrada na Figura 10.5(*a*). $H_A = 45$ m, $H_E = 0$, $Q_e = 0{,}025$ m^3/s.

Tubo	L, m	D, mm	f	ΣK
1	100	100	0,02	1
2	75	100	0,02	0
3	120	150	0,02	0
4	80	150	0,02	0
5	20	300	0,02	1

Solução: Há três junções ($J = 3$), cinco tubos ($P = 5$) e dois nós de grau fixo ($F = 2$), então $L = 5 - 3 - 2 + 1 = 1$ malha interna. Além disso, há uma pseudomalha. As duas malhas e as direções pressupostas do escoamento (o sentido horário é o positivo) são mostradas na Figura 10.5(*b*). A Equação (10.22) é aplicada à malha I e a Equação (10.21), à malha II:

$$\Delta Q_{\mathrm{I}} = \frac{-(R_2\tilde{Q}_2|\tilde{Q}_2| + R_3\tilde{Q}_3|\tilde{Q}_3| \pm R_4\tilde{Q}_4|\tilde{Q}_4|)}{2(R_1|\tilde{Q}_1| + R_2|\tilde{Q}_2| + R_3|\tilde{Q}_3|)}$$

$$\Delta Q_{\mathrm{II}} = \frac{-(R_1\tilde{Q}_1|\tilde{Q}_1| + R_3\tilde{Q}_3|\tilde{Q}_3| + R_4\tilde{Q}_4|\tilde{Q}_4| + R_5\tilde{Q}_5|\tilde{Q}_5|) - (H_A - H_E)}{2(R_1|\tilde{Q}_1| + R_3|\tilde{Q}_3| + R_4|\tilde{Q}_4| + R_5|\tilde{Q}_5|)}$$

Observe que os termos $\pm R\tilde{Q}^2$ e $R\tilde{Q}$ fora substituídos por $R\tilde{Q}|\tilde{Q}|$ e $R|\tilde{Q}|$ nas equações, o que permite que o sinal correto seja atribuído automaticamente. Os valores de Q recebem um sinal positivo ou negativo, dependendo da direção pressuposta do escoamento em relação à direção positiva em sentido horário atribuída para cada malha. Uma solução de planilha eletrônica é ilustrada nas duas tabelas, que mostram, respectivamente, as fórmulas da planilha eletrônica e a solução numérica. Os valores de R são calculados com os dados fornecidos usando a Equação (10.3) e inseridos na coluna B. As estimativas iniciais de Q são fornecidas na coluna C, e os valores atualizados são mostrados para quatro iterações nas colunas F, I, L e O. O critério de convergência usado aqui é interromper as iterações quando o valor absoluto de ΔQ cai abaixo de 0,001. Observe que Q_3 muda de direção até a iteração final. As descargas após a quarta iteração são mostradas na Figura 10.6. As cargas piezométricas nas junções B, C e D são

$$H_B = H_A - R_5 Q_5^2 = 45 - 24 \times 0{,}0725^2 = 44{,}9\,\mathrm{m}$$
$$H_C = H_B - R_4 Q_4^2 = 44{,}9 - 1741 \times 0{,}050^2 = 40{,}5\,\mathrm{m}$$
$$H_D = H_E + R_1 Q_1^2 = 0 + 17\,350 \times 0{,}0475^2 = 39{,}2\,\mathrm{m}$$

Fórmulas de Planilhas Eletrônicas

	A	B	C	D	E	F
1		*R*	*Q*	*RQ|Q|*	*2R|Q|*	*Q*
2						
3					*Iteração 1*	
4						
5	*Malha 1*					
6	*Tubo 2*	12390	–0,035	=B6*C6*ABS(C6)	=2*B6*ABS(C6)	=C6+E12
7	*Tubo 3*	2611	–0,015	=B7*C7*ABS(C7)	=2*B7*ABS(C7)	=C7+E12–E22
8	*Tubo 4*	1741	0,01	=B8*C8*ABS(C8)	=2*B8*ABS(C8)	=C8+E12–E22
9						
10				=SUM(D6:D8)	=SUM(E6:E8)	
11						
12					ΔQ$_I$= =–D10/E10	
13	*Malha 2*					
14	H_A–H_E			45		
15	*Tubo 1*	17350	–0,02	=B15*C15*ABS(C15)	=2*B15*ABS(C15)	=C15+E22
16	*Tubo 3*	2611	0,015	=B15*C15*ABS(C16)	=2*B16*ABS(C16)	=C16+E22–E12
17	*Tubo 4*	1741	–0,01	=B17*C17*ABS(C17)	=2*B17 ABS(C17)	=C17+E22–E12
18	*Tubo 5*	24	–0,045	=B18*C18*ABS(C18)	=2*B18 ABS(C18)	=C18+E22
19						
20				=SUM(D14:D18)	=SUM(E15:E18)	
21				=B16*C15*ABS(C16)		
22				ΔQ$_{II}$=	=–D20/E20	

Solução de Planilha Eletrônica

	A	B	C	D	E	F	G	H	I	J	K	L	M	N	O
1		*R*	*Q*	*RQ|Q|*	*2R|Q|*	*Q*	*2R|Q|*	*2R|Q|*	*Q*	*RQ|Q|*	*2R|Q|*	*Q*	*RQ|Q|*	*2R|Q|*	*Q*
2															
3					*Iteração 1*			*Iteração 2*			*Iteração 3*			*Iteração 4*	
4															
5	*Malha 1*														
6	*Tubo 2*	12390	–0,035	–15,178	867,300	–0,0191	–4,519	473,248	–0,0303	–11,355	750,165	–0,0235		582,306	–0,0225
7	*Tubo 3*	2611	–0,015	–0,587	78,330	0,0484	6,111	252,643	0,0198	1,023	103,368	0,0250	1,631	130,533	–0,0250
8	*Tubo 4*	1741	0,01	–0,174	34,820	0,0734	9,375	255,511	0,0448	3,493	155,975	0,0500	4,352	174,089	–0,0500
9															
10				–15,591	980,450		10,967	981,402		–6,838	1009,508		–0,858	886,928	
11										–6,838					
12				ΔQ$_I$=	1,59E–02		ΔQ$_I$=	1,12E–02		ΔQ$_I$=	6,77E–03		ΔQ$_I$=	9,68E–04	
13	*Malha 2*														
14	H_A–H_E			45,000			45,000			45,000			45,000		
15	*Tubo 1*	17350	–0,02	–6,940	694,000	–0,0675	–79,000	2341,502	–0,0501	–43,493	1737,349	–0,0485	–40,804	1682,804	–0,0475
16	*Tubo 3*	2611	–0,015	0,587	78,330	–0,0484	–6,111	252,643	–0,0198	–1,023	103,368	–0,0250	–1,631	130,533	–0,0250
17	*Tubo 4*	1741	–0,01	–0,174	34,820	–0,0734	–9,375	255,511	–0,0448	–3,493	155,975	–0,0500	–4,352	174,089	–0,0500
18	*Tubo 5*	24	–0,045	–0,049	2,160	–0,0925	–0,205	4,439	–0,0751	–0,135	3,603	–0,0735	–0,130	3,528	–0,0725
19															
20				38,425	809,310		–49,692	2854,094		–3,144	2000,295		–1,917	1990,954	
21															
22				ΔQ$_{II}$=	–4,75E–02		ΔQ$_{II}$=	1,74E–02		ΔQ$_{II}$=	1,57E–03		ΔQ$_{II}$=	9,63E–04	
23															

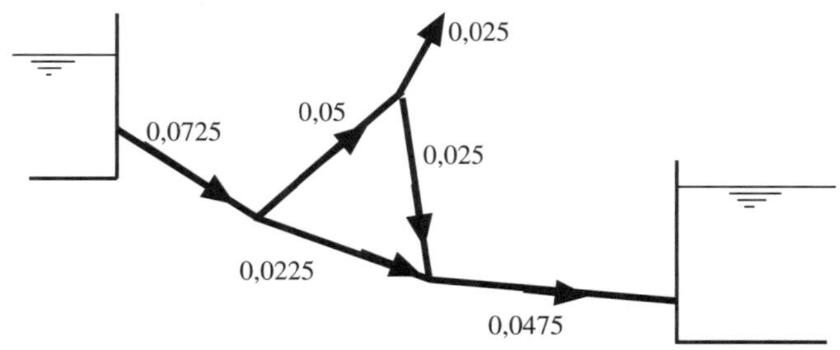

Figura 10.6 Escoamento após quatro iterações.

10.4.3 Análise de Computador de Sistemas de Rede

A análise de Hardy Cross é uma versão modificada do método de aproximações sucessivas usado para resolver um conjunto de equações lineares. Como não exige a inversão de uma matriz, o método de Hardy Cross pode ser usado para resolver redes relativamente pequenas usando uma calculadora ou planilha eletrônica. Contudo, para redes maiores que contêm múltiplas malhas ou ramificações, a programação de uma planilha eletrônica se torna uma tarefa demorada e trabalhosa. Atualmente, o mercado oferece aplicativos de solução de redes de tubos generalizadas com soluções robustas e sistemas convenientes de entrada e saída de dados. Por exemplo, o código-fonte e o manual do usuário para o programa de análise de rede sem custo EPANET pode ser baixado do site da Agência de Proteção Ambiental dos EUA, a EPA (www.epa.gov). O EPANET é um programa abrangente que simula o escoamento e a qualidade da água em redes de tubos pressurizadas. Para a análise hidráulica, ele incorpora um algoritmo híbrido de nó e malha chamado de método de gradiente. Além de tubulações, os sistemas podem incluir bombas, válvulas, reservatórios e tanques de armazenamento de água. As perdas por atrito em tubos são representadas usando as formulações de Darcy–Weisbach, Hazen–Williams ou Chezy–Manning.

10.5 ESCOAMENTO EM REGIME TRANSIENTE

No passado, muitos escoamentos em regime transiente abordaram problemas que tratam de sistemas hidrelétricos e tubulações de água e petróleo; mais recentemente, as aplicações foram expandidas para incluir a operação do sistema de controle e as tubulações de usinas nucleares e termelétricas. As causas que geram o regime transiente geralmente são um fechamento ou uma abertura rápida de válvula, uma ruptura ou quebra de tubos, uma operação de bombas ou turbinas ou um fenômeno de cavitação. Nesta seção, tratamos de um único tubo horizontal e examinamos dois tipos fundamentais de escoamento em regime transiente: (1) o escoamento em regime transiente inelástico e incompressível, chamado de *surgência*, e (2) o escoamento em regime transiente ligeiramente compressível e elástico, chamado de *golpe de ariete*.

10.5.1 Escoamento Incompressível

Consideramos um segmento horizontal de tubo L com diâmetro constante D, mostrado na Figura 10.6. A extremidade a montante do tubo é conectada a um reservatório com carga H_1, enquanto a jusante há uma válvula com saída para um reservatório com carga H_3. Ambos, H_1 e H_3, não variam com o tempo. Inicialmente, no tubo, há uma velocidade constante V_0, e a válvula está parcialmente aberta. A seguir, a válvula é aberta para uma nova posição, o que resulta em uma nova velocidade maior em regime permanente. Para as situações nas quais a válvula está fechada, parcial ou completamente, é preciso considerar a possível ocorrência do golpe de ariete (ver Seção 10.5.2). Na Figura 10.7, o local 2 está a montante da válvula e o local 1 fica imediatamente dentro do tubo. Aplicando a equação do momento linear à água entre os dois locais, temos

$$A(p_1 - p_2) - \tau_0 \pi D L = \rho A L \frac{dV}{dt} \tag{10.25}$$

onde A = seção transversal do tubo
V = velocidade variável com o tempo
τ_0 = tensão de cisalhamento da parede

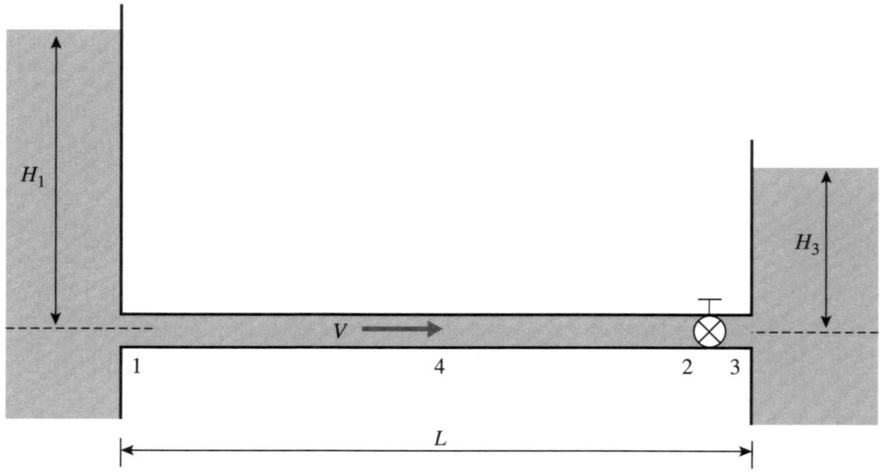

Figura 10.7 Escoamento em regime transiente em um tubo horizontal.

É razoável pressupor condições de escoamento quase permanente através da válvula, de modo que

$$p_2 = p_3 + K\frac{V^2}{2g} \tag{10.26}$$

onde K é o coeficiente de perda da válvula. Além disso, pressupomos que o fator de atrito de Darcy–Weisbach f baseado em um escoamento em regime permanente pode ser utilizado sem erros graves, e que além disso ele é constante. A tensão de cisalhamento é (ver Equação (7.74)):

$$\tau_0 = \frac{\rho f V^2}{8} \tag{10.27}$$

Inserindo as Equações (10.26) e (10.27) na Equação (10.25), dividindo pela massa da coluna de líquido ρAL e reconhecendo que $p_1 - p_3 = \rho g(H_1 - H_3)$, temos, após a reorganização,

$$\frac{dV}{dt} + \left(\frac{f}{D} + \frac{K}{L}\right)\frac{V^2}{2} - g\frac{H_1 - H_3}{L} = 0 \tag{10.28}$$

Essa relação para escoamentos incompressíveis em regime transiente tem a condição inicial $V = V_0$ no tempo $t = 0$. Após a válvula ser aberta mais um pouco pela alteração do coeficiente K, a velocidade se acelera até uma velocidade permanente final V_{ss}. Como sob condições de regime permanente $dV/dt = 0$, podemos determinar V_{ss} definindo a derivada na Equação (10.28) como sendo zero e resolvendo a equação para $V = V_{ss}$:

$$V_{ss} = \sqrt{\frac{2g(H_1 - H_3)}{fL/D + K}} \tag{10.29}$$

Inserindo a Equação (10.29) na Equação (10.28), podemos separar as variáveis e expressar o resultado em forma integral:

$$\int_0^t dt = \frac{V_{ss}^2 L}{g(H_1 - H_3)} \int_{V_0}^{V} \frac{dV}{V_{ss}^2 - V^2} \tag{10.30}$$

Após a integração, o resultado fornece uma relação entre a velocidade e o tempo subsequente ao estímulo da válvula:

$$t = \frac{V_{ss}L}{2g(H_1 - H_3)} \ln \frac{(V_{ss} + V)(V_{ss} - V_0)}{(V_{ss} - V)(V_{ss} + V_0)} \tag{10.31}$$

De acordo com esse resultado, é necessário um tempo infinito para que a velocidade em regime permanente V_{ss} seja atingida. Na realidade, ela será atingida um pouco mais cedo do que isso, pois as perdas não foram completamente contabilizadas. Contudo, para fins de engenharia, podemos afirmar que o tempo quando uma porcentagem de V_{ss} foi atingida é adequado usando a equação. Observe que V_0 pode ser igual a zero, ou seja, inicialmente o fluido está em repouso. Lembre-se de que a Equação (10.31) se baseia no pressuposto de que o líquido é incompressível e o tubo, inelástico; a Seção 10.5.2 trabalha a situação na qual esses pressupostos não são válidos.

Exemplo 10.9 Um tubo horizontal (L = 500 m, D = 250 mm, V_0 = 0,35 m/s) é sujeitado repentinamente a uma novo diferencial de carga $H_1 - H_3 = 15$ m quando uma válvula na extremidade a jusante é aberta de repente e seu coeficiente passa a ser de K = 0,2. Se o fator de atrito é f = 0,02, determine a velocidade em regime permanente final e o tempo em que a velocidade real é de 99% desse valor final.

Solução: A velocidade de regime permanente é determinada pela inserção dos dados fornecidos na Equação (10.29):

$$V_{ss} = \sqrt{\frac{2 \times 9,81 \times 15}{0,02 \times 500/0,250 + 0,2}} = 2,705 \text{ m/s}$$

Noventa e nove porcento de V_{ss} é $V_{99} = 0,99V_{ss} = 0,99 \times 2,705 = 2,68$ m/s. O tempo correspondente a essa velocidade é calculado usando a Equação (10.31):

$$t_{99} = \frac{2,705 \times 500}{2 \times 9,81 \times 15} \ln \frac{(2,705 + 2,68)(2,705 - 0,35)}{(2,705 - 2,68)(2,705 + 0,35)} = 23,5 \text{ s}$$

A velocidade de regime permanente final é 2,70 m/s e o tempo quando a velocidade é 99% desse valor é aproximadamente 23,5 s.

10.5.2 Escoamento Compressível de Líquidos

Existem diversas situações nas quais um tubo cheio de líquido, quando submetido a um estímulo, pode não reagir de forma incompressível e rígida. Na verdade, tanto a compressibilidade do líquido quanto a elasticidade do tubo têm um papel significativo na natureza da resposta. Essa ação, chamada de golpe de ariete, pode ocorrer em tubulações que contêm líquidos de todos os tipos. Nesta seção, vamos abordar uma situação simples na qual uma válvula na extremidade a jusante do tubo se fecha rapidamente para iniciar o golpe de ariete.

Duas equações fundamentais precisam ser desenvolvidas para que possamos entender a natureza na qual as ondas de pressão se deslocam no tubo devido ao golpe de ariete. Mais uma vez, considere o tubo horizontal mostrado na Figura 10.7. Em contraste com o desenvolvimento na Seção 10.5.1, agora vamos pressupor que a válvula se fecha rapidamente, de modo que a compressibilidade do fluido e a elasticidade do tubo ocorrem. O movimento da válvula causa a propagação de uma onda acústica, ou de pressão, a montante, com velocidade a. A Figura 10.8(a) é um volume de controle de líquido no tubo a montante da válvula, mostrando a frente de onda em um determinado instante. Como o escoamento em regime transiente está ocorrendo dentro do volume de controle, a velocidade a montante da frente é V, enquanto na saída o volume de controle é $V + \Delta V$. Podemos fazer que a frente de onda pareça estacionária sobrepondo a velocidade acústica a à direita; o resultado é apresentado na Figura 10.8(b), onde a velocidade de entrada agora é $V + a$ e a velocidade de saída é $V + \Delta V + a$. Devido à passagem da onda, a pressão p, a área do tubo A e a massa específica do líquido ρ são alteradas para $p + \Delta p$, $A + \Delta A$ e $\rho + \Delta\rho$, respectivamente.

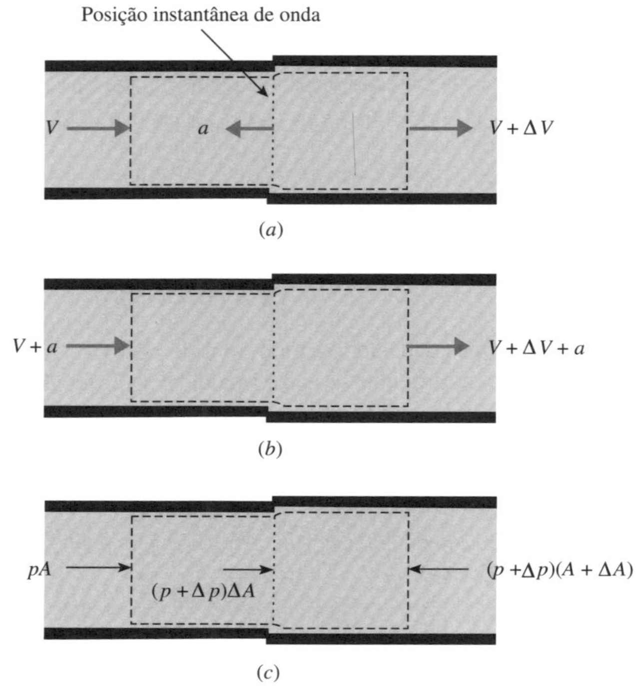

Figura 10.8 Onda de pressão se movendo em um tubo: (*a*) onda se movendo para a esquerda à velocidade a; (*b*) onda parece estacionária usando o princípio da superposição; (*c*) forças de pressão atuando sobre o volume de controle.

Aplique a conservação de massa ao volume de controle da Figura 10.8(*b*):

$$0 = (\rho + \Delta\rho)(V + \Delta V + a)(A + \Delta A) - \rho(V + a)A \qquad (10.32)$$

Com relação à Figura 10.8(*c*), ignoramos as forças de atrito e da gravidade para que apenas as forças de pressão atuem sobre o volume de controle na direção do escoamento e aplicamos a conservação do momento com o resultado

$$pA + (p + \Delta p)A - (p + \Delta p)(A + \Delta A) = \rho A(V + a)[V + \Delta V + a - (V + a)] \qquad (10.33)$$

Expandindo as Equações (10.32) e (10.33) e apagando os termos que contêm Δ^2 e Δ^3, pois são menores do que os remanescentes, temos os resultados

$$\rho A\Delta V + (V + a)(A\Delta\rho + \rho\Delta A) = 0 \qquad (10.34)$$

$$-A\Delta p = \rho A(V + a)\Delta V \qquad (10.35)$$

Em quase todas as situações de escoamento industrial, $V \ll a$, de modo que a Equação (10.35) é reduzida a

$$\Delta p = -\rho a \Delta V \qquad (10.36)$$

A Equação (10.36) é chamada de *equação de Joukowsky*; ela relaciona a variação de pressão com a massa específica, a velocidade da onda acústica e a variação da velocidade. É evidente que uma redução da velocidade (ΔV negativo) resulta em um aumento de pressão (Δp positivo), e um aumento da velocidade resulta em uma queda de pressão. A onda, atravessando o volume de controle, produz as condições alteradas $p + \Delta p$, $V + \Delta V$, $A + \Delta A$ e $\rho + \Delta\rho$. Essas condições persistem no tubo até o momento em que a onda é refletida pelo limite a montante e volta à posição dada; esse movimento da onda será discutido posteriormente.

Para determinar a magnitude da velocidade da onda acústica, combinamos as Equações (10.34) e (10.35) e eliminamos ΔV, reconhecendo mais uma vez que $V \ll a$:

$$\frac{\Delta p}{\rho a^2} = \frac{\Delta\rho}{\rho} + \frac{\Delta A}{A} \qquad (10.37)$$

A mudança relativa de massa específica está relacionada à variação de pressão pela relação $\Delta\rho/\rho = \Delta p/B$, onde B é o módulo de compressibilidade para o líquido. Além disso, a mudança relativa na área do tubo é relacionada com a variação da pressão usando $\Delta A/A = \Delta p(D/eE)$. Nessa última relação, pressupomos a resposta elástica instantânea de um tubo circular de parede fina às variações de pressão, com E sendo o módulo elástico do material da parede do tubo e e sendo a espessura do tubo. Inserindo essas duas relações na Equação (10.37) e reorganizando os termos, temos a expressão para a velocidade da onda do pulso de pressão:

$$a = \sqrt{\frac{B/\rho}{1 + (D/e)(B/E)}} \tag{10.38}$$

Vê-se que a depende das propriedades do líquido contido no tubo (ρ e B) e da parede do tubo (D, e e E). Se o tubo é muito rígido, o denominador se aproxima de 1 e a Equação (10.38) se torna $a = \sqrt{B/\rho}$, que é a velocidade do som em um líquido sem limitações. Observe que o efeito da elasticidade do tubo é reduzir a magnitude da velocidade da onda de pressão.

Além de usar as Equações (10.36) e (10.38) para prever o aumento de pressão e a velocidade da onda de pulso de pressão, é necessário entender a natureza periódica do golpe de ariete em um tubo de comprimento L. Considere o caso no qual uma válvula a jusante é fechada de repente em um tubo horizontal sem atrito com um reservatório aberto na extremidade a montante. A Figura 10.9 ilustra um ciclo de movimento, descrito da seguinte forma:

- Existe uma velocidade de regime permanente V_0 em toda a região, a linha piezométrica é horizontal e a válvula é fechada repentinamente no tempo zero.
- A onda se move a montante à velocidade a, subsequente ao fechamento da válvula, e atrás da onda a velocidade é zero, a pressão aumenta em Δp, o líquido é comprimido e o tubo se expande ligeiramente.
- A onda atinge o reservatório no tempo L/a e uma força desequilibrada atua na entrada do tubo. Nesse local, a pressão do tubo é reduzida até a pressão do reservatório e a direção da velocidade é invertida.
- A onda se propaga a jusante da válvula.
- A onda atinge a válvula no tempo $2L/a$ e a velocidade tem magnitude de $-V_0$ em todo o tubo.
- A velocidade se reduz a zero e a pressão é reduzida pela magnitude Δp, adjacente à válvula fechada. Atrás da onda, o líquido é expandido e a parede do tubo é contraída. (Se a pressão atrás da onda reduz a pressão de vapor, ocorre cavitação, fazendo com que o líquido se vaporize, uma condição chamada de separação de coluna.)
- A onda de pressão atinge o reservatório no tempo $3L/a$, onde uma condição desequilibrada ocorre mais uma vez, de magnitude contrária àquela no tempo L/a.
- As forças se equilibram e uma onda se desloca a jusante com pressão elevada Δp e velocidade líquida $+V_0$ atrás da frente.
- A onda alcança a válvula no tempo $4L/a$, com as condições de regime permanente iniciais voltando a dominar em todo o tubo.

O processo se repete a cada $4L/a$ segundos e, para a sequência sem atrito ideal descrita aqui, o movimento será cíclico. A forma de onda de pressão na válvula e no ponto médio do tubo e a velocidade na entrada do tubo são apresentados na Figura 10.9. Em um tubo real, a ação do atrito do líquido, o movimento do tubo e o comportamento inelástico do material do tubo acabam por fazer com que a oscilação do golpe de aríete se dissipe.

O aumento da pressão Δp previsto pela Equação (10.36) se baseia no pressuposto de que a válvula se fecha instantaneamente, mas também pode ser usado para prever o aumento de pressão máximo para o fechamento da válvula em qualquer tempo menor do que $2L/a$, o tempo de deslocamento para que a onda de pressão vá da válvula até o reservatório e volte. Para tempos de fechamento da válvula maiores do que $2\,L/a$, e para sistemas de tubulação mais complexos que podem conter múltiplos elementos de tubulação, além do atrito, e condições de contorno mais complexas, como bombas e supressores de surgência, é preciso utilizar análises computadorizadas.

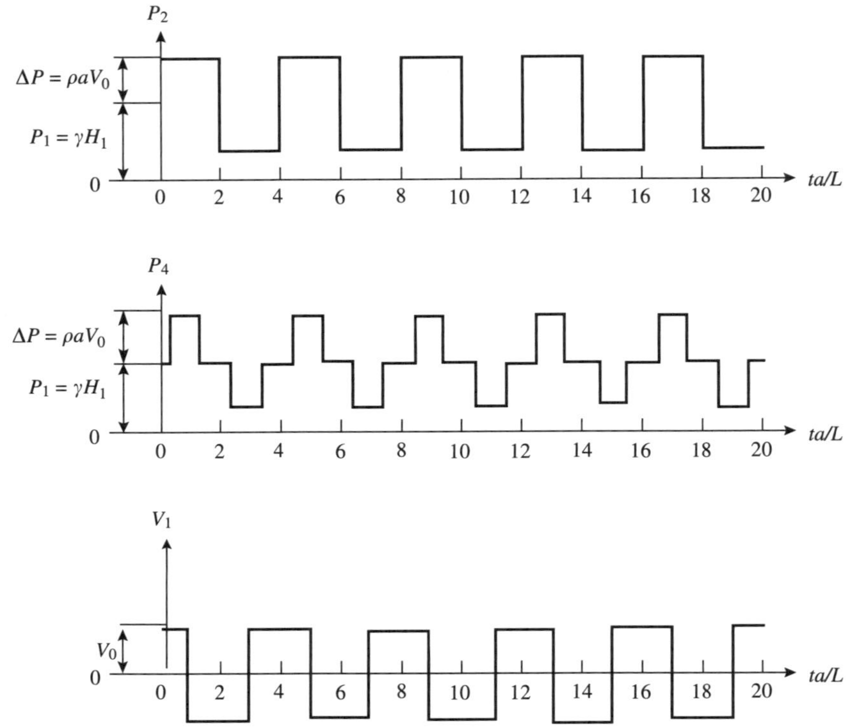

Figura 10.9 Ondas de pressão na válvula (p_2) e ponto médio do tubo (p_4) e velocidade na entrada do tubo (V_1).

Exemplo 10.10 Um tubo de aço ($E = 220 \times 10^6$ kPa, $L = 2300$ m, $D = 500$ mm, $e = 10$ mm) conduz água com uma velocidade inicial de $V_0 = 0{,}75$ m/s. Uma válvula na extremidade a jusante do tubo horizontal é fechada repentinamente, de modo que o estímulo é considerado instantâneo, reduzindo a velocidade a zero. Determine (*a*) a velocidade da onda do pulso de pressão no tubo, (*b*) a velocidade do som em um meio de água sem limitações, (*c*) o aumento de pressão na válvula fechada, (*d*) o tempo que demora para a onda ir até o reservatório e voltar até a válvula e (*e*) o período de oscilação do golpe de ariete.

Solução: Como a temperatura da água não é especificada, pressuponha que $B = 210 \times 10^7$ Pa e $\rho = 1000$ kg/m^3.

(*a*) A velocidade da onda é computada usando a Equação (10.38):

$$a = \sqrt{\frac{210 \times 10^7/1000}{1 + \frac{500}{10} \times \frac{210 \times 10^7}{220 \times 10^9}}} = 1190\,\text{m/s}$$

(*b*) A velocidade do som em um meio sem limitações é

$$a = \sqrt{\frac{B}{\rho}} = \sqrt{\frac{210 \times 10^7}{1000}} = 1450\,\text{m/s}$$

Observe que a velocidade no meio aquático é cerca de 23% maior do que a velocidade da onda no tubo.

(*c*) A Equação (10.36) é empregada para determinar o aumento de pressão, observando que a redução da velocidade é $\Delta V = -V_0$:

$$\Delta p = -1000 \times 1190(-0{,}75) = 8{,}92 \times 10^5\,\text{Pa ou } 892\,\text{kPa}$$

(*d*) O tempo que a onda demora para percorrer dois comprimentos do tubo é $2L/a = 2 \times 2300/1190 = 3{,}87$ s.

(*e*) O período de oscilação é $4L/a = 4 \times 2300/1190 = 7{,}73$ s.

Problemas Resolvidos

10.1 Determine a distribuição do escoamento no sistema de três tubos paralelos mostrado na Figura 10.10. Q_{in} = 2500 L/min.

Elemento	L, m	D, mm	f	ΣK
1	50	75	0,02	2
2	80	85	0,03	4
3	120	100	0,025	2

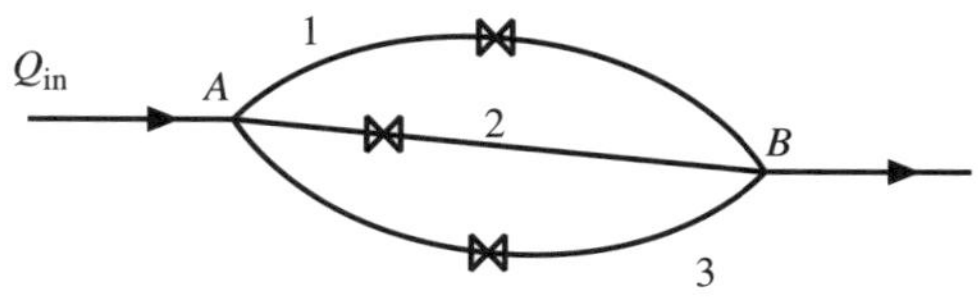

Figura 10.10

Os coeficientes de resistência são calculados usando a Equação (10.3); os resultados são R_1 = 40.060, R_2 = 34.280, R_3 = 22.320. A seguir, escreva as Equações (10.6) e (10.7) para três elementos, combine e resolva para obter $H_A - H_B$:

$$H_A - H_B = \frac{Q_{in}^2}{(R_1^{-1/2} + R_2^{-1/2} + R_3^{-1/2})^2} = \frac{(2{,}50/60)^2}{(40\ 060^{-1/2} + 34\ 280^{-1/2} + 22\ 320^{-1/2})^2} = 5{,}94\,\text{m}$$

As descargas individuais são

$$Q_1 = \sqrt{\frac{H_A - H_B}{R_1}} = \sqrt{\frac{5{,}94}{40\ 060}} = 0{,}0122\,\text{m}^3/\text{s ou } 731\ \text{L/min}$$

$$Q_2 = \sqrt{\frac{5{,}94}{34\ 280}} = 0{,}0132\,\text{m}^3/\text{s ou } 790\ \text{L/min}$$

$$Q_3 = \sqrt{\frac{5{,}94}{22\ 320}} = 0{,}0163\,\text{m}^3/\text{s ou } 979\ \text{L/min}$$

10.2 Determine a distribuição de escoamento de água e a carga piezométrica na junção da Figura 10.11. A curva de carga e descarga da bomba é $H_P = 20 - 30Q^2$, onde a carga está em m e a descarga está em m³/s. H_A = 10 m, H_B = 20 m, H_C = 18 m, R_1 = 112,1 s²/m⁵, R_2 = 232,4 s²/m⁵, R_3 = 1773 s²/m⁵.

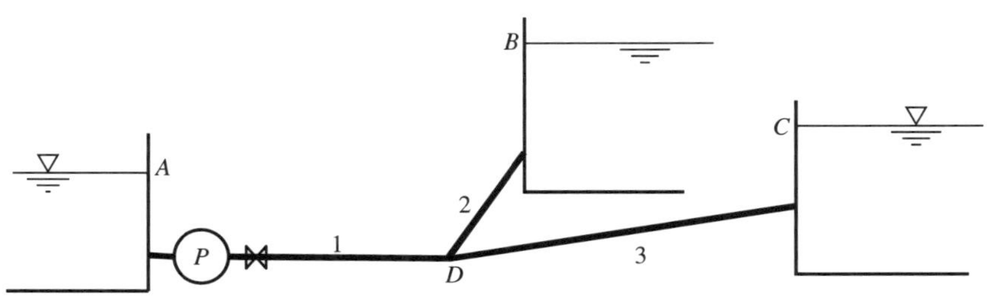

Figura 10.11

Considere que H_D é a linha piezométrica na junção. Escreva as equações de energia para cada ramo:

$$\text{Tubo 1}: 10 + H_P = R_1Q_1^2 + H_D \text{ ou } H_D = 10 + (20 - 30Q_1^2) - 112{,}1Q_1^2 = 30 - 142{,}1Q_1^2$$

$$\text{Tubo 2}: H_D = R_2Q_2^2 + 20 \text{ ou } Q_2 = \sqrt{\frac{(H_D - 20)}{232{,}4}}$$

$$\text{Tubo 3}: H_D = R_3Q_3^2 + 18 \text{ ou } Q_3 = \sqrt{\frac{(H_D - 18)}{1773}}$$

Continuidade na junção: $\sum Q = Q_1 - Q_2 - Q_3 = 0$

Pressuponha Q_1, então resolva para obter H_D, Q_2 e Q_3 até $|\sum Q|$ alcançar um valor aceitavelmente baixo:

Q_1, m³/s	H_D, m	Q_2, m³/s	Q_3, m³/s	ΣQ, m³/s
0,15	26,80	0,1711	0,0705	–0,0916
0,20	24,32	0,1363	0,0597	+0,004
0,1982	24,42	0,1379	0,0602	–0,0001

Assim, a solução aproximada é

$$Q_1 = 0{,}198\ \text{m}^3/\text{s},\ Q_2 = 0{,}138\ \text{m}^3/\text{s},\ Q_3 = 0{,}060\ \text{m}^3/\text{s}\ \text{ e }\ H_D = 24{,}4\ \text{m}$$

10.3 Água é bombeada através de três tubos em série. Calcule a descarga se a potência fornecida à bomba é $\dot{W}_P = 1920\,\text{kW}$ e a eficiência da bomba é $\eta = 82\%$. Os coeficientes de resistência do tubo são $R_1 = 13{,}2\ \text{s}^2/\text{m}^5$, $R_2 = 204{,}1\ \text{s}^2/\text{m}^5$, $R_3 = 25{,}8\ \text{s}^2/\text{m}^5$ e a diferença de carga entre os reservatórios a jusante e a montante é de 50 m.

Utilize a Equação (10.12) para a carga da bomba e escreva a equação de energia do reservatório inferior para o superior como função da descarga desconhecida Q:

$$F(Q) = \frac{\dot{W}_P \eta}{\gamma Q} - [H_B - H_A + (R_1 + R_2 + R_3)Q^2]$$

Inserindo os dados informados nas relações, temos

$$F(Q) = \frac{160{,}5}{Q} - 243{,}1Q^2 - 50$$

Um método experimental de solução de raízes ou uma solução exata podem ser utilizados para determinar o resultado $Q = 0{,}792\ \text{m}^3/\text{s}$.

10.4 Determine o escoamento de água no sistema mostrado na Figura 10.12 usando o método de Hardy Cross. A curva da bomba é $H_P = 30 - 8{,}33Q^2$, com H_P em m e Q em m³/s. Use $R_1 = 30\ \text{s}^2/\text{m}^5$, $R_2 = 20\ \text{s}^2/\text{m}^5$, $\Delta H = 20$ m e $Q_e = 0{,}25\ \text{m}^3/\text{s}$.

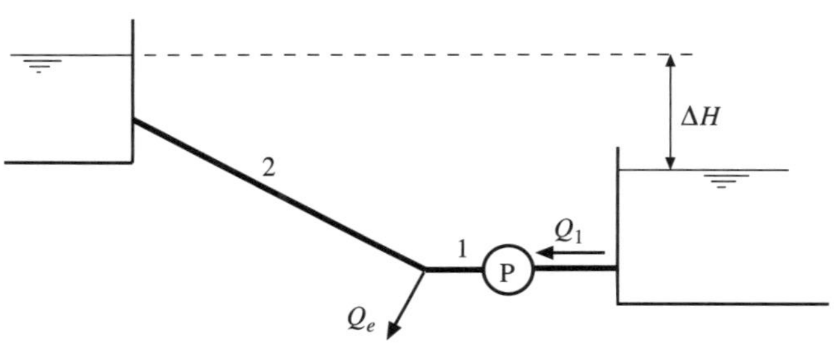

Figura 10.12

Considere a correção do escoamento em sentido horário através do sistema:

$$\Delta Q = \frac{-[R_1Q_1|Q_1| - (a_0 - a_2Q_1^2) + R_2Q_2|Q_2|] - \Delta H}{2(R_1|Q_1| - a_2Q_1 + R_2|Q_2|)}$$

$$= \frac{-[30Q_1|Q_1| - (30 - 8{,}33Q_1^2) - 20Q_2|Q_2|] - 20}{2(30|Q_1| + 8{,}33Q_1 + 40|Q_2|)}$$

Pressuponha que $Q_1 = 0{,}650\ \text{m}^3/\text{s}$, $Q_2 = 0{,}400\ \text{m}^3/\text{s}$ e repita até $|\Delta Q| \le 0{,}001\ \text{m}^3/\text{s}$.

Q_1, m³/s	Q_2, m³/s	ΔQ, m³/s
0,640	0,390	−0,030
0,610	0,360	−0,011
0,599	0,349	−0,004
0,595	0,345	−0,001

Assim, $Q_1 = 0{,}595$ m³/s e $Q_2 = 0{,}345$ m³/s.

10.5 Água (B = 2,20 GPa) escoa em um tubo (D = 200 mm, L = 800 m). O tubo é feito de ferro fundido (E = 150 GPa, e = 12 mm). Um reservatório está situado na extremidade a montante do tubo e a jusante há uma válvula. Em condições de regime permanente, a descarga é de Q = 50 L/s, então uma válvula é acionada rapidamente.

(*a*) Determine quanto tempo demora para a onda de pressão ir da válvula até o reservatório e voltar até a válvula.

(*b*) Qual é a variação da pressão na válvula se a válvula está parcialmente aberta e a descarga original é dobrada?

(*c*) Qual é a variação da pressão na válvula se a válvula está parcialmente fechada e a descarga original é reduzida pela metade?

Calcule a velocidade da onda acústica:

$$a = \sqrt{\frac{B}{\rho\left(1 + \dfrac{DB}{eE}\right)}} = \sqrt{\frac{220 \times 10^7}{1000\left(1 + \dfrac{200 \times 2{,}20 \times 10^9}{12 \times 150 \times 10^9}\right)}} = 1330\,\text{m/s}$$

(*a*) $t = 2 \times \dfrac{L}{a} = 2 \times \dfrac{800}{1330} = 1{,}203\,\text{s}$

(*b*) Primeiro calcule a variação da velocidade e então use a Equação (10.36) para calcular a variação da pressão (pressuponha que ocorre um golpe de ariete):

$$\Delta V = \frac{Q}{\pi D^2/4} = \frac{0{,}05}{0{,}7854 \times 0{,}2^2} = 1{,}592\,\text{m/s}$$

$$\Delta p = -\rho a \Delta V = -1000 \times 1330 \times 1{,}592 = -2{,}12 \times 10^6\ \text{Pa ou } -2120\,\text{kPa}$$

Observe a forte redução da pressão devido ao efeito do golpe de ariete. A pressão original na válvula deve ser suficientemente grande para que não ocorra cavitação. A cavitação na válvula pode ser evitada abrindo-a lentamente.

(*c*) A variação de velocidade e a elevação de pressão são

$$\Delta V = -\frac{0{,}05/2}{0{,}7854 \times 0{,}2^2} = -0{,}796\,\text{m/s}$$

$$\Delta p = -1000 \times 1330(-0{,}796) = 1{,}06 \times 10^6\ \text{Pa}$$

Assim, a elevação de pressão será de 1060 kPa.

Problemas Complementares

10.6 Uma bomba está localizada entre dois segmentos de tubulação horizontal. As condições a montante da bomba são D_1 = 75 mm e p_1 = 450 kPa, enquanto a jusante da bomba são D_2 = 100 mm e p_2 = 900 kPa. Para uma descarga de Q = 100 L/min e uma perda através da bomba de h_L = 7 m, qual é a potência de entrada necessária da bomba se a sua eficiência é de 78%?

10.7 Dois tubos em série têm as seguintes propriedades: L_1 = 200 m, D_1 = 400 mm, K_1 = 2, L_2 = 650 m, D_2 = 350 mm, K_2 = 3. A carga piezométrica a montante é H_A = 200 m e a jusante é H_B = 57 m. Para ambos os tubos, o fator de atrito é f = 0,025. Calcule a descarga que escoa nos dois tubos.

10.8 Água escoa no sistema mostrado. A curva da bomba é aproximada por $H_P = 150 - 5Q_1^2$, com H_P em m e Q em m^3/s. Determine (*a*) a distribuição de escoamento. (*b*) Se a eficiência da bomba é de 75%, qual é a potência exigida da bomba? Use $R_1 = 400\ s^2/m^5$, $R_2 = 1000\ s^2/m^5$, $R_3 = 1500\ s^2/m^5$, $H_A = 10$ m e $H_B = 40$ m.

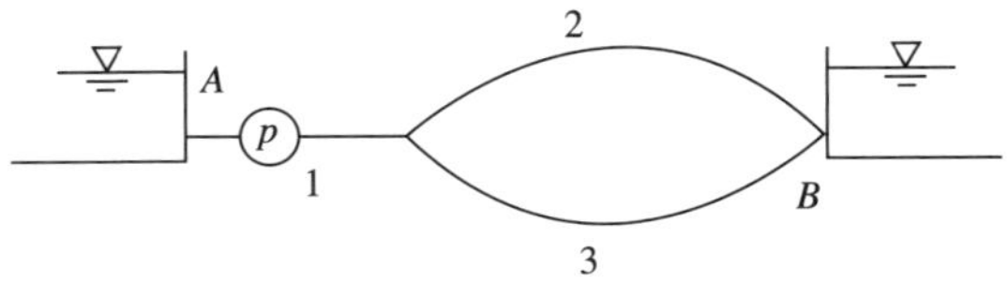

10.9 Um oleoduto ($S = 0{,}86$) tem três segmentos, como mostrado, com uma bomba de reforço para cada segmento sendo empregada para superar o atrito do tubo. Os reservatórios A e B estão à mesma elevação. Determine a descarga para as seguintes condições:

Tubo	R, s^2/m^5	$\dot{W}_P$, kW	η, %
1	40 000	200	80
2	30 000	200	80
3	200 000	250	70

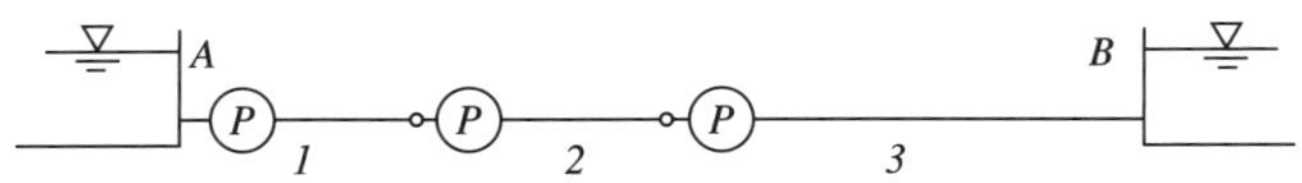

10.10 Óleo ($S = 0{,}92$) é bombeado de um tanque de armazenamento e descarregado em um reservatório através de um tubo cuja comprimento é $L = 550$ m e cujo diâmetro é $D = 350$ mm. A eficiência da bomba é $\eta = 80\%$ e sua potência de saída é $\dot{W}_P = 10$ kW. Determine a descarga Q se a elevação no tanque é $z_A = 24$ m, a pressão do tanque é $p_A = 110$ kPa e a elevação do reservatório inferior é $z_B = 18$ m. A soma das perdas menores no tubo é $\Sigma K = 4{,}5$ e o fator de atrito é $f = 0{,}015$.

10.11 Determine a descarga total e os escoamentos individuais nos quatro tubos paralelos mostrados. A diferença da linha piezométrica entre A e B é $H_A - H_B = 60$ m. Os dados a seguir se aplicam:

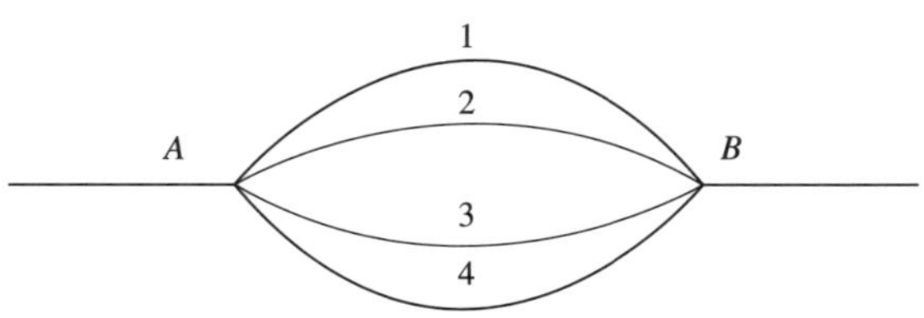

Tubo	L, m	D, mm	f	ΣK
1	650	850	0,02	1
2	1000	1000	0,025	3
3	500	750	0,015	0
4	750	1000	0,03	2

10.12 Quais são a carga e descarga de água que a bomba precisa fornecer para o sistema de ramificação? O escoamento no tubo 3 é $Q_3 = 40$ L/s na direção mostrada. Use $H_A = 3$ m, $H_B = 11{,}5$ m, $H_C = 12$ m, $H_D = 10$ m, $R_1 = 1400\ s^2/m^5$, $R_2 = 2000\ s^2/m^5$, $R_3 = 1500\ s^2/m^5$ e $R_4 = 1000\ s^2/m^5$.

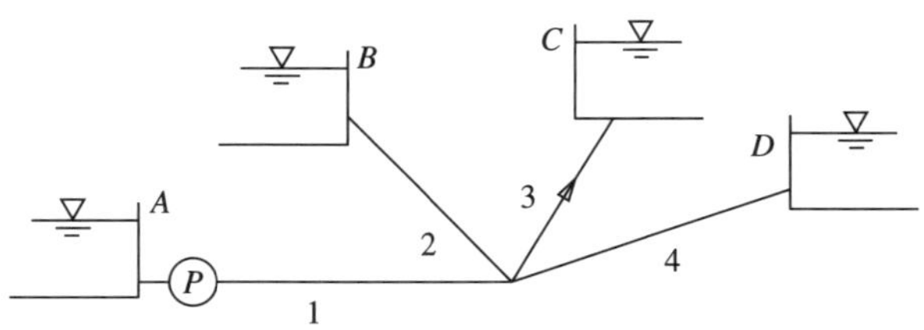

10.13 Um sistema de irrigação está instalado em um plano horizontal, com um tubo de grande diâmetro fornecendo água através de uma única linha para três ramificações. O tubo de fornecimento tem pressão interna de $p_0 = 200$ kPa e é suficientemente grande para que os termos da energia cinética interna sejam ignorados. Determine a distribuição do escoamento nos quatro tubos de irrigação se $R_1 = 1{,}6 \times 10^4$, $R_2 = 5{,}3 \times 10^5$, $R_3 = 6{,}0 \times 10^5$, $R_4 = 8{,}1 \times 10^5$ (todos em unidades de s^2/m^5).

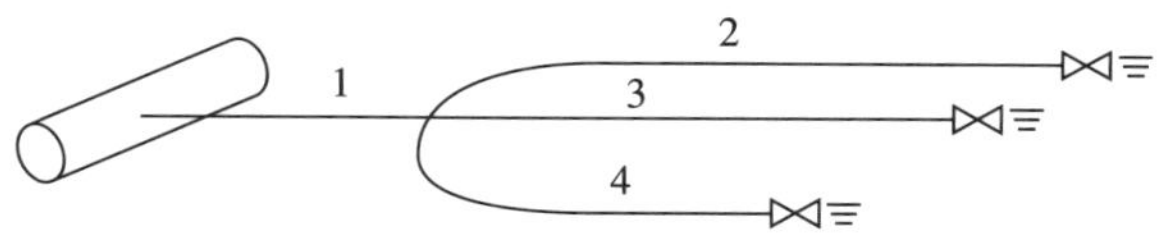

10.14 No projeto e fabricação de bombas, é comum utilizar coeficientes adimensionais que relacionam a potência da bomba $\dot{W}_P$, o aumento de pressão Δp e a descarga Q. Variáveis adicionais incluem a massa específica ρ, o diâmetro do rotor da bomba D e a velocidade rotacional do rotor ω. Usando ρ, D e ω como variáveis repetidas, calcule os três coeficientes adimensionais relacionados à potência, ao aumento da pressão e à descarga.

10.15 Determine a distribuição do escoamento de água no sistema de ramificação usando um método de tentativa e erro. Pressuponha, para todos os tubos, que $f = 0{,}02$. A curva da bomba é representada pela relação $H_P = 120 - 0{,}5Q^2$ (carga em m, descarga em m^3/s), $H_A = 20$ m, $H_B = 50$ m, $H_C = 100$ m e $H_D = 40$ m. Ignore as perdas menores.

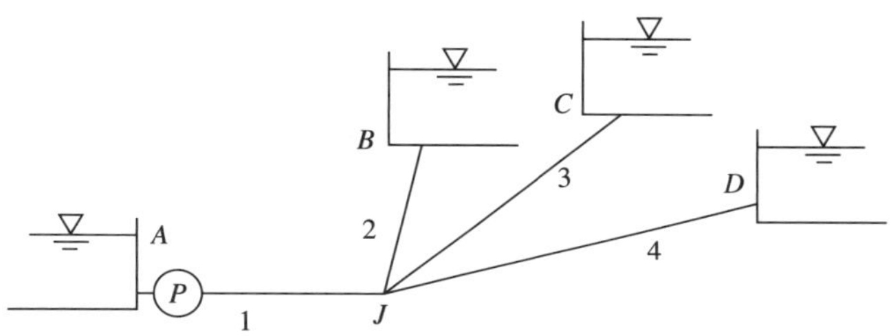

Tubo	L, m	D, mm
1	250	500
2	700	300
3	2000	300
4	1500	350

10.16 Determine a distribuição do escoamento usando o método de Hardy Cross. Use $Q_B = 30$ L/s, $Q_C = 30$ L/s, $R_1 = 30\ s^2/m^5$, $R_2 = 50\ s^2/m^5$ e $R_3 = 20\ s^2/m^5$.

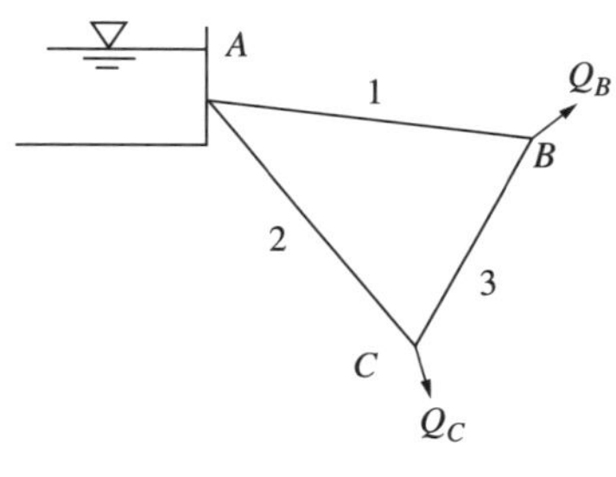

10.17 Determine a descarga no sistema de bombeamento usando o método de Hardy Cross. A curva da bomba é $H_P = 100 - 50Q - 850Q^2$, com a carga em m e a descarga em m^3/s. Use $R_1 = 5000\ s^2/m^5$, $R_2 = 300\ s^2/m^5$, $H_A = 35$ m e $H_B = 10$ m.

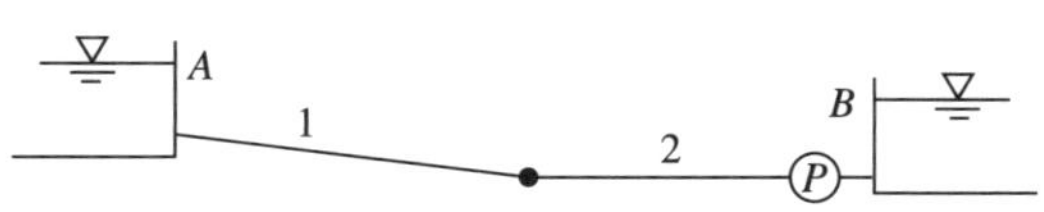

10.18 Refaça o Problema Resolvido 10.2 usando o método de Hardy Cross.

10.19 Adicione uma bomba ao tubo 1 na Figura 10.5(a) e resolva usando o método de Hardy Cross. A carga através da bomba é representada por $H_P = 150 - 30Q^2$, com carga em m e descarga em m^3/s. Use os dados do tubo e do reservatório fornecidos no Exemplo 10.8.

10.20 Determine a distribuição do escoamento no sistema de abastecimento de água mostrado usando o método de Hardy Cross. A carga piezométrica no local A é $H_A = 30$ m e a carga no reservatório é $H_F = 0$ m. Para todos os seis tubos, $f = 0{,}03$ e $D = 75$ mm. As demandas do escoamento a C e D são $Q_C = 5$ L/s e $Q_D = 12$ L/s. Após determinar os escoamentos, calcule as cargas piezométricas nos locais de B a E.

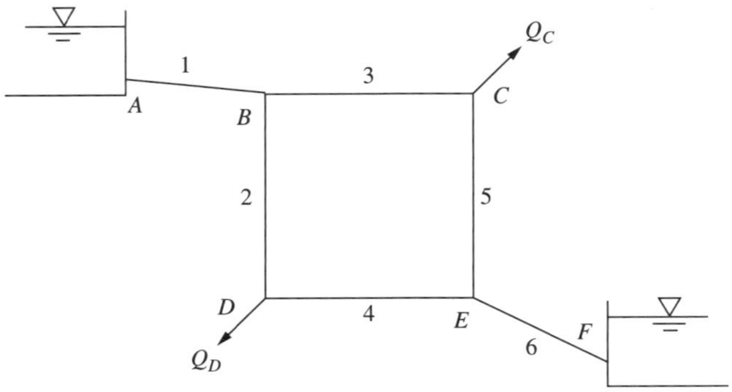

Tubo	L, m	K
1	10	1
2	30	0
3	75	0
4	60	0
5	35	0
6	80	2

10.21 Selecione um diâmetro de tubo e um tamanho de bomba apropriados usando a Figura 10.3 para fornecer água a $Q = 250$ m^3/h entre dois reservatórios. A velocidade máxima permitida no tubo é de 3 m/s, o comprimento da linha é de 1500 m e a diferença de elevação entre os reservatórios é de 30 m. Pressuponha $f = 0{,}02$ e $K = 0{,}5$.

10.22 Óleo ($S = 0{,}86$) é bombeado através de um tubo de 5 km e 500 mm de diâmetro ($f = 0{,}017$). O aumento de elevação entre as seções a montante e a jusante é de 165 m. Se uma bomba disponível é a bomba de 260 mm de diâmetro mostrada na Figura 10.3, determine a descarga e o número necessário de bombas que seriam colocadas em série. Qual é o requisito de potência? Ignore as perdas menores.

10.23 A curva da bomba de 220 mm de diâmetro mostrada na Figura 10.3 fornece água em um sistema de tubulação cuja demanda é $H_P = 50 + 270Q^2$, com a descarga em m^3/s e a carga em m. Determine a descarga e a potência exigida da bomba para (*a*) uma bomba e (*b*) duas bombas em paralelo.

10.24 Um tubo de abastecimento de água horizontal tem 2000 m de comprimento e 150 mm de diâmetro. O tubo é conectado a um tanque aberto em uma extremidade onde a elevação da água é de 4 m, enquanto na outra ponta há uma válvula que pode ser aberta rapidamente. Determine quanto demora para que o escoamento atinja 99% da velocidade em regime permanente final se a válvula inicialmente está fechada e então é aberta de repente a $t = 0$. Pressuponha água incompressível, tubulação inelástica, $f = 0{,}030$ e $K = 0{,}2$ depois que a válvula é aberta.

10.25 Óleo escoa com uma descarga de 0,50 m^3/s em um tubo de aço de 4 km de extensão e 50 mm de diâmetro. O módulo elástico do tubo é 200×10^6 kPa e sua espessura é 5 mm. O óleo tem gravidade específica de 0,86 e módulo macroscópico de $1{,}50 \times 10^6$ kPa. Uma válvula na extremidade do tubo é fechada parcialmente com rapidez, de modo que ocorre um golpe de ariete e uma onda de pressão se propaga a montante no tubo. A magnitude da onda de pressão não é maior do que 600 kPa. Determine a redução percentual da vazão tolerável durante o fechamento da válvula e o período da oscilação do golpe de ariete.

Respostas dos Problemas Complementares

10.6 1109 W

10.7 0,669 m^3/s

10.8 (*a*) 0,413 m^3/s, 0,227 m^3/s, 0,185 m^3/s (*b*) 1070 hp

10.9 0,0601 m^3/s

10.10 0,365 m^3/s

10.11 4,82 m^3/s, 5,10 m^3/s, 4,79 m^3/s, 5,44 m^3/s

10.12 0,144 m^3/s, 40,4 m

10.13 0,0154 m^3/s, 0,0056 m^3/s, 0,00526 m^3/s, 0,00453 m^3/s

10.14 $\dot{W}_P/\rho\omega^3 D^5$, $\Delta p/\rho\omega^2 D^2$, $Q/\omega D^3$

10.15 1,063 m^3/s, 0,433 m^3/s, 0,170 m^3/s, 0,459 m^3/s

10.16 33,75 L/s em *B*, 26,25 L/s em *C*, 3,75 L/s em *C*

10.17 0,106 m^3/s

10.18 0,198 m^3/s de *A*, 0,138 m^3/s em *B*, 0,060 m^3/s em *C*

10.19 0,0749 m^3/s em *D*, 0,0249 m^3/s em *B*, 0,050 m^3/s em *C*, 0,0250 m^3/s em *B*, 0,0499 m^3/s em *A*

10.20 27,7 L/s, 17,0 L/s, 10,7 L/s, 5,0 L/s, 10,7 L/s, 20 m, 11 m, 10,9 m, 9,35 m

10.21 200 mm, 240 mm

10.22 270 m^3/h com duas bombas, 186 hp

10.23 (*a*) 250 m^3/h, 63 hp (*b*) 450 m^3/h, 120 hp

10.24 58,4 s

10.25 73%, 16 s

Apêndice A

Unidades e Conversões

Tabela A.1 Unidades dos Sistemas Imperial e Internacional e Fatores de Conversão

Quantidade	Sistema Imperial	Sistema Internacional	Fator de conversão
Comprimento	polegada	milímetro	1 in = 25,4 mm
	pé	metro	1 ft = 0,3048 m
	milha	quilômetro	1 mi = 1,609 km
Área	polegada quadrada	centímetro quadrado	1 in^2 = 6,452 cm^2
	pé quadrado	metro quadrado	1 ft^2 = 0,09290 m^2
Volume	polegada cúbica	centímetro cúbico	1 in^3 = 16,39 cm^3
	pé cúbico	metro cúbico	1 ft^3 = 0,02832 m^3
	galão		1 gal = 0,003789 m^3
Massa	libra	quilograma	1 lb = 0,4536 kg
	slug		1 slug = 14,59 kg
Massa específica	slug por pé cúbico	quilograma por metro cúbico	1 slug/ft^3 = 515,4 kg/m^3
Força	libra	newton	1 lb = 4,448 N
Trabalho/torque	pé-libra	newton metro	1 ft-lb = 1,356 N·m
Pressão	libra por polegada quadrada	newton por metro quadrado (pascal)	1 lb/in^2 = 6895 Pa
	libra por pé quadrado		1 lb/ft^2 = 47,88 Pa
Temperatura	grau Fahrenheit	grau Celsius	°F = 9/5 °C + 32
	grau Rankine	kelvin	°R = 9/5 K
Energia	unidade térmica britânica	joule	1 Btu = 1055 J
	caloria		1 cal = 4,186 J
	pé-libra		1 ft-lb = 1,356 J
Potência	cavalo-vapor	watt	1 hp = 745,7 W
	pé-libra por segundo		1 ft-lb/s = 1,356 W
Velocidade	pé por segundo	metro por segundo	1 ft/s = 0,3048 m/s
Aceleração	pé por segundo ao quadrado	metro por segundo ao quadrado	1 ft/s^2 = 0,3048 m/s^2
Frequência	ciclo por segundo	hertz	1 c/s = 1,000 Hz
Viscosidade	libra segundo por pé quadrado	newton segundo por metro quadrado	1 lb-s/ft^2 = 47,88 N·s/m^2

Tabela A.2 Conversões de Unidades

Comprimento	Força	Massa	Velocidade
1 cm = 0,3937 in	1 lb = 0,4536 kg	1 oz = 28,35g	1 mph = 1,467 ft/s
1 m = 3,281 ft	1 lb = 0,4448 × 10^6 dyn	1 lb = 0,4536 kg	1 mph = 0,8684 kn
1 km = 0,6214 mi	1 lb = 32,17 pdl	1 slug = 32,17 lb	1 ft/s = 0,3048 m/s
1 in = 2,54 cm	1 kg = 2,205 lb	1 slug = 14,59 kg	1 m/s = 3,281 ft/s
1 ft = 0,3048 m	1N = 0,2248 lb	1 kg = 2,205 lb	1 km/h = 0,278 m/s
1 mi = 1,609 km	1 dyn = 2,248 × 10^{-6} lb	1 kg = 0,06852 slug	
1 mi = 5280 ft	1 lb = 4,448 N		
1 mi = 1760 yd			

Trabalho, energia e potência	Pressão	Volume	Vazão	Viscosidade
1 Btu = 778,2 ft-lb	1 lb/in^2 = 2,036 in Hg	1 ft^3 = 28,32 L	1 ft^3/min = 4,719 × gal 10^{-4} m^3/s	1 stoke = 10^{-4} m^2/s
1 J = 10^7 ergs	1 lb/in^2 = 27,7 in H_2O	1 ft^3 = 7,481 gal (EUA)	1 ft^3/s = 0,02832 m^3/s	1 P = 0,1 (N·s)/m^2
1 J = 0,7376 ft-lb	14,7 lb/in^2 = 22,92 in Hg	1 gal (EUA) = 231 in^3	1 m^3/s = 35,31 ft^3/s	1 (lb·s)/ft^2 = 47,88 (N·s)/m^2
1 cal = 3,088 ft-lb	14,7 lb/in^2 = 33,93 ft H_2O	1 gal (Brit.) = 1,2 gal (EUA)	1 gal/min = 0,002228 ft^3/s	1 ft^2/s = 0,0929 m^2/s
1 cal = 0,003968 Btu	14,7 lb/in^2 = 1,0332 kg/cm^2	1 m^3 = 1000 L	1 ft^3/s = 448,9 gal/min	
1 kWh = 3413 Btu	14,7 lb/in^2 = 1,0133 bar 1 kg/cm^2 = 14,22 lb/in^2	1 ft^3 = 0,02832 m^3		
1 Btu = 1,055 kJ	1 in Hg = 0,4912 lb/in^2	1 m^3 = 35,31 ft^3		
1 ft-lb = 1,356 J	1 ft H_2O = 0,4331 lb/in^2			
1 hp = 550 ft-lb/sec	1 lb/in^2 = 6895 Pa			
1 hp = 0,7067 Btu/s	1 lb/ft^2 = 47,88 Pa			
1 hp = 0,7455 kW	10^5 Pa = 1 bar			
1 W = 1 J/s	1 kPa = 0,145 lb/in^2			
1 W = 1,0 × 10^7 (dyn·cm)/s				
1 erg = 10^{-7} J				
1 quad = 10^{15} Btu				
1 therm = 10^5 Btu				

Apêndice B

Relações Vetoriais

$$\mathbf{A}\cdot\mathbf{B} = A_xB_x + A_yB_y + A_zB_z$$

$$\mathbf{A}\times\mathbf{B} = (A_yB_z - A_zB_y)\mathbf{i} + (A_zB_x - A_xB_z)\mathbf{j} + (A_xB_y - A_yB_x)\mathbf{k}$$

$$\text{operador gradiente: } \boldsymbol{\nabla} = \frac{\partial}{\partial x}\mathbf{i} + \frac{\partial}{\partial y}\mathbf{j} + \frac{\partial}{\partial z}\mathbf{k}$$

$$\text{divergência de } \mathbf{V} = \boldsymbol{\nabla}\cdot\mathbf{V} = \frac{\partial u}{\partial x} + \frac{\partial v}{\partial y} + \frac{\partial w}{\partial z}$$

$$\text{rotacional de } \mathbf{V} = \boldsymbol{\nabla}\times\mathbf{V} = \left(\frac{\partial w}{\partial y} - \frac{\partial v}{\partial z}\right)\mathbf{i} + \left(\frac{\partial u}{\partial z} - \frac{\partial w}{\partial x}\right)\mathbf{j} + \left(\frac{\partial v}{\partial x} - \frac{\partial u}{\partial y}\right)\mathbf{k}$$

$$\text{Equação de Laplace: } \nabla^2\phi = 0$$

$$\text{Campo vetorial irrotacional: } \boldsymbol{\nabla}\times\mathbf{V} = 0$$

Apêndice C

Propriedades dos Fluidos

Tabela C.1 Propriedades da Água

Temperatura, T (°C)	Massa específica, ρ (kg/m^3)	Viscosidade, μ (N·s/m^2)	Viscosidade cinemática, ν (m^2/s)	Tensão superficial, σ (N/m)	Pressão de vapor, p_v (kPa)	Módulo de compressibilidade, B (Pa)
0	999,9	$1{,}792 \times 10^{-3}$	$1{,}792 \times 10^{-6}$	0,0762	0,610	204×10^7
5	1000,0	1,519	1,519	0,0754	0,872	206
10	999,7	1,308	1,308	0,0748	1,13	211
15	999,1	1,140	1,141	0,0741	1,60	214
20	998,2	1,005	1,007	0,0736	2,34	220
30	995,7	0,801	0,804	0,0718	4,24	223
40	992,2	0,656	0,661	0,0701	3,38	227
50	988,1	0,549	0,556	0,0682	12,3	230
60	983,2	0,469	0,477	0,0668	19,9	228
70	977,8	0,406	0,415	0,0650	31,2	225
80	971,8	0,357	0,367	0,0630	47,3	221
90	965,3	0,317	0,328	0,0612	70,1	216
100	958,4	$0{,}284 \times 10^{-3}$	$0{,}296 \times 10^{-6}$	0,0594	101,3	207×10^7

Tabela C.1E Propriedades da Água, Sistema Imperial

Temperatura (°F)	Massa específica (slug/ft^3)	Viscosidade (lb·sec/ft^2)	Viscosidade cinemática (ft^2/sec)	Tensão superficial (lb/ft)	Pressão de vapor (lb/in^2)	Módulo de compressibilidade (lb/in^2)
32	1,94	$3{,}75 \times 10^{-5}$	$1{,}93 \times 10^{-5}$	$0{,}518 \times 10^{-2}$	0,089	293 000
40	1,94	3,23	1,66	0,514	0,122	294 000
50	1,94	2,74	1,41	0,509	0,178	305 000
60	1,94	2,36	1,22	0,504	0,256	311 000
70	1,94	2,05	1,06	0,500	0,340	320 000
80	1,93	1,80	0,93	0,492	0,507	322 000
90	1,93	1,60	0,83	0,486	0,698	323 000
100	1,93	1,42	0,74	0,480	0,949	327 000
120	1,92	1,17	0,61	0,465	1,69	333 000
140	1,91	0,98	0,51	0,454	2,89	330 000
160	1,90	0,84	0,44	0,441	4,74	326 000
180	1,88	0,73	0,39	0,426	7,51	318 000
200	1,87	0,64	0,34	0,412	11,53	308 000
212	1,86	$0{,}59 \times 10^{-5}$	$0{,}32 \times 10^{-5}$	$0{,}404 \times 10^{-2}$	14,7	300 000

Tabela C.2 Propriedades do Ar à Pressão Atmosférica

Temperatura, T (°C)	Massa específica, ρ (kg/m^3)	Viscosidade, μ (N·s/m^2)	Viscosidade cinemática, ν (m^2/s)	Velocidade do som, c (m/s)
–50	1,582	$1,46 \times 10^{-5}$	$0,921 \times 10^{-5}$	299
–30	1,452	1,56	1,08	312
–20	1,394	1,61	1,16	319
–10	1,342	1,67	1,24	325
0	1,292	1,72	1,33	331
10	1,247	1,76	1,42	337
20	1,204	1,81	1,51	343
30	1,164	1,86	1,60	349
40	1,127	1,91	1,69	355
50	1,092	1,95	1,79	360
60	1,060	2,00	1,89	366
70	1,030	2,05	1,99	371
80	1,000	2,09	2,09	377
90	0,973	2,13	2,19	382
100	0,946	2,17	2,30	387
200	0,746	2,57	3,45	436
300	0,616	$2,93 \times 10^{-5}$	$4,75 \times 10^{-5}$	480

Tabela C.2E Propriedades do Ar à Pressão Atmosférica, Sistema Imperial

Temperatura (°F)	Massa específica (slug/ft^3)	Viscosidade (lb·sec/ft^2)	Viscosidade cinemática (ft^2/sec)	Velocidade do som (ft/sec)
–20	0,00280	$3,34 \times 10^{-7}$	$11,9 \times 10^{-5}$	1028
0	0,00268	3,38	12,6	1051
20	0,00257	3,50	13,6	1074
40	0,00247	3,62	14,6	1096
60	0,00237	3,74	15,8	1117
68	0,00233	3,81	16,0	1125
80	0,00228	3,85	16,9	1138
100	0,00220	3,96	18,0	1159
120	0,00213	4,07	18,9	1180
160	0,00199	4,23	21,3	1220
200	0,00187	4,50	24,1	1258
300	0,00162	4,98	30,7	1348
400	0,00144	5,26	36,7	1431
1000	0,000844	$7,87 \times 10^{-7}$	$93,2 \times 10^{-5}$	1839

Tabela C.3 Propriedades da Atmosfera Padrão

Altitude (m)	Temperatura (K)	Pressão (kPa)	Massa específica (kg/m^3)	Velocidade do som (m/s)
0	288,2	101,3	1,225	340
500	284,9	95,43	1,167	338
1000	281,7	89,85	1,112	336
2000	275,2	79,48	1,007	333
4000	262,2	61,64	0,8194	325
6000	249,2	47,21	0,6602	316
8000	236,2	35,65	0,5258	308
10 000	223,3	26,49	0,4136	300
12 000	216,7	19,40	0,3119	295
14 000	216,7	14,17	0,2278	295
16 000	216,7	10,35	0,1665	295
18 000	216,7	7,563	0,1216	295
20 000	216,7	5,528	0,0889	295
30 000	226,5	1,196	0,0184	302
40 000	250,4	0,287	$4{,}00 \times 10^{-3}$	317
50 000	270,7	0,0798	$1{,}03 \times 10^{-3}$	330
60 000	255,8	0,0225	$3{,}06 \times 10^{-4}$	321
70 000	219,7	0,00551	$8{,}75 \times 10^{-5}$	297
80 000	180,7	0,00103	$2{,}00 \times 10^{-5}$	269

Tabela C.3E Propriedades da Atmosfera, Sistema Imperial

Altitude (ft)	Temperatura (°F)	Pressão (lb/ft^2)	Massa específica ($slug/ft^3$)	Velocidade do som (ft/sec)
0	59,0	2116	0,00237	1117
1000	55,4	2014	0,00231	1113
2000	51,9	1968	0,00224	1109
5000	41,2	1760	0,00205	1098
10 000	23,4	1455	0,00176	1078
15 000	5,54	1194	0,00150	1058
20 000	–12,3	973	0,00127	1037
25 000	–30,1	785	0,00107	1016
30 000	–48,0	628	0,000890	995
35 000	–65,8	498	0,000737	973
36 000	–67,6	475	0,000709	971
40 000	–67,6	392	0,000586	971
50 000	–67,6	242	0,000362	971
100 000	–51,4	23,2	$3{,}31 \times 10^{-5}$	971

Tabela C.4 Propriedades dos Gases Ideais a 300 K ($c_v = c_p - R \quad k = c_p/c_v$)

Gás	Fórmula química	Massa molar	*R* (ft-lb)/ slug-°R	*R* kJ/ (kg·K)	c_p (ft-lb)/ slug-°R	c_p kJ/ (kg·K)	*k*
Ar		28,97	1716	0,287	6012	1,004	1,40
Argônio	Ar	39,94	1244	0,2081	3139	0,5203	1,667
Dióxido de carbono	CO_2	44,01	1129	0,1889	5085	0,8418	1,287
Monóxido de carbono	CO	28,01	1775	0,2968	6238	1,041	1,40
Etano	C_2H_6	30,07	1653	0,2765	10 700	1,766	1,184
Hélio	He	4,003	12 420	2,077	31 310	5,193	1,667
Hidrogênio	H_2	2,016	24 660	4,124	85 930	14,21	1,40
Metano	CH_4	16,04	3100	0,5184	13 330	2,254	1,30
Nitrogênio	N_2	28,02	1774	0,2968	6213	1,042	1,40
Oxigênio	O_2	32,00	1553	0,2598	5486	0,9216	1,394
Propano	C_3H_8	44,10	1127	0,1886	10 200	1,679	1,12
Vapor	H_2O	18,02	2759	0,4615	11 150	1,872	1,33

Tabela C.5 Propriedades de Líquidos Comuns à Pressão Atmosférica e Aproximadamente 16 a 21 °C (60 a 70 °F)

	Peso específico		Massa específica		Tensão superficial		Pressão de vapor	
Líquido	**lb/ft³**	**N/m³**	**slug/ft³**	**kg/m³**	**lb/ft**	**N/m**	**lb/in² abs**	**kPa abs**
Álcool etílico	49,3	7744	1,53	789	0,0015	0,022		–
Benzeno	56,2	8828	1,75	902	0,0020	0,029	1,50	10,3
Tetracloreto de carbono	99,5	15 629	3,09	1593	0,0018	0,026	12,50	86,2
Glicerina	78,6	12 346	2,44	1258	0,0043	0,063	2×10^{-6}	$1,4 \times 10^{-5}$
Querosene	50,5	7933	1,57	809	0,0017	0,025	–	–
Mercúrio[a]	845,5	132 800	26,29	13 550	0,032	0,467	$2,31 \times 10^{-5}$	$1,59 \times 10^{-4}$
Óleo SAE-10	57,4	9016	1,78	917	0,0025	0,036	–	–
Óleo SAE-30	57,4	9016	1,78	917	0,0024	0,035	–	–
Água	62,4	9810	1,94	1000	0,0050	0,073	0,34	2,34

[a]Em contato com o ar.

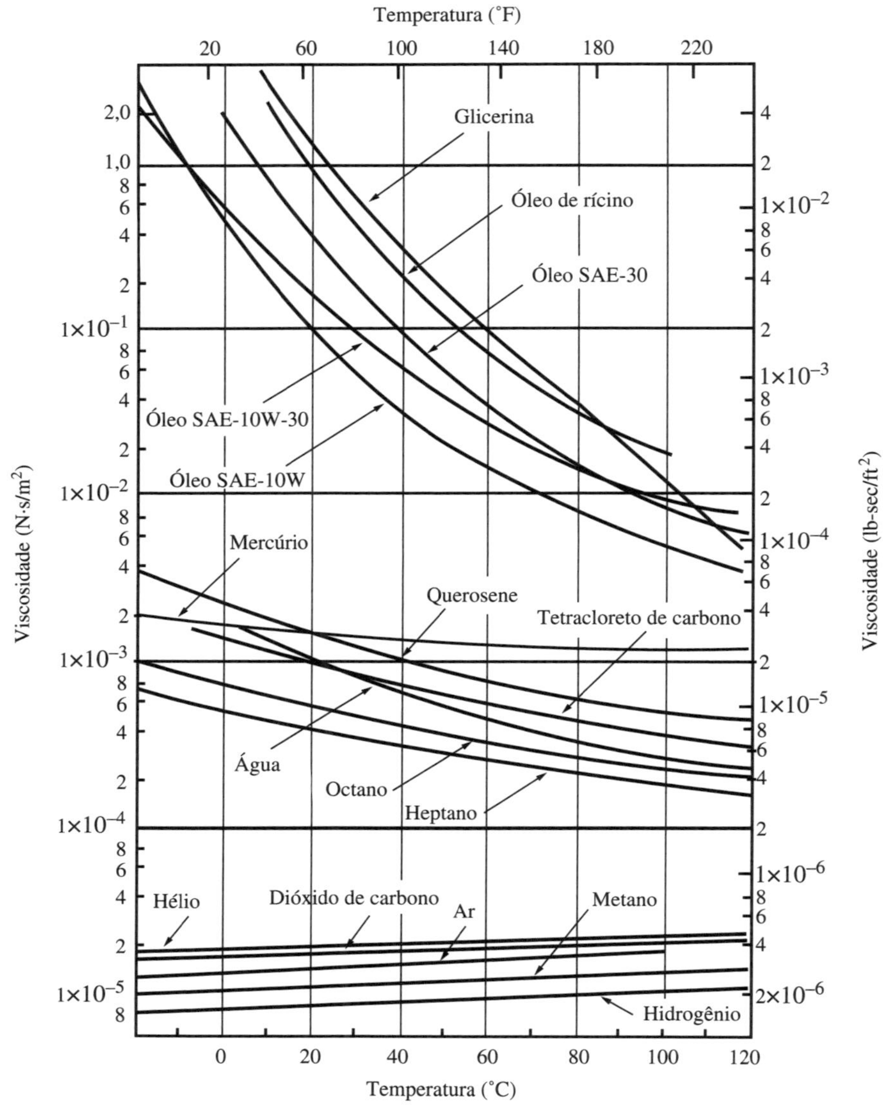

Figura C.1 Viscosidade como função da temperatura. (De R.W. Fox and T.A. McDonald, *Introduction to Fluid Mechanics*, 2nd ed., John Wiley & Sons, Inc., New York, 1978.)

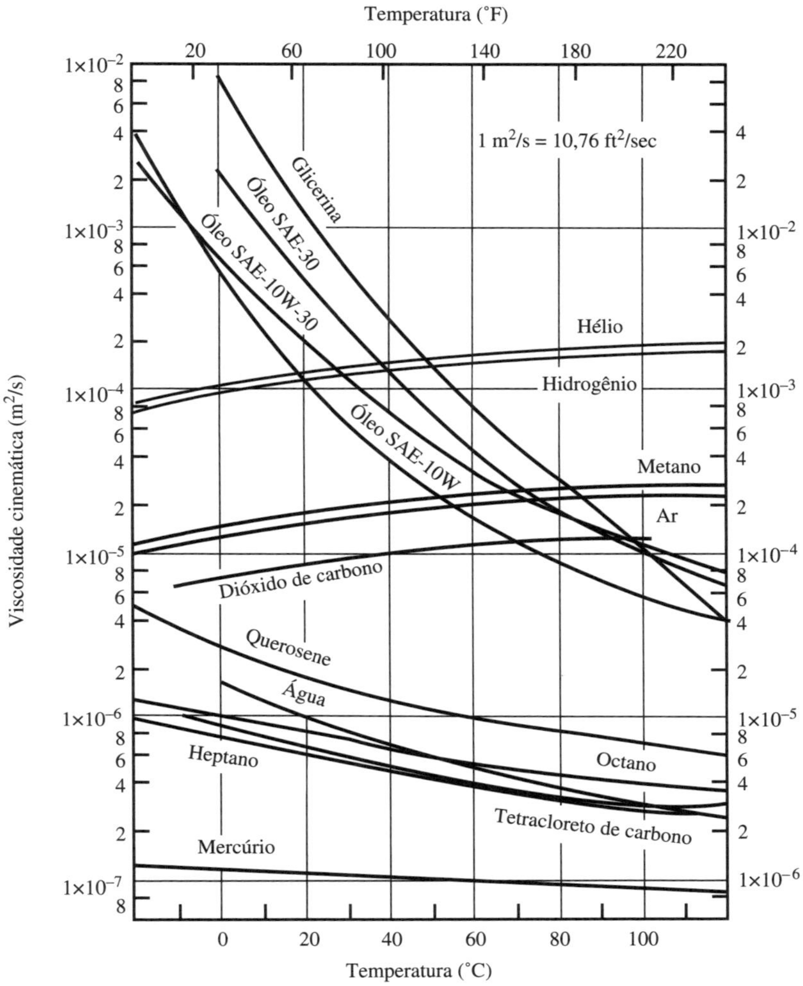

Figura C.2 Viscosidade cinemática como função da temperatura à pressão atmosférica. (De R.W. Fox and T.A. McDonald, *Introduction to Fluid Mechanics*, 2nd ed., John Wiley & Sons, Inc., New York, 1978.)

Apêndice D

Tabela de Escoamento Compressível para o Ar

Tabela D.1 Escoamento Isentrópico

M	p/p_0	T/T_0	A/A^*	M	p/p_0		T/T_0	A/A^*	M	p/p_0		T/T_0	A/A^*
0	1,0000	1,0000	0	1,76	0,1850		0,6175	1,397	3,48	0,1349	–1	0,2922	6,664
0,04	0,9989	0,9997	14,4815	1,80	0,1740		0,6068	1,439	3,52	0,1274	–1	0,2875	6,917
0,08	0,9955	0,9987	7,2616	1,84	0,1637		0,5963	1,484	3,56	0,1204	–1	0,2829	7,179
0,12	0,9900	0,9971	4,8643	1,88	0,1539		0,5859	1,531	3,60	0,1138	–1	0,2784	7,450
0,16	0,9823	0,9949	3,6727	1,90	0,1492		0,5807	1,555	3,64	0,1076	–1	0,2740	7,730
0,20	0,9725	0,9921	2,9635	1,92	0,1447		0,5756	1,580	3,68	0,1018	–1	0,2697	8,020
0,24	0,9607	0,9886	2,4956	1,96	0,1360		0,5655	1,633	3,72	0,9633	–2	0,2654	8,320
0,28	0,9470	0,9846	2,1656	2,00	0,1278		0,5556	1,688	3,76	0,9116	–2	0,2613	8,630
0,32	0,9315	0,9799	1,9219	2,04	0,1201		0,5458	1,745	3,80	0,8629	–2	0,2572	8,951
0,36	0,9143	0,9747	1,7358	2,08	0,1128		0,5361	1,806	3,84	0,8171	–2	0,2532	9,282
0,40	0,8956	0,9690	1,5901	2,12	0,1060		0,5266	1,869	3,88	0,7739	–2	0,2493	9,624
0,44	0,8755	0,9627	1,4740	2,16	0,9956	–1	0,5173	1,935	3,92	0,7332	–2	0,2455	9,977
0,48	0,8541	0,9560	1,3801	2,20	0,9352	–1	0,5081	2,005	3,96	0,6948	–2	0,2418	10,34
0,52	0,8317	0,9487	1,3034	2,24	0,8785	–1	0,4991	2,078	4,00	0,6586	–2	0,2381	10,72
0,56	0,8082	0,9410	1,2403	2,28	0,8251	–1	0,4903	2,154	4,04	0,6245	–2	0,2345	11,11
0,60	0,7840	0,9328	1,1882	2,32	0,7751	–1	0,4816	2,233	4,08	0,5923	–2	0,2310	11,51
0,64	0,7591	0,9243	1,1452	2,36	0,7281	–1	0,4731	2,316	4,12	0,5619	–2	0,2275	11,92
0,68	0,7338	0,9153	1,1097	2,40	0,6840	–1	0,4647	2,403	4,16	0,5333	–2	0,2242	12,35
0,72	0,7080	0,9061	1,0806	2,44	0,6426	–1	0,4565	2,494	4,20	0,5062	–2	0,2208	12,79
0,76	0,6821	0,8964	1,0570	2,48	0,6038	–1	0,4484	2,588	4,24	0,4806	–2	0,2176	13,25
0,80	0,6560	0,8865	1,0382	2,52	0,5674	–1	0,4405	2,686	4,28	0,4565	–2	0,2144	13,72
0,84	0,6300	0,8763	1,0237	2,56	0,5332	–1	0,4328	2,789	4,32	0,4337	–2	0,2113	14,20
0,88	0,6041	0,8659	1,0129	2,60	0,5012	–1	0,4252	2,896	4,36	0,4121	–2	0,2083	14,70
0,92	0,5785	0,8552	1,0056	2,64	0,4711	–1	0,4177	3,007	4,40	0,3918	–2	0,2053	15,21
0,96	0,5532	0,8444	1,0014	2,68	0,4429	–1	0,4104	3,123	4,44	0,3725	–2	0,2023	15,74
1,00	0,5283	0,8333	1,000	2,72	0,4165	–1	0,4033	3,244	4,48	0,3543	–2	0,1994	16,28
1,04	0,5039	0,8222	1,001	2,76	0,3917	–1	0,3963	3,370	4,52	0,3370	–2	0,1966	16,84
1,08	0,4800	0,8108	1,005	2,80	0,3685	–1	0,3894	3,500	4,54	0,3288	–2	0,1952	17,13
1,12	0,4568	0,7994	1,011	2,84	0,3467	–1	0,3827	3,636	4,58	0,3129	–2	0,1925	17,72
1,16	0,4343	0,7879	1,020	2,88	0,3263	–1	0,3761	3,777	4,62	0,2978	–2	0,1898	18,32
1,20	0,4124	0,7764	1,030	2,92	0,3071	–1	0,3696	3,924	4,66	0,2836	–2	0,1872	18,94
1,24	0,3912	0,7648	1,043	2,96	0,2891	–1	0,3633	4,076	4,70	0,2701	–2	0,1846	19,58
1,28	0,3708	0,7532	1,058	3,00	0,2722	–1	0,3571	4,235	4,74	0,2573	–2	0,1820	20,24
1,32	0,3512	0,7416	1,075	3,04	0,2564	–1	0,3511	4,399	4,78	0,2452	–2	0,1795	20,92
1,36	0,3323	0,7300	1,094	3,08	0,2416	–1	0,3452	4,570	4,82	0,2338	–2	0,1771	21,61
1,40	0,3142	0,7184	1,115	3,12	0,2276	–1	0,3393	4,747	4,86	0,2229	–2	0,1747	22,33
1,44	0,2969	0,7069	1,138	3,16	0,2146	–1	0,3337	4,930	4,90	0,2126	–2	0,1724	23,07
1,48	0,2804	0,6954	1,163	3,20	0,2023	–1	0,3281	5,121	4,94	0,2028	–2	0,1700	23,82
1,52	0,2646	0,6840	1,190	3,24	0,1908	–1	0,3226	5,319	4,98	0,1935	–2	0,1678	24,60
1,56	0,2496	0,6726	1,219	3,28	0,1799	–1	0,3173	5,523	6,00	0,0633	–2	0,1219	53,19
1,60	0,2353	0,6614	1,250	3,32	0,1698	–1	0,3121	5,736	8,00	0,0102	–2	0,0725	109,11
1,64	0,2217	0,6502	1,284	3,36	0,1602	–1	0,3069	5,956	10,00	0,0236	–3	0,0476	535,94
1,68	0,2088	0,6392	1,319	3,40	0,1512	–1	0,3019	6,184	∞	0		0	∞
1,72	0,1966	0,6283	1,357	3,44	0,1428	–1	0,2970	6,420					

Tabela D.2 Escoamento de Choque Normal

M_1	M_2	p_2/p_1	T_2/T_1	p_{02}/p_{01}	M_1	M_2	p_2/p_1	T_2/T_1	p_{02}/p_{01}
1,00	1,000	1,000	1,000	1,000	3,12	0,4685	11,19	2,823	0,2960
1,04	0,9620	1,095	1,026	0,9999	3,16	0,4664	11,48	2,872	0,2860
1,08	0,9277	1,194	1,052	0,9994	3,20	0,4643	11,78	2,922	0,2762
1,12	0,8966	1,297	1,078	0,9982	3,24	0,4624	12,08	2,972	0,2668
1,16	0,8682	1,403	1,103	0,9961	3,28	0,4605	12,38	3,023	0,2577
1,20	0,8422	1,513	1,128	0,9928	3,30	0,4596	12,54	3,049	0,2533
1,24	0,8183	1,627	1,153	0,9884	3,32	0,4587	12,69	3,075	0,2489
1,28	0,7963	1,745	1,178	0,9827	3,36	0,4569	13,00	3,127	0,2404
1,30	0,7860	1,805	1,191	0,9794	3,40	0,4552	13,32	3,180	0,2322
1,32	0,7760	1,866	1,204	0,9758	3,44	0,4535	13,64	3,234	0,2243
1,36	0,7572	1,991	1,229	0,9676	3,48	0,4519	13,96	3,288	0,2167
1,40	0,7397	2,120	1,255	0,9582	3,52	0,4504	14,29	3,343	0,2093
1,44	0,7235	2,253	1,281	0,9476	3,56	0,4489	14,62	3,398	0,2022
1,48	0,7083	2,389	1,307	0,9360	3,60	0,4474	14,95	3,454	0,1953
1,52	0,6941	2,529	1,334	0,9233	3,64	0,4460	15,29	3,510	0,1887
1,56	0,6809	2,673	1,361	0,9097	3,68	0,4446	15,63	3,568	0,1823
1,60	0,6684	2,820	1,388	0,8952	3,72	0,4433	15,98	3,625	0,1761
1,64	0,6568	2,971	1,416	0,8799	3,76	0,4420	16,33	3,684	0,1702
1,68	0,6458	3,126	1,444	0,8640	3,80	0,4407	16,68	3,743	0,1645
1,72	0,6355	3,285	1,473	0,8474	3,84	0,4395	17,04	3,802	0,1589
1,76	0,6257	3,447	1,502	0,8302	3,88	0,4383	17,40	3,863	0,1536
1,80	0,6165	3,613	1,532	0,8127	3,92	0,4372	17,76	3,923	0,1485
1,84	0,6078	3,783	1,562	0,7948	3,96	0,4360	18,13	3,985	0,1435
1,88	0,5996	3,957	1,592	0,7765	4,00	0,4350	18,50	4,047	0,1388
1,92	0,5918	4,134	1,624	0,7581	4,04	0,4339	18,88	4,110	0,1342
1,96	0,5844	4,315	1,655	0,7395	4,08	0,4329	19,25	4,173	0,1297
2,00	0,5774	4,500	1,688	0,7209	4,12	0,4319	19,64	4,237	0,1254
2,04	0,5707	4,689	1,720	0,7022	4,16	0,4309	20,02	4,301	0,1213
2,08	0,5643	4,881	1,754	0,6835	4,20	0,4299	20,41	4,367	0,1173
2,12	0,5583	5,077	1,787	0,6649	4,24	0,4290	20,81	4,432	0,1135
2,16	0,5525	5,277	1,822	0,6464	4,28	0,4281	21,20	4,499	0,1098
2,20	0,5471	5,480	1,857	0,6281	4,32	0,4272	21,61	4,566	0,1062
2,24	0,5418	5,687	1,892	0,6100	4,36	0,4264	22,01	4,633	0,1028
2,28	0,5368	5,898	1,929	0,5921	4,40	0,4255	22,42	4,702	$0,9948^{-1}$
2,30	0,5344	6,005	1,947	0,5833	4,44	0,4247	22,83	4,771	$0,9628^{-1}$
2,32	0,5321	6,113	1,965	0,5745	4,48	0,4239	23,25	4,840	$0,9320^{-1}$
2,36	0,5275	6,331	2,002	0,5572	4,52	0,4232	23,67	4,910	$0,9022^{-1}$
2,40	0,5231	6,553	2,040	0,5401	4,56	0,4224	24,09	4,981	$0,8735^{-1}$
2,44	0,5189	6,779	2,079	0,5234	4,60	0,4217	24,52	5,052	$0,8459^{-1}$
2,48	0,5149	7,009	2,118	0,5071	4,64	0,4210	24,95	5,124	$0,8192^{-1}$
2,52	0,5111	7,242	2,157	0,4991	4,68	0,4203	25,39	5,197	$0,7934^{-1}$
2,56	0,5074	7,479	2,198	0,4754	4,72	0,4196	25,82	5,270	$0,7685^{-1}$
2,60	0,5039	7,720	2,238	0,4601	4,76	0,4189	26,27	5,344	$0,7445^{-1}$
2,64	0,5005	7,965	2,280	0,4452	4,80	0,4183	26,71	5,418	$0,7214^{-1}$
2,68	0,4972	8,213	2,322	0,4307	4,84	0,4176	27,16	5,494	$0,6991^{-1}$
2,72	0,4941	8,465	2,364	0,4166	4,88	0,4170	27,62	5,569	$0,6775^{-1}$
2,76	0,4911	8,721	2,407	0,4028	4,92	0,4164	28,07	5,646	$0,6567^{-1}$
2,80	0,4882	8,980	2,451	0,3895	4,96	0,4158	28,54	5,723	$0,6366^{-1}$
2,84	0,4854	9,243	2,496	0,3765	5,00	0,4152	29,00	5,800	$0,6172^{-1}$
2,88	0,4827	9,510	2,540	0,3639	6,00	0,4042	41,83	7,941	$0,2965^{-1}$
2,92	0,4801	9,781	2,586	0,3517	7,00	0,3974	57,00	10,469	$0,1535^{-1}$
2,96	0,4776	10,06	2,632	0,3398	8,00	0,3929	74,50	13,387	$0,0849^{-1}$
3,00	0,4752	10,33	2,679	0,3283	9,00	0,3898	94,33	16,693	$0,0496^{-1}$
3,04	0,4729	10,62	2,726	0,3172	10,00	0,3875	116,50	20,388	$0,0304^{-1}$
3,08	0,4706	10,90	2,774	0,3065	∞	0,3780	∞	∞	0

Tabela D.3 Função de Prandtl–Meyer

M	θ	μ	M	θ	μ
1,00	0	90,00	3,04	50,523	19,20
1,04	0,3510	74,06	3,08	51,277	18,95
1,08	0,9680	67,81	3,12	52,020	18,69
1,12	1,735	63,23	3,16	52,751	18,45
1,16	2,607	59,55	3,20	53,470	18,21
1,20	3,558	56,44	3,24	54,179	17,98
1,24	4,569	53,75	3,28	54,877	17,75
1,28	5,627	51,38	3,32	55,564	17,53
1,32	6,721	49,25	3,36	56,241	17,31
1,36	7,844	47,33	3,40	56,907	17,10
1,40	8,987	45,58	3,44	57,564	16,90
1,44	10,146	43,98	3,48	58,210	16,70
1,48	11,317	42,51	3,52	58,847	16,51
1,52	12,495	41,14	3,56	59,474	16,31
1,56	13,677	39,87	3,60	60,091	16,13
1,60	14,861	38,68	3,64	60,700	15,95
1,64	16,043	37,57	3,68	61,299	15,77
1,68	17,222	36,53	3,72	61,899	15,59
1,72	18,397	35,55	3,76	62,471	15,42
1,76	19,565	34,62	3,80	63,044	15,26
1,80	20,725	33,75	3,84	63,608	15,10
1,84	21,877	32,92	3,88	64,164	14,94
1,88	23,019	32,13	3,92	64,713	14,78
1,92	24,151	31,39	3,96	65,253	14,63
1,96	25,271	30,68	4,00	65,785	14,48
2,00	26,380	30,00	4,04	66,309	14,33
2,04	27,476	29,35	4,08	66,826	14,19
2,08	28,560	28,74	4,12	67,336	14,05
2,12	29,631	28,14	4,16	67,838	13,91
2,16	30,689	27,58	4,20	68,333	13,77
2,20	31,732	27,04	4,24	68,821	13,64
2,24	32,763	26,51	4,28	69,302	13,51
2,28	33,780	26,01	4,32	69,777	13,38
2,32	34,783	25,53	4,36	70,245	13,26
2,36	35,771	25,07	4,40	70,706	13,14
2,40	36,746	24,62	4,44	71,161	13,02
2,44	37,708	24,19	4,48	71,610	12,90
2,48	38,655	23,78	4,52	72,052	12,78
2,52	39,589	23,38	4,56	72,489	12,67
2,56	40,509	22,99	4,60	72,919	12,56
2,60	41,415	22,62	4,64	73,344	12,45
2,64	42,307	22,26	4,68	73,763	12,34
2,68	43,187	21,91	4,72	74,176	12,23
2,72	44,053	21,57	4,76	74,584	12,13
2,76	44,906	21,24	4,80	74,986	12,03
2,80	45,746	20,92	4,84	75,383	11,92
2,84	46,573	20,62	4,88	75,775	11,83
2,88	47,388	20,32	4,92	76,162	11,73
2,92	48,190	20,03	4,96	76,544	11,63
2,96	48,980	19,75	5,00	76,920	11,54
3,00	49,757	19,47			

Índice

E

F

G

H

I

IMPRESSÃO:

GRÁFICA EDITORA Pallotti IMAGEM DE QUALIDADE

Santa Maria - RS - Fone/Fax: (55) 3220.4500
www.pallotti.com.br